U0965505

"十二五"职业教育国家规划教材
经全国职业教育教材审定委员会审定

普通高等教育"十一五"国家级规划教材

# 动物普通病防治

第3版

石冬梅　周德忠　主编

中国农业大学出版社
·北京·

## 内容简介

本书包括三大模块，共计19个学习项目，按项目任务教学要求，我们精选了76项学习任务，并根据有具体任务特点又列出了55项子任务，为了突出学生实践技能的培养，本书设置了21个技能训练项目，以期让学生掌握对畜牧业危害严重的多发病、常见病、新发病及小动物疾病的发生规律、发病原因、临床症状、诊断方法和防治措施。针对每一项学习任务，本书规划为两部分学习内容，一是与该任务相关的知识，包括：了解疾病发生概况、认识疾病发生原因和识别疾病临床症状；二是如何实施完成该项任务的内容，包括：疾病诊断、疾病治疗和预防措施，以期能更好地符合学生的学习认知规律和兽医临床实际工作需要。

**图书在版编目(CIP)数据**

动物普通病防治/石冬梅，周德忠主编. —3版. — 北京：中国农业大学出版社，2017.12
(2025.2重印)

ISBN 978-7-5655-1894-2

Ⅰ.①动… Ⅱ.①石…②周… Ⅲ.①动物疾病—诊疗 Ⅳ.①S858

中国版本图书馆CIP数据核字(2017)第167766号

**书　　名**　动物普通病防治　第3版

**作　　者**　石冬梅　周德忠　主编

**策划编辑**　康昊婷　　**责任编辑**　田树君

**封面设计**　郑　川　　**责任校对**　王晓凤

**出版发行**　中国农业大学出版社

**社　　址**　北京市海淀区圆明园西路2号　　**邮政编码**　100193

**电　　话**　发行部 010-62818525，8625　　读者服务部 010-62732336

编辑部 010-62732617，2618　　出　版　部 010-62733440

**网　　址**　http://www.caupress.cn　　**E-mail**　cbsszs @ cau.edu.cn

**经　　销**　新华书店

**印　　刷**　天津鑫丰华印务有限公司

**版　　次**　2017年12月第3版　　2025年2月第4次印刷

**规　　格**　787×1 092　16开本　21.5印张　530千字

**定　　价**　55.00元

# 编写人员 CONTRIBUTORS


**主　编**　石冬梅（河南牧业经济学院）

周德忠（商丘职业技术学院）

**副主编**　巴戈达提（伊犁职业技术学院）

褚秀玲（聊城大学）

董兆林（盐城生物工程高等职业技术学校）

**参　编**　（以姓氏笔画为序）

余彦国（甘肃畜牧工程职业技术学院）

张　华（河南牧业经济学院）

张　磊（河南牧业经济学院）

赵爱华（江苏农牧科技职业学院）

崔春兰（辽宁农业职业技术学院）

# 前言 PREFACE

《动物普通病防治》为“十二五”职业教育国家规划教材，是在教育部《关于全面提高高等职业教育教学质量的若干意见》《关于实施国家示范性高等职业院校建设计划加快高等职业教育改革与发展的意见》和《关于加强高职高专教育教材建设的若干意见》精神的指导下，在中国农业大学出版社的大力协助下组织编写的。

在编写过程中，我们按照“十二五”职业教育国家规划教材的编写要求，以突出实用性、拓宽知识面和反映兽医科技最新成果为原则，结合“教、学、做一体化”和“工学结合”的课程教学改革要求，紧跟畜牧兽医行业发展的新变化，对“动物内科学”“动物外科学”和“动物产科学”等课程进行内容重组和知识更新编写本书。本教材适用于全日制高职高专院校畜牧兽医类专业的学生和从事畜牧兽医工作的技术人员使用。

党的二十大报告指出，教育、科技、人才是全面建设社会主义现代化国家的基础性、战略性支撑。教材作为载体发挥了重要作用。本次修订邀请了行业专家共同对编写大纲和实践技能项目进行审核和论证，通过两次修订完善，该书具有以下特色：完善了宠物、马属动物部分内科病的防治内容；新增了奶牛蹄病防治内容；完善了奶牛繁殖障碍、奶牛乳房炎等的诊断与治疗内容；删除了部分在规模化养殖状况下较少发生的疾病，使全书内容紧贴养殖行业发展需求，满足现代兽医对动物普通病知识与技能的学习需要。

本书包括三大模块，共计 19 个学习项目，按项目任务教学要求，我们精选了 76 项学习任务，并根据有具体任务特点又列出了 55 项子任务，为了突出学生实践技能的培养，本书设置了 21 个技能训练项目，以期让学生掌握对畜牧业危害严重的多发病、常见病、新发病及小动物疾病的发生规律、发病原因、临床症状、诊断方法和防治措施。针对每一项学习任务，本书规划为两部分学习内容，一是与该任务相关的知识，包括：了解疾病发生概况、认识疾病发生原因和识别疾病临床症状；二是如何实施完成该项任务的内容，包括：疾病诊断、疾病治疗和预防措施，以期能更好地符合学生的学习认知规律和兽医临床实际工作需要。

本书在编写过程中，得到有关专家、教授和兽医界同仁的大力支持和帮助，在此谨致以诚挚的感谢！

由于编者水平有限，书中不足之处在所难免，恳请大家提出宝贵的意见。

编　者

2024 年 12 月

# 目录
CONTENTS

## 模块一　动物内科疾病防治

## 模块二　动物外科疾病防治

## 模块三　动物产科疾病防治

# 模块一　动物内科疾病防治

项目一　消化系统疾病防治

项目二　呼吸系统疾病防治

项目三　心血管系统与血液疾病防治

项目四　泌尿系统疾病防治

项目五　神经系统疾病防治

项目六　营养代谢性疾病防治

项目七　中毒性疾病防治

项目八　其他内科病防治

Project 1

# 消化系统疾病防治

**知识目标**

- 了解动物消化系统疾病的发生、发展规律。
- 熟悉动物常见消化系统疾病的诊疗技术要点。
- 掌握反刍动物前胃及皱胃疾病的发生原因、临床症状、诊断方法和治疗措施。
- 掌握犬、猫主要消化系统疾病的发生原因、发病机制、临床症状、治疗方法及预防措施。
- 了解马属动物消化系统疾病的特点及诊治方法。

**技能目标**

- 通过学习，学生应具备诊断和治疗反刍动物前胃弛缓、瘤胃积食、瘤胃臌气、皱胃变位、胃肠炎以及犬、猫常见消化系统疾病的能力。

# 任务一 食管阻塞

## 一、相关知识

### (一)了解概况

食管阻塞是因食块或异物阻塞于食管内所致的消化机能障碍，常引起吞咽障碍和苦闷不安现象。本病主要发生于牛、马、犬和猪，羊有时也发生。该病发病急，常因阻塞物压迫气管导致窒息而致动物死亡，因此，针对该病应做到正确诊断和及时治疗。

### (二)认知病因

1. 原发性病因

牛主要是采食马铃薯、甘薯、甘蓝、萝卜等块根饲料以及西瓜皮或苹果等吞咽过急；或因采食大块豆饼、花生饼、谷秆、玉米棒以及谷草、稻草、青干草等未经充分咀嚼，急忙吞咽而引起。还有由于误咽毛巾、手帕、破布、毛线球、木片或胎衣等而发病。

马食管阻塞多因车船运输、长途赶运，采食过急或贪食，摄取大量干燥饲料，咀嚼不全，唾液混合不充分，或因突然受到惊吓，匆忙吞咽，以致阻塞在食管中。还有由于兴奋、过劳，咀嚼、吞咽不正常，采食草料、小块豆饼或胡萝卜、甘薯干等引起食道阻塞。也有因全身麻醉，食管神经尚未恢复正常即采食导致阻塞。

犬的食管阻塞，多见于成群争食，吞咽咀嚼不完全的肌腱、软骨或骨头等阻塞在食管内。幼犬常因嬉戏误咽瓶塞子、煤块、小石子等异物而发病。

猪和羊的食管阻塞，常因采食甘薯、马铃薯块，或切碎的干草、较大的食团阻塞食管发生本病。

2. 继发性病因

常见于食道麻痹、狭窄和扩张、痉挛等。

### (三)识别症状

食管阻塞多呈急性发生，病畜突然停止采食、神情紧张、骚动不安、头颈伸展，呈现吞咽动作、张口伸舌、大量流涎，甚至从鼻孔逆出，并因食道和颈部肌肉收缩，引起反射性咳嗽，可从口、鼻流出大量唾液，呼吸急促，惊恐不安。这种症状，有时虽可暂时缓和，但仍可反复发作。

由于阻塞物的性状及其阻塞部位的不同，临床症状也有所区别。完全阻塞时，病畜采食、饮水完全停止，表现空嚼和吞咽动作，不断流涎。上部食管发生阻塞，流涎并有大量白色的唾沫附着唇边和鼻孔周围，吞咽的食糜和鼻液有时从鼻孔逆出。下部食管发生阻塞时，咽下的唾液先蓄积在上部食管内，颈左侧食管沟呈圆筒状膨隆，触压可引起哽噎，而后随食管收缩和逆蠕动大量呕吐，呕吐物不含盐酸，也无特殊臭味。

食管阻塞持续时间长，可引起食管扩张。患病的马骡有饥饿感，采食的饲料蓄积在食管扩张部位，顿时形成新的阻塞。食管相继发生收缩，病畜狂躁不安、伸头缩颈，将草吐出后，即表现平静，但可反复发生。

牛、羊食管完全阻塞时，不能进行嗳气和反刍，迅速发生瘤胃臌胀、呼吸困难。不完全阻塞无流涎现象，尚能饮水，并无瘤胃臌胀现象。

猪食管阻塞，多半离群，垂头站立或不卧地，张口流涎，出现吞咽动作。有时试图饮水、采食，但饮进的水立即逆出口腔。犬食管阻塞，由于阻塞物压迫颈静脉，引起头部血液循环障碍而发生水肿。

## 二、任务实施

### （一）诊断

根据突然发生吞咽困难的病史，结合临床检查和观察及食管外部触诊进行诊断。

胸部食管阻塞，应用胃管探诊，或用 X 射线透视以获得正确诊断。但是从其流涎和吞咽高度困难等临床症状，又必须与胃扩张、食管痉挛、食管狭窄以及咽炎等进行鉴别。

1. 胃扩张

具有呼吸困难，甚至呕吐现象。但其呕吐物带酸臭味，呈酸性反应，疝痛症状剧烈。而本病从口鼻的逆出物不具酸味，呈碱性反应，并无疝痛现象，易鉴别。

2. 食管痉挛

与本病的临床症状颇为相似，但用水合氯醛等解痉剂，或引用胃管进行探诊，结果不同。

3. 食管狭窄

病情发展缓慢，食物吞咽障碍，并常常呈现假性食管阻塞症状，但饮水和采食液体饲料可以咽下。

4. 咽炎

病畜头颈伸展、流涎、吞咽障碍，与本病有类似的症状。但其咽部症状明显，病史调查和临床观察，明显不同，易于鉴别。

### （二）治疗

除去食管内的阻塞物，本病即可康复。咽后食管起始部阻塞，大家畜装上开口器，可将手伸入口腔排除阻塞物，但颈部和胸部的食管阻塞，则应根据阻塞物的性状及其阻塞的程度，采取必要的治疗措施。

1. 疏导法

牛、马可用水合氯醛 20～30 g，配成 2%水合氯醛酒精注射液 200～300 mL，静脉注射；再用植物油或液体石蜡 50～100 mL；或用 0.5%～1%普鲁卡因 10 mL，配合少量植物油或液体石蜡，灌入食管，然后插入胃管将阻塞物徐徐向胃内疏导，多数病例可治愈。

2. 打气法

应用疏导法经 1～2 h 不见效时，可插入胃管，装上胶皮球，吸出食管内的唾液和食糜。并灌入少量温水，将病畜保定好，再将打气管连接在胃管上，使病畜头尽量降低，适量打气，并趁势推动胃管，将阻塞物导入胃内。但不能推动过猛，以免食管破裂。

3. 挤压法

牛、马采食马铃薯、甘薯、胡萝卜等块根饲料，颈部食管发生阻塞时，可参照疏导法，先灌入少量解痉剂和润滑剂，再将病畜横卧保定，控制其头部和前肢，用平板或砖垫在颈部食管阻塞部位，然后用手掌抵住阻塞物的下端，朝向咽部挤压到口腔，以排出阻塞物。

4. 通噎法

它是中兽医传统的治疗方法，主要用于治疗马的食管阻塞。即将病马头部用绳拴在左前肢系凹部，使马头尽量低下，然后驱逐病马快速前进，或上下坡，往返运动 20～30 min，借助颈部肌肉收缩，往往能将阻塞物推入胃内，如果先灌入少量植物油或温水，经鼻吹入芸薹散（芸薹子、瓜蒂、胡椒、皂角各等份，麝香少许，研为细末即成），更能增加效果。

此外，尚可先灌入液体石蜡或植物油 100～200 mL，然后用 3%盐酸毛果芸香碱（或新斯的明）注射液，牛、马 3 mL，皮下注射，促进食管肌肉收缩和分泌，有时经 3～4 h 奏效。为了缓解阻塞部位食管剧烈痉挛，牛、马可用硫酸阿托品 0.03 g，或盐酸阿扑吗啡 0.05 g，皮下注射，促使阻塞物向外呕吐。

采取上述方法，仍不见效时，即应采用手术疗法，切开食管，取出阻塞物。牛、羊食管阻塞，常常继发瘤胃臌胀，容易引起窒息，应及时施行瘤胃穿刺放气，并向瘤胃注入防腐消毒剂，然后采取必要的治疗措施，进行急救。

在治疗中还应加强护理。病程较长的，应及时强心，输糖补液，维持机体营养，增加治疗效果。

#### （三）预防

本病的预防在于加强饲养管理，定时饲喂，防止因饥饿而采食过急。过于饥饿的牛、马，应先喂草，再喂料，少喂勤添。全身麻醉手术后，在食管机能尚未完全恢复前，更应注意饲养和护理，以防本病的发生。保管马铃薯、甘薯、胡萝卜等块根饲料，防止牛、马、猪等自由采食。饲喂块根类饲料，应先切碎再喂。豆饼、花生饼等糟粕，须先用水泡调制后再给予，以防暴食。

## 任务二　反刍动物前胃疾病

反刍动物前胃疾病是临床常见病、多发病，尤其是随着奶牛、肉牛饲养业的快速发展，牛的前胃疾病的防治工作越来越显得重要，为了更好地研究反刍动物前胃疾病的发生发展规律及其防治问题，首先必须了解反刍动物的前胃形态、生理及其与临床有关的几个重点问题。

反刍动物除牛、羊外，还有骆驼、鹿等动物。其消化系统的形态和生理功能，与其他种系动物不同，因为反刍动物的胃是复胃，由瘤胃、网胃、瓣胃和皱胃四个部分构成，前三个胃称前胃，无腺体，瘤胃在四个胃中是最庞大的，占全胃的 80%，网胃最小，仅占 5%，瓣胃和皱胃各占 7%～8%。饲料中 70%～80%的可消化干物质和约 50%的粗纤维在瘤胃内消化，发生挥发性脂肪酸、二氧化碳和氨，并合成蛋白质和 B 族维生素。很显然，瘤胃是反刍动物的一个极其重要的消化器官，在其消化过程中，微生物起着主要作用。

### 子任务一　前胃弛缓

### 一、相关知识

#### （一）了解概况

前胃弛缓是由各种原因导致前胃兴奋性降低、胃壁收缩力减弱，胃内容物后运缓慢，腐败发酵，菌群失调，引起消化机能障碍以及全身机能紊乱的一种疾病，中医称之为脾胃虚弱。

本病是奶牛及肉牛的一种多发病，特别是舍饲牛群更为常见，有些地区的耕牛（黄牛和水牛）发病率在前胃疾病中达到75%以上，对牛的健康影响很大。

本病的诊疗任务是认知病因、识别症状、排除类症、正确诊断和治疗。

**（二）认知病因**

前胃弛缓的病因比较复杂，一般分为原发性和继发性两种。

1.原发性前胃弛缓

亦称单纯性消化不良，病因与饲养管理和自然气候的变化有关。

（1）饲料品质不良。常见于以下几方面的原因。

①饲料过于单纯。长期喂粗纤维多、营养成分少的稻草、麦秸、豆秸、甘薯蔓、花生秧等饲草，消化机能陷于单调和贫乏，一旦变换饲料，即可引起前胃弛缓。

②草料质量低劣。如饲料饲草发霉、变质、冰冻，矿物质和维生素缺乏等。

③长期饲喂过细的粉状料，瘤胃的兴奋性降低，导致前胃弛缓。

（2）饲养管理不当。不按时饲喂，饥饱无常；或因精料过多而饲草不足，影响消化功能；或于农忙季节，耕牛加喂精料过多；或因突然变换饲料或优良青贮，任其采食，都易扰乱其消化程序，导致本病的发生。环境不良如牛舍阴暗潮湿，过于拥挤，通风不良，劳役过度，或因冬季休闲，运动不足，缺乏光照，瘤胃神经反应性降低，消化道陷于弛缓，也易导致本病的发生。

（3）应激反应。长途运输、严寒、酷暑、饥饿、疲劳、断乳、离群、恐惧、感染与中毒等应激因素以及手术、创伤、剧烈疼痛的影响，对前胃弛缓的发生起着重要作用。

2.继发性前胃弛缓

前胃弛缓可继发下列疾病中。

①常见于创伤性网胃腹膜炎、迷走神经胸支和腹支受到损害、腹腔脏器粘连、瘤胃积食、瓣胃阻塞以及皱胃溃疡、阻塞或变位或肝脏疾病等，都伴发消化障碍，导致前胃弛缓的发生。

②在口炎、舌炎、齿病经过中，咀嚼障碍，影响消化功能；或因肠道疾病、腹膜炎以及产科疾病反射性抑制，引发本病。

③某些营养代谢性疾病，如牛骨软症、生产瘫痪、酮血症；或牛产后血红蛋白尿病以及某些中毒性疾病等，都由于消化功能紊乱而伴发前胃弛缓。

④在牛肺疫、牛流行热等急性传染病和结核、布氏杆菌病、前后盘吸虫病、细颈囊尾等慢性体质消耗性疾病以及血孢子虫病和锥虫病感染等，都常常出现前胃弛缓。

此外，治疗用药不当，长期大量的应用抗生素，瘤胃内菌群共生关系受到破坏，可导致前胃弛缓。

**（三）识别症状**

前胃弛缓按其病情发展过程，可分为急性型和慢性型两种类型。

1.急性型

多呈现急性消化不良，精神委顿，表现为应激状态。

①食欲减退或消失，反刍减少或停止，体温、呼吸、脉搏及全身机能状态无明显异常。

②瘤胃收缩力减弱，松弛下垂，蠕动次数减少，蠕动减弱，奶牛泌乳量下降，时而嗳气，有酸臭味。

③瘤胃内容物充满，黏硬或呈粥状，由变质饲料引起的瘤胃收缩力消失，轻度或中等臌

胀,下痢;由应激反应引起的,瘤胃内容物黏硬而无臌胀现象。

一般病例病情轻,容易康复。如果伴发瘤胃炎或酸中毒,则病情恶化,呻吟、轧齿、食欲反刍废绝,排出大量棕褐色糊状粪便,具有恶臭;精神高度沉郁,皮温不整,体温下降;鼻镜干燥,眼球下陷,结膜发绀,发生脱水现象。

2.慢性型

多为继发因素所引起,或由急性转变而来,多数病例食欲不定,有时正常,有时减退或消失。常常空嚼、磨牙,有异嗜现象,如吃土,或摄食被尿粪污染的褥草、污物。反刍不规则或间断无力或停止。嗳气减少,嗳出气体带酸臭味。病情时而好转,时而恶化,水草细迟,日渐消瘦,皮肤干燥,弹力减退,被毛逆立、干枯无光泽,无神无力,周期性消化不良,体质衰弱。

## 二、任务实施

### (一)诊断

根据发病原因、临床病征,即食欲、反刍异常,消化机能障碍等病情分析和判定,同时在临床实践中应与下列疾病相区别。

1.创伤性网胃腹膜炎

病牛姿势异常,体温中等程度升高,网胃区触诊有疼痛反应,嗜中性白细胞增多,淋巴细胞减少,血象异常。

2.迷走神经性消化不良

无热症,瘤胃蠕动减弱或增强,腹部膨胀,厌食,消化机能障碍,排泄糊状粪。

3.瘤胃积食

因过食导致瘤胃急性扩张,内容物充满坚硬,瘤胃运动与消化机能障碍,有脱水和毒血症现象。

4.皱胃变位

采食反刍减少,但在左或右腹肋下部叩诊结合听诊有较清脆的钢管音,并于左或右侧第9～12肋间的下1/3处穿刺,穿刺液的pH在1～4,确定为皱胃液。

5.奶牛酮病及妊娠毒血症

常见于产犊后1～3周内的奶牛,尿中酮体升高,呼出气体有烂苹果味。

### (二)治疗

治疗前胃弛缓应着重改善饲养管理,排除病因,增强神经体液调节机能,依照强脾、健胃、防腐、止酵、消导、强心、输液、防止脱水和自体中毒的综合性措施进行治疗。

1.除去病因,加强护理

原发性前胃弛缓,病初禁食1～2 d后,然后饲喂适量富有营养、容易消化的优质干草或放牧,并进行适当的牵遛,以增进消化机能,继发性前胃弛缓应积极治疗原发病。

2.兴奋瘤胃

可用氨甲酰胆碱,牛1～2 mg,羊0.25～0.5 mg;新斯的明,牛10～20 mg,羊2～4 mg;毛果芸香碱,牛30～50 mg,羊5～10 mg,皮下注射。但对病情危急、心脏衰弱、妊娠母牛,则须禁止应用,以防止流产。

3.防腐止酵,清理胃肠

用鱼石脂 牛15～20 g、酒精70～80 mL、常水1 000 mL,羊鱼石脂3～5 g、酒精10～

20 mL，常水 100～200 mL 内服，或用大蒜酊 40～60 mL、龙胆酊 30～40 mL、番木鳖酊 15～20 mL，加水适量，灌服治疗，亦有效果。也可就地取材，用大蒜 250 g、食盐 100 g，捣成蒜泥，加常水适量，内服，具有消炎、健胃、防腐、止酵的功效。同时使用泻剂促进瘤胃及肠道中的腐败内容物尽快排出，以减少腐败物质的吸收。

4. 补液、保肝、缓解酸中毒

根据机体脱水情况进行补液，同时使用维生素 C、葡萄糖醛酸钠保肝，静脉注射 5%碳酸氢钠或口服小苏打片或大黄苏打片，以缓解酸中毒，将能起到有助恢复患畜体质，促进康复的作用。

5. 促进反刍

运用以上治疗方法以后，多数患畜都有明显的好转，开始恢复采食和反刍，但也有一些发病牛、羊仍然没有食欲，反刍不足，这时可使用促反刍液，即 10%氯化钠注射液 50～100 mL，10%葡萄糖酸钙注射液 200～500 mL，10%苯甲酸钠咖啡因注射液 10～30 mL，同时配合使用维生素 $B_1$ 肌肉注射，以增强前胃神经兴奋性，提高食欲和增加反刍。

6. 恢复瘤胃微生物活性

在前胃弛缓发生的过程中，由于瘤胃液的 pH 发生改变，如瘤胃液的 pH 可低于 5.5 或高于 7.5，直接影响纤毛虫的存活率及其与微生物群系的共生关系，因此在治疗中要注意恢复瘤胃微生物的活性。当瘤胃液的 pH 降低时，可一次内服碳酸氢钠片 50 g，升高时可用稀醋酸 20～40 L，或常醋适量内服，以调节瘤胃内环境，恢复其中微生物群系共生关系，增强前胃消化功能。必要时采取健康牛胃液，即先用胃管给健康牛灌服生理盐水 10 000 mL，然后以虹吸引流的方法取出瘤胃液 4 000～8 000 mL，给病牛灌服接种，更新瘤胃内微生物群系，提高纤毛虫的存活率，增进疗效。

7. 中医治疗

按照中兽医辨证施治的原则，脾胃虚弱，水草细迟，消化不良，着重健脾和胃，补中益气，宜用四君子汤加味：党参 100 g、白术 75 g、茯苓 75 g、炙甘草 25 g、陈皮 40 g、黄芪 50 g、当归 50 g、大枣 200 g，煎水去渣内服，每天 1 剂，连用 2～3 剂。

牛久病虚弱，气血双亏，应以补中益气，养气益血为主，可用八珍散加味：党参 50 g、白术 50 g、茯苓 40 g、当归 50 g 、熟地 50 g、白芍 40 g、川芍 40 g、黄芪 50 g、升麻 25 g、山药 50 g、陈皮 50 g、干姜 25 g、甘草 25 g、大枣 200 g，煎水去渣内服，每天 1 剂，连服数剂。

病牛口色淡白，耳鼻俱冷，口流清涎，水泻，应以温中散寒、补脾燥湿为主，可用厚朴温中汤加味：厚朴 50 g、陈皮 50 g、茯苓 50 g、草豆蔻 40 g、广木香 25 g、干姜 40 g、桂心 40 g、苍术 40 g、当归 50 g、茴香 50 g、砂仁 25 g、甘草 25 g，煎水去渣内服，每天 1 剂，连用数剂。

此外，也可以用红糖 250 g，生姜 200 g(捣碎)，开水冲，候温内服，具有和脾暖胃，温中散寒的功效。

8. 继发症的治疗

当前胃弛缓继发瓣胃秘结，引起消化机能障碍，病情重剧时，可先用液体石蜡 2 500 mL，内服，同时应用新斯的明，或氨甲酰胆碱兴奋副交感神经的药物，以促进前胃蠕动及其排出作用，连用数天。若不见效，即做瘤胃切开，取出其中内容物，将胃管从瘤胃插入网瓣孔灌注 1%食盐水(38～40℃) 20～40 L，冲洗瓣胃，疏通胃肠道，提高治疗效果。

### (三)预防

前胃弛缓的发生,多因饲料变质,饲养管理不当引起,因此,应注意饲料的选择、保管和调理,防止霉败变质,改进饲养方法。奶牛依据饲料日粮标准,不可突然变更饲料,或任意加料。耕牛在农忙季节,不能劳役过度,冬季休闲,应注意适当运动。并须保持安静,避免奇异声、光、音、色等不利因素的刺激和干扰,引起应激反应。注意牛舍清洁卫生和通风保暖,提高牛群健康水平,防止本病的发生。

## 子任务二 瘤胃积食

### 一、相关知识

#### (一)了解概况

瘤胃积食是反刍动物采食了大量的难以消化的饲草或容易膨胀的饲料所致。本病引起急性瘤胃扩张、瘤胃容积增大、内容物停滞和阻塞、瘤胃蠕动减弱或消失、消化机能严重障碍,并形成脱水和毒血症,若不及时治疗,或导致死亡,因此,及早诊断和治疗是完成该病诊疗任务的重点。

#### (二)认知病因

主要见于牛、羊贪食大量的青草、苜蓿、红花草(紫云英)或甘薯、胡萝卜、马铃薯等饲料;或因饥饿采食了大量谷草、稻草、豆秸、花生秧、甘薯蔓等,而饮水不足,难以消化;也有因过食大麦、玉米、豌豆、大豆、燕麦等作物,又饮大量水,饲料膨胀,从而导致本病发生。过食新鲜麸皮、豆饼、花生饼、棉籽饼以及酒糟、豆渣和粉渣等糟粕,也能引起瘤胃积食。

长期舍饲的牛羊,突然变换可口的饲料,采食过多;或由放牧转为舍饲,采食干枯饲料而不适应。耕牛有因采食后即犁田耙地,或因使役后,喂草加料,影响消化功能。亦有因体质衰弱,产后失调以及长途运输,机体疲劳,神经反应性低,而促进本病的发生。饲料保管不当,牛、羊闯入偷食过多精料也会发病。

饲养管理和环境卫生条件不良,特别是奶牛,容易受到各种不利因素的刺激和影响。神情恐惧不安,妊娠后期运动不足、过于肥满,中毒与感染,发生应激现象,也能引起瘤胃积食。在前胃弛缓、创伤性网胃腹膜炎、瓣胃秘结以及皱胃阻塞等病程中,也常常继发本病。

#### (三)识别症状

瘤胃积食的牛、羊病情发展迅速,通常在采食后数小时内发病,临床症状明显。

初期,发病牛、羊神情不安,目光凝视,拱背站立,不愿走动,回顾腹部,或后肢踢腹,有腹痛表现。食欲、反刍消失,虚嚼、轧齿,时而努责。间或不断起卧,每当起卧时,往往呻吟。流涎、嗳气,有时呕吐,瘤胃蠕动音减弱或完全消失,触诊瘤胃,病畜不安,内容物黏硬,用拳头按压,遗留压痕。个别病例瘤胃内容物坚硬似石,腹部膨胀,瘤胃前囊含有一层气体,穿刺时可排出少量气体和带有腐败酸臭气味的泡沫状液体。腹部听诊,肠音微弱或沉寂,便秘,粪便干硬呈饼状;间或发生下痢,排泄淡灰色带恶臭稀便或软便。直肠检查,瘤胃扩张,容积增大,充满黏硬内容物。有的病例,瘤胃内容物松软呈粥状,但胃壁显著扩张。

病的末期,病情急剧恶化,奶牛泌乳量下降或停止,腹部胀满,瘤胃积液,呼吸急促,心悸亢进，脉搏疾速；皮温不整，四肢、角根及耳冰凉。全身战栗，眼球下陷，黏膜发绀，体质衰弱，卧地不起，呈现昏迷和脱水，陷于循环虚脱状态。

本病的病情发展，与致病因素及采食的饲草饲料的性质有直接的关系。病情轻的，1～2 d 内可康复。普通的病例，治疗及时，3～5 d 可以痊愈。但慢性病例，病情反复，有的暂时好转而后加重，特别是继发于创伤性网胃腹膜炎的病例，病程持续 7～10 d 及以上，多因瘤胃高度弛缓，内容物胀满，呼吸困难，血液循环障碍，呈现窒息和心衰竭状态，预后不良。

## 二、任务实施

### (一)诊断

根据发病原因、临床症状，瘤胃内容物充满而硬实，食欲、反刍停止等病征，可以确诊。

### (二)治疗

本病的治疗在于恢复前胃运动机能，促进瘤胃内容物运转，消食化积，防止自体中毒和解除脱水。

1. 禁食按摩

病初先禁食，实行瘤胃按摩，每次 5～10 min，每隔 30 min 一次。或先灌服大量温水，然后按摩，促进瘤胃内容物运转，效果较好，还可用酵母粉 500～1 000 g，1 d 内分两次内服，具有消食化积功效。

2. 清理胃肠

可用硫酸镁或硫酸钠 300～500 g，液体石蜡或植物油 2 000～3 000 mL，鱼石脂 15～20 g，75%酒精 50～100 mL、常水 6 000～10 000 mL，混合 1 次内服。应用泻剂后，也可用毛果芸香碱 0.05～0.2 g 或新斯的明 0.01～0.028 g，皮下注射，兴奋前胃神经，促进瘤胃内容物运转与排除，但心脏功能不全或孕牛忌用。

3. 促进食欲和反刍

牛可用 10%氯化钠溶液 100～200 mL，静脉注射，或按虹吸引流方法，用 1%食盐 20～30 L 洗胃，连续灌洗 3～5 次，再用 10%葡萄糖酸钙溶液 500 mL，10%氯化钠溶液 300 mL，20%安钠咖注射液 10～30 mL，静脉注射，改善中枢神经系统调节功能，促进反刍，解除自体中毒现象。羊上述药物用量酌减。

4. 对症治疗

包括补液、强心、保肝和缓解酸中毒。

5. 手术治疗

对保守治疗无效时，应尽快实施瘤胃切开术，取出胃内容物，并用 1%温食盐水洗涤。必要时，接种健康牛瘤胃液，加强饲养和护理，促进康复过程。术后按常规抗菌消炎和护理。

### (三)预防

本病的预防，在于加强日常饲养管理，防止突然变换饲料或过食。奶牛和肉牛应按饲料日粮标准饲养；加喂精料须适应其消化机能。耕牛不要劳役过度，避免外界各种不良因素的刺激和影响，保持其健康状态。

# 瘤胃臌气

## 一、相关知识

### (一)了解概况

瘤胃臌气是反刍动物采食了容易发酵产气的饲料,异常发酵产生大量气体,瘤胃和网胃急剧膨胀,膈与胸腔脏器受到压迫,呼吸与血液循环障碍,发生窒息现象的一种疾病。

瘤胃臌气依其病因,有原发性和继发性的区别;按其经过,则有急性和慢性之分;从其性质上看,又有泡沫性和非泡沫性的不同类型。

本病多发生于牛和绵羊,山羊少见。夏季草原上放牧的牛、羊,可能有群发性瘤胃臌气的情况。

### (二)认知病因

1. 原发性瘤胃臌气

通常多发于牧草茂盛的夏季,每年于清明之后夏至之前最为常见。发病原因主要是采食了大量的易发酵产气的青绿饲料,特别是舍饲转为放牧的牛、羊群,最容易导致急性瘤胃臌气的发生。

(1)放牧的牛、羊采食开花前的鲜嫩多汁的豆科植物,如苜蓿、紫云英、金花菜(野苜蓿)、三叶草、野豌豆等;或鲜甘薯蔓、萝卜缨、白菜叶、再生草等。因采食过多,迅速发酵,产生大量气体而引起发病。

(2)采食堆积发热的青草或经雨露浸渍、霜雪冻结的牧草,霉败的饲草,以及多汁易发酵的青贮饲料,特别是舍饲的牛、羊,一次饲喂过多,也常发生瘤胃臌气。

(3)奶牛和肉牛饲喂的饲料配合不当,或饲喂胡萝卜、甘薯、马铃薯等块根饲料过多;或因矿物质不足,钙、磷比例失调等,都可成为本病的发病原因。

(4)舍饲的耕牛,长期饲喂干草,突然改喂青草或到草场、田埂、路边放牧,采食过多或误食毒芹、乌头、白藜芦、佩兰、白苏以及毛茛科等有毒植物,或桃、李、梅、杏等的幼枝嫩叶,均可导致急性瘤胃臌气的发生。

2. 继发性瘤胃臌气

最常见于前胃弛缓,其他如创伤性网胃腹膜炎、食管阻塞、痉挛和麻痹、迷走神经胸支或腹支损伤、纵隔淋巴结核肿胀或肿瘤、瘤胃与腹膜粘连、瓣胃阻塞、膈疝以及前胃内存有泥沙、结石或毛球等,都可以引起排气障碍,致使瘤胃壁扩张而发生臌胀。

### (三)识别症状

1. 急性瘤胃臌气

病情发展急剧,表现为初期病畜不安,神情忧郁,结膜充血,角膜血管扩张,不断起卧,回头望腹,腹围迅速膨大。瘤胃收缩先增强,后减弱或消失,腰旁窝突出。腹壁紧张而有弹性,叩诊呈鼓音。随着瘤胃扩张和臌胀,膈肌受压迫,呼吸促迫而用力,甚至头颈伸展、张口伸舌呼吸,呼吸数增至 60 次/min 次以上。心悸,脉搏疾速,脉搏数可达 100~120 次/min 及以上。后期心力衰竭,脉不感手,病情危急,血液循环障碍,静脉怒张,呼吸困难,黏膜发绀,目光恐惧，出汗，间或肩背部皮下气肿，站立不稳，步态蹒跚，往往突然倒地、痉挛、抽搐，陷于窒息和心脏麻痹状态。若为泡沫性臌胀，常有泡沫状唾液从口中逆出或喷出。见图Ⅰ-1-1。

2. 慢性瘤胃臌气

多为继发性因素引起，病情弛张，瘤胃中等臌胀，时而消胀，但在采食或饮水后又反复发生，病情发展缓慢，食欲、反刍减退，水草迟细，逐渐消瘦。生产性能降低，奶牛泌乳量显著减少。由于病因不同，预后不一。继发于前胃弛缓的，原发病治愈，慢性臌胀也会消失。继发于创伤性网胃腹膜炎、腹腔脏器粘连、肿瘤等病变而引起的，久治不愈，预后不良。

**图Ⅰ-1-1　奶牛急性瘤胃臌气**（王春璈 摄）

## 二、任务实施

### （一）诊断

急性瘤胃臌胀根据临床症状和病史，如采食大量易发酵性饲料发病，腹部膨胀，左旁腰窝突出，血液循环障碍，呼吸极度困难，确诊不难。慢性臌胀，病情弛张，反复产生气体，通过病因分析，也能确诊。但在临诊时，应注意与前胃弛缓、瘤胃积食、创伤性网胃腹膜炎、食管阻塞以及白苏中毒和破伤风等疾病进行论证鉴别。

### （二）治疗

本病的病情发展急剧，应采取有效的紧急措施，排气消胀，方能挽救病畜。因此治疗原则应着重于排气减压、防止酵解、强心补液、健胃消导，以利康复过程。

1. 排气减压

病的初期，使病畜头颈抬举或置于前高后低的坡上，适度按摩腹部，促进瘤胃内的气体排除。同时应用松节油 20～30 mL、鱼石脂 10～15 g、酒精 50～80 mL，加适量温水，1 次内服，具有防腐消胀作用。

严重病例，有发生窒息的危险时，首先应用套管针进行瘤胃穿刺放气，避免发生窒息。非泡沫性臌胀，放气后，宜用稀盐酸 10～30 mL 或鱼石脂 15～25 g，酒精 100 mL，常水 1 000 mL；也可用生石灰水 1 000～3 000 mL 灌服。放气后用 0.25%普鲁卡因溶液 50～100 mL、青霉素 100 万 IU，注入瘤胃，效果更佳。

泡沫性膨胀，宜先用表面活性药物，如二甲基硅油，牛 2～2.5 g，羊 0.5～1 g 或用消胀片（二甲基硅油 15 片），温水 500 mL，制成油乳剂，内服，也可以用松节油 30～40 mL，液体石蜡 500～1 000 mL，常水适量，1 次内服，以消除泡沫，利于放气。

2. 综合治疗

用 2%～3%的碳酸氢钠溶液，进行瘤胃冲洗，调节瘤胃内容物 pH。若因采食紫云英而引起的，可用食盐 200～300 g，常水 2 000～6 000 mL，内服，都具有止酵消胀作用。为了排出瘤胃内容物及其酵解物质，可用盐类或油类泻剂（剂量与用法，参照瘤胃积食），或用毛果芸香碱 0.02～0.05 g，或新斯的明 0.01～0.02 g，皮下注射，兴奋副交感神经，促进瘤胃蠕动，有利于反刍和嗳气。

在治疗过程中，应注意全身机能状态，及时强心补液（参照瘤胃积食疗法），增进治疗效果。但须指出，泡沫性臌胀，药物治疗无效时，即应进行瘤胃切开术，取出其中内容物，按照外科手术要求处理，防止感染，常能获得较好的效果。

接种瘤胃液，在排除瘤胃气体或进行手术后，采用健康瘤胃液 3～6 L，灌入瘤胃内，以促进瘤胃功能快速恢复。

### （三）预防

本病的预防应加强饲养管理，注意饲料的保管和调制，特别是对奶牛和奶山羊，防止饲料霉败，谷物饲料粉碎不可过细。防止饥饱无常，更不可突然变换饲料。舍饲牛羊群开春后改喂青草要逐渐进行，以增强其消化功能的适应性。放牧牛、羊时，特别是豆科植物，宜采刈后饲喂，以防发生臌气。奶牛、肉牛及耕牛放牧前可适当应用豆油、花生油、菜籽油等，提高瘤胃内容物表面活性，增强其抗泡沫作用。舍饲牛、羊，在开始放牧前的 1～2 d 内先给予聚氧化乙烯，或聚氧化丙烯加豆油少量；牛 20～30 g、羊 3～5 g，放在饮水内，内服，然后再放牧，可以预防本病。

# 子任务四 创伤性网胃腹膜炎

## 一、相关知识

### （一）了解概况

创伤性网胃腹膜炎是由于金属异物（针、钉、碎铁丝）混杂在饲料内，被采食吞咽落入网胃，刺伤网胃导致急性或慢性前胃弛缓，瘤胃反复臌胀，消化不良，并因穿透网胃刺伤膈和腹膜，引起急性弥漫性或慢性局限性腹膜炎，或继发创伤性心包炎。

本病主要发生于舍饲的耕牛和奶牛，羊较少发生。草原放牧牛、羊群，距离城市和工矿区远，很少发生。

### （二）认知病因

本病发生的直接原因为牛以舌卷方式采食，粗略咀嚼，以唾液裹成食团即吞咽，往往将随同饲料的金属异物吞咽入瘤胃，并随其中内容物的运转而进入网胃。因此，在饲养管理不当，饲料加工过于粗放，调理饲料不经心的情况下，牛很可能经常食入金属异物而发生本病。

常见的金属异物为碎铁丝、铁钉、钢笔尖、回形针、缝针、发卡、废弃的小剪刀、铅笔刀、碎铁片以及饲料粉碎机和铡草机上的销钉等，由于饲养人员缺乏饲养管理常识，将金属异物随手到处抛弃，混杂在饲草、饲料中，或散在村前屋后、城郊路边、工厂作坊周围的垃圾与草丛中，耕牛采食或舔食吞咽下去，造成本病的发生。

进入网胃的金属异物，在腹压增高的情况下，促使金属异物刺伤网胃。因此，在瘤胃积食或臌胀、重剧劳役、妊娠、分娩以及奔跑、跳沟、滑倒、手术保定等过程中，腹内压升高，而导致本病的发生和发展。其中以针、钉、碎铁丝、尖锐玻璃等，危害性最大，不仅使网胃受到严重损伤，而且也会损害到邻近的组织器官，引起急剧的病理过程。见图Ⅰ-1-2。

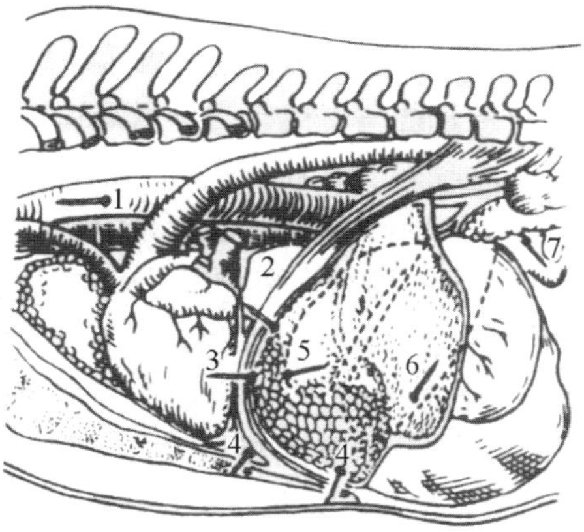


**图Ⅰ-1-2　网胃铁钉转移方向**

1.经食道出口腔　2.刺入肺脏　3.刺入心包及心肌　4.刺入胸壁
5.刺入脾脏(脾脏覆于瘤胃之上,以虚线表示)
6.刺入肝脏(肝脏偏于右腹,以虚线表示)
7.经十二指肠最终可排出体外

**(三)识别症状**

在金属异物未刺入胃壁之前,没有任何临床症状,当分娩、长途运输、犁田耕地、瘤胃积食以及其他致使腹腔压增高的因素作用下,突然呈现临床症状。

病的初期,一般多呈现前胃弛缓、食欲减退、瘤胃收缩力减弱,反刍减少,不断嗳气,常呈现间歇性瘤胃臌胀。肠蠕动音减弱,有时发生顽固性便秘,后期下痢,粪有恶臭、带血。奶牛的泌乳量减少。最明显的症状是网胃区疼痛,具体表现如下。

1.姿势异常

病牛站立时,常采取前高后低的姿势,头颈伸展,两眼半闭,肘关节外展,拱背,不愿走动。

2.运动异常

牵遛病牛行走时,嫌忌下坡、跨沟或急转弯;牵在砖石或水泥路面上行时止步不前。

3.起卧异常

病牛起卧时,先起前腿,卧下时,先卧后腿,这与牛正常的起卧姿势相反。而且当卧地、起立时,因感疼痛,极为谨慎,肘部肌肉颤动,甚至呻吟和磨牙。

4.排粪异常

由于网胃区疼痛,患牛不敢努责,排粪时间延长。

5.采食饮水异常

有的病牛在采食时有一定的食欲,但吃入少量饲料饲草后引起瘤胃网胃蠕动增强,疼痛加剧,病牛就停止采食而离槽,称此为“退槽现象”,并在采食或饮水时表现吞咽痛苦,缩头伸颈,很不自然。

6.网胃疼痛试验阳性

用拳头叩击网胃区或剑状软骨区触诊,或用一根木棍通过剑状软骨区的腹底部猛然抬举,给网胃施加强大压力,病牛表现敏感不安。用双手将鬐甲部皮肤捏成皱襞,病牛表现出敏感,并引起背部下凹现象。

7. 诱导反应

必要时应用副交感神经兴奋剂，皮下注射，促进前胃运动机能，病情随之增剧，表现疼痛不安状态。

8. 血象检查

白细胞总数增多，可达 11 000～16 000 个/$mm^3$。其中嗜中性白细胞增至 45%～70%，淋巴细胞减少为 30%～45%，核左移。结合病情分析，具有实际临床诊断意义。

但须说明，由于金属异物穿透网胃，刺伤内脏和腹膜所导致的炎性变化不同，临床症状也各有差异。一般而言，腹腔脏器被铁丝或铁钉刺伤时，常常呈现剧烈腹痛症状，如果伴发急性局限性腹膜炎，会出现体温升高，呼吸稍促迫，脉搏略增数，姿态异常，食欲减退数日后病情弛张不定，当病变部结缔组织增生将异物包埋时，症状消退，但其后又常常复发，病情增剧。若伴发急性弥漫性腹膜炎或胸膜炎，内脏器官粘连，体温可上升至 40～41℃，脉搏增至 100～120 次/min，呼吸浅表疾速，全身症状明显。脾脏或肝脏受到损伤，形成脓肿扩散蔓延，往往引起全身脓毒败血症，病情急剧发展和恶化。

## 二、任务实施

### （一）诊断

1. 症状诊断

顽固性消化机能紊乱，姿势、运动、起卧、网胃区疼痛等症状进行诊断。

2. X 光诊断

有条件的可进行 X 光检查，可获得确切诊断。

3. 金属探测仪诊断

使用金属探测仪检查网胃区，可获得阳性结果。

### （二）治疗

1. 手术疗法

创伤性网胃腹膜炎，在早期如无并发病，采取手术疗法，施行瘤胃切开术，从网胃壁上摘除金属异物，同时加强护理措施，疗效可达 90%以上。

2. 保守疗法

将病牛立于斜坡上或斜台上，保持前躯高后躯低的姿势，减轻腹腔脏器对网胃的压力，促使异物退出网胃壁。同时应用抗生素如青霉素牛 40 000 万 IU 与链霉素 800 万 IU，分别肌肉注射，连用 3 d，有报道治愈率可达 70%。也可用特制磁铁经口投入网胃中，吸取胃中金属异物，同时应用青霉素和链霉素，肌肉注射，治愈率约达 50%，但有少数病例复发。

此外，加强饲养管理，使病牛保持安静，先禁食 2～3 d，其后给予易消化的饲料，并适当应用防腐止酵剂、高渗葡萄糖或葡萄糖酸钙溶液，静脉注射，增进治疗效果。

### （三）预防

首先，在于加强日常饲养管理工作，不可将碎铁丝、铁钉、缝针、发卡以及其他各种金属异物随地乱抛，注意饲料选择和调理、防止饲料中混杂金属异物。

其次，村前屋后、铁工厂、作坊、仓库、垃圾堆等地方不可任意放牧。从工矿区附近收割的饲草和饲料，也应注意检查。特别是奶牛、肉牛饲养场，种牛繁殖场，加工饲料，应增设清除金属异物的电磁装置，除去饲料、饲草中的金属异物，以防本病的发生。

第三，建立定期检查制度。特别是对饲养场的牛群，可用金属探测器进行定期检查，必要时再应用金属异物摘除器从瘤胃和网胃中去除金属异物。也有应用磁铁牛鼻环，以减少本病的发生。

第四，新建奶牛场或饲养场，应远离工矿区、仓库和作坊。乡镇与农村饲养牛的牛房，也应离开铁匠铺、木工房以及修配车间，减少本病的发生机会，保证牛群的健康。

第五，给牛网胃内投放磁笼，定期取出，清除金属异物后再投放进去，可有效预防本病的发生。

## 附：创伤性心包炎

创伤性心包炎是在创伤性网胃炎的基础上发生的，是由尖锐异物刺伤心包而引起的心包化脓性、增生性炎症。在临床表现上除具有创伤性网胃炎的特征外，尚有颈静脉怒张，胸下、颈下、颌下浮肿的症状。听诊心音减弱，有摩擦音、拍水音，心包穿刺有脓性、恶臭的心包液流出。治疗时可根据病情采取保守疗法，即大剂量使用抗生素，同时使用可的松控制炎症发展，心包积液时，采取心包穿刺、心包冲洗、心包用药等方法进行治疗。保守治疗无效时，根据病畜的体质状态，可采取手术摘除尖锐异物的方法，同时配合抗菌消炎。

## 子任务五 瓣胃阻塞

### 一、相关知识

#### （一）了解概况

瓣胃阻塞又称百叶干，是因前胃弛缓，瓣胃收缩力减弱，内容物充满而干涸，致使瓣胃扩张而导致严重消化不良的一种疾病。因瓣胃内容物停滞，压迫胃壁，致使胃壁麻痹，瓣叶坏死，引起全身机能变化，是牛的一种严重的胃脏疾病。

#### （二）认知病因

1.原发性瓣胃阻塞

主要见于长期饲喂麸糠、粉渣、酒糟等含有泥沙的饲料，或粗纤维坚硬的甘薯蔓、花后秧、豆秸、青干草、红茅草以及豆荚、麦糠等。特别是铡短草喂牛是本病的发病原因之一。

放牧转为舍饲，或饲料突然变换，饲料质量低劣，缺乏蛋白质、维生素以及微量元素，或因饲喂后缺乏饮水以及运动不足等都可引起。

2.继发性瓣胃阻塞

常见于皱胃阻塞、皱胃变位、皱胃溃疡、腹腔脏器粘连、生产瘫痪、牛产后血红蛋白尿病、黑斑病甘薯中毒、急性肝脏病、牛恶性卡他热等急性热性病以及血液原虫病等。

#### （三）识别症状

本病的初期，呈现前胃弛缓症状，食欲减少，便秘，粪呈现饼状或球状，瘤胃轻度臌胀，瓣胃蠕动音微弱或消失。于右侧腹壁瓣胃区（第7～9肋间的中央）触诊，病牛疼痛；叩诊，瓣胃浊音区扩大，病牛精神沉郁，时而呻吟，奶牛泌乳量下降。

病情进一步发展，精神更加沉郁，鼻镜干燥、龟裂，空嚼、磨牙，呼吸浅表、疾速，心脏机能亢进，脉搏数增至80～100次/min。食欲、反刍消失，瘤胃收缩力减弱。用15～18 cm长的针头，于右侧第9肋间肩关节水平线上下2 cm处穿刺进行瓣胃穿刺检查，有阻力，不感到瓣胃收缩运动。直肠检查可见肛门与直肠痉挛性收缩，直肠内空虚、有黏液，少量暗褐色粪块附着于直肠壁。晚期病例，瓣叶坏死，伴发肠炎和全身败血症，体温升高0.5～1℃，食欲废绝，排粪停止，或排出少量黑褐色藕粉样具有恶臭的黏液。尿量减少、黄色，或无尿。呼吸疾速，心悸，脉搏数可达100～140次/min，脉律不齐，有时徐缓，微循环障碍，皮温不整，结膜发绀，形成脱水与自体中毒现象。体质虚弱，病情显著恶化。

## 二、任务实施

### (一)诊断

根据病史调查，临床病征，瓣胃蠕动音低沉或消失，触诊瓣胃敏感性增高，叩诊浊音区扩大，粪便细腻、纤维素少、黏液多等表现，结合瓣胃穿刺可进行诊断。必要时进行剖腹探诊，可以确诊。在论证分析时，应注意同前胃弛缓、瘤胃积食、创伤性网胃腹膜炎、皱胃阻塞、肠便秘以及可伴发本病的某些急性热性病进行鉴别诊断，以免误诊。

### (二)治疗

本病多因前胃弛缓而发病，治疗原则应着重增强前胃运动机能，促进瓣胃内容物排出，增进治疗效果。

初期，病情轻的，可用硫酸镁或硫酸钠400～500 g、常水8 000～10 000 mL，液体石蜡1 000～2 000 mL，或植物油500～1 000 mL，1次内服。同时应用10%氯化钠溶液100～200 mL，10%安钠咖注射液10～20 mL，静脉注射，增强前胃神经兴奋性，促进前胃内容物运转与排除。

瓣胃注射对软化和排出胃内容物有较好的效果，可用10%硫酸钠溶液2 000～3 000 mL，液体石蜡或甘油300～500 mL，普鲁卡因2 g，盐酸土霉素3～5 g，配合一次瓣胃内注入。注射部位在右侧第9肋间与肩关节水平线相交点，略向前下方刺入10～20 cm，判明针头已刺入瓣胃时，方可注入。同时注意及时输糖补液，防止脱水和自体中毒，缓和病情。

瓣胃冲洗疗法：对上述治疗无效的病例，可采取瘤胃切开术，用胃管插入网一瓣孔冲洗瓣胃，可取得较好的效果。

按中兽医辨证施治的原则，牛百叶干是因脾胃虚弱，胃中津液不足，百叶干燥，着重生津、清胃热、补血养阴、通畅润燥，宜用黎芦润燥汤：黎芦60 g、常山60 g、二丑60 g、当归100 g、川芎60 g、水煎后加滑石90 g、液体石蜡1 000 mL、蜂蜜250 g，内服。

治疗过程中，应加强护理，耕牛停止使役，充分饮水，给予青绿饲料，有利于恢复健康。

### (三)预防

本病的预防，应注意避免长期应用麸糠及混有泥沙的饲料饲喂，同时注意适当减少坚硬的粗纤维饲料；铡草喂牛也不宜将饲草铡得过短，糟粕饲料也不宜饲喂过多，注意补充矿物质饲料，并给予适当运动。发生前胃弛缓时，应及时治疗，以防止发生本病。

# 任务三　反刍动物皱胃疾病

## 子任务一　皱胃阻塞

### 一、相关知识

#### （一）了解概况

皱胃阻塞亦称为皱胃积食，主要是由于迷走神经调节机能紊乱，皱胃内容物积滞、胃壁扩张、体积增大形成阻塞，引起消化机能极度障碍、瘤胃积液、继发瓣胃秘结，自体中毒和脱水的严重病理过程，常常导致死亡。

#### （二）认知病因

一般而言，皱胃阻塞是由于饲养或管理使役不当而引起的。西北和华北以及苏、鲁、豫、皖相毗邻的地区，特别是冬春缺乏青绿饲料，用谷草、麦秸、玉米秸秆、高粱秆或稻草铡碎喂牛，发病率较高。淮河南北各地区的黄牛和水牛，每于夏收夏种、冬耕农忙季节，因饲喂麦糠、豆秸、干薯蔓、花生秧或其他秸秆，并因饲养失宜、饮水不足、劳役过度和神情紧张，也常常发生皱胃阻塞现象。

1. 原发性皱胃阻塞

犊牛有的因大量乳凝块滞积而发生。成年牛有的因误食胎盘、毛球或麻线而发生。犊牛与羔羊因误食破布、木屑、刨花以及塑料绳等，引起机械性皱胃阻塞。实际上，都是由于消化机能和代谢机能紊乱，发生异嗜、舔食异物和泥沙的结果。

2. 继发性皱胃阻塞

多数病例是继发于前胃弛缓、创伤性网胃炎、腹腔脏器粘连、皱胃炎、皱胃溃疡、小肠秘结以及肝、脾脓肿或纵隔疾病等。

#### （三）识别症状

初期，前胃弛缓，食欲、反刍减退或消失，有的病例则喜饮水，瘤胃蠕动音减弱，瓣胃音低沉，肚腹无明显异常；尿少，粪干，伴发便秘现象。

随着病情发展，病牛食欲废绝，反刍停止，肚腹显著增大，瘤胃内容物充满，腹部臌胀或下垂，瘤胃与瓣胃蠕动音消失，肠音微弱；常常呈现排粪姿势，有时排出少量糊状、棕褐色带恶臭粪便，混杂少量黏液，或紫黑色血丝和凝血块；尿少而浓，呈黄色或深黄色，具有强烈的臭味。由于瘤胃大量积液，冲击性触诊，呈现波动状。

重剧的病例，视诊，右侧腹中部向下方局限性膨隆；触诊，以拳抵触右侧中下腹部肋骨弓的后下方皱胃胃区频频冲击，则病牛有退让、踢腹等敏感表现，同时感触到皱胃体显著扩张而坚硬，特别是继发于创伤性腹膜炎的病例，腹腔器官粘连，往往由于皱胃位置固定，触诊时，更为明显。

直肠内有少量粪便和成团的黏液，混有坏死黏膜组织。体形较小的黄牛，手伸入骨盆前缘右前方，瘤胃的右侧，于中下腹区能摸到向后伸展扩张呈捏粉样硬度皱胃，乳牛和水牛体形较大，直肠内不易触诊。

病牛精神沉郁，被毛逆立，污秽不洁，体温无变化，个别病例，中后期体温上升至 40℃左右。急剧病例，心脏衰竭，脉微欲绝，心搏动达 100 次/min 以上。血液常规检查见血沉缓慢，嗜中性白细胞增多及伴有核左移，但有少数病例白细胞总数减少，嗜中性白细胞比率降低。病的末期病牛精神极度沉郁，体质虚弱，皮肤弹力减退，鼻镜干燥，眼球下陷，结膜发绀，舌面皱缩，血液黏稠、乌紫，呈现严重的脱水和自体中毒症状。

此外，犊牛和羔羊的皱胃阻塞，也同样具有部分的消化不良综合征，特别是犊牛，由于含有多量的酪蛋白牛乳所形成的坚韧乳凝块而引起的皱胃阻塞，表现持续下痢，体质瘦弱，腹部膨胀而下垂，用拳冲击式触诊腹部，可听到一种类似流水的异常音响。即使通过皱胃手术，除去阻塞物，仍可能陷于长期的前胃弛缓。

## 二、任务实施

### (一)诊断

根据右腹部皱胃区局限性膨隆，于体外或直肠检查，触诊坚硬，在膨隆处穿刺，穿刺液 pH 为 2～4 等临床症状进行诊断。但皱胃阻塞的临床病征，多与前胃疾病、皱胃或肠变位的症状很相似，往往容易混淆，应注意鉴别。

1. 前胃弛缓

皱胃阻塞后期往往伴发瓣胃秘结，病情顽固，常常与前胃弛缓误诊。但前胃弛缓，右腹部皱胃区不膨隆。

2. 创伤性网胃腹膜炎

与本病临床症状极为相似，往往难以鉴别。但创伤性网胃腹膜炎，病牛姿势异常，肘部肌群震颤，用拳冲击或抬病牛的剑状软骨后方，可引起疼痛反应，故与本病不同。

3. 皱胃变位

皱胃左(右)侧变位分别可在左(右)侧 9～12 肋间中上部叩诊结合听诊，有清脆的钢管音，结合临床症状分析，易与本病鉴别。

4. 肠扭转与肠套叠

病牛初期呈现明显的腹痛，直肠检查手伸入骨盆腔时，即感到阻力，直肠空虚，有多量黏液，病情急剧恶化，故与本病有明显的区别。

### (二)治疗

皱胃阻塞不通，根据病情发展，应着重消积化滞、防腐止酵、缓解幽门痉挛、促进皱胃内容物排出、防止脱水和自体中毒，增进治疗效果。严重病例，胃壁已经过度扩张和麻痹的，须采取手术疗法。

1. 清理胃内容物

病的初期，皱胃运动机能尚未完全消失时，为了消积化滞、防腐止酵，可用硫酸钠 300～400 g，液体石蜡 1 000～2 000 mL，鱼石脂 20 g，酒精 70 mL，常水 6 000～8 000 mL，配合内服。但须注意病的后期发生脱水时，忌用泻剂。

2. 补液、强心、缓解自体中毒

为了改善中枢神经系统调节作用，促进胃肠机能，增强心脏活动，促进血液循环，防止脱水和自体中毒现象，可及时应用10%氯化钠注射液200～300 mL，20%安钠咖注射液10 mL，维生素C 1～2 g、5%葡萄糖生理盐水4 000～5 000 mL，静脉注射。必要时，适当地应用抗生素，防止继发感染。

3. 手术治疗

上述方法不奏效时，可实施手术治疗，掏出皱胃内容物，然后按术后常规方法进行治疗和护理。值得注意的是，在皱胃阻塞时多继发瓣胃秘结，因此在手术中当皱胃内容物清理完成后应检查瓣胃内容物是否阻塞，必要时要清理瓣胃阻塞物，以达到完全疏通的目的，提高手术成功率。

#### (三)预防

皱胃阻塞的发生，主要是迷走神经机能紊乱或受损而引起的。因此，必须加强饲养管理，特别是应注意粗饲料和精饲料的调配，饲草不能铡得过短，精料不能过细，麦糠、豆饼也不能搭配过多，以免影响消化机能。此外，还须注意清除饲料中的异物，防止发生创伤性网胃炎，避免损伤迷走神经，保证牛群健康。

## 子任务二 皱胃变位

### 一、相关知识

#### (一)了解概况

皱胃正常解剖学位置的改变称为皱胃变位。主要发生于成年高产奶牛，以消化机能障碍、叩诊结合听诊检查变位区出现钢管音为特征，并伴发低血钙、低血钾、妊娠毒血症或酮病。

#### (二)认知病因

1. 品种因素

皱胃变位主要发生奶牛，而黄牛则很少发生，原因是奶牛后躯宽大，呈三角形体型，腹内脏器的可移动空间较大，大大增加了皱胃变位的机会，黄牛由于体型小，后躯窄，变位的概率则很低。

2. 与妊娠和分娩有关

分娩是皱胃变位最为常见的促进因素，高产奶牛皱胃左方变位，约有65%的病例于分娩后8 d内发生，原因是奶牛在妊娠期间，庞大的子宫从腹腔底部把瘤胃推向上方，皱胃在瘤胃下方被压挤到左前方。分娩后子宫回缩，瘤胃快速下沉，若皱胃弛缓不能迅速复原，则被压挤在瘤胃与左腹壁中间，从而导致皱胃左方变位。

3. 与饲养管理不当有关

高产奶牛饲喂大量精料，从瘤胃排入皱胃挥发性脂肪酸浓度较高，影响皱胃蠕动及其向十二指肠的排空作用，导致皱胃弛缓和扩张而发生变位。也有因饲料含有泥沙沉积于皱胃内，引起皱胃溃疡和弛缓，从而引起变位。运动不足，卫生不良，以及离群、环境突变，受到异常刺激，呈现应激状态，胃肠道弛缓，亦可导致皱胃变位。而且高产奶牛代谢机能扰乱，发生低血钙、生产瘫痪、酮血症、脂肪肝以及碱中毒等，皱胃陷于弛缓，排出机能降低，也可引起皱胃变位。

### (三)识别症状

奶牛皱胃变位发生后，无论左方变位还是右方变位，都可表现食欲减退或废绝，前胃弛缓，瘤胃收缩力减弱，蠕动音低沉或消失，排粪量少，间或发生剧烈下痢，泌乳量迅速下降，一般无体温升高症状，随着病情发展，机体出现脱水，倦怠无力，体质衰竭，但右方变位往往病程发展迅速，如不及时手术死亡率较左方变位高得多。在左（右）侧 9～12 肋间中上部叩诊结合听诊有清脆钢管音，随皱胃蠕动也能听到清脆的叮铃音，是本病的示病特征。见图Ⅰ-1-3 和图Ⅰ-1-4。

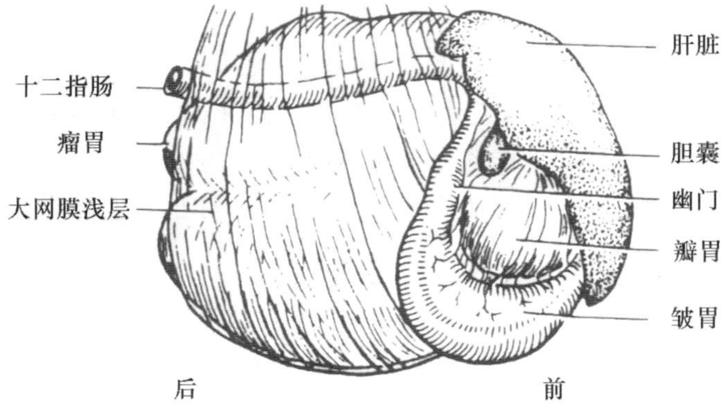


**图Ⅰ-1-3　皱胃和瓣胃正常位置左侧观**

（瘤胃被大网膜、瓣胃被小网膜覆盖）

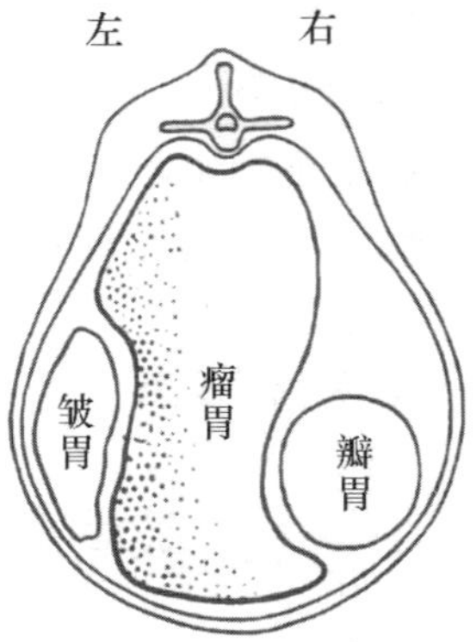


**图Ⅰ-1-4　皱胃左侧移**

在病情发展中，由于消化障碍，代谢机能紊乱，伴发酮血症，尤其是干奶期加喂精料的奶牛，分娩后发病，多数病例的尿中酮体反应呈阳性。

本病常与奶牛妊娠毒血症和酮血症并发综合征，表现消化障碍、神经症状及生产瘫痪现象，病情急剧，陷于循环虚脱状态。伴发出血性或穿孔性皱胃溃疡，或皱胃炎、瓣胃炎、乳房炎及子宫炎的病例，病情随之发展和恶化，但也有个别病例，病程徐缓，尚能妊娠产犊。

## 二、任务实施

### (一)诊断

本病常见于分娩后 5 周以内的高产奶牛，多与妊娠毒血症和酮血症并发综合征，病情互相掩映，容易混淆，难以确诊。在临床实践中，只有采用叩诊和听诊相结合的方法，于左（右）侧第 9～12 肋间听到皱胃内高朗的钢管音，结合病情，可以获得正确的诊断。

### (二)治疗

1. 保守疗法

先使病牛禁食 1～2 d，并限制饮水量，然后运用滚转法，即将病牛左侧卧地，继而转为仰卧，以背部为轴心，迅速使其向左右来回滚转约 3 min，立即停止，仍使其左侧卧地，再转为伏卧姿势，使其起立，检查皱胃情况，如未复位，仍可反复进行。或者使病牛右侧卧地，立即改为仰卧，术者用双拳从病牛左旁，腰窝部开始，沿最后肋骨向脐的方向用力按摩，如此操作反复 2～3 次，并向右侧急促翻转，骤然停止，促进皱胃复位。但保守疗法往往效果不够确切。

2. 手术疗法

保守治疗无效或右方变位或变位已久，特别是皱胃和腹壁或瘤胃发生粘连时，必须及时采取手术方法进行治疗，术后按常规方法进行抗菌治疗和护理。

皱胃变位手术操作要点：①术前要根据病牛的体质状况采取补钙、补钾、补液、补充营养等措施，以提高病牛的体质和对手术的耐受能力。②做好皱胃排气减压，便于皱胃矫正复位。③皱胃矫正后为确保复位正确，在固定皱胃之前要进行复位的验证，方法是从瓣-皱口开始，依次检验皱胃大弯、幽门、十二指肠的位置，在确定各检查部位位置都正确时，行皱胃固定。④术后前 3 d 对术牛要禁止采食，但不限饮水，并于术后使用液体石蜡 1 000～2 000 mL，硫酸镁 400～500 g，以疏通胃肠道。⑤手术后 2～3 d，病牛表现食欲时，可先喂少量优质饲草，随着病情恢复，再逐步增加喂料量。见图Ⅰ-1-5 和图Ⅰ-1-6。

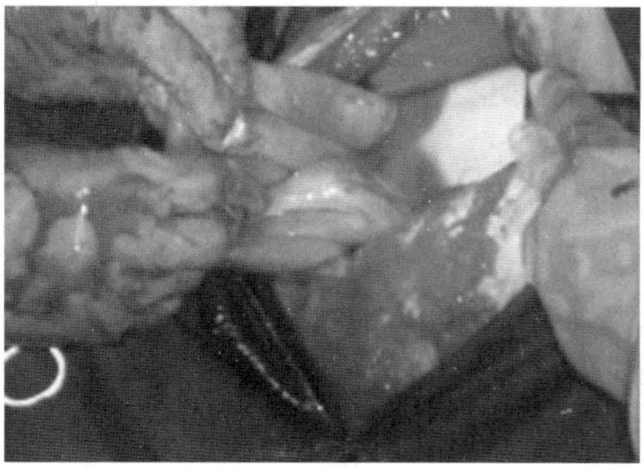

**图Ⅰ-1-5　皱胃左方变位**

皱胃移至左侧，手术时从左侧肷窝切口可看到或拉出皱胃　（石冬梅　摄）

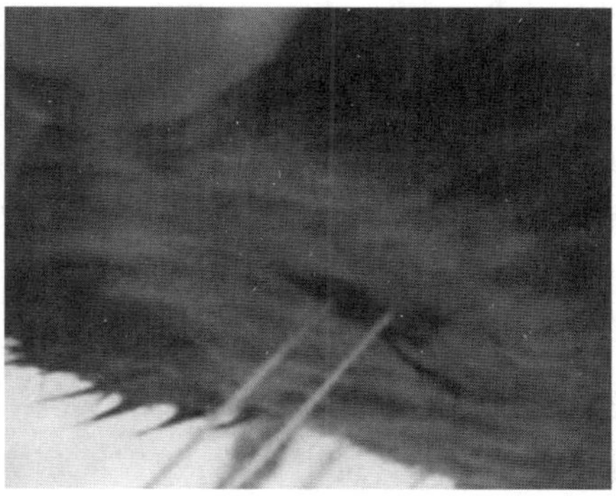

**图Ⅰ-1-6　缝合固定线**　（石冬梅　摄）

**（三）预防**

本病预防，应合理配合日粮，特别是高产奶牛，按泌乳量增加精料时，绝不能减少日粮中的优质青干草。精料及酸性饲料喂量大时，应补喂适量碳酸氢钠。妊娠后期应少喂精料，多喂优质干草，给予适当运动。临产期前，尽量保持正常饲养，更应克服产前干奶期补饲催奶的饲养方法，以防皱胃弛缓及其分娩后发生本病，乃至伴发妊娠毒血症和酮血病综合征，保证奶牛安全分娩与健康。

## 子任务三　皱胃溃疡

### 一、相关知识

**（一）了解概况**

皱胃溃疡是皱胃黏膜局限性糜烂、缺损和坏死，或自体消化形成溃疡病灶的一种皱胃疾病。病情较轻的有轻微出血，呈现消化不良，病情严重的可导致皱胃穿孔并继发急性弥漫性腹膜炎。本病多发于肉牛、乳牛和犊牛，黄牛和水牛也有发生；犊牛皱胃溃疡多为亚临床经过，无明显症状，但对其生长发育有一定影响。

**（二）认知病因**

1. 原发性皱胃溃疡

常起因于饲料粗硬、霉败、质量不良、饲养突变等所致的消化不良，特别是长途运输、惊吓、拥挤、妊娠、分娩、劳役过度等应激因素。因此，本病多发于育肥期的肉牛，妊娠分娩的乳牛。犊牛多发于哺乳期或离乳后采食的饲料过于粗硬，难以消化，胃黏膜受到损害，或因饲养不当，人工哺乳时乳汁酸败，造成消化障碍而引发本病。

2. 继发性皱胃溃疡

见于皱胃炎、皱胃变位、皱胃淋巴肉瘤以及血矛线虫病、黏膜病、恶性卡他热、口蹄疫、牛羊水疱病等疫病的经过中，致使皱胃黏膜出血、糜烂、坏死以至溃疡。

**(三)识别症状**

依据是否发生出血和穿孔，一般可分为3种病型。

1. 糜烂及溃疡型

皱胃出现多处糜烂或浅表的溃疡，出血轻微或不伴有出血。多发于犊牛。临床上无明显的全身症状，除粪便有时能检出潜血外，其他表现与消化不良类似，生前诊断较难。此型的糜烂和溃疡，一般能自行愈合，预后良好。

2. 出血性溃疡型

皱胃内溃疡范围广并扩展至黏膜下，损伤了胃壁血管，但未贯通浆膜层。发生于成年牛在泌乳的任何阶段，但以前6周的泌乳牛发病率最高，是临床上最常见的病型。以出血程度不同分两类。有少量出血的，皱胃溃疡症状不明显，但在粪便中可间歇性地出现未完全消化的小血凝块，表现轻度慢性腹痛，周期性磨牙，食欲不定，有时吃进几口饲料即停止，似乎已经感觉到腹部不适，粪便潜血检查阳性。严重出血的皱胃溃疡病牛，体温正常，有明显的黑粪症，部分或完全厌食；当食欲废绝、精神极度沉郁时，则表现为大量失血症状，即可视黏膜苍白，脉搏可达100～140次/min，呼吸浅表疾速，末梢发凉；在黑粪污染的尾部及会阴周围可嗅出典型的血液消化后产生的微甜气味。

3. 穿孔性溃疡型

为溃疡穿孔及局限性腹膜炎型、溃疡穿孔及弥漫性腹膜炎型两种临床类型。溃疡穿孔及局限性腹膜炎型，临床表现酷似创伤性网胃腹膜炎，包括不同程度厌食，不规则发热，体温常达39.44～40.56℃，反复发作前胃弛缓或臌气以及运步拘谨、不愿走动、轻微腹痛、呻吟等腹膜炎症状。两者的区别在于腹壁的触痛点不同：皱胃穿孔的压痛点在剑状软骨的右侧，网胃炎的压痛点在剑状软骨的左侧。犊牛发病症状与上述基本相同，但由于局限性腹膜炎易诱发肠梗阻而出现瘤胃臌气。

溃疡穿孔及弥漫性腹膜炎，成年牛与犊牛均可发生，但不常见。由于大量皱胃内容物漏出使腹膜感染并迅速扩散，病牛表现为急性厌食或食欲废绝，前胃及远侧胃肠道完全停滞，出现数小时发热(典型温度40.0～41.39℃)，皮肤和末梢发凉，脱水，不愿活动，强迫运动或起立时呼气有咕噜声或呻吟，广泛性腹痛，心率可达100～140次/min，精神沉郁，呈现败血性休克症状。发病急，病程短，通常在6 h内死亡；若实施治疗可存活36～72 h或更长，但仍预后不良；若在初诊时病牛体温开始下降或已降至正常体温以下，则多在12～36 h死亡。

剖检可见幽门区和胃底部黏膜皱襞上散在有数量不等的糜烂或溃疡。糜烂为数众多，范围浅表而细小。溃疡大多在胃底部的最下部，少数在胃底部和幽门部的交界处，呈圆形或椭圆形，其边缘整齐，界限明显，直径由3～5 mm至50～60 mm，深度可达黏膜下、肌层以至浆膜层，有的发生穿孔。

## 二、任务实施

### (一)诊断

1. 糜烂及溃疡型

不表现特征性临床症状，易误认为一般性消化不良，确诊困难，必要时需反复进行粪便潜血分析，并依据临床及实验室检查(包括腹腔穿刺术等)，排除其他能引起食欲减退和产奶量下降的疾病，有助于建立诊断。

2. 出血性溃疡

可依据排柏油状黑粪和明显的出血性贫血等建立诊断；但有的病例因继发性幽门痉挛或伴发幽门毛球阻塞(犊牛)而在胃出血后 24～28 h 不见黑粪排出，且直肠检查或右肋弓后腹肋部触诊叩诊可发现有积液、积气而臌胀的皱胃，容易误诊为皱胃右方变为或扭转，应注意鉴别。其鉴别要点是：出血性溃疡有突然出现的明显乃至重剧的贫血体征，并在胸骨剑突后右侧做皱胃深部触诊，有隐痛和呻吟，其痛点的特征是深压时不痛，而将手抬举时疼痛。对表现慢性腹泻，长期排黑粪，渐进性消瘦和贫血的出血性溃疡，应考虑皱胃淋巴结肉瘤的存在，必要时可进行牛白血病病毒有关的病原学诊断。

3. 穿孔性皱胃溃疡

若呈急性穿孔性弥漫性腹膜炎表现，症状典型。容易确诊；若表现局限性腹膜炎症状，应重点与创伤性网胃腹膜炎区分，其鉴别要点在临床症状中已做阐述。

### (二)治疗

治疗原则是镇静止痛，抗酸制酵，消炎止血。

1. 除去病因，加强护理

对多数皱胃溃疡病例，应保持安静，单圈舍饲；改善饲养，日粮中停止添加高水分玉米、青贮饲料和磨细的精料，给予富含维生素 A、蛋白质的易消化的饲料，如青干草、麸皮、胡萝卜等，避免刺激和兴奋，减少应激来源。

2. 镇痛

为减轻疼痛和反射性刺激，防止溃疡的发展，应镇静止痛，用安溴注射液 100 mL，静脉注射，或肌肉注射布洛芬。

3. 中和胃酸

防止黏膜受侵蚀，宜用硅酸镁或氧化镁等抗酸剂，使皱胃内容物的 pH 升高，胃蛋白酶的活性丧失。硅酸镁 100 g，逐日投服，连用 3～5 d；氧化镁(日量)每千克体重 500～800 g，连续 2～4 d 投服，在某些病牛有效；将上述抗酸剂直接注入皱胃，效果更好。为制止胃酸分泌，国外兽医临床从 20 世纪 80 年代开始试用组胺受体(H2)阻断剂，如甲腈咪胍每千克体重 8～16 mg，每日 3 次投服。

4. 止血

出血严重的溃疡病牛，可用维生素 K 制剂止血，亦可用氯化钙溶液或葡萄糖酸钙溶液、维生素 C 等静脉注射。最好实施输血疗法，一次输给 2～4 L(犊牛)或 6～8 L(成牛)，可获良好效果。

5. 溃疡穿孔及局限性腹膜炎的治疗

除改善饲养、调整日粮外，药物治疗主要是应用广谱抗生素，连续用 7～14 d 或直到动物保持正常体温 48 h 以上,但溃疡穿孔及弥漫性腹膜炎,常因迅速发生内毒素性休克,多预后不良,通常不做治疗,予以淘汰。

**(三)预防**

加强饲养管理,供给足够的粗饲料和大颗粒的精料,减少应激反应,可减少本病的发生。

# 任务四　胃肠疾病

## 子任务一　胃炎

### 一、相关知识

**(一)了解概况**

胃炎是胃黏膜表层及深层的炎症。临床以食欲减退、舌苔增厚、胃区疼痛、呕吐为主要特征。

**(二)认知病因**

1. 原发性病因

(1)饲料品质不良。饲料质量不良,发霉变质的饲料,或加入粗稻糠等粗硬纤维过多的饲料,或刺激性较大食物,如饲喂过冷或过热的料水;内服浓度过大或用量过多刺激性药物,或误饮化学药品水溶液,反复服用解热、镇痛药,抗生素及激素类药等,也会损伤胃黏膜;机械性刺激,如食入铁丝、铁钉、玻璃碎片等尖锐异物。上述因素都可损伤胃黏膜而发生炎症。

(2)消化机能不良。由于突然改变日粮,食用过量骨肉类食物,且难以消化,胃内容物不能及时后排,腐败产生各种毒素,刺激胃肠黏膜,胃肠屏障机能减弱,引起胃部发炎。在仔畜断奶后的一段短时间内,胃的发育仍然不很健全,胃的分泌和运动机能也不完善,如遇饲料、气候等外界因素的改变常导致胃黏膜发生炎症。

(3)胆汁反流。由于幽门松弛,胆汁可反流入胃内,破坏胃黏膜屏障,长期胆汁反流则可导致慢性胃炎。

2. 继发性因素

胃炎可见于犬瘟热、犬细小病毒病、犬传染性肝炎等传染病,也可见于华支睾吸虫、犬钩虫、蛔虫等寄生虫病,另外,肠炎、慢性肾炎以及某些中毒病也可引起本病。

**(三)识别症状**

1. 急性胃炎

病畜精神沉郁,疲倦,食欲减退或有异食癖,饮欲增加。本病多发生在断奶后 45 kg 以下的猪,初期表现为消化不良即慢性胃卡他的症状,食欲不定,采食时多时少,渐渐地采食量减少。患猪出现舔食冷物、泥土、墙壁等异嗜现象。饮水近于正常,口臭较重,有舌苔,结膜潮红带黄,体温变化不大,有时表现腹痛、腹胀,偶尔呕吐,呕吐物酸臭,多数粪便变得干硬,粪球小,颜色加深,粪便量和次数都有减少。但常在饮水后发生呕吐,炎症越重,则呕吐频率越高，呕吐物中可混有血液、胆汁。若为腐蚀性物质引起的胃炎，呕吐物中可含有血液及胃黏膜碎片。触诊前腹部疼痛，常呈蹲坐姿势，拒绝按压腹部，常呈弓腰蜷腹状。时间延长可引起脱水，表现为皮肤起皱、干燥，眼球下陷、无光，重则很快虚脱死亡。

2. 慢性胃炎

主要表现为食欲不定，有时呕吐，病畜逐渐消瘦、贫血，发育不良，有的可出现异食癖。发病时间长的猪，出现明显的消瘦和生长发育迟缓。后期，皮肤颜色变浅，可视黏膜灰白色，舌体颜色变淡，舌乳头萎缩等贫血症状。慢性胃炎，可发展到萎缩性胃炎，最终呈现全身衰竭状态而死亡。

## 二、任务实施

### （一）诊断

依据临床上有腹痛、消化紊乱、呕吐等表现，结合病史可确诊，但要区别原发病如犬瘟热、犬细小病毒、犬传染性肝炎等急性传染病，以及细菌性肾炎、急性尿毒症、食物中毒等疾病，继发性急性胃炎表现有原发疾病特有的症状。

### （二）治疗

本病治疗原则是减轻胃负担、调节胃内环境、减轻炎症、防止脱水、恢复消化功能。

1. 减轻胃负担

发病后立即禁水、禁食，一般要求禁水 12 h，禁食 24 h。禁食 24 h 后，给病犬饲喂易消化且刺激性小的食物，如鸡蛋汤、米饭、奶粉等。

2. 抗菌消炎

可内服环丙沙星或恩诺沙星，每天 2～3 次，连用 3～5 d。也可肌肉注射庆大霉素，每次 0.5～1 mL，每天 2 次，连用 3～5 d。

3. 防止脱水

呕吐脱水严重的病例可给予补液，用复方生理盐水，按每千克体重 40～55 mL 分 3 次静脉注射；同时，配合 5%葡萄糖注射液，按每千克体重 45～55 mL 计算，静脉注射。呕吐严重者，可肌肉注射胃复安，每次 5～15 mg，每天 2 次，连用 2 d，也可肌肉注射维生素 $B_1$，每次 10～25 mg。

4. 保护胃黏膜

可内服次硝酸铋或次碳酸铋 1 g，另加鲜犬奶 5～10 mL，1 次灌服，每天 3 次。平时要加强护理，饲以温和、营养、易消化食品，如犬奶、麦片、稀米饭等，以利愈合。用抗酸药物缓解病情，一般口服碳酸氢钠每只 0.3～1 g，每天 2～3 次；鞣酸液（0.6 g 鞣酸溶于 30 mL 水中）每次 5～25 mL。

5. 恢复消化功能

排除酸性物质在胃内的过多残留，口服适量泻剂，如硫酸镁、硫酸钠、蓖麻油等，排除胃内过多的酸及毒素。健胃，可内服苦味酊，每次 2～5 mL，或大黄酊每次 1～4 mL，于饲前内服，连用 5～7 d。也可内服适量人工盐，适当补充 B 族维生素。助消化，可内服稀盐酸，每次 1～2 mL，加温水 100 mL，1 次灌服，同时可内服胃蛋白酶，每次 0.5～1 g。提高食欲，可内服干酵母，每次 8～12 g，每天 1 次。

中西药结合治疗本病，应以消除病因、杀菌止痛和胃健脾及清理胃火为原则。中药用陈曲 15 g、山楂 20 g、麦芽 15 g、蒲公英 12 g、槟榔 5 g。西药用吡哌酸 1 g、安乃近 2 g、法莫替丁(抗酸及抗溃疡药)20 mg、维生素 $B_1$ 100 mg。将中药研碎成末，再与西药混匀，拌料饲喂，每天 2 次，连用 3～5 d。

#### (三)预防

在饲养管理上，饮食要有规律，强调定时、定量粗食淡饭，几种食物搭配饲喂，不可长期饲喂单一饲料以防偏食和营养缺乏症。对杂食动物，动物性食品应少食多喂以防过量，同时，禁止饲喂腐败变质食物，特别是鱼、肉类，少喂刺激性的药物和食物。

## 子任务二 肠炎

### 一、相关知识

#### (一)了解概况

肠炎是指肠道表层黏膜及深层组织发生的重剧炎症过程。临床以剧烈腹泻、粪便腥臭、腹痛为特征。

#### (二)认知病因

1. 原发性原因

(1)饲料品质不良。长期单一饲喂坚硬、品质低劣过于粗硬难消化或腐败变质饲料，以及有毒植物和刺激性药物使用不当等。

(2) 消化机能紊乱。饲喂不规律，突然变换饲料；另外，惊吓、运输等强刺激，也可引起机体应激反应，导致消化功能紊乱，消化液分泌失衡。

2. 继发性原因

(1)炎症蔓延。本病常继发于胃炎。

(2)传染性疾病。继发于大肠杆菌、沙门氏菌、巴氏杆菌等细菌病；猪瘟、传染性胃肠炎、细小病毒病等病毒病；球虫、蛔虫、绦虫等寄生虫病。

#### (三)识别症状

牛肠炎以断奶后牛犊和 1～2 岁小牛发病率高，成年牛也有发生，3～8 月份易发，呈散发性或地方性流行。患牛发病时体温 38～39.5℃，粪便较稀软，而后呈粥样，排粪不能 1 次完成，有少许血块或黏液，2～3 d 后，粪便更稀，排粪呈水样或喷射状，拉粪数增多，粪中带大量黑色血块或黏液。少数病例，便血呈鲜红色。舌苔黄褐色，口内黏液较多、味恶臭。大部分病例，被毛逆立，起卧不安，采食反刍减少，小便短黄，口渴，频频饮水。严重的病牛，行走不稳，跌倒抽搐，眼睑上翻，眼结膜苍白或发紫。病牛喜卧地，精神沉郁，有腹痛现象。牛的黏液膜性肠炎常排出大量膜状或筒状黄白色纤维素样物质。

猪的肠炎则表现为剧烈腹泻，粪便稀薄，常混有黏液、血液及脱落的坏死组织碎片等，有时混有脓汁，恶臭难闻。

犬临床上常因感染细小病毒而发生出血性肠炎，初期饮食欲废绝，时有呕吐。后期出现明显腹痛，粪便变软变稀，进而呈水样腹泻，发病 1～2 d 后，粪便呈酱色且腥臭难闻，甚至可见大量鲜红血液。如不及时治疗，患犬很快因脱水、低蛋白血症而死亡，整个过程5 d左右。见图Ⅰ-1-7。

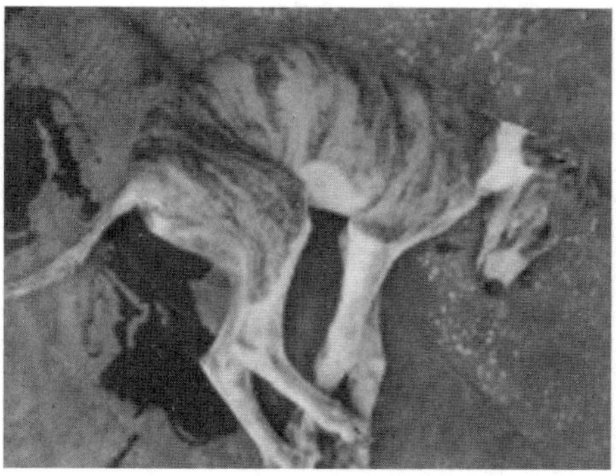

图Ⅰ-1-7　细小病毒病犬排出的血便

慢性肠炎，则病情不定，食欲时好时坏，时有腹泻，长期可致患畜营养不良。

## 二、任务实施

### (一)诊断

依据临床症状，结合临床检查可得出诊断。但要注意找出原发病因。

### (二)治疗

1. 除去病因，加强护理

首先查明病因，并去除病因，并保证患病动物充分的休息，使之处于适宜的环境，冬季在保暖，夏季在防暑，以有利于疾病康复。随着病情逐渐好转，再给予适口性强、容易消化的饲草或饲料。

2. 清理胃肠内容物

可内服缓泻剂及防腐止酵剂。在病的初期，牛、马可用人工盐等盐类泻药或与液体石蜡、大黄、枳实等泻药配合应用，但应注意防止剧泻及脱水。

3. 抗菌消炎

肠炎发生时常用的抗生素有庆大霉素、氟苯尼考、喹诺酮类抗生素，如为病毒引起的肠炎，可同时使用抗病毒药如利巴韦林、金刚乙胺等，球虫引起的需使用抗球虫药如地克珠利、氨丙林、磺胺类药等，以消除胃肠黏膜感染。

4. 补液、缓解酸中毒

肠炎时机体将发生不同程度的脱水和酸中毒，因此在治疗时应注意输液补水、补充电解质、扩充血容量和纠正酸中毒等。脱水严重时，可使用血容量扩充剂如低分子右旋糖酐等，以兼顾补液中晶体性溶液与胶体性溶液的关系。

5. 适时止泻

在病畜发生腹泻，胃肠内容物已排除或基本排除、粪便臭味不大，但仍剧泻不止时，可使用止泻药，如功能性止泻药阿托品、654-2等；内服吸附药如药用炭、硅碳银等；保护性止泻药如鞣酸蛋白、次硝酸铋等，以减少机体水分和电解质的进一步丧失。

6. 中药治疗

中药治疗，以清热解毒、利湿、行气止痛为原则。方用加味郁金散：黄连45 g，黄芩45 g，黄柏45 g，白头翁45 g，栀子30 g，大黄30 g，苦参30 g，郁金30 g，白芍15 g，诃子15 g。水煎灌服，每天1剂，分1～2次灌服；或为末，开水冲调，分2～3次灌服。发热且粪便恶臭者，不用诃子；粪稀不臭，仍泻痢不止，大黄减半，诃子加为45 g，以收敛止泻。剧烈腹泻者加大苦参用量(45 g)，同时加大白芍用量(30 g)；血粪者，加大各主药用量各用(60 g)；便血较多时，还可加地榆、槐花各30 g。

7. 对症治疗

体温升高时可适当使用退烧药，出血性胃肠炎时要使用止血药如止血敏、安络血、维生素 $K_3$ 等。冬季有些胃肠炎病畜由于腹泻严重，体质衰竭，体温下降，可采取强心、补能的方法，如静脉注射 10%安钠咖、ATP、CoA、50%葡萄糖等，以提高治愈率。

**（三）预防**

平时加强饲养管理，更换饲料要有适应过程，不得突然换料。防止动物采食腐败和发霉的草料（如酸败的酒糟、发霉的麦草、玉米秆和出芽的洋芋等），防止家畜偷食过多麸皮、油渣和黄豆蔓。加强环境管理，按时清洁圈舍，保持圈舍卫生，定期消毒注意料水卫生，避免饲料中混有强烈刺激性物质。进行口服给药时要注意药物的浓度、剂量不得过大，以免损伤肠黏膜。另外，积极做好原发病的治疗和预防。

## 子任务三 犬胃扩张-扭转综合征

### 一、相关知识

**（一）了解概况**

犬胃扩张-扭转综合征是指胃体极度扩张，然后发生扭转的一种疾病。主要过程是动物1次过食或胃内容物后排障碍，导致胃内空气、胃液或泡沫异常积聚，引起胃体积极度扩大、胃壁过度扩张，继而胃幽门部从右边转向左边，被挤压于肝、食管的末端和胃底之间，并导致贲门不通。本病特征是突发腹痛、胃区膨胀、胃壁紧张、叩诊胃区呈金属音。

**（二）认知病因**

1. 原发性病因

（1）多见于突然1次过度进食。

（2）养护不当引起胃消化机能紊乱，内容物不能及时消化、后排，发生腐败、产酸、产气，导致胃扩张。

（3）饮水不足、机体脱水、胃分泌功能不足导致的胃壁干涩，也可导致内容物后排障碍而引起本病。

（4）较老年的挽用犬，由于长年饱食后奔跑，往往有胃韧带的松弛或断裂。当犬剧烈滚动、旋转、上下跳，遇有胃半充满，较沉重，或充盈液体内容时，则将以食道胃连接处为轴心，胃的幽门部从右侧转向左侧构成 180°大转弯。

（5）胃扭转，主要发生于大型犬，可能有家族性或遗传性。

2. 继发性病因

（1）后段消化道阻塞性疾病。主要继发于胃扭转、胃内异物、幽门阻塞，小肠梗阻、蛔虫阻塞、小肠扭转及肠套叠及寄生虫。

（2）其他与消化相关脏器疾病。慢性肝脏、胆囊、胰腺等疾病也可继发慢性消化不良性胃扩张。

**（三）识别症状**

轻症者可见食欲废绝，精神沉郁，懒动不活泼，呆立或倒卧，行动僵硬、不食。腹围增大，推动胃下部，可听到溅水声。口气、呼出气酸臭，有时可见弓腰呕吐。

急性重症病例。患犬突然出现剧烈腹痛，呼吸困难，甚至躺卧于地，口吐白沫。腹部迅速扩大，腹壁紧张，叩诊呈鼓音或金属音。触压敏感，大量流涎，干呕，呼吸浅而快，心跳增数，脉硬。不及时治疗，多于 1～2 d 内死亡。

## 二、任务实施

### （一）诊断

依据腹围增大、腹痛，胃壁紧张可得出初步诊断。也可结合 B 超作胃部检查，有助于区别原发病。

### （二）治疗

治疗原则是止痛、排除胃内容物、缓解气胀为原则。

1. 止痛

腹痛明显，可内服水合氯醛 0.5～1 g，或用 5% 水合氯醛溶液，按每千克体重 0.08 g，1 次静脉注射。也可选用杜冷丁，按每千克体重 1 mg，1 次肌肉注射。

2. 促排胃内容物

可用胃管灌大量温水洗胃，同时可排出积气；也可内服泻剂，1 次灌服液体石蜡或植物油 5～10 mL，每天 1～2 次。促进消化、排空，可灌服食用醋 5～10 mL、乳酸 1～2 mL。也可用催吐法，用阿扑吗啡 20～50 mg 1 次皮下注射，以吐出内容物。

3. 对症治疗

对于严重脱水的犬，应给予静脉补液、补碱疗法。如病情严重，或通过上述方法无效，可手术切开胃壁取出内容物。术后 24 h 内禁食，3 d 内吃流质料，禁止剧烈运动，以后逐渐喂正常料。

### （三）预防

预防本病，饲喂应定时定量。防止饱食后剧烈运动，特别是急剧滚转运动。防止过度饥饿。防止食过多凉的料、水。

# 子任务四 肠阻塞

## 一、相关知识

### （一）了解概况

本病是指肠管内容物团块滞留或受外力压迫而引起管腔狭窄甚至闭塞的疾病。

### （二）认知病因

1. 原发性病因

主要因食入不易消化的食物或异物所致，如较大的骨块、毛团、砖、石、果核以及在玩耍时误吞入毛线团、玩具等，而堵塞肠管。另外，大量寄生虫寄生于肠管，形成团状也可堵塞肠管，如蛔虫病、犬钩虫病等。

2. 继发性病因

本病也可继发于肠粘连、肠疝、肠变位和肠痉挛等病程中。

**(三)识别症状**

病畜精神沉郁,厌食,但饮欲增加,不同程度的腹痛,拒绝按压腹部,触诊局部有疼痛反应,可在阻塞部前端摸到肠管膨气。如阻塞发生于十二指肠部,病畜多呈明显的持续性呕吐,甚至呕出粪水样物质;如发生于肠管后端,则呕吐不明显,多见排粪减少,很快停止。听诊肠管,肠音减弱,甚至消失。病畜多很快消瘦,脱水。重者可继发肠穿孔、肠破裂和自体中毒而引起休克、死亡。

## 二、任务实施

**(一)诊断**

依据腹痛、排粪减少、脱水表现,结合触诊、听诊,可得出诊断。有条件的可进行X线造影检查可确诊。

**(二)治疗**

治疗原则是积极治疗原发病,促排内容物,通畅肠管,防止脱水和自体中毒。

可先灌服硫酸镁或硫酸钠10~25 g,加水适量,1次内服。或植物油(如豆油、菜油)10~30 mL,1次灌服。同时在腹部进行按摩,以使内容物排出。如阻塞发生于肠管后端,可用大量液体石蜡进行深部灌肠,效果亦较好。

如上法无效,或为继发于肠变位,则宜进行手术治疗,切开腹腔,找到阻塞部,直接用手掌按压或切压肠管,同时向肠内注入硫酸镁或硫酸钠溶液20~40 mL。如无效,则可切开肠管取出阻塞物,如局部肠管已经发生严重淤血或坏死,则应切除。术后4 d内禁食,输液,以补充营养和水分,可用5%葡萄糖溶液或林格氏液,每次200~500 mL,每天2~3次。第5 d可喂流质食物,以后逐渐喂正常料水。见图Ⅰ-1-8、图Ⅰ-1-9。

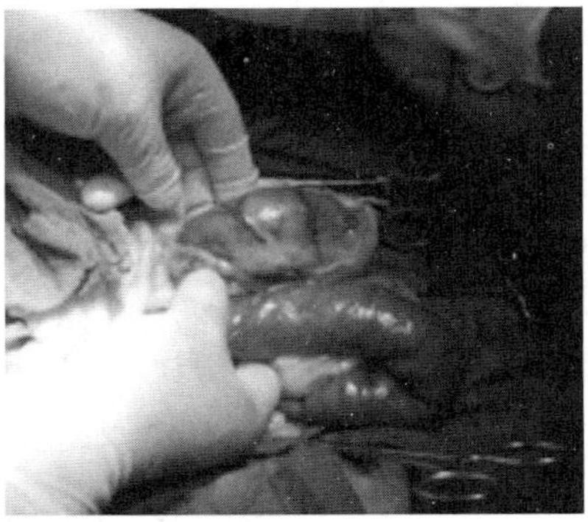

**图Ⅰ-1-8 犬肠道异物,肠管出血**(石冬梅 摄)

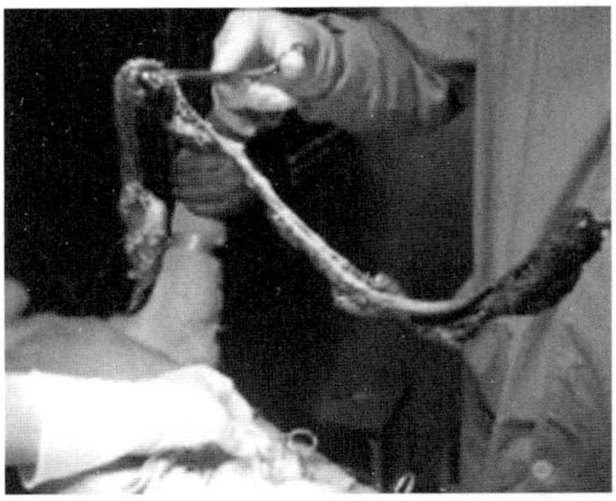

**图Ⅰ-1-9 手术取出的犬肠道异物**(石冬梅 摄)

**(三)预防**

加强饲养管理,注意饲料的精、粗搭配,给以充足的饮水。放牧时注意场地上异物的清理,避免动物食入不能消化的异物。积极治疗肠便秘、胃肠弛缓等原发病。

# 子任务五　肠套叠

## 一、相关知识

### (一)了解概况

肠套叠是一段肠管套入与其相连的另一段肠腔之中，相互套入的肠段发生血液循环障碍、渗出等过程，致使肠管粘连、肠腔闭塞不通的疾病。例如，空肠套入回肠，回肠套入盲肠等。据报道，在例外的情况下，也有盲肠尖部套入盲肠体部，马盲肠套入右下结肠，或十二指肠由于逆蠕动套入胃内，小结肠套入胃状膨大部等。见图Ⅰ-1-10。

图Ⅰ-1-10　肠套叠

### (二)认知病因

由于肠管蠕动机能发生变化，如某段肠管蠕动增强，而与其相邻的另一段肠管处于正常或弛缓状态，加之肠内容物稀薄或较空虚的情况下，容易发生肠套叠。

动物跳跃障碍、肠炎、肠内容物性状的改变、肠道寄生虫和全身麻醉状态等均可引起肠套叠。

### (三)识别症状

病畜常以腹痛为突出症状。病初多为轻度而有明显间歇期的腹痛，随着病程的发展，腹痛逐渐加剧变为持续性的，并机体会出现脱水症状，脉搏逐渐加快，次数增多而细弱，黏膜发红至发绀，肌肉震颤，有局部出汗现象，肠音减弱，继而多半很快消失。

血液学变化：血沉明显变慢，红细胞数、血红蛋白含量增加，嗜中性白细胞增多，病初嗜酸性白细胞消失。

## 二、任务实施

### (一)诊断

病畜出现症状，持续性剧烈腹痛，肠音很快减弱或消失，结合下列检查方法，可获得正确诊断。

1.直肠检查

直肠检查发现一段火腿肠样异常肠管，触之稍有弹性，排除肠道异物的可能，即可怀疑为肠套叠。位置异常，肠管呈局限性臌气现象，有时可摸到变位局部，且病畜表现不安；借助直肠检查法，有时可清楚地判定肠变位的性质，或者为诊断肠变位提供重要线索。

2.X 线检查

犬、猫病例进行 X 线检查，有助于本病的确诊。

### (二)治疗

除及时应用镇痛剂减轻疼痛刺激外，及时注意调整酸碱平衡和脱水状态，以维持血容量和血液循环功能，防止发生休克。

根据肠变位的种类和程度，可于早期采取剖腹手术整复肠管或剖腹切除坏死肠段做肠吻合术。手术疗法在病的早期，效果较佳，病至后期，疗效甚低。

**(三)预防**

主要通过加强饲养管理，防止动物跳跃障碍、合理饲料调配，定期驱虫等减少该病的发生。

## 子任务六 马急性胃扩张

### 一、相关知识

**(一)了解概况**

马急性胃扩张，旧名过食疝，中兽医称肚结，是由于采食过多和后送机能障碍所引起胃急剧膨胀。其临床特点是伴有中等程度或剧烈的腹痛，呼吸促迫，胃排空障碍，插入胃导管即排出大量气体、液体或食糜，经过短急。急性胃扩张多发生于马和骡，驴较少发生，是常见的真性腹痛病之一，约占马腹痛病的6%。在我国西北和华北的某些地区，马急性胃扩张发生较多，可占腹痛病的32.12%，乃至44.8%，救治延误常造成死亡。

急性胃扩张，按病因分为原发性胃扩张和继发性胃性扩张；按内容物性状，分为食滞性胃扩张、气胀性胃扩张和积液性胃扩张。原发性胃扩张多属气胀性或食滞性的，积液性的较少；继发性胃扩张均属积液性的。

**(二)认知病因**

1.原发性胃扩张

原因可概括为以下三个方面。

(1)胃消化机能紊乱。如饲喂失时，过度疲劳，饱饲后立即重役，采食精料后立即大量饮水，饲料日粮突然更换，饲喂方式和程序突然改变等，均可打破机体原有的消化水平和状态，而导致发病。

(2)异常刺激物的作用。如采食大量难以消化、高度膨胀、剧烈发酵的饲料，黏团的谷粉或糠麸，冻坏的块根类饲料，堆积发热变黄的青草等。

(3)个体内在因素。如有慢性消化不良、肠道蠕虫病、肠系膜动脉瘤的马匹，其胃肠道内感受器对内外刺激的敏感性增高。

2.继发性胃扩张

通常继发于小肠积食、小肠变位、小肠炎、小肠蛔虫性阻塞等，这是由于剧痛刺激，胃液反射性分泌增多；肠腔阻塞，胃后送障碍；阻塞部前段分泌激增，肠内容物经肠逆蠕动而返回胃内。

个别的胃状膨大部便秘和小结肠完全阻塞性大肠便秘的后期，也可继发胃扩张。气胀性胃扩张还常伴发于急性肠臌胀。

**(三)识别症状**

1.原发性胃扩张

多于采食后或经3～5 h后发病，表现为突然腹痛，食欲废绝，精神沉郁。病初呈轻度或中度间歇性腹痛，很快转为持续性的剧烈腹痛，病畜频频卧地，翻滚，快步行走，但动作小心谨慎，有时呈“犬坐姿势”或“拉弓姿势”。

口腔湿润，臭味不显，腹围一般正常，肠音减弱或消失，排粪初期稀软或带水，量少，进而排粪停止。多数病畜有嗳气，少数病畜有呕吐。

结膜充血或发绀，脉搏增数，呼吸急促，体温多无变化。胃管探诊时可排出多量酸臭的气体或液体，有时仅能导出少量气体和食糜。直肠检查可触及后移的脾脏。

2. 继发性胃扩张

先出现原发病症状，而后逐渐出现胃扩张症状。全身症状较原发性胃扩张为重。导胃后症情缓解，不久又加重，再次导胃时又能排出大量黄褐色或黄绿色液体，并常带有腐臭味，胃液内含有胆色素，可能呈碱性反应，直肠检查常可查知小肠膨气、积食或变位等。

本病如不及时合理治疗，可引起胃或膈的破裂，常在破裂后 12～24 h 之内死亡。

## 二、任务实施

### (一)诊断

根据临床症，如突然腹痛、频频卧地、翻滚、快步行走，有时呈“犬坐姿势”或“拉弓姿势”等，配合直肠检查、胃管探诊等进行诊断。

### (二)治疗

治则以减压、解除幽门痉挛为主，辅以镇痛、止酵、强心等。

首先要迅速进行导胃和洗胃，洗胃最好用 0.25%乳酸钠溶液或 0.1%盐酸溶液，然后根据不同情况灌服药物。食滞性胃扩张，可用水合氯醛 15～30 g、乳酸 10～20 mL、液体石蜡 500 mL、呋喃唑酮 1 g、温水 500～1 000 mL，或普鲁卡因 3～4 g、稀盐酸 15～20 mL、液体石蜡 500～1 000 mL、温水 500 mL，一次内服。气胀性胃扩张，可用水合氯醛 15～25 g、乳酸 19～20 mL、温水 500 mL，一次内服。应用 10%氯化钠 200～300 mL，2%普鲁卡因 25～30 mL，10%安钠咖 10～20 mL，缓慢静脉注射，有较好疗效。根据病情给以强心药、制酵药等。

继发性胃扩张要在除去发病的基础上，参考上述方法进行治疗。发病后禁食 1～2 d，并防止病畜翻滚，以免发生胃、膈破裂及肠变位等。症愈后禁食 12～24 h，再逐渐恢复到正常的饲喂量，但饮水不限。

### (三)预防

加强饲养，饲喂定时定量。在更换优质饲料、舍饲转为放牧及过饥时，要适当予以控制，以防采食过多。加强管理，防止脱缰偷食，一旦脱缰偷食，即应限制饮水。

## 任务五　肝脏和胰腺疾病

肝脏是动物体内最大的腺器官，也是动物体的物质代谢中心。肝脏的功能很复杂，除胆汁参与肠道的消化吸收外，还参加糖、脂肪和蛋白质的代谢过程。

肝脏疾病在各种家畜和家禽中都有发生，危害性很大。最近 20 年来，随着医学科学的发展，在兽医临床上有关家畜和家禽肝脏疾病的诊断及其防治问题，已经逐步引起了普遍的注意和重视。

原发性肝脏疾病，主要是由于内源性或外源性的毒物、毒素或病毒引起的。继发性的则主要见于胃肠道疾病、心血管疾病、造血器官疾病、代谢疾病、某些传染病和寄生虫病以及全身败血症等的经过中。常见的肝脏疾患有肝炎、肝营养不良、肝脂肪变性、肝淀粉样变性、肝硬变、肝肿大、肝变位、肝破裂、肝脓肿等，导致黄疸、下痢、便秘、腹痛、水肿、消瘦、出血性素质、神经病症及感光过敏等形形色色的临床综合征。

## 子任务一 急性实质性肝炎

### 一、相关知识

#### (一)了解概况

急性实质性肝炎是由于传染性和中毒性因素侵害肝实质所引起的，导致肝细胞炎症、变性和坏死发生黄疸、消化机能障碍和一定的神经症状。

本病，马、牛、猪、羊以及各种家禽都有发生。危害性很大，应当引起重视。

#### (二)认知病因

急性实质性肝炎，不论是原发性或继发性的，其病因主要是传染性与中毒性，通常见于下列一些因素。

1. 长期饲喂霉败饲料

特别是含有黄曲霉毒素的饲料更危险。或因采食了有毒植物而引起。也有由于砷、磷、锑、食盐、六氯乙烷、四氯化碳、硫酸铜、氯酸钾、萘、甲酚等化学药品和毒物的中毒而发生。

2. 传染性因素

如传染性胸膜肺炎、出血性败血症、马传染性贫血、流行性感冒、流行性脑炎、牛恶性卡他热、猪丹毒、钩端螺旋体病、蜂窝织炎、肝片吸虫病、血吸虫病、血孢子虫、锥虫病以及其他一些细菌感染等，常常伴发实质性肝炎。或因胃肠炎肠道内产生的腐解物质被吸收，通过血液循环侵害到肝实质，引起肝脏炎性病理变化。

但在大叶性肺炎、坏疽性肺炎、心脏衰弱等病程中，由于循环障碍，肝脏长期淤血，二氧化碳和有毒的代谢产物的蓄积，肝窦状隙内压增高，肝脏实质受到压迫，引起肝细胞营养不良，导致门静脉性肝炎的病理现象。

#### (三)识别症状

急性实质性肝炎的临床症状有黄疸、消化不良、便秘或下痢、腹痛、神经症状、浮肿、出血性素质以及血清学反应变化等。

病的初期，消化不良，全身无力，体温升高或正常，继之可视黏膜有不同程度的黄染，但有的黄疸不明显。皮肤瘙痒。脉搏徐缓，有的疾速。常有腹痛现象，初便秘，后下痢，间或便秘与下痢交互出现，臭味难闻，粪色灰绿或淡褐色。

肝脏肿大，叩诊肝浊音区扩大；触诊时，病畜往往有疼痛表现。后躯无力，步态蹒跚；个别病例伴发关节疼痛或轻度咽炎。严重病例，肝脏解毒机能降低，发生自体中毒；往往极度兴奋，共济失调，抽搐或痉挛。

尿液变化，尿色发暗，有时似油状。病初尿胆素含量增加，其后胆红素含量增多，尿中含有蛋白质、肾上皮细胞及管型。血清学检查病畜血清中胆红素量多。

此外，急性肝炎转为慢性时，长期消化机能紊乱，异嗜，消瘦，营养障碍，颌下、腹下与四肢下端往往发生浮肿。如继发肝硬变，则呈现肝脾综合征，发生腹水。

## 二、任务实施

### (一)诊断

首先应根据病畜消化不良、黄疸、肝区叩诊与触诊敏感，容易兴奋，或昏迷；结合尿胆红素和尿胆素检查，尿混浊度升高；谷-丙转氨酶，特别是乳酸脱氢酶与鸟氨酸氨基甲酰转移酶增多等综合征，进行分析，确诊不难。但在临床实践中，必须注意与下列疾病鉴别诊断。

1. 急性胃肠卡他

黄疸轻微，无热症，肝区检查与肝功能试验无变化；病情轻，经过治疗，容易康复。

2. 急性肝营养不良

乍然看来，与本病相似，但往往呈地方性流行，肝脏实质坏死溶解和吸收后肝脏体积缩小；代谢机能和解毒机能降低或消失，呈现进行性黄疸；中枢神经系统严重紊乱。

3. 肝硬变

通常都具有慢性胃肠炎、黄疸、肝脾综合征，逐渐消瘦，发生腹水，病情发展缓慢。

4. 牛血孢子虫病

稽留热型，周期性发作，渐进性贫血，黄疸，血红蛋白尿，红细胞内有血孢子虫，与本病显然不同。

### (二)治疗

首先应排除病因，着重采取限饲疗法，保肝利胆，清肠止酵，促进消化机能，减少腐酵产物吸收，加强护理，有利于康复过程。

1. 排除病因，加强护理

首先应使病畜保持安静，注意休息，避免刺激和兴奋；饲喂富有维生素、多汁容易消化的碳水化合物饲料，给予优良青干草、胡萝卜，或放牧。限制饲喂富含蛋白质的饲料，实际上高价蛋白质饲料，既能增强营养，又可加速肝组织细胞的再生过程。因此，在发病期间可考虑饲喂适量的豆类或谷物饲料；但含有多量脂肪的饲料，则应禁止。

2. 保肝利胆

按常规疗法，通常用25%葡萄糖注射液，牛、马500～1 000 mL；猪、羊50～100 mL，静脉注射，每天1～2次。或用5%葡萄糖生理盐水，牛、马2 000～3 000 mL，猪、羊100～500 mL，5%维生素C溶液，牛、马30 mL，猪、羊5 mL；5%维生素$B_1$溶液，牛、马100 mL，猪、羊2 mL，混合静脉注射，每天1～2次。必要时，可用2%肝泰乐溶液，牛、马100～150 mL；猪、羊30～50 mL，静脉注射，每天2次。为了利胆，可以应用适量人工盐内服，小剂量氨甲酰胆碱或毛果芸香碱，皮下注射，促进胆汁分泌与排泄。另外，还应给予复合B族维生素、酵母片内服，以改善新陈代谢，增进消化机能。

3. 清肠止酵

可用硫酸钠或硫酸镁，牛、马300 g，配成5%的浓度，加鱼石脂10～20 g，内服；也可以用水杨酸钠或乌洛托品等，内服，均有益。

按中兽医辨证施治的原则，如果肝胆湿热，胆汁外溢，黄疸鲜明，则应利湿消炎，清热泻火，牛、马宜用茵陈汤加味：茵陈 200 g、栀子 80 g、大黄 40 g、黄芩 60 g、板蓝根 200 g，水煎去渣，内服。

### （三）预防

本病的预防，应注意饲养时，防止霉败饲料、有毒植物以及化学毒物的中毒；加强防疫，防止感染，增强肝脏功能，保证家畜健康。

# 子任务二　胰腺炎

## 一、相关知识

### （一）了解概况

胰腺炎包括急性胰腺炎和慢性胰腺炎两种类型。急性胰腺炎是在致病因素作用下，使胰腺分泌的消化酶激活而发生的自身及周围组织的消化现象。特点是发病急、病情重、并发症多。慢性胰腺炎是胰腺实质慢性渐进性坏死与纤维化，使其分泌功能减退的疾病，临床上以反复发作性腹痛，消化吸收障碍和糖尿病为特征。犬和猫易患本病。

### （二）认知病因

常见的致病原因有胆道疾病、十二指肠液返流、胰管梗阻、腹部外伤、手术损伤、甲状旁腺功能亢进引起的高钙血症、食入脂肪过多引起的高脂血症以及营养缺乏等。

### （三）识别症状

1. 急性胰腺炎

出现明显的腹痛和呕吐，粪便常含有血液，若溢出的活性胰酶累及肝脏和胆囊，则可并发黄疸。胰岛素的突然释放，可引起低血糖。钙与腹腔中被消化的坏死脂肪组织结合，可引起低血钙，甚至休克。

2. 慢性胰腺炎

表现为反复腹痛和呕吐，每次持续几天后，在间歇期为隐痛或无痛，有些病犬的间歇期长达数月至数年。随着病变的加重，急性发作变得频繁，最后成为持续性时，才可能辨认为本病。较常见的症状是经常排出大量橙黄或黏土色有酸败臭味的粪便，其中含有未消化的食物。由于吸收不良，并发糖尿病而表现为贪食。

## 二、任务实施

### （一）诊断

1. 急性胰腺炎

可根据剧烈腹痛，严重呕吐，血清中淀粉酶和脂肪酶活性明显增高而确定。也可进一步用补体结合反应检查血中胰腺抗体，或用放射免疫扩散法测定尿中胰腺抗体，得到可靠的诊断依据。

2. 慢性胰腺炎

可根据血清中缺乏胰蛋白酶，粪中含有脂肪和不消化的肉类纤维以及用补体结合反应检查血中胰腺抗体做出确诊。胰腺发生纤维变性时，血清中淀粉酶和脂肪酶不升高。

### (二)治疗

1. 急性胰腺炎

最重要的是尽早治疗，用杜冷丁镇痛效果好(不宜用吗啡因)，马静脉注射 250～500 mg(肌肉注射量加倍)，牛肌肉注射 50 mg，犬和猫口服或肌肉注射每千克体重 10～20 mg。溴化丙胺太林或硫酸阿托品对胰腺分泌有阻抑作用，对较轻病例可限制炎症的蔓延。静脉输入电解质液，使降低的血容量、血压和肾功能恢复正常。应用抗生素(强力霉素、氨苄青霉素为首选)制止坏死组织的继发感染。应禁食，以减少胰液的分泌，静脉输液供给营养物质。

2. 慢性胰腺炎

应饲喂高蛋白、高碳水化合物、低脂肪的饲料，并混入胰酶颗粒，可维持粪便正常。缩聚山梨醇油酸酯加入饲料中，可增进脂肪的吸收，犬每次 1 g。长期应用胆碱可预防脂肪肝的发生，牛每次 15 g，每日 2～3 次。只要不发生糖尿病，则预后良好。在胰腺内分泌机能减退时，必须用胰岛素治疗，这种病例预后不良。

### (三)预防

预防上主要是加强饲养管理，应饲喂全价日粮，避免营养不良或脂肪过剩(犬、猫)；搞好卫生防疫，定期驱虫，防止感染。

## 子任务三 腹膜炎

### 一、相关知识

### (一)了解概况

腹膜炎是腹膜各种炎症的总称。按发病的范围，分为弥漫性和局限性腹膜炎；按病程经过，分为急性和慢性腹膜炎；按病因可分为原发性和继发性腹膜炎；按渗出物的性质，可分为浆液性、纤维蛋白性、浆液纤维蛋白性、出血性、化脓性及腐败性腹膜炎。各种家畜都有发生，但以马和牛最多见。

### (二)认知病因

1. 原发性腹膜炎

通常由于受寒、感冒、过劳或某些理化因素的影响，机体防卫机能降低，抵抗力减弱，易受到大肠杆菌、沙门氏杆菌、化脓杆菌、链球菌、葡萄球菌等条件致病菌的侵害而发生。猫可发生特有的传染性腹膜炎。

2. 继发性腹膜炎

主要见于腹腔和盆腔器官感染性炎症的蔓延或转移；腹腔和盆腔器官的破裂或穿孔，胃肠道和生殖道中的异物和微生物直接侵入腹膜而引起；腹壁的创伤、腹腔的手术或穿刺而感染，也可能成为某些疾病的症状或继发症，如猪瘟、猪丹毒、棘球蚴病、肝片吸虫病等。

### (三)识别症状

1. 急性弥漫性腹膜炎

除严重的毒血症病例外，最常见的症状是腹痛，表现为拱背，腹壁紧张，不愿运动，持续站立，强迫行走则步态谨慎，缓慢移动，每走一步发出呻吟；不愿活动，不愿排粪排尿，一旦排尿时，尿量很多。体温升高(牛体温变化不明显)，呼吸浅表疾速，胸式呼吸明显，脉搏快而弱，精神沉郁，食欲降低或废绝。初期肠蠕动音增强，其后蠕动减少而微弱，继而肠管扩张，小动物可发生呕吐。

触诊腹壁紧张、不安，叩诊则疼痛加重，腹腔内渗出液多时呈水平浊音。直肠检查，直肠内蓄有粪便(黏性、色黑而恶臭)，腹膜敏感、粗糙，胃、肠穿孔者可摸到渗出液中有饲料或粪渣。

2. 急性局限性腹膜炎

临床症状与弥漫性者相似，症状较轻，仅在病变区触诊和叩诊时，才表现敏感和疼痛，体温中度升高，脉搏稍加快。

3. 慢性腹膜炎

由于发生粘连而影响了消化道的正常活动，表现消化不良和顽固性下痢，逐渐消瘦，其他症状不明显。直肠检查可感知腹膜面粗糙和粘连情况。

## 二、任务实施

### (一)诊断

根据病史和症状可以做出初步诊断。小动物用 X 线检查，可确诊腹腔积液和大肠的膨胀，马和牛可用 A 型超声诊断仪探查出腹腔积液的水平段，有助于确诊。为了与腹水鉴别，可用腹腔穿刺液进行李凡他试验，阳性者为腹膜炎性渗出液。

### (二)治疗

治疗原则为消炎止痛，防止炎性渗出，促进炎性渗出物的吸收，保护心脏功能，增强病畜抵抗力。对腹壁疝、腹腔脏器穿孔或破裂引起的腹膜炎，应及时进行外科手术治疗。发病后的最初 2 d 内应禁食，经静脉给予营养药物，随病情的好转，可喂给适量的流质饲料或青草。

为了迅速制止炎症的发展，应用大剂量的抗生素同时作腹腔和肌肉注射。青霉素 2 000 万 IU、链霉 400 万 IU 或庆大霉素 400 万 IU、0.25%普鲁卡因液 300 mL，5%葡萄糖液500～1 000 mL，加温 37℃，大家畜一次腹腔内注射，小动物视体重大小酌减，每天 1 次，连用 3～5 d。

减轻疼痛可用安乃近、双氯芬酸肌肉注射或口服，大家畜可用水合氯醛或镇静、安定药。用缓泻剂或进行灌肠解除便秘，内服鱼石脂，防止肠臌气。

另外，根据患畜体质状况，可用 10%葡萄糖酸钙注射液 100～200 mL，40%乌洛托品液 20～30 mL，维生素 C 10～15 g，生理盐水 3 000～4 000 mL，混合后马、牛 1 次静脉注射。

### (三)预防

预防在于避免各种不良因素的刺激和影响，特别是及时治疗各种原发疾病和防止腹腔器官感染。

# 技能训练一　前胃弛缓的诊断与治疗

【目的要求】

(1)掌握反刍动物前胃的检查方法及操作要点,能识别前胃疾病的症状及症候群。

(2)能对收集的前胃症状进行科学分析、综合考虑,能与相关前胃疾病进行鉴别诊断,建立正确的诊断。

(3)能独立依据实际情况,对前胃弛缓患畜提出合理治疗方案,并能开写规范、合理的处方。

(4)能熟练实施前胃弛缓的相关治疗操作,并熟悉用药原则及相关注意事项。

【诊疗准备】

**(一)材料准备**

体温计、听诊器、注射器、输液器、16 号或 20 号针头、酒精棉球、穿刺针、胃导管、试管、一次性注射器、一次性输液器、显微镜、载玻片、盖玻片、目测八联试纸(尿液分析试条)、广泛 pH 试纸等。

**(二)药品准备**

人工盐或硫酸钠、液体石蜡、鱼石脂、75%酒精、氨甲酰胆碱注射液(或新斯的明注射液、毛果芸香碱注射液)、10%葡萄糖注射液、50%葡萄糖注射液、10%安钠咖注射液、维生素 C 注射液、B 族维生素注射液、10%葡萄糖酸钙注射液、5%碳酸氢钠注射液、四君子汤、八珍散、微生态制剂等。

**(三)病例准备**

临床病例或人工复制病例。

【方法步骤】

**(一)病史调查**

对患病牛、羊进行病史调查,内容包括:饲养管理状况如饲草的种类、来源、品质,有否发霉、变质的情况,有否突然变更饲料、饲草,饲喂方法、制度等有否变化,饮水是否充足,使役情况如何,有否经长途运输等;发病情况如发病时间、临床表现等;治疗情况如有无进行治疗、治疗方法、使用药物疗效情况等。

**(二)临床检查**

1. 检查整体状况

精神状况检查、体温、脉搏、呼吸检查、脱水情况检查、排粪、排尿情况等。

2. 检查瘤胃

视诊瘤胃体积的变化;听诊瘤胃蠕动音强弱,蠕动次数多少,每次蠕动持续的时间;触诊瘤胃内容物形状、胃壁松弛程度等。

3. 检查网胃、瓣胃

听诊网胃、瓣胃蠕动音等。

**(三)实验室检查**

1. 尿液检查

检查尿酮体、尿液酸碱度等检查,判断机体代谢紊乱及酸碱平衡紊乱等情况,为治疗提供参考。

2.瘤胃微生物活力检查

必要时进行瘤胃穿刺取瘤胃液，测定 pH 及瘤胃纤毛虫活力。

瘤胃液 pH：瘤胃正常 pH 为 5.5～7.5，根据测得的瘤胃液 pH 判断发病牛(羊)酸碱平衡及瘤内环境变化情况。

3.纤毛虫数量与活力检查

采集瘤胃液显微镜检查纤毛虫的数量和活力，根据纤毛虫数量的减少和活力减退的情况，对发病牛(羊)前胃弛缓发生的程度进行判断，从而在治疗时如何采取措施恢复瘤胃微生物的活性起到指导作用。

**(四)实施治疗**

本病的治疗原则是除去病因、兴奋瘤胃、防腐止酵、防止脱水和酸中毒、恢复瘤胃微生物的活性。

学生分组在老师的指导下，对诊疗牛羊进行诊断、拟定治疗方案和实施治疗，并对治疗效果进行分析评价。

【作业】

**(一)病例讨论**

教师指导学生分组讨论，讨论内容有前胃弛缓的发病原因、诊断方法、治疗措施、鉴别诊断以及如何预防等，教师将学生实习操作中出现的问题进行归纳总结，提出临床工作注意事项。

**(二)写出实习报告**

## 技能训练二　瘤胃积食的诊断与治疗

【目的要求】

(1)了解瘤胃积食的发病原因和预防措施。

(2)掌握瘤胃积食的诊断方法和治疗措施。

(3)掌握瘤胃积食和瘤胃臌气的鉴别诊断。

【诊疗准备】

**(一)材料准备**

牛或羊、体温计、听诊器、注射器、输液器、16 号或 20 号针头、酒精棉球、胃导管、人工盐或硫酸钠、液体石蜡、鱼石脂、氨甲酰胆碱注射液、5%葡萄糖氯化钠注射液、复方氯化钠注射液、10%葡萄糖注射液、10%安钠咖注射液、维生素 C 注射液、维生素注射液、10%葡萄糖酸钙注射液、5%碳酸氢钠注射液等。

**(二)病例准备**

临床病例。

【方法步骤】

**(一)病史调查**

对患病牛、羊进行病史调查，内容包括：饲养管理状况如饲草的种类、饲喂方法、饮水情况、发病时间、治疗情况等。

**(二)临床检查**

1.检查整体状况

精神状况检查、测量体温、检查脉搏、观察有无呼吸困难、有无脱水情况、检查可视黏膜色泽、腹围大小及排粪、排尿情况等。

2.检查瘤胃

视诊瘤胃体积大小;听诊瘤胃蠕动音强弱,蠕动次数多少,每次蠕动持续的时间;触诊瘤胃内容物充实程度等。

3.尿液检查

检查尿液酸碱度,判断是否发生酸中毒及酸中毒的程度等。必要时检查尿液酮体含量,给治疗提供更多的信息。

**(三)实施治疗**

学生在老师的指导下对学生进行瘤胃积食动物拟定治疗方案,可采取保守或手术治疗,若采取了手术治疗,要求将学生分组对术后动物进行护理观察,并对治疗效果进行分析评价。

**【作业】**

**(一)病例讨论**

教师指导学生分组讨论,讨论内容有瘤胃积食的发病原因、诊断方法、治疗措施、与瘤胃臌气的鉴别诊断以及如何预防等,教师将学生实习操作中出现的问题进行归纳总结,提出临床工作注意事项。

**(二)写出实习报告**

## 技能训练三　奶牛皱胃变位的诊断与治疗

**【目的要求】**

(1)了解奶牛皱胃变位的类型、发生原因、预防措施。

(2)掌握奶牛皱胃变位的诊断方法。

(3)掌握奶牛皱胃变位的治疗方法。

**【诊疗准备】**

**(一)材料准备**

体温计、穿刺针、pH 试纸、听诊器、叩诊板、叩诊锤、一次性注射器、一次性输液器、酒精棉球、碘酊棉球、16 号或 20 号针头、保定栏、手术刀、10 号缝合线、缝合针、止血钳、持针钳、巾钳、大拉钩、组织镊、纱布、青霉素、链霉素、5%葡萄糖氯化钠注射液、复方氯化钠注射液、10%葡萄糖注射液、维生素 C 注射液、止血敏注射液、10%葡萄糖酸钙、盐酸普鲁卡因、微生态制剂、健胃散等。

**(二)病例准备**

临床病例。

【方法步骤】

**(一)问诊**

患牛发病时间、症状表现、排粪情况、治疗情况、胎次等。

**(二)临床检查**

听诊结合叩诊左(右)侧肋骨中上部有无钢管音、16 号穿刺针取胃液，用 pH 试纸检测 pH 是否为酸性，若为酸性结合症状可以确诊，并判断是左方变位还是右方变位。

**(三)采样检测**

静脉采血检测血清钙、血清钾含量、采尿检查尿液 pH、尿酮体含量，判断患牛是否继发低血钙、低血钾、代谢性酸中毒、酮病等。

**(四)实施治疗**

根据诊断情况，在老师的指导下，学生分组先对拟定治疗方案，经老师审阅后，实施治疗。

1. 保守治疗

对已确诊的皱胃左(右)方变位，若不做手术，可采取皱胃穿刺放气以减少皱胃内压力、同时使用 654-2 注射液肌肉注射，缓解皱胃壁平滑肌的紧张性，并控制采食，减少腹腔压力，这样有的病例可以恢复，但治愈率很低，因此在有手术条件的情况下，不建议大家使用保守治疗，因为奶牛皱胃左方变位多发生在产后不久，此时奶牛体质较差，皱胃变位后严重影响采食，营养不能充分满足，如果采取保守治疗不能奏效，会导致病程延长，患牛的体质会更差，很容易继发低血钙、低血钾、酸中毒和酮病等症。用滚转的方法治疗奶牛皱胃变位在临床上可以尝试，但也不提倡，因为奶牛体重大、操作困难，再者“滚转疗法”并不适合所有的变位类型。

2. 手术治疗

(1)术前处理。术前要对奶牛的体质状况进行全面检查，要检测血清钙、血清钾、尿酮、尿液 pH 等，并根据检测结果进行术前补钙、补钾、补糖、缓解酸中毒等治疗，以调整调整患牛的体质，保证手术成功率。同时在术前对皱胃进行穿刺放气减压，便于手术时整复皱胃。

(2)根据诊断结果，在左侧或右侧肷窝处剃毛。

(3)保定。六柱栏站立保定、腰旁神经干(13 肋间神经、髂腹下神经、髂腹股沟神经)传导麻醉结合术部局麻。

(4)常规打开腹腔、皱胃复位、皱胃固定、常规关闭腹腔。

(5)术后抗菌消炎、补液、补能、通便，术后前 2 d 禁食但不限水，在粪便排通后可以让术牛采食少量适口性强、营养丰富的青绿饲料，以后逐步增加，使用微生态制剂增强瘤胃微生物活性，促进患牛康复。

【作业】

**(一)病例讨论**

教师指导学生讨论以下内容。

(1)奶牛皱胃变位的原因。

(2)奶牛皱胃左方变位与右方变位在临床上的发生率、与胎次的关系、与妊娠分娩、与季节、与应激的关系等。

(3)不同类型皱胃变位术部选择的优缺点。

(4)手术治疗皱胃变位的术前、术中、术后技术操作要点。

**(二)写出实习报告**

# 技能训练四　犬胃肠炎的诊断与治疗

【目的要求】

(1)了解犬胃肠炎的发病原因、类型、预防措施。

(2)掌握犬胃肠炎的临床症状、诊断方法及治疗措施。

(3)掌握犬胃肠炎与胃肠卡他等症的鉴别诊断。

【诊疗准备】

**(一)材料准备**

体温计、听诊器、棉签、载玻片、盖玻片、显微镜、酒精棉球、一次性注射器、一次性输液器、血液分析仪等。

**(二)药品准备**

环丙沙星注射液或庆大霉素注射液、654-2 或阿托品注射液、维生素 $K_3$ 注射液、维生素 $B_1$ 注射液、维生素 C 注射液、胃复安注射液、安络血注射液、止血敏注射液、复方氯化钠注射液、5%葡萄糖氯化钠注射液、10%低分子右旋糖酐注射液、10%氯化钾注射液、5%碳酸氢钠注射液、木炭末、鞣酸蛋白等。

**(三)病例准备**

借助兽医院临床病例或人工复制病例。

【方法步骤】

**(一)人工复制病例**

用腐败肉食饲喂试验犬或用腐败奶灌服试验犬,诱发胃肠炎。

**(二)临床诊断**

(1)对临床病例要问诊临床资料,包括发病时间、饲养状况、症状表现、用药情况、治疗效果等。

(2)对病犬进行临床检查。测量体温、心率、呼吸频率、检查可视黏膜的色泽、脱水程度、观察病犬的姿势、精神状态等。

(3)听诊胃肠蠕动音。

(4)采集粪便做粪便检查,判断粪便内的附含物,疑似细菌性胃肠炎者可做粪便培养。

(5)采集血液,进行全血血细胞计数,分析血细胞数的变化。

(6)注意与其他疾病的鉴别诊断(表Ⅰ-1-1)。

**表Ⅰ-1-1　犬脱水程度的临床判断**

| 程度 | 体重减少/% | 精神状态 | 皮肤弹性实验持续时间/s | 口腔黏膜 | 眼窝下陷 | 毛细血管再充盈时间 | 每千克体重需补充液量/mL |
|---|---|---|---|---|---|---|---|
| 轻度 | 5～8 | 稍差 | 2～4 | 轻度干涩 | 不明显 | 稍增长 | 30～50 |
| 中度 | 8～10 | 差,喜卧少动 | 6～10 | 干涩 | 轻微 | 增长 | 50～80 |
| 重度 | 10～12 | 极差,不能站 | 20～45 | 极干涩 | 明显 | 超过 3 s | 80～120 |

【治疗措施】

按照抗菌消炎、补液、缓解酸中毒、止吐止泻及对症治疗等思路，学生拟定治疗方案，经老师审阅后，分组对患病动物实施治疗，并对治疗效果进行评价。

【作业】

**(一)病例讨论**

在教师的指导下，学生可分组讨论以下内容。

(1)不同类型胃肠炎的临床症状特点。

(2)胃肠炎的临床诊断方法和治疗药物选择。

(3)犬胃肠炎脱水的补液原则和补液方法。

(4)胃肠炎对症治疗措施。

(5)胃肠炎的预防措施。

(6)拟写 2～3 个犬胃肠炎的治疗处方，并讨论每一处方的治疗针对性。

**(二)写出实习报告**

## 能力拓展

以下技能项目可根据学校实习条件的实际情况，或进行人工复制病例、或利用在校外实习基地病例、或借助学校实习兽医院的临床病例来完成，要求以学生为主体，分组进行，教师对学生的诊断和治疗过程进行指导，并对各组的治疗方案和治疗效果进行评价，指出存在的问题，旨在进一步提高学生对动物消化系统疾病的临床诊疗技能和学习效果。

(1)犬肠套叠的诊断与治疗。

(2)断奶仔猪腹泻的诊断与治疗。

(3)奶牛皱胃溃疡的诊断与治疗。

(4)羊瓣胃阻塞的诊断与治疗。

要求：讨论治疗思路、写出治疗处方、实施治疗措施并护理好发病动物，同时还要做好病例总结。

## 复习思考题

**一、名词解释**

食管阻塞、前胃弛缓、瘤胃积食、瘤胃臌气、创伤性网胃腹膜炎、瓣胃阻塞、皱胃变位、皱胃溃疡、犬胃扩张-扭转综合征、肠阻塞、肠套叠、胰腺炎。

**二、填空**

1. 前胃弛缓的特征是__________、__________、__________、__________。

2. 排除腹膜炎引起的腹水，可通过________________或____________来实施。

3. 真胃变位的类型可分为____________、______________、__________________。

4. 瘤胃臌气穿刺放气的部位可选在________________或____________________。

5. 肠套叠的原因有____________、__________、__________、__________。

6. 食管不完全阻塞的特征是______、______；完全阻塞的特征是__________、________。

7. 胃肠炎的治疗原则是________________、________________、________________。

8. 急性瘤胃臌气的首要治疗措施是________________。

9. 急性瘤胃积食患畜可因脱水而死于________________。

10. 胰腺炎在临床上可分为：________________、________________。

## 三、选择题

1. 患牛左下腹显著增大，触诊坚实，尿少色深，多发生(　　)。

A. 瓣胃阻塞　　B. 瘤胃积食　　C. 皱胃积食　　D. 肠便秘

2. 病猪食欲不振，舌苔厚腻，采食、饮水后可引起呕吐，多发生(　　)。

A. 口炎　　B. 咽炎　　C. 胃炎　　D. 肠炎

3. 重剧瘤胃积食患畜，多死于(　　)。

A. 腹痛　　B. 窒息　　C. 脱水　　D. 自体中毒

4. 严重瘤胃臌气患畜，首要治疗措施是(　　)。

A. 止痛　　B. 补液　　C. 排气减压　　D. 解毒

## 四、选择题

1. 怀孕母牛不可用新斯的明来兴奋前胃。(　　)

2. 肠炎常见腹痛、便秘，胃炎则多发呕吐、腹泻。(　　)

3. 食管阻塞可引起吞咽障碍。(　　)

4. 急性严重瘤胃积食可注射新斯的明以促进内容物排出。(　　)

5. 创伤性网胃炎可继发创伤性心包炎。(　　)

6. 重剧瘤胃臌气患畜主要死于腹痛引起的休克。(　　)

7. 皱胃左方变位大都没有明显腹痛。(　　)

8. 采食过冷的料、水易引起肠痉挛。(　　)

9. 真胃积食只要直接切开胃壁取出积食即可。(　　)

10. 肠套叠唯一、可靠疗法是手术整复。(　　)

## 五、简答题

1. 如何鉴别前胃弛缓、瘤胃积食、瘤胃臌气、创伤性网胃炎?

2. 简述瘤胃积食的治疗方法。

## 六、案例分析

一患猪，体重 30 kg，因采食量下降并伴腹泻前来就诊。临床检查可见：精神沉郁，结膜干燥，皮肤干燥起皱，被毛无光。体温为 41℃，心跳为 120 次/min；后躯有大量粪便污染，不时有稀臭粪便不自主流出肛门。请问该猪患何病? 依据是什么? 开一治疗处方。

Project 2

# 呼吸系统疾病防治

**知识目标**

- 了解动物呼吸系统疾病的发生、发展规律。
- 熟悉动物呼吸系统疾病的诊疗技术要点。
- 掌握动物感冒、肺炎的发生原因、临床症状、诊断方法和治疗措施。

**技能目标**

- 通过学习，学生应具备诊断和治疗动物感冒、支气管炎和肺炎的能力。

# 任务一　上呼吸道疾病

## 子任务一　感冒

### 一、相关知识

#### (一)了解概况

感冒是由于受寒冷的影响,机体防御机能降低,引起以上呼吸道感染为主的一种急性热性病。一年四季尤以春、秋气候多变时多见,各种家畜均可发生。

#### (二)认知病因

本病主要是由于寒冷的突然袭击所致,如厩舍条件差,受贼风吹袭;舍饲的家畜突然在寒冷的气候条件下露宿;使役出汗后被雨淋风吹等。

#### (三)识别症状

病畜精神沉郁,食欲减退,体温升高,结膜充血,甚至羞明流泪,眼睑轻度浮肿,耳尖、鼻端发凉,皮温不整。鼻黏膜充血、鼻塞,初流水样鼻液,随后转为黏液,或黏液脓性。咳嗽,呼吸加快,肺泡音粗厉,并发支气管炎时,多出现干、湿性啰音。心跳加快,口黏膜干燥,舌苔薄白。牛的感冒除以上症状外,鼻镜干燥,并出现反刍减弱,瘤胃蠕动沉衰等前胃弛缓症状。猪多怕冷,喜钻草堆,仔猪尤为明显。一般如能及时治疗,可很快痊愈,如治疗不及时,特别是幼畜则易继发支气管肺炎。

### 二、任务实施

#### (一)诊断

本病根据受寒冷作用后突然发病;体温升高、咳嗽、流鼻、皮温不整、羞明流泪等上呼吸道炎症的症状、不具传染性、解热镇痛药迅速治愈即可做出诊断。本病应与流行往感冒相区别,流行性感冒为流行性感冒病毒引起,传播迅速,有明显的流行性,往往大批发生,依此可与感冒鉴别。牛流行热热型为稽留热,有时出现运动障碍。

#### (二)治疗

1.西医疗法

以解热镇痛为主,常用药有安乃近、安基比林、安痛定、青霉素、头孢类药等。

2.中药治疗

以解表清热为主。

(1)风热感冒。出现体表灼热,鼻液黏稠,干痛咳嗽,黏膜潮红,尿短赤时,可用银翘散:金银花 45 g、连翘 45 g、桔梗 24 g、薄荷 24 g、牛蒡子 30 g、豆豉 30 g、竹叶 30 g、芦根 45 g、荆芥 30 g、甘草 18 g,水煎灌服(牛、马)。上方如咳嗽较重,加:杏仁、贝母。

(2)风寒感冒。如发热较轻,咳嗽、鼻流清涕、小便清长时,可用杏苏散:杏仁 18 g、桔梗

30 g、紫苏 30 g、半夏 15 g、陈皮 21 g、前胡 24 g、甘草 12 g、枳壳 21 g、茯苓 30 g、生姜 30 g，共为末，开水冲服(牛、马)。

**(三)预防**

除加强饲养管理，增强机体耐寒性锻炼外，主要应防止家畜突然受寒。如防止贼风吹袭，使役出汗时不要把家畜拴在阴凉潮湿的地方，冬季气候突然变化时注意防寒措施等。

## 子任务二 支气管炎

### 一、相关知识

**(一)了解概况**

本病是支气管黏膜表层或深层发生的炎症。临床以不定型热、咳嗽、流鼻液、肺部听诊啰音为特征。在气温骤变季节易发，多发于老年及幼龄动物，以及体弱多病动物。

**(二)认知病因**

1. 机体免疫力降低

受寒感冒，气管黏膜防御机能减弱，如肺炎球菌、巴氏杆菌等发生增殖而致。

2. 不良刺激

吸入刺激性异物，如煤烟、氨气、尘埃。或投药时误入气管，造成气管黏膜的损伤。

3. 炎症蔓延

邻近组织、器官的炎症如喉炎、肺炎。

4. 继发性因素

传染病如流感、传染性喉气管炎及肺线虫病等病也常引起本病。

如果各种病因反复作用，久治不愈则可致慢性支气管炎。

**(三)识别症状**

1. 急性支气管炎

患畜咳嗽，初为干咳、短咳、痛咳，后逐渐转为湿咳，如细支气管发炎则为短促、弱痛咳嗽。大量流鼻液，初为浆液性，后为黏液、脓性。肺部听诊，初期可见肺泡音强、粗厉，后出现干性啰音，渗出物逐渐增多稀薄，则呈湿性啰音。如细支气管发炎，则为捻发音。体温变化不定，大气管炎症不发热或发微热，支气管炎症则多发中热至高热。急性毛细支气管炎可因气管炎性水肿而发生窒息。气管炎治疗不及时，可继发肺炎。

2. 慢性支气管炎

病程较长，多在气候骤变季节，或剧烈运动后发病。患畜长期咳嗽，多为干咳，听诊常有干性啰音。鼻液时多时少。后期患畜多营养不良，被毛粗乱。

### 二、任务实施

**(一)诊断**

依据患畜频繁咳嗽，流大量鼻液，啰音，不定型热，肺部叩诊一般无变化，可初步诊断。X线检查，可见肺纹理增粗，肺野模糊。

支气管肺炎与本病的区别是：全身症状明显，弛张热，肺部叩诊出现散在浊音区。

### （二）治疗

本病的治疗原则是抗菌消炎，止咳祛痰，对症治疗。

1. 抗菌消炎

10%磺胺嘧啶钠注射液，大动物100～200 mL，中等动物20～40 mL，肌肉注射。气管内注射，以大牛为例，青霉素（240万～480万IU）加链霉素（1～2 g）加3%普鲁卡因注射液（10～20 mL）加蒸馏水至60 mL，每天1次，连用2～4次。慢性病例，土霉素碱粉25 g加油适量，于肩背两侧肌肉注射，按每千克体重0.15 mL，每3 d 1次。

2. 止咳祛痰

氯化铵10～20 g，或吐酒石0.5～3 g，人工盐30～50 g内服。痛性咳嗽时应镇咳，可灌服复方樟脑酊30～50 mL，或复方甘草合剂100～150 mL。

3. 对症治疗

气喘者，可使用糖皮质激素，以减轻气管炎性反应，同时肌肉注射25%氨茶碱，大动物每次4～8 mL，静脉注射或肌肉注射。或麻黄碱，大动物每次1.5～15 mL，皮下或肌肉注射；发热明显者，可肌肉注射复方安基比林，安乃近，剂量同感冒。

中药治疗以止咳化痰、疏风解表为治则，方为：紫苏30 g，麻黄15 g，荆芥15 g，防风15 g，桔梗30 g，杏仁20 g，白术20 g，陈皮45 g，百部20 g，当归15 g，甘草15 g，研末加杏仁水40 mL、远志酊30 mL，温水适量1次灌服。

### （三）预防

加强饲养管理，提高动物机体抵抗力。注意环境管理，防寒保暖，减少不良刺激。积极治疗原发病。

# 任务二 肺炎

## 一、相关知识

### （一）了解概况

肺炎是指若干肺小叶、一个或几个肺大叶的炎症，临床有小叶性肺炎、大叶性肺炎、坏疽性肺炎、霉菌性肺炎和化脓性肺炎五种类型。肺炎各种动物都可以发生，特别是老龄、幼畜以及营养不良、缺乏锻炼动物容易发生。

### （二）认知病因

1. 小叶性肺炎

（1）机体抵抗力下降。绝大多数原发性小叶性肺炎是在条件性病因作用下，由致病性常在菌感染而发病。这些条件性病因可归纳为过劳、长途运输、畜舍卫生不良、营养不良、受寒等。在这些因素作用下，机体的防御能力减弱、特异性和非特异性保护机制作用降低，成为肺部感染的基础。

在机体抵抗力降低的因素作用下，存在于肺部黏膜的微生物起到致病作用。致病性病原有巴氏杆菌、肺炎球菌、猪嗜血杆菌、坏死杆菌、副伤寒杆菌、绿脓杆菌、化脓杆菌、马流产沙门氏菌、马棒状杆菌、链球菌、葡萄球菌等。

吸入热空气、烟气、刺激性气体等物理化学致病因素亦可引起卡他性肺炎。

(2)病原感染。临床上常见有流感、传染性支气管炎等,另外在羊痘、结核、犬瘟热、恶性卡他热、口蹄疫、放线菌病、支原体肺炎过程中,可作为继发症或伴随症状而发生卡他性肺炎。卡他性肺炎也可继发于寄生虫病,如猪的肺线虫、仔猪蛔虫感染,也见有卡他性肺炎的表现。

2. 大叶性肺炎

大叶性肺炎的主要病因是感染致病微生物,常见的有巴氏杆菌、葡萄球菌、链球菌、猪嗜血杆菌等,其次是在过敏反应发生时可导致大叶性肺炎。病原的初次作用,可使机体致敏,如同变态反应,是在事先抗体致敏或肺组织致敏的基础上发生的。当全身或局部(肺)受到致病因素的作用时,原常在菌(或新的一次感染)均可在过敏的基础上引起肺充血、出血,渗出(浆液性及纤维蛋白性)等毛细血管壁迅速受到损害的病理改变;病的特点是突然发生,并迅速扩散整个肺叶,引起大叶性肺炎的发生。

3. 坏疽性肺炎

吸入或误咽异物进入呼吸道,如小块饲料、黏液、血液、脓汁、呕吐物,偶见投药时误投的药物。凡引起咽炎、咽麻痹等吞咽障碍的一些疾病,很容易引起坏疽性肺炎。

另外,发生肺脓肿的病例,若继发腐败菌感染,也可发生肺坏疽;或见于卡他性肺炎、纤维素性肺炎基础上的腐败菌感染。

偶见于胸部创伤、肋骨骨折或反刍兽前胃异物刺入肺脏所致。

4. 霉菌性肺炎

霉菌性肺炎是因动物感染了致病性霉菌,常见的霉菌有曲霉菌属、隐球菌属、组织浆菌属、球孢子菌属、皮炎芽生菌属;还见有毛霉属、青霉属、放线菌属及放线杆菌属。

这些霉菌的孢子在潮湿环境下很容易生长,在自然界分布很广。健康畜禽在自然条件下对霉菌有相当的抵抗力。机体抵抗力减弱,可促进肺霉菌病的发生。尤其在环境及饲料中尘埃很多的时候,更容易感染(图Ⅰ-2-1)。真菌感染常与细菌感染并发。马、牛多为曲霉菌属的烟曲霉菌感染(图Ⅰ-2-2),家禽真菌感染主要是葡萄状白霉菌(图Ⅰ-2-3)、土曲霉菌、青霉菌(图Ⅰ-2-4)所引起的。

图Ⅰ-2-1 发霉的玉米

图Ⅰ-2-2 烟曲霉菌

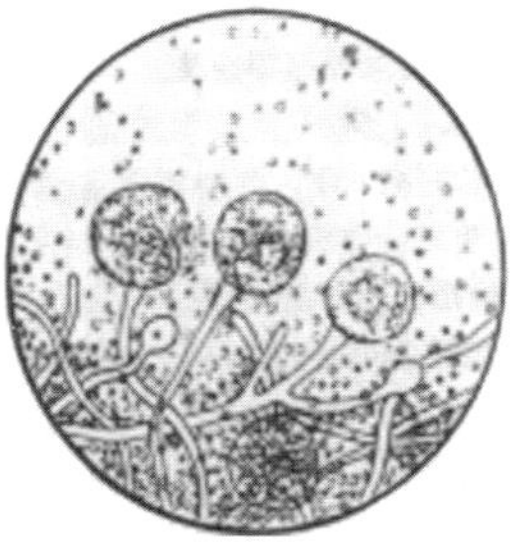

图Ⅰ-2-3 白霉菌

图Ⅰ-2-4 青霉菌

肺脏被真菌感染，引起局部炎症。出现粟粒大至豌豆大的结节，或散在或融合。结节中间形成脓肿，脓汁排出而形成空腔。脓性分泌物呈灰、黄、绿色。家禽霉菌感染，主要侵害肺和气囊，肺部的粟粒样结节呈白色或黄色，切面干酪样，气囊有黄色干酪样苔膜。这种结节在脾、肝脏亦可发现。

5. 化脓性肺炎病

本病多为其他部位病变的病理性产物（特别是被感染的栓子），通过血液或淋巴液转移至肺，引起肺的化脓性炎症。皮下蜂窝织炎、淋巴结炎、黏液囊炎、肢体或鬐甲部化脓、泌尿生殖系统化脓性炎症、乳房炎均可伴发肺部转移。初生畜败血病也易发生化脓性肺炎。

卡他性肺炎、纤维素性肺炎、异物性肺炎、霉菌性肺炎继发化脓菌感染。

化脓性栓子栓塞于肺内血管或淋巴管时，即可形成化脓灶。化脓灶可扩大、融合，或散发于多处。

### （三）识别症状

1. 小叶性肺炎

体温升高 1.5～2℃，弛张热型。脉搏数随体温升高而增多，病初尚充实，以后变弱。有一定程度的混合性呼吸困难，呼吸浅表，呼吸次数增加。初期发干性痛咳，随着渗出物的增多，咳嗽转为湿性，疼痛也随之减轻。咳嗽时，可见一定量的鼻腔分泌物。在马，分泌物较少，牛、羊及猪分泌物呈黏液或黏液脓性。

肺部叩诊，病灶如位于肺表面，且直径在 3～4 cm 及以上，可叩出浊音区，浊音区周围，常出现过清音。

听诊时，病灶区呼吸音减弱。听到捻发音及湿性啰音。当渗出物阻塞了肺泡及支气管时，肺泡呼吸音消失；当小叶性肺炎病灶相互融合时可听到支气管呼吸音。在其他健康部位，则肺泡音增强。

X 线检查，显示肺纹理增强，伴有小片状模糊阴影。见图Ⅰ-2-5。

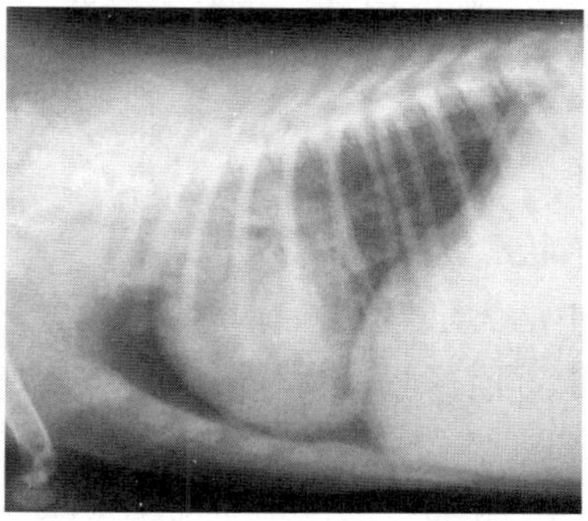

**图Ⅰ-2-5　小叶性肺炎 X 线征象**

2. 大叶性肺炎

（1）全身症状。突发高热，大动物体温可达 40～41℃及以上，呈稽留热型，并持续到溶解期。动物精神状态不佳，衰竭。食欲丧失，反刍停止。反刍兽、猪等卧地，而马匹常站立，前肢叉开。结膜充血，黄染。心跳次数在病初体温升高 2～3℃时，可增加 10～15 次，与体温升高不完全一致（一般情况下，发热动物，体温每升高 1℃，心跳次数增加 10 次左右），这可能反映体温升高伴有过敏因素在内。

（2）呼吸系统症状。可见干咳气喘，呼吸困难，在肝病变期可能出现铁锈色鼻汁，此鼻渗物中红细胞的血红蛋白在酸性环境下变成含铁血黄素所致。但应注意，在马，这一症状并非必然出现。或有，其量也较少。至消散期，动物呈湿性咳。

叩诊时，多数在肘后的部位出现过清音至浊音。健康部位则可有代偿性过清音或鼓音。马的浊音区多从肘后下部开始，逐渐扩展至胸部后上方，范围广大，上界多呈弓形，弓背向上如图Ⅰ-2-6、图Ⅰ-2-7 所示。听诊时，在充血期，可有肺泡音增强及干性啰音及湿性啰音，进一步发展，可听到捻发音，呼吸音减弱甚至消失。在肝变期，可出现支气管呼吸音。至溶解期，可重新出现各种啰音及肺泡呼吸音。

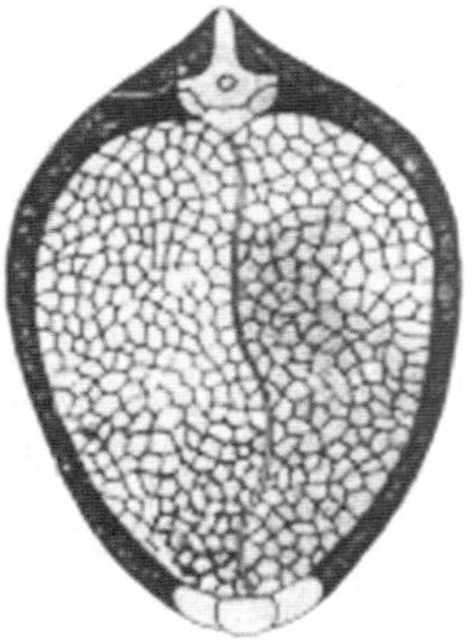

图Ⅰ-2-6　大叶性肺炎模式图

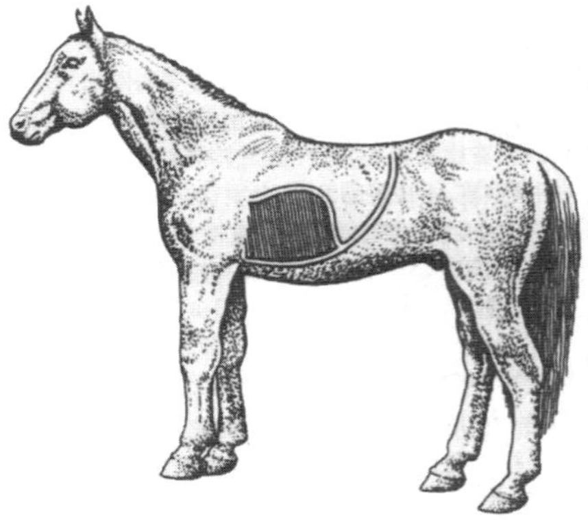

图Ⅰ-2-7　大叶性肺炎弧形浊音区

(3)血液学变化。白细胞总数增加，淋巴细胞比例下降，单核细胞消失，中性粒细胞增多。红细胞减少、血小板数下降，血沉加快。

尿液量在肝变期减少，密度增加，氯化物减少。至消散期，尿量增多，密度开始下降，尿内氯化物出现，尿素含量增加。因纤维蛋白分解随尿排出，可出现一时性蛋白尿。

(4)X线检查。病变部呈明显而广泛的阴影。非典型病例也经常见到，特点是病程较短，体温升高也不十分明显。

3. 坏疽性肺炎

早期症状是呼出气带干臭或腐臭气味，开始在病畜附近或当患畜咳嗽之际能有所觉察，其后远处也可闻到。鼻分泌物也散发腐败臭味，呈污秽褐灰色红或绿色。在咳嗽或低头时有大量的分泌物流出。把这些分泌物收集于容器内，可见分为三层，上层为黏性的，有泡沫；中层为浆性液体，内含絮状物；下层为脓液，混有很多大小不一的肺组织块。在显微镜下检查，可看到肺组织碎片，脂肪滴，棕色至黑色的色素颗粒，血细胞及细菌、弹性纤维。如将渗出物加10%氢氧化钾溶液煮沸，离心显微镜检查沉淀，可见由肺组织分解出来的弹力纤维。

胸部叩诊，病灶靠近肺表面且面积较大时，可叩出半浊音或浊音；若已形成空洞，可叩出鼓音；空洞被致密组织包围，又充满空气，呈金属音；空洞与支气管相沟通，可呈现破壶音。听诊时，可听到支气管呼吸音或各种啰音，若空洞与支气管沟通，可听到空瓮性支气管呼吸音。

体温一般都升高，稽留，动物寒战、高度委顿、虚弱，表明毒血症的存在。

X线检查，可见局限性阴影，当空洞形成时，显现透明区。

伴有毒血症时，通常在一周之内归于死亡，个别可延续较长时间。吸入性肺坏疽，治疗及时，可望治愈。

4. 霉菌性肺炎

患畜常表现卡他性肺炎的症状，从鼻孔中流出污秽黏液，显微镜下可查出霉菌菌丝，病情较为严重者，机体衰竭，消瘦，病程迁延。犬常受组织胞浆菌、皮炎芽生菌感染，常以肺炎或全身感染为特征，呈现呼吸困难，脓性鼻液，消瘦，贫血，或皮下结节形成。

家禽表现呼吸困难，有脓性分泌物，消瘦及腹泻。

5. 化脓性肺炎

先表现有原发病的基本症状，久治不愈或时好时坏。病畜呼吸促迫，口鼻流出中等量白色泡沫状液，呼吸音粗厉，间有啰音和支气管呼吸音。如病灶位于肺表面，叩诊可发现浊音区。化脓灶累及血管，致使血管壁破裂，可出现肺出血或咳血，鼻腔分泌物为脓性，内含弹力纤维和脂肪晶粒，也许还含有肺组织碎片。患畜因脓毒血症，在短期或1～2周死亡，或死于胸膜炎。当化脓灶被结缔组织包围而形成脓肿时，多取慢性经过，在环境应激或有其他感染的影响下，脓肿突然扩散，产生致死性的化脓性支气管炎、胸膜炎或脓胸。

## 二、任务实施

### （一）诊断

1. 临床诊断

主要通过发病动物的临床表现如体温热型、鼻液性状、呼吸困难程度、呼吸音变化、叩诊音变化等对肺炎进行初步诊断。

2. X线诊断

有条件对患病动物进行X线诊断，不仅能够清晰地观察到肺部病变，而且对肺炎的类型、病期等也可做出明确的判断。

3. 实验室诊断

实验室诊断主要可进行鼻液、血液、痰液检查，以确定感染的病原，必要时可进行药敏试验。

### （二）治疗

1. 抗菌消炎

常采用抗生素、磺胺类药物。最好能采取鼻分泌物作药敏试验，选择用药。青霉素、链霉素合用，有较好疗效。必要时，可选用红霉素、四环素、土霉素、氯霉素。多采用静脉注射方式。按常规剂量，配于葡萄糖液或生理盐水中，每日1～2次。磺胺类药物，常用SD或长效磺胺类（如SM、SMZ、$SM_2$、SMM、SMP等），并配合增效剂（TMP），如SMP-TMP、SD-TMP注射液，对控制感染及促进炎性渗出物的消散有明显作用。

以青霉素（240万～480万IU）、链霉素（400万～600万IU）溶于3%普鲁卡因10～20 mL，再加蒸馏水至60 mL，一次气管内注射，每日1次，经2～4次可愈（大动物用量）。

2. 止咳祛痰

当分泌物黏稠，咳嗽严重时，可应用止咳祛痰剂。

3. 中药疗法

可选用加味麻杏石甘汤：麻黄15 g，杏仁8 g，生石膏90 g，二花30 g，连翘30 g，黄芩24 g，知母24 g，元参24 g，生地24 g，麦冬24 g，花粉24 g，桔梗21 g，共为研末，蜂蜜250 g为引，马、牛一次开水冲服（猪、羊酌减）。也可用瓜蒌根100 g（捣碎），鸡蛋清10个，麻油、蜂蜜各160 mL，温水冲，一次灌服；或用生石膏150 g，地骨皮80 g，侧柏叶50 g，蜂蜜150 mL，水煎，一次灌服，均能收到较好的效果。

大叶性肺炎可用清瘟败毒散：石膏120 g，犀牛角6 g（或水牛角30 g），黄连18 g，桔梗24 g，淡竹叶60 g，甘草9 g，生地30 g，山栀30 g，丹皮30 g，黄芩30 g，赤芍30 g，元参30 g，知母30 g，连翘30 g，水煎，马、牛一次灌服。

4. 对症疗法

体温过高可用解热镇痛药，如复方氨基比林、安痛定注射液等。剧烈咳嗽时，可选用祛痰止咳药。严重的呼吸困难可输入氧气，心力衰竭时用强心剂，强心剂常用咖啡因类、樟脑类，必要时可用洋地黄类(如毒毛旋花子苷 K)。

**(三)预防**

加强饲养管理，避免淋雨受寒、过度劳役等诱发因素。供给全价日粮，健全完善的免疫接种制度，减少应激因素的刺激，增强机体的抗病能力，加强饲草、饲料的管理，防止霉变，属于继发性肺炎时要积极治疗原发病。

## 技能训练五　犬肺炎的诊断与治疗

**【目的要求】**

(1)了解不同类型肺炎的发病病因。

(2)掌握不同类型肺炎的临床症状特征、诊断方法、治疗措施等。

(3)掌握肺炎的中西结合治病原则和方法。

**【诊疗准备】**

**(一)材料准备**

保定架、保定绳、听诊器、叩诊锤、叩诊板、温度计、一次性注射器、针头、一次性输液器、酒精棉球、3%～5%的碘酊、镊子、中药煎药器与喂药器、X 光机及 X 光片看片机。

**(二)药品准备**

复方氨基比林或安乃近注射液、青霉素或头孢拉定、头孢噻呋、链霉素注射用水、地塞米松注射液、鱼腥草注射液、氯化铵、氨茶碱、尼可刹米注射液、10%葡萄糖注射液、10%葡萄糖酸钙注射液、维生素 C 注射液、麻杏石甘汤等。

**(三)病例准备**

犬，借助临床病例，也可以人工复制病例。

**【方法步骤】**

**(一)人工复制病例**

1.灌服失误法

将 3%～5%的碘酊适量通过胃导管误入气管灌入肺内，致实验动物得肺炎。

2.气管注射法

将 3%～5%的碘酊通过颈部气管下 1/3 处注入气管流入肺内，致实验动物得肺炎。

3.肺内注射法

将 3%～5%的碘酊直接注射到实验动物的肺内，致实验动物得肺炎。

**(二)临床诊断**

1.视诊与嗅诊

测量体温、呼吸频率和心率，观察发病动物的精神、呼吸类型、鼻端湿润程度、鼻液的性质、鼻液的颜色、是否咳嗽、是否发喘、可视黏膜是否潮红或发绀及发绀的程度等，并嗅闻呼出气体有无异味。

2.听诊

听诊肺部呼吸音的变化、判断有无捻发音、啰音及啰音的性质等。

3.叩诊

用叩诊板、叩诊锤叩诊肺部有无浊音、空洞音、过清音，并判断各种异常音的范围大小。

4. X 线检查

用 X 光机对胸部各方位(正位、背位、左侧位、右侧位)进行透视、拍片、并进行洗片、阅片,确诊肺炎的类型及程度。

**(三)实施治疗**

按照抗菌消炎、制止肺部炎性渗出、促进肺内异物排出及对症治疗的思路,学生在老师的指导下,拟定治疗方案,经老师审阅后,由学生分对诊疗动物实施治疗,加强对患病动物的护理,并对治疗效果进行评价。

**【作业】**

**(一)病例讨论**

在教师的指导下讨论内容如下。

(1)实习病例的各项诊断依据。

(2)X 光检查及洗片的操作要领。

(3)肺炎常用治疗药物及配伍禁忌。

(4)中西结合治疗呼吸道病的优势。

**(二)写出实习报告**

## 能力拓展

以下技能项目可根据学校实习条件的实际情况,或进行人工复制病例,或利用在校外实习基地病例,或借助学校实习兽医院的临床病例来完成,要求以学生为主体,分组进行,教师对学生的诊断和治疗过程进行指导,并对各组的治疗方案和治疗效果进行评价,指出存在的问题,旨在进一步提高学生对畜禽呼吸系统疾病的临床诊疗技能和学习效果。

(1)犬感冒的诊断与治疗。

(2)猪传染病胸膜肺炎的诊断与治疗。

(3)犊牛急性支气管炎的诊断与治疗。

要求:讨论治疗思路、写出治疗处方、实施治疗措施并护理好发病动物,同时还要做好病例总结。

## 复习思考题

**一、名词解释**

感冒、支气管炎、小叶性肺炎、大叶性肺炎、胸膜炎。

**二、填空**

1. 大叶性肺炎的热型是__________;支气管肺炎的热型是__________;支气管炎的热型是__________。

2. 感冒的治疗原则是__________、__________。

4. 治疗肺炎的常用中药方有__________、__________。

5. 大叶性肺炎的特征是__________、__________、__________、__________。

6. 气管炎的治疗原则是__________、__________、__________。

## 三、选择题

1. 典型大叶性肺炎病畜的发热期一般为(　　)。

A. 1～2 d　　B. 2～3 d　　C. 5～7 d　　D. 6～9 d

2. 患畜咳嗽、气喘,肺部叩诊有散在浊音区,多可能患(　　)。

A. 气管炎　　B. 大叶性肺炎　　C. 小叶性肺炎　　D. 胸膜炎

3. 病畜干咳,胸壁敏感,听诊胸部有摩擦音,叩诊呈水平浊音,多可能患(　　)。

A. 气管炎　　B. 大叶性肺炎　　C. 小叶性肺炎　　D. 胸膜炎

4. 下列中药处方可用于治疗肺炎的是(　　)。

A. 健脾散　　B. 大承气汤　　C. 麻杏石甘汤　　D. 冰硼散

## 四、判断题

1. 感冒可继发气管炎、肺炎。(　　)
2. 犬瘟热病毒常引起犬的肺炎。(　　)
3. 肺炎患畜肺部听诊有明显水泡音,不可大量输液。(　　)
4. 肺炎患畜体温一般无明显变化。(　　)
5. 清瘟败毒散、麻杏甘汤可用于肺炎的治疗。(　　)
6. 明显发绀的气管炎患畜要立即进行平喘治疗。(　　)
7. 喉炎患畜一般不咳嗽。(　　)
8. 肺炎可引起自体中毒和窒息。(　　)

## 五、简答题

1. 如何鉴别气管炎、小叶性肺炎、大叶性肺炎?
2. 简述感冒的诊断及治疗要点。
3. 呼吸器官疾病的临床表现主要有哪些?
4. 什么是二氧化碳潴留? 有何危害?
5. 动物的呼吸衰竭是如何救治的?
6. 上呼吸道感染的治疗原则和用药方法是什么?
7. 急性支气管炎的发病原因和治疗原则是什么?
8. 肺炎有哪几种类型? 如何进行鉴别诊断?
9. 如何进行胸膜炎的诊断方法和治疗?
10. 如何进行胸腔穿刺和胸腔封闭?

Project 3

# 心血管系统与血液疾病防治

### 知识目标

- 了解动物心血管系统疾病的发生、发展规律。
- 熟悉动物常见心血管系统疾病的诊疗技术要点。
- 掌握心血管系统疾病常用药物的临床应用。
- 掌握动物心力衰竭、循环虚脱和贫血发生原因、发病机制、临床症状、治疗方法及预防措施。

### 技能目标

- 通过学习，学生应具备诊断和治疗心力衰竭、循环虚脱和贫血的能力，具备动物输血治疗和心血系统危重症现场救治的能力和技术。

# 任务一　心力衰竭

## 一、相关知识

### (一)了解概况

心力衰竭又称心脏衰弱、心功能不全，是因心肌收缩力减弱或衰竭，引起外周静脉过度充盈，使心脏排血量减少，动脉压降低，静脉回流受阻等引起的呼吸困难，皮下水肿、发绀，甚至心搏骤停和突然死亡的一种全身血液循环障碍综合征。此病各种动物都可发生，但马和犬发病居多。

心力衰竭的表现形式视其病程长短而异，可分为急性心力衰竭和慢性心力衰竭；视其发病起因而异，可分为原发性心力衰竭和继发性心力衰竭。

### (二)认知病因

1. 急性原发性心力衰竭

主要是由于压力负荷过重或容量负荷过重而导致的心肌负荷过重，由于压力负荷过重所引起的心力衰竭主要发生于使役不当或过重的役畜，尤其是饱食逸居的家畜突然进行重剧劳役，如长期舍饲的育肥牛在坡陡、崎岖道路上载重或挽车等，猪长途驱赶等；由于容量负荷过重而引起的心力衰竭往往是在治疗过程中，静脉输液量超过心脏的最大负荷量，尤其是向静脉过快地注射对心肌有较强刺激性药液，如钙制剂或砷制剂等。此外，还有部分发生于麻醉意外，雷击，电击等。

2. 急性继发性心力衰竭

多继发于急性传染病(马传染性贫血、马传染性胸膜肺炎、口蹄疫、猪瘟等)、寄生虫病(弓形虫病、住肉孢子虫病)、内科疾病(如肠便秘、胃肠炎、日射病等)以及各种中毒性疾病的经过中。这多由病原菌或毒素直接侵害心肌所致。未成年的警犬开始调教时，由于环境突变，惩戒过严和训练量过大，易发生急性应激性心力衰竭。

3. 慢性心力衰竭(充血性心力衰竭)

慢性心力衰竭是心脏由于某些固有的缺损，在休息时不能维持循环平衡并出现静脉循环充血，伴以血管扩张，肺或末端水肿，心脏扩大和心率加快。除长期重剧使役外，本病常继发或并发于多种亚急性和慢性感染，心脏本身的疾病(心包炎、心肌炎、心肌变性、心脏扩张和肥大、心瓣膜病、先天性心脏缺陷等)，中毒病(棉籽饼中毒、霉败饲料中毒、含强心苷的植物中毒、呋喃唑酮中毒等)，甲状腺机能亢进，幼畜白肌病，慢性肺泡气肿，慢性肾炎等。

### (三)识别症状

1. 急性心力衰竭

初期，病畜精神沉郁，食欲不振甚至废绝，动物易于疲劳、出汗，呼吸加快，肺泡呼吸音增强，可视黏膜轻度发绀，体表静脉怒张；心搏动亢进，第一心音增强，脉搏细数，有时出现心内杂音和节律不齐。进一步发展，各症状全部严重，且发生肺水肿，胸部听诊有广泛的湿性啰音；两侧鼻孔流出多量无色细小泡沫状鼻液。心搏动震动全身，第一心音高朗，第二心音微弱，伴发阵发性心动过速，脉细不感于手。有的步态不稳，易摔倒，常在症状出现后数秒钟到数分钟内死亡。

2. 慢性心力衰竭（充血性心力衰竭）

其病情发展缓慢，病程长达数周、数月或数年。除精神沉郁和食欲减退外，多不愿走动，不耐使役，易于疲劳。黏膜发绀，体表静脉怒张。垂皮、腹下和四肢下端水肿，触诊有捏粉样感觉。呼吸比正常深，次数略增多。排尿常短少，尿液浓缩并含有少量白蛋白。初期粪正常，后期腹泻。随着病程的发展，病畜体重减轻，心率加快，第一心音增强，第二心音减弱，有时出现相对闭锁不全性缩期杂音，心律失常。心区叩诊心浊音区增大。由于组织器官淤血缺氧，还可出现咳嗽，知觉障碍。心区 X 射线检查和 M 型超声心动图检查，可发现心脏增厚或心室腔扩大。病犬血浆醛固酮水平增高，血浆去甲肾上腺素浓度也增高，且心房尿钠肽（atrial natriuretic peptide，ANP）含量也增高。荷斯坦乳牛的 ANP 也增高。病马血清 LDH 组分显著增高。故充血性心力衰竭时，几乎都在短暂的呼吸窘迫中死亡。

3. 左心衰竭

剖检左心腔扩张，充积血液或血液凝块，心壁柔软、脆弱。肺脏的体积稍增大，重量增加，色泽加深呈红褐色。肺胸膜湿润而有光泽，用手触之可留有指压痕。肺切面湿润，富含血液。间质增宽，湿润，从支气管和细支气管断端流出许多泡沫状液体，支气管内亦充积多量泡沫状液体。镜检，肺泡壁毛细血管充血，肺泡充满淡红色水肿液。其中混杂少量脱落的肺泡上皮或巨噬细胞。

4. 右心衰竭

右心扩张，心腔充积血液和血凝块，心壁变薄，心肌实质变性，大循环静脉系统明显淤血。肝、脾、肾、胃肠及脑等器官都见淤血和水肿。肝脏肿大，实质变性。

经时较久者，肝实质尚可见纤维化，进而发展为肝硬变。胃肠壁和肠系膜明显淤血，严重时可导致淤血性卡他。肾脏淤血，间质水肿，肾小球毛细血管的通透性增高，肾小管和尿中可出现蛋白质和管型。脑淤血，水肿，神经细胞呈不同程度的变性，严重时，尚可见脑膜和脑实质小点状出血。

## 二、任务实施

### （一）诊断

心力衰竭，主要根据发病原因，静脉怒张，脉搏增数，呼吸困难，垂皮和腹下水肿以及心率加快，第一心音增强，第二心音减弱等症状可做出诊断。心电图、X 线检查和 M 型超声心动图检查资料有助于判定心脏肥大和扩张，对本综合征的诊断有辅助意义。

应注意与其他伴有水肿（寄生虫病、肾炎、贫血、妊娠等）、呼吸困难（有机磷中毒、急性肺气肿、牛再生草热、过敏性疾病等）和腹水（腹膜炎、肝硬化等炎症）的疾病进行鉴别。同时，也要注意急性或慢性，原发性或继发性的鉴别诊断。

### （二）治疗

治疗原则是加强护理，减轻心脏负担，缓解呼吸困难，增强心肌收缩力和排血量以及对症疗法等。

对于急性心力衰竭，往往来不及救治，病程较长的可参照慢性心力衰竭使用强心苷药物。麻醉时发生的心室纤颤或心搏骤停，可采用心脏按摩或电刺激起搏，也可试用极小剂量肾上腺素心内注射。

对于慢性心力衰竭，首先应将患畜置于安静厩舍休息，给予柔软易消化的饲料，以减少机体对心脏排血量的要求，减轻心脏负担。同时也可根据患畜体质，静脉淤血程度以及心音、脉搏强弱，酌情放血 1 000～2 000 mL（贫血患畜切忌放血），放血后呼吸困难迅即解除，此时缓慢静脉注射 25%葡萄糖溶液 500～1 000 mL，增强心脏机能，改善心肌营养。

为消除水肿和钠、水滞留，最大限度地减轻心室容量负荷，应限制钠盐摄入，给予利尿剂，常用双氢克尿噻，马、牛 0.5～1.0 g；猪、羊 0.05～0.1 g；犬 25～50 mg 内服或速尿按每千克体重 2～3 mg 内服或每千克体重 0.5～1.0 mg 肌肉注射，每天 1～2 次，连用 3～4 d，停药数日后再用数日。

为缓解呼吸困难，可用樟脑兴奋心肌和呼吸中枢，在马、牛发生某些急性传染病及中毒经过中的心力衰竭时，常用 10%樟脑磺酸钠注射液 10～20 mL，皮下或肌肉注射；也可用 1.5% 氧化樟脑注射液 10～20 mL，肌肉或静脉注射。

为了增加心肌收缩力，增加心排血量，习惯上用洋地黄类强心苷制剂。但应注意洋地黄类药物长期应用易蓄积中毒；成年反刍动物不宜内服；由心肌发炎损害引起的心力衰竭禁用。临床上应用时，一般先在短期内给予足够剂量的洋地黄，以后每天给予一定的维持量。在马，先按每千克体重 0.016～0.022 mg 静脉注射地高辛，经 2.5～4 h 后再按每千克体重 0.008～0.011 mg 注射第二次，以后每 24 h 给予按每千克体重 0.008～0.011 mg 即可维持；在牛，洋地黄毒苷按每 100 kg 体重用 3 mg 肌肉注射，或地高辛按每千克体重 0.88 mg 静脉注射，维持剂量按每千克体重 0.001 1～0.001 7 mg；在犬，地高辛按每千克体重 0.07～0.22 mg 内服，维持剂量为内服剂量的 1/8～1/3。

对于心率过快的马、牛等大家畜用复方奎宁注射液 10～20 mL 肌肉注射，每天 2～3 次；犬用心得宁 2～5 mg 内服，每天 3 次，有良好效果。

对于持续时间较长或难治的犬、猫心力衰竭，可应用小动脉扩张剂，如肼苯哒嗪，按每千克体重 0.5～2.0 mg，每天 2 次。静脉扩张剂，如硝酸甘油，异山梨醇二硝酸酯等。兼有扩张小动脉和降低静脉血压的制剂，如哌唑嗪按每千克体重 0.02～0.05 mg 内服，每天 2 次。醛固酮拮抗剂，如安体舒通按每千克体重 10～50 mg 内服，每天 3 次，兼有利尿效果。血管紧张素转移酶抑制剂，如甲巯丙脯酸按每千克体重 0.5～1.0 mg 内服，每天 3 次，有缓解症状，延长存活时间的功效。

此外，应针对出现的症状，给予健胃，缓泻，镇静等制剂，还可使用 ATP、辅酶 A、细胞色素 C、维生素 $B_6$ 和葡萄糖等营养合剂，作辅助治疗。

**（三）预防**

对役畜应坚持经常锻炼与使役，提高适应能力，同时也应合理使役，防止过劳。在输液或静脉注射刺激性较强的药液时，应掌握注射速度和剂量。对于其他疾病而引起的继发性心力衰竭，应及时根治其原发病。

# 任务二　循环虚脱

## 一、相关知识

### （一）了解概况

循环虚脱又称外周循环衰竭，是血管舒缩功能紊乱或血容量不足引起心脏排血量减少，组织灌注不良的一系列全身性病理综合征。由血管舒缩功能引起的外周循环衰竭，称为血管性衰竭。由血容量不足引起的，称为血液性衰竭。循环虚脱的临床特征为心动过速、血压下降、低体温、末梢部厥冷、浅表静脉塌陷、肌肉无力乃至昏迷和痉挛。

### （二）认知病因

循环虚脱的病因较为复杂，大致可分为以下几种。

1. 血容量突然减少

大手术失血过多，肝、脾等内脏破裂；胃肠道疾病较严重时引起的呕吐和腹泻等导致严重脱水；大面积烧伤使血浆大量丧失；中毒过程中引起脱水；各类型的心脏病等，心脏输出血量减少，血压急剧下降，导致循环虚脱。

2. 剧痛和神经损伤

手术、外伤和其他伴有剧烈疼痛的疾病，脑脊髓损伤，麻醉意外等使交感神经兴奋或血管运动中枢麻痹，周围血管扩张，血容量相对降低。

3. 严重中毒和感染

出血性败血症，脓毒血症，穿孔性急性腹膜炎，大叶性肺炎，流行性脑炎以及感染创等。其中各种细菌毒素，特别是革兰氏阴性细菌，肠道细菌内毒素的侵害，以及霉形体、病毒、血液原虫、溶血性大肠杆菌、金黄色葡萄球菌，或继发感染等过程中，先是因交感素分泌增多，内脏与皮肤等部分的毛细血管和小动脉收缩，血液灌注量不足，引起缺血、缺氧，产生组胺与5-羟色胺，继而毛细血管扩张或麻痹，形成淤血，渗透性增强，血浆外渗，导致微循环障碍，发生虚脱。

4. 过敏反应

注射血清和其他生物制剂，使用青霉素、磺胺类药物产生的过敏反应，血斑病和其他过敏性疾病的过程中，产生大量血清素、组织胺、缓激肽等物质，引起周围血管扩张和毛细血管扩大，血容量相对减少。

### （三）识别症状

1. 初期

精神轻度兴奋，烦躁不安，汗出如油，耳尖、鼻端和四肢下端发凉，黏膜苍白，口干舌红，心率加快，脉搏快弱，气促喘粗，四肢与下腹部轻度发绀，显示花斑纹状，呈玫瑰紫色，少尿或无尿。

2. 中期

随着病情的发展，病畜精神沉郁，反应迟钝，甚至昏睡，血压下降，脉搏微弱，心音混浊，呼吸疾速，节律不齐，站立不稳，步态踉跄，体温下降肌肉震颤，黏膜发绀，眼球下陷，全身冷汗粘手，反射机能减退或消失，呈昏迷，病势垂危。

3. 后期

血液停滞，血浆外渗，血液浓缩，血压急剧下降，微循环衰竭，第一心音增强，第二心音微弱，甚至消失。脉搏短缺。呼吸浅表疾速，后期出现陈施二氏呼吸或间断性呼吸，呈现窒息状态。

因发病的原因不同，所以临床上会出现其各自病因的特殊症状。因血容量减少所引起的循环虚脱，结膜高度苍白，呈急性失血性贫血的现象；因剧烈呕吐和腹泻引起的，皮肤弹性降低，眼球凹陷，血液浓缩，发生脱水症状；因严重感染引起的，有广泛性水肿，出血和原发性疾病的相应症状；因过敏引起的，往往突然发生强直性痉挛或阵发性痉挛，排尿排粪失禁，呼吸微弱等变态反应的临床表现。此外，犊牛实验性感染休克时，心电图出现"峰状"T 波，其电压逐渐升高，室性心动过速，S-T 段上升，末期 QRS 综合波时限延长。

**(四)病理变化**

病畜剖检时，发现全身各个器官都有明显的病理学变化。心脏扩张，心脏内充盈血液，毛细血管充血，肠壁淤血、出血，全身静脉淤血，特别是肝、脾、肾的静脉淤血，肺水肿和淤血，胃肠黏膜坏死。

## 二、任务实施

**(一)诊断**

根据失血、失水、严重感染、过敏反应或剧痛的手术和创伤等病史，再结合黏膜发绀或苍白，四肢厥冷，血压下降，尿量减少，心动过速，烦躁不安，反应迟钝，昏迷或痉挛等临床表现可以做出诊断。也可通过具有循环衰竭迹象而查不出心脏异常但存在已知的原发性病因做出诊断，此时，应注意原发性病因所引起的特殊症状，从而确诊。

本病必须与心力衰竭进行鉴别诊断。循环虚脱是由静脉回心血量不足，使浅表大静脉充盈不良而塌陷，颈静脉压和中心静脉压低于正常值；心力衰竭时，因心肌收缩功能减退，心脏排空困难，促静脉血回流受阻而发生静脉系统淤血，浅表大静脉过度充盈而怒张，颈静脉压和中心静脉压明显高于正常值。

**(二)治疗**

本病的治疗，首先应根据病情发展过程，确定治疗原则，采取措施进行急救。

一般治疗原则为补充血容量，纠正酸中毒，调整血管舒缩机能，保护重要脏器的功能，及时采用抗凝血治疗。

1. 补充血容量

常用乳酸钠林格氏液(0.167 mol/L 乳酸钠与林格氏液按 1∶2 混合)作为平衡电解质溶液静脉注射，同时给予 10%低分子(相对分子质量 2 万～4 万)右旋糖酐溶液 1 500～3 000 mL，可维持血容量，防治血管内凝血。也可注射 5%葡萄糖生理盐水，生理盐水，葡萄糖溶液等。补液量通过测定中心静脉压监控，以防引起肺水肿或并发症，或者根据体况按每千克体重 20～40 mL 补液。也可根据皮肤皱褶试验，眼球凹陷程度、尿量、红细胞压积来判断和计算补液量。

2. 纠正酸中毒

用 5%碳酸氢钠注射液，牛、马 1 000～1 500 mL；猪、羊 100～200 mL 静脉注射；或用

11.2%乳酸钠溶液，牛、马 300～500 mL，与 5%葡萄糖生理盐水 500～1 000 mL 1 次静脉注射；或在乳酸钠林格氏液中按 0.75 g/L 加入碳酸氢钠，与补充血容量同时进行，纠正酸中毒。

3. 调整血管舒缩机能

使用 α-肾上腺素能受体阻制剂（氯丙嗪，苄胺唑啉）、β-肾上腺素能受体兴奋剂（异丙肾上腺素，多巴胺）、抗胆碱能药（山莨菪碱，阿托品）等扩张血管药较佳。常用山莨菪碱 100～200 mg 静脉滴注，每隔 1～2 h 重复用药 1 次，连用 3～5 次，若病情严重，可按每千克体重 1～2 mg 静脉注射，待病畜黏膜变红，皮肤变温，血压回升时，可停药。硫酸阿托品，马、牛 0.08 g，羊 0.05 g，皮下注射，可缓解血管痉挛，增加心排出量，升高血压，兴奋呼吸中枢。氯丙嗪每千克体重 0.5～1.0 mg 肌肉或静脉注射，可扩张血管，镇静安神，适用于精神兴奋、烦躁不安、惊厥的病畜。如果病畜的血容量已补足，循环已改善，但血压仍低，可用异丙肾上腺素或多巴胺。异丙肾上腺素，马、牛 2～4 mg，每 1 mg 混于 5%葡萄糖注射液 1 000 mL 内，开始以每分钟 30 滴左右的速度静脉滴注，如发现心动过速、心律失常，必须减慢或暂停滴入。多巴胺，马 100～200 mg，牛 60～100 mg，加到 5%葡萄糖溶液或生理盐水中静脉滴注。

4. 保护脏器功能

对处于昏迷状态且伴发脑水肿的病畜，为降低颅内压，改善脑循环，可用 25%葡萄糖溶液，马、牛 500～1 000 mL；猪、羊 40～120 mL，静脉注射；20%甘露醇注射液，马、牛 1 000～2 000 mL；猪、羊 100～250 mL，静脉注射，每隔 6～8 h 重复注射 1 次。当出现陈施二氏呼吸时，可用 25%尼可刹米注射液，马、牛 10～15 mL，猪、羊 1～4 mL，皮下注射，以兴奋呼吸中枢，缓解呼吸困难。当肾功能衰竭时，给予双氢克尿噻，马、牛 0.5～2.0 g；猪、羊 0.05～0.1 g；犬 25～50 mg，内服。此外，为了改善代谢机能，恢复各重要脏器的组织细胞活力，增进治疗效果，还应考虑应用三磷酸腺苷、细胞色素 C、辅酶 A、肌苷等制剂。

5. 抗凝血

为了减少微血栓的形成，减少凝血因子和血小板的消耗，可用肝素按每千克体重 0.5～1.0 mg，溶于 5%葡萄糖溶液内静脉注射，每 4～6 h 1 次。同时应用丹参注射液效果更佳。应用肝素后，如果发生出血加重时，可缓慢注射鱼精蛋白（1 mg 肝素用 1 mg 鱼精蛋白）对抗。在发生弥漫性血管内凝血时，一般禁用抗纤溶制剂。但当纤溶过程过强，且与大出血有关时，可在使用肝素的同时，给予抗纤维蛋白溶解酶制剂，如 6-氨基己糖，马、牛 5～10 g；猪、羊 1～2 g，用 5%葡萄糖溶液或生理盐水配成 3.52%的等渗溶液后静脉滴注。

### （三）预防

应加强护理，避免受寒、感冒，保持安静，避免刺激，注意饲养，给饮温水。病情好转时给予大麦粥、麸皮或优质干草等增加营养。

# 任务三　贫血

## 一、相关知识

### （一）了解概况

单位容积血液中红细胞数、红细胞压积容量和血红蛋白含量低于正常值下限的综合征统称为贫血。按发生的原因，贫血可分为出血性、溶血性、营养性和再生障碍性四类。贫血不是独立的疾病，而是各种家畜均能发生的一种临床综合征，其主要临床表现是皮肤和可视黏膜苍白以及各组织器官由于缺氧而产生的一系列症状。

**(二)认知病因**

1. 出血性贫血

见于创伤、手术、肝脾破裂等急性出血之后，或由胃肠道寄生虫病、胃溃疡、肾与膀胱结石或赘生物引起的血尿等慢性失血导致，也见于草木樨中毒、蕨中毒、敌鼠钠中毒等中毒性疾病，凝血因子缺陷性疾病，以及体腔与组织的出血性肿瘤等。

2. 溶血性贫血

主要见于感染和中毒，如焦虫病、锥虫病、附红细胞体病、巴尔通氏体病等血液寄生虫病，钩端螺旋体病、马传染性贫血、细菌性血红蛋白尿等传染病，汞、铅、砷、铜等矿物元素中毒，毛茛、野洋葱、甘蓝、栎树叶等有毒植物中毒，蛇咬伤等，也见于新生畜自体免疫性溶血性贫血，犊牛水中毒，牛产后血红蛋白尿症等。

3. 营养性贫血

主要见于铁、钴、铜等微量元素缺乏，也见于吡酸醇、叶酸、维生素 $B_{12}$ 缺乏及慢性消耗性疾病和饥饿。

4. 再生障碍性贫血

放射病，骨髓肿瘤，长期使用对造血机能有抑制作用的药物(如氯霉素，环磷酰胺，氨甲蝶呤，长春碱等)是主要病因；经三氯乙烯处理的豆饼中毒、牛蕨中毒和有机磷、有机汞、有机砷中毒等中毒性疾病以及马传染性贫血、牛结核病、副结核病，焦虫病，猫白血病病毒感染，猫泛白细胞减少症，犬欧里希氏体病(Ehrlichiosis)，慢性间质性肾炎等也可致发本病。

**(三)识别症状**

可视黏膜苍白是最突出的临床体征，轻度的贫血虽然临床上还没有可见到的皮肤和黏膜的颜色变化，但其生产性能已经下降。临床型病畜表现可视黏膜苍白，肌肉无力，精神沉郁和厌食。在代偿期，心率中度加快，脉搏洪大，心音增强，后期出现严重的心动过速，心音强度减弱，脉搏微弱。贫血尤其是慢性贫血时，因血液稀薄及心扩张和右房室孔环扩大而产生贫血性心杂音，其特征为在心收缩期出现，时强时弱，在吸气顶峰时最强。贫血时呼吸困难一般不明显。病至后期，即使是严重的呼吸窘迫也仅仅是呼吸深度增加。此外还伴有黏膜的点状或斑状出血、水肿、黄疸和血红蛋白尿等体征。

## 二、任务实施

**(一)诊断**

根据病史，黏膜苍白的临床体征以及血液学检查结果不难做出贫血的诊断。临床病理学资料有助于区分贫血的类型。

**(二)治疗**

除积极治疗原发病以外，应根据贫血类型采取止血，恢复血容量，补充造血物质，刺激骨髓造血机能等措施。

1. 迅速止血

对于外出血，常用结扎血管、填充及绷带压迫等外科方法止血，也可在出血部位贴上明胶海绵、止血棉止血，或在出血部位喷洒0.01%～0.1%肾上腺素溶液，使血管收缩而达到止血的目的。如效果不佳，可进行电热烧烙止血。对于内出血，可选用以下全身性止血药。

（1）安络血（安特诺新）注射液。适用于毛细血管损伤或血管通透性增加所致的出血性疾病。牛、马5～20 mL，猪、羊2～4 mL，犬、猫1～2 mL，肌肉注射，2～3次/d。

（2）止血敏注射液。适用于手术前后预防出血和止血、内脏出血及因血管脆弱引起的出血的防治。牛、马10～20 mL，猪、羊2～4 mL，犬2～3 mL，猫1～2 mL，肌肉或静脉注射，2～3次/d，必要时可每隔2 h注射1次。

（3）6-氨基己糖注射液。牛、马30～50 g，猪、羊4～10 g，静脉注射。

（4）凝血质注射液。牛、马150～300 mg，猪、羊40～50 mg，皮下或肌肉注射。

（5）维生素K。只有在维生素K缺乏症时才使用本止血药。常用维生素$K_1$和维生素$K_3$，如敌鼠钠中毒时用维生素$K_1$注射液（10 mg/mL）肌肉注射，牛、马10～20 mL，猪（60 kg重）5 mL，绵羊1～2 mL，犬2～3 mL，兔和仔猪1 mL，2次/d，病情严重时可将药液加入5%葡萄糖溶液中静脉滴注。维生素$K_3$因吸收太慢，不能用于紧急状态，但可用于长期治疗。肌肉注射剂量为：牛、马0.1～0.3 g，犬10～30 mg，2次/d。

（6）牛、马内出血时，可静脉注射10%氯化钙溶液100～200 mL，或10%柠檬酸钠100～150 mL。

2. 补充血容量

为补充血容量，可立即静脉注射5%葡萄糖生理盐水，或使用血液代用品右旋糖酐，常用6%中分子右旋糖酐注射液（含0.9%氯化钠），牛、马500～1 000 mL，猪、羊250～500 mL，犬、猫15～20 mL，静脉注射。有条件时可输注新鲜全血或血浆，输血前必须进行交叉试验，以免产生输血危象。

3. 补充造血物质

为补充造血物质，可给予铁制剂，常用硫酸亚铁，牛、马2～10 g，猪、羊0.5～2 g，犬0.05～0.5 g，口服，3次/d，或给予枸橼酸铁铵，牛、马5～10 g，猪、羊1～2 g，口服，2～3次/d，连用7 d，还可使用右旋糖酐铁、血多素等铁制剂。为补充钴元素，可给予硫酸钴（牛30～70 mg，羊7～10 mg，口服，每周1次，4～6次为一疗程）或氯化钴（牛30 mg，犊牛20 mg，绵羊3 mg，羔羊2 mg，1次/d，连用7～10 d）；在缺钴地区，可以将含90%氯化钴的缓释丸投入牛或羊的瘤胃内（牛用丸重20 g，羊用丸重5 g），药效可维持3～5年，或给予含钴食盐（每吨食盐内含碳酸钴400～500 g或硫酸钴600 g），代替普通食盐饲喂牛和羊；还可给予维生素$B_{12}$，绵羊100～300 μg，犬100～200 μg，猫50～100 μg，肌肉注射，每天或隔天注射1次，4～6次为一疗程。当叶酸缺乏时，应给予叶酸，犬每天5 mg，猫每天2.5 mg，口服。

4. 刺激骨髓造血机能

为刺激骨髓造血机能，可使用以下制剂和疗法。

（1）苯丙酸诺龙。牛、马0.2～0.4 g，猪、羊0.05～0.1 g，犬25～50 mg，猫10～20 mg，每10～14 d 1次，皮下或肌肉注射，严重病例3～5次/d。

（2）中药疗法。可试用归脾汤。黄芪、党参各100 g，熟地60 g，白术、当归、阿胶各50 g，甘草25 g，研末，开水冲，候温给牛或马1次灌服。

（3）对于顽固性再生障碍性贫血的名贵患病犬、猫，可采用组织相容性骨髓移植疗法。

（三）预防

预防失血性贫血主要是加强饲养管理，避免外伤、定期驱虫等，溶血性贫血主要通过加强对某些能引起溶血的传染病、寄生虫病的预防、输血前进行血型相合试验、避免接触化学毒物等；营养不良性贫血可能通过加强营养、补充造血物质等方法进行预防，预防再生障碍性贫血要避免动物接触放射性物质，慎重选用药物，禁止滥用药物，并做好有关传染病的预防。

# 技能训练六　贫血的诊断与治疗

【目的要求】

(1)了解临床各种贫血的分类、概念及发病原因。

(2)熟悉临床贫血的症状表现，并能根据症状分析贫血发生的具体病因。

(3)掌握临床贫血的治疗原则，熟练掌握出血性贫血的治疗方法。

【诊疗准备】

**（一）材料准备**

体温计、载玻片、盖玻片、采血管、显微镜、输液器、酒精棉球、碘酊棉球等。

**（二）药品准备**

5%的安络血注射液、止血敏、维生素 $K_3$ 注射液、10%的氯化钙注射液、右旋糖酐、维生素 $B_{12}$、抗凝全血等。

**（三）病例准备**

贫血的牛、羊或犬。

【方法步骤】

**（一）病史调查**

(1)询问畜主最近的饲养管理情况，采食有无异常。

(2)询问畜主最近患畜精神表现。

(3)询问畜主患畜有无疾病史，有无遗传病史。

**（二）临床检查**

(1)检查患畜可视黏膜、体表皮肤的颜色。

(2)观察患畜的精神状态、食欲，测定体温。

(3)检查动物有无脉搏增数现象，心有无缩期杂音。

(4)结合其他检查，判定贫血的原发病因。

**（三）实验室检查**

1. 采血

选取患畜根据不同动物从颈静脉或前肢桡侧皮静脉采血，保存。

2. 红细胞检查

利用红细胞记数(RBC)的方法，利用显微镜计算红细胞的数目；也可用血细胞分析仪检查红细胞数目。

3. 红细胞压积

常规或利用血细胞分析仪计算患畜红细胞压积。

4. 血红蛋白含量

常规或利用血球分析仪计算血红蛋白含量。

**(四)实施治疗**

1. 拟定治疗方案

分组讨论,分析贫血的发生病因,综合临床症状表现,判断疾病的严重程度,拟定合理治疗方案。

2. 实施治疗

(1)全身止血。减少内出血及加强局部止血,5%安络血注射液、止血敏、4%的维生素 $K_3$ 注射液肌肉注射,静脉输液 10%的氯化钙注射液。

(2)输血疗法。采用同种健康家畜血液,小量输血能加强血液凝固,刺激血管运动中枢,反射性地引起血管的痉挛性收缩,加强血液凝固;大量输血不仅有止血作用,还可补充血液量和增加抗体,促进造血机能,提高血压。

(3)提高血管充盈度。右旋糖酐 30 g,葡萄糖 25 g,加水至 500 mL,静脉注射。

(4)补充造血物质。硫酸亚铁,驴、牛 2～10 g,内服,枸橼酸铁铵,马、牛 5～10 g,内服,每天 2～3 次,维生素 $B_{12}$ 等肌肉注射。

【作业】

**(一)病例讨论**

在教师的指导下讨论内容如下。

(1)贫血的各项诊断依据。

(2)血常规(红细胞记数、血红蛋白含量、红细胞压积等)的手工操作要领。

(3)血细胞分析仪的使用方法。

(4)贫血的治疗原则。

**(二)写出实习报告**

## 技能训练七　犬心力衰竭的诊断与治疗

【目的要求】

(1)了解心力衰竭的发病原因及发病机制。

(2)掌握急、慢性心力衰竭的临床症状表现,并能在临床上做类症鉴别诊断。

(3)掌握临床心力衰竭的治疗方法和预防措施。

【诊疗准备】

**(一)材料准备**

保定架、听诊器、温度计、注射器、针头、一次性输液器、酒精棉球、3%～5%的碘酊、镊子、X 光机及 X 光片看片机、心电图机、氧气等。

**(二)药品准备**

25%葡萄糖溶液、速尿、10%樟脑磺酸钠注射液、洋地黄类强心苷制剂、硝酸甘油、ATP、辅酶 A、细胞色素 C、维生素 $B_6$、尼可刹米。

**(三)病例准备**

犬,临床病例或人工复制病例。

**【方法步骤】**

**(一)临床诊断**

观察病犬的精神状态、体质状况,做驱赶运动,观察有无乏力现象,检查可视黏膜的颜色,并进行脉管的检查,看有否轻度的静脉怒张、淤滞现象;体表皮肤、四肢检查有否浮肿现象;测定患畜体温、呼吸、脉搏;听诊心音,检查第一、第二心音的异常或心律不齐,及有无心杂音;有条件的可做心电图、X 线检查有否心肌肥大或扩张的程度等。

**(二)实施治疗**

1.补充心肌能量

缓慢静脉注射 25%葡萄糖注射液、ATP、CoA,以增强心脏机能,改善心肌营养。

2.增强心肌功能

根据病情严重程度,肌肉注射 10%樟脑磺酸钠注射液、洋地黄类强心苷制剂以增强心肌收缩力、增加排血量。

3.对症治疗

根据病情可采取利尿消肿、兴奋呼吸、输氧等措施,缓解病情。

**【作业】**

**(一)病例讨论**

在教师的指导下讨论内容如下。

(1)心力衰竭的诊断方法和各项诊断依据。

(2)急性心力衰竭的治疗原则。

(3)心电图的操作要领。

(4)X 光检查及洗片的操作要领。

**(二)写出实习报告**



## 能力拓展

以下为拓展学生能力的技能训练项目,可根据学校实习条件的实际情况,或进行人工复制病例,或利用在校外实习基地病例,或借助学校实习兽医院的临床病例来完成,要求以学生为主体,分组进行,教师对学生的诊断和治疗过程进行指导,并对各组的治疗方案和治疗效果进行评价,指出存在的问题,旨在进一步提高学生对动物心血管及造血系统疾病的临床诊疗技能和学习效果。

(1)犬心肌炎的诊断与治疗。

(2)犬或羊循环虚脱的诊断与治疗。

要求:讨论治疗思路、写出治疗处方、实施治疗措施,并护理好发病动物,同时做好病例总结。

## 复习思考题

1. 什么叫心力衰竭、循环虚脱？
2. 心力衰竭、循环衰竭的主要症状及治疗的方法是什么？
3. 慢性心力衰竭有哪些临床表现？
4. 何谓贫血？简述各类贫血的致病作用和治疗方法。如何进行贫血的鉴别诊断？
5. 溶血性贫血的致病作用及治疗原则是什么？
6. 再生障碍性贫血治疗时应有哪些方法？

Project 4

# 泌尿系统疾病防治

## 知识目标

- 了解动物泌尿系统疾病的发生、发展规律。
- 熟悉动物常见泌尿系统疾病的诊疗技术要点。
- 掌握动物肾炎、膀胱炎、尿道结石、猫下泌尿道疾病的发生原因、临床症状、治疗方法及预防措施。

## 技能目标

- 通过学习，学生应具备诊断和治疗动物常见泌尿系统疾病的能力。

# 任务一　肾炎

## 一、相关知识

### (一)了解概况

肾炎是指肾小球、肾小管或肾间质组织发生炎症的病理过程。临床上以水肿,肾区敏感与疼痛,尿量改变及尿液中含多量肾上皮细胞和各种管型为特征。按其病程分为急性和慢性两种,按炎症发生的部位可分为肾小球性和间质性肾炎,按炎症发生的范围可分为弥漫性和局灶性肾炎。临床上以急性和慢性及间质性肾炎为多发,各种家畜均可发生,而间质性肾炎主要发生在牛。

### (二)认知病因

肾炎的发病原因不十分清楚,但认为与感染、毒物刺激和变态反应有关。

1.感染因素

多继发于某些传染病的经过之中,如炭疽、牛出败、口蹄疫、结核、传染性胸膜肺炎、败血症,猪和羊的败血性链球菌、猪瘟、猪丹毒及牛病毒性腹泻等。

2.毒物作用因素

主要是有毒植物,霉败变质的饲料与被农药和重金属(如砷、汞、铅、镉、钼等)污染的饲料及饮水或误食有强烈刺激性的药物(如斑蝥、松节油等);内源性毒物主要是重剧性胃肠炎症,代谢障碍性疾病,大面积烧伤等疾病中所产生的毒素与组织分解产物,经肾脏排出时而致病。

3.诱发因素

过劳,创伤,营养不良和受寒感冒均为肾炎的诱发因素。此外,本病也可由肾盂肾炎、膀胱炎、子宫内膜炎、尿道炎等邻近器官炎症的蔓延和致病菌通过血液循环进入肾组织而引起。据报道,肾间质对某些药物呈现一种超敏反应,可引起药源性间质性肾炎,已知能反应的药物有:二甲氧青霉素、氨基苄青霉素、先锋霉素、噻嗪类及磺胺类药物。犬的急性间质性肾炎多数发生在钩端螺旋体感染之后。

慢性肾炎的原发性病因,基本上与急性肾炎相同,只是作用时间较长,性质较为缓和。

### (三)识别症状

1.急性肾炎

病畜食欲减退,精神沉郁,消化不良,体温微升。由于肾区敏感、疼痛,病畜不愿行动。站立时腰背拱起,后肢叉开或齐收腹下。强迫行走时腰背弯曲、发硬,后肢僵硬,步样强拘,小步前进,尤其向侧转弯困难。

病畜频频排尿,但每次尿量较少,严重者无尿。尿色浓暗,密度增加,甚至出现血尿。肾区触诊,病畜有痛感,直肠触摸,手感肾脏肿大,压之感觉过敏,病畜站立不安,甚至躺下或抗拒检查。由于血管痉挛,眼结膜显淡白色,动脉血压可升高达 29.26 kPa(正常时为 15.96～18.62 kPa)。主动脉第二心音增高,脉搏强硬。

重症病例，见有眼睑、颌下、胸腹下、阴囊部及牛的垂皮处发生水肿。病的后期，病畜出现尿毒症，呼吸困难，嗜睡，昏迷。

尿液检查，蛋白质呈阳性，镜检尿沉渣，可见管型、白细胞、红细胞及多量的肾上皮细胞。血液检查，血液稀薄，血浆蛋白含量下降，血液非蛋白氮含量明显增高。有资料报道，马的肾炎，血液蛋白含量下降，血液非蛋白氮可达 1.785 mmol/L 以上（正常值为 1.428～1.785 mmol/L）。

2. 慢性肾炎

病畜逐渐消瘦，血压升高，脉搏增数，硬脉，主动脉第二心音增强。疾病后期，眼睑、颌下、胸前、腹下或四肢末端出现水肿，重症者出现体腔积水。尿量不定，尿中有少量蛋白质，尿沉渣中有大量肾上皮细胞和各种管型。血中非蛋白氮含量增高，最终导致慢性氮质血症性尿毒症，病畜倦怠，消瘦，贫血，抽搐及出血倾向，直至死亡。典型病例主要是水肿，血压升高和尿液异常。

## 二、任务实施

### （一）诊断

肾炎主要根据典型的临床症状，少尿或无尿，肾区敏感、疼痛、第二心音增强，水肿、尿毒症，特别是尿液的变化（蛋白尿、血尿、管型尿，尿沉渣中有肾上皮细胞）进行诊断。必要时亦可进行肾功能肌酐清除率测定，以资确诊。

间质性肾炎，除上述诊断根据外，可进行肾脏触诊：肾脏硬固，体积缩小。

在鉴别诊断方面，应注意与肾病的区别。肾病是由于细菌或毒物的直接刺激肾脏，而引起肾小管上皮变性的一种非炎性疾病，通常肾小球损害轻微。临床上见有明显的水肿、大量蛋白尿及低蛋白血症。但不见有血尿等现象。

### （二）治疗

肾炎的治疗原则是，清除病因，加强护理，消炎利尿及对症疗法。

1. 改善饲养管理

将病畜置于温暖、干燥、阳光充足且通风良好的畜舍内，并给予充分休息，防止受寒、感冒。在饲养方面，病初可施行 1～2 d 的饥饿或半饥饿疗法。以后应酌情给予富有营养、易消化且无刺激性的糖类饲料。为缓解水肿和肾脏的负担，对饮水和食盐的给予量适当地加以限制。

2. 药物治疗

消除感染、抑制免疫反应和利尿、消肿等。

（1）消除感染。可适当地选用下列药物。

抗生素：宜选用青霉素，马、牛 80 万～120 万 IU，猪、羊 20 万～40 万 IU，犬每千克体重 5 万～10 万 IU；链霉素，马、牛 3～5 g，猪、羊 0.5～1 g，犬每千克体重 25 mg，每天两次，肌肉注射。氨苄青霉素，马、牛、羊、猪、犬每千克体重 10～20 mg，鸡每千克体重 25～30 mg，每天两次，肌肉或静脉注射。

氟喹诺酮类：环丙沙星，畜禽每千克体重 5～10 mg，肌肉注射；恩诺沙星，鸡、猪、羊每千克体重 5～10 mg，每天两次，肌肉注射。

(2)免疫抑制疗法。近年来鉴于免疫反应在肾炎发病方面的重要作用，在临床上开始应用某些免疫抑制剂治疗肾炎，收到了一定的效果。

肾上腺皮质激素。醋酸泼尼松，马、牛 50～150 mg，猪、羊 10～50 mg，每日 2 次，内服，连续服用 3～5 d 后，应减量至 1/5～1/10。氢化泼尼松，马、牛 200～400 mg，猪、羊 25～40 mg，分 2～4 次肌肉注射，可连续应用 3～5 d。此外，亦可应用醋酸考的松或氢化考的松 20～300 mg，肌肉注射或静脉注射。或地塞米松（氟美松）0.1～0.2 mg/kg，肌肉或静脉注射。

抗肿瘤药物。多应用烷化剂的氮芥、环磷酰胺等，因其能抑制抗体蛋白的形成，故具有免疫抑制效应。

(3)利尿消肿。当有明显水肿时，可酌情选用利尿剂。双氢克尿噻，马、牛 0.5～2 g，猪、羊 0.05～0.2 g，犬每千克体重 2～4 mg，内服，每日 1～2 次，连用 3～5 d 后停药。醋酸钾，马、牛 10～30 g，猪、羊 2～5 g，内服。25%氨茶碱注射液，马、牛 4～8 mL，羊、猪 0.5～1 mL，静脉注射。

(4)对症疗法。当心脏衰弱时，可应用强心剂，如安钠咖、樟脑或洋地黄制剂。当出现尿毒症时，可应用 5%碳酸氢钠注射液 200～500 mL，或应用 11.2%乳酸钠溶液，溶于 5%葡萄糖溶液 500～1 000 mL 中，静脉注射。必要时，亦可应用水合氯醛，静脉注射。当有大量蛋白尿时，为补充机体蛋白，可应用蛋白合成药物，如苯丙酸诺龙或丙酸睾酮。当有大量血尿时，可应用止血敏，牛、马 1.25～2.5 g，猪、羊 0.25～0.5 g，犬每千克体重 5～15 mg，或维生素 K，牛、马 0.1～0.3 g；猪、羊 0.03～0.05 g；犬每千克体重 10～30 mg。

#### (三)预防

(1)加强管理，防止家畜受寒、感冒，以减少病原微生物的侵袭和感染。

(2)注意饲养，保证饲料的质量，禁止喂饲有刺激性或发霉、腐败、变质的饲料，以免中毒。

(3)对急性肾炎的病畜，应及时采取有效的治疗措施，彻底消除病因以防复发或慢性化或转为间质性肾炎。

## 任务二 尿路疾病

### 子任务一 膀胱炎

#### 一、相关知识

#### (一)了解概况

膀胱炎是指膀胱黏膜及黏膜下层的炎症。按膀胱炎的性质，可分为卡他性、纤维蛋白性、化脓性、出血性四种。本病多发生于牛、犬，有时也见于马，其他家畜较为少见。临床特征为疼痛性的频尿和尿液中出现较多的膀胱上皮组织碎片、脓细胞、血液以及磷酸铵镁结晶。

### (二)认知病因

膀胱炎主要由于病原微生物的感染,邻近器官炎症的蔓延和膀胱黏膜的机械性和化学性刺激或损伤所引起。

### (三)识别症状

急性膀胱炎特征性症状是排尿频繁和疼痛。可见病畜频频排尿或呈排尿姿势,尿量较少或呈点滴状断续流出。排尿时病畜表现疼痛不安。严重者由于膀胱(颈部)黏膜肿胀或膀胱括约肌痉挛收缩,引起尿闭。此时,表现极度疼痛不安,呻吟。公畜阴茎频频勃起,母畜摇摆后躯,阴门频频开张。

直肠触诊膀胱,病畜表现为疼痛不安,膀胱体积缩小呈空虚感。但当膀胱颈组织增厚或括约肌痉挛时,由于尿液潴留致使膀胱高度充盈。

尿液成分变化:卡他性膀胱炎时,尿中含有大量黏液和少量蛋白;化脓性膀胱炎时,尿中混有脓液;出血性膀胱炎时,尿中含有大量血液或血凝块;纤维蛋白性膀胱炎时,尿中混有纤维蛋白膜或坏死组织碎片,并具氨臭味。

尿沉渣中见有大量白细胞、脓细胞、红细胞、膀胱上皮组织碎片及病原菌。在碱性尿中,可发现有磷酸铵镁及尿酸铵结晶。

慢性膀胱炎的症状与急性膀胱炎相似,但程度较轻,无排尿困难现象,病程较长。

## 二、任务实施



### (一)诊断

急性膀胱炎可根据疼痛性频尿,排尿姿势变化等临床特征以及尿液检查有大量的膀胱上皮细胞和磷酸铵镁结晶,不难做出判断。在临床鉴别诊断中,膀胱炎与肾盂肾炎,尿道炎有相似之处。肾盂肾炎表现为肾区疼痛,肾脏肿大,尿液中有大量肾盂上皮细胞。尿道炎镜检尿液无膀胱上皮细胞。另外,要注意与膀胱麻痹、膀胱痉挛和尿石症相区别。

### (二)治疗

1. 治疗原则

加强饲养管理,抑菌消炎,防腐消毒及对症治疗。

2. 治疗措施

改善饲养管理,首先应使病畜适当休息,饲喂以无刺激性、富含营养且易消化的优质饲料,并给予清洁的饮水。对高蛋白质饲料及酸性饲料,应适当地加以限制。为了缓解尿液对黏膜的刺激作用,可增加饮水或输液。

抑菌消炎与肾炎的治疗基本相同。对重症病例,可先用0.1%高锰酸钾、1%～3%硼酸、0.1%的雷佛奴尔液、0.02%呋喃西林、0.01%新吉尔灭液或1%亚甲蓝作膀胱冲洗,在反复冲洗后,膀胱内注射青霉素80万～120万IU,每日1～2次,效果较好。同时,肌肉注射或静脉注射抗菌药物配合治疗。

尿路消毒可口服呋喃坦啶、磺胺类或40%乌洛托品,马、牛50～100 mL,静脉注射。

3. 中药治疗

中兽医称膀胱炎为气淋。主证为排尿艰涩,不断努责,尿少淋漓。治宜行气通淋,治疗方剂可用沉香、石苇、滑石(布包)、当归、陈皮、白芍、冬葵子、知母、黄柏、杞子、甘草、王不留行，水煎服。对于出血性膀胱炎，可服用秦艽散：秦艽 50 g，瞿麦 40 g，车前子 40 g，当归、赤芍各 35 g，炒蒲黄、焦山渣各 40 g，阿胶 25 g，研末，水调灌服。

## 子任务二 尿道结石

### 一、相关知识

#### （一）了解概况

尿道结石又称尿石病，是指尿道中盐类结晶凝结成大小不一、数量不等的凝结物，刺激尿道黏膜而引起的出血性炎症和尿道阻塞性疾病。临床上以腹痛，排尿障碍和血尿为特征。

#### （二）认知病因

尿石的成因不十分清楚，但普遍认为是伴有泌尿器官病理状态下的全身性矿物质代谢紊乱的结果，并与下列因素有关。

1. 高钙、低磷和富硅、富磷的饲料

长期饲喂高钙低磷的饲料和饮水，可促进尿石形成。徐荼平等（1991）报道，安徽灵璧县是猪尿石症的高发区，猪饲料中主要是甘薯及其副产品，经测定其干物质中含钙 1.23%，磷 0.12%。调查研究表明，尿石的形成也与饲料、品种关系密切。例如产棉地区，棉饼是牛、羊的主要饲喂饲料，而长期饲喂棉饼的牛、羊，极易形成磷酸盐尿结石。有些地区，习惯用甜菜根、萝卜、马铃薯为主要饲料喂猪，结果易产生硅酸盐尿石症。安徽皖北及其他小麦和玉米产区的家畜易患尿石症，其原因是麸皮和玉米等饲料中富含磷。

2. 饮水缺乏

人工致病试验已证实，尿石的形成与机体脱水有关。因此，饮水不足是尿石形成的重要因素，如天气炎热，农忙季节或过度使役，饮水不足，机体出现不同程度的脱水，使尿中盐类浓度增高，促使尿石的形成。

3. 维生素 A 缺乏

维生素 A 缺乏可导致尿道上皮组织角化，促进尿石形成。但实验性牛、羊维生素 A 缺乏病，未发生尿石症。

4. 感染因素

肾和尿道感染发炎时，炎性产物，脱落的上皮细胞及细菌积聚，可成为尿石形成的核心物质。

5. 其他因素

甲状旁腺机能亢进，长期周期性尿液潴留，大量应用磺胺类药物等均可促进尿石的形成。近十多年来，相继报道了鸡的肾结石和尿道结石的病例，分析其病因主要是饲养环境卫生条件差，维生素缺乏和高钙饲料引起。

#### （三）识别症状

尿结石病畜主要表现为：

刺激症状，病畜排尿困难，频频作排尿姿势，叉腿，拱背，缩腹，举尾，阴户抽动，努责，嘶鸣，线状或点滴状排出混有脓汁和血凝块的红色尿液。

阻塞症状，当结石阻塞尿道时，病畜排出的尿流变细或无尿排出而发生尿潴留。因阻塞部位和阻塞程度不同，其临床症状也有一定差异。

结石位于肾盂时，多呈肾盂肾炎症状，有血尿。阻塞严重时，有肾盂积水，病畜肾区疼痛，运步强拘，步态紧张。

当结石移行至输尿管并发生阻塞时，病畜腹痛剧烈。直肠内触诊，可触摸到其阻塞部的近肾端的输尿管显著紧张而且膨胀。

膀胱结石时，可出现疼痛性尿频，排尿时病畜呻吟，腹壁抽缩。尿道结石，公牛多发生于乙状弯曲或会阴部，公马多阻塞于尿道的骨盆中部。当尿道不完全阻塞时，病畜排尿痛苦且排尿时间延长，尿液呈滴状或线状流出，有时有血尿。当尿道完全被阻塞时，则出现尿闭或肾性腹痛现象，病畜频频举尾，屡作排尿动作但无尿排出。尿道探诊可触及尿石所在部位，尿道外部触诊，病畜有疼痛感。直肠内触诊时，膀胱内尿液充满，体积增大。若长期尿闭，可引起尿毒症或发生膀胱破裂。

在结石未引起刺激和阻塞作用时，常不显现任何临床症状。

## 二、任务实施

### (一)诊断

非完全阻塞性尿结石可能与肾盂肾炎或膀胱炎相混淆，只有通过直肠触诊进行鉴别。犬、猫等小动物可借助 X 线影像显示相区别，尿道探诊不仅可以确定是否有结石，还可判明尿石部位。还应注重饲料构成成分的调查，综合判断做出确诊。

### (二)治疗

本病的治疗原则是消除结石，控制感染，对症治疗。常用下列方法和药物。

1. 中医药治疗

中医称尿道结石为“砂石淋”。根据清热利湿，通淋排石，病久者肾虚并兼顾扶正的原则，一般多用排石汤(石苇汤)加减：海金沙、鸡内金、石苇、海浮石、滑石、瞿麦、扁蓄、车前子、泽泻、生白术等。

2. 冲洗疗法

导尿管消毒，涂擦润滑剂，缓慢插入尿道或膀胱，注入消毒液体，反复冲洗。适用于粉末状或沙粒状尿石。

3. 尿道肌肉松弛剂

当尿结石严重时可使用 2.5%的氯丙嗪溶液肌肉注射，牛、马 10～20 mL，猪、羊 2～4 mL，猫、犬 1～2 mL。

4. 手术治疗

尿石阻塞在膀胱或尿道的病例，可实施手术切开，将尿石取出。据报道，对草酸盐尿石的病畜，应用硫酸阿托品或硫酸镁内服。对有磷酸盐尿结石的病畜，应用稀盐酸进行冲洗治疗获得良好的治疗效果。

### (三)预防

(1)地区性尿结石。应查清动物的饲料、饮水和尿石成分，找出尿石形成的原因，合理调配饲料，使饲料中的钙磷比例保持在 1.2∶1 或者 1.5∶1 的水平。并注意饲喂维生素 A 丰富的饲料。

(2)磁化饮水。家畜饮水通过磁化后,pH 升高,溶解能力增强,不仅能预防尿石的形成,而且能使尿石疏松破碎而排出。水磁化后放入水槽中,经过 1h,让病畜自由饮水。

(3)对家畜泌尿器官炎症性疾病应及时治疗,以免出现尿潴留。

(4)平时应适当增喂多汁饲料或增加饮水,以稀释尿液,减少对泌尿器官的刺激,并保持尿中胶体与晶体的平衡。

(5)在肥育犊牛和羔羊的日粮中加入 4%的氯化钠对尿石的发病有一定的预防作用,同样,在饲料中补充氯化铵,对预防磷酸盐结石有令人满意的效果。

## 任务三　猫下泌尿道疾病

### 一、相关知识

#### (一)了解概况

猫下泌尿道疾病(feline lower urinary tract disease,FLUTD)是指猫下泌尿道所发生的多种疾病的统称。过去该病被称为猫泌尿系统综合征(feline urologic syndrome,FUS)。猫下泌尿道疾病主要临床症状表现为尿频、排尿困难、疼痛、尿中带血、排尿行为异常等。该病多发生于 1～10 岁的猫,特别是 2～6 岁的猫。发病率占临床病例的 10%左右,去势公猫和长毛猫易发。尿道阻塞以雄性常见,膀胱炎和尿道炎在雌性多发。猫尿道结石 90%以上是磷酸铵镁,0.5%～3%是尿酸盐和草酸盐,3%～5%是胶状物。

#### (二)认知病因

由于 FLUTD 并非一种单一性的疾病,所以病因也较复杂。传染病、肿瘤、尿道受阻、尿石(小颗粒或大颗粒的结石)等都可能刺激尿道而造成 FLUTD。然而,在临床上很少见到因细菌或病毒所引起的 FLUTD,反倒是结石为最常见的病因。虽然大多数病例培养不到病原体,但抗生素可控制继发感染,有一定的疗效。

猫食物营养不均衡,营养代谢紊乱,特别是食物含镁过高或过度偏碱,可引起猫易患尿石症,此外炎性产物、脱落的上皮、血凝块、黏蛋白分泌过多等也可阻塞尿道。

膀胱和尿道的一些肿瘤,如纤维瘤、血管瘤、鳞状上皮细胞癌、前列腺癌等造成尿道狭窄、出血、甚至阻塞等。

医源性因素,如导尿管探诊、冲洗、手术后留置在尿道和膀胱中的导尿管、尿道造口手术等。

长期采食干粮,饮水不足,过度肥胖,缺乏运动,酸化或碱化尿液,处于应激状态等因素均可促发猫下泌尿道疾病。

此外,一些发育不良性疾病,如包茎、尿道狭窄;神经性因素如尿道痉挛、膀胱麻痹等也可成为猫下泌尿道疾病的病因。

#### (三)识别症状

发病初期,患猫排尿行为异常,尿频,但每次尿量较少,甚至出现排尿困难,屡屡做出排尿姿势，但无尿排出，有的猫不在尿盆或其原来固定的地方排尿。随着病情的加重，患猫出现尿淋漓、排尿疼痛、尿中带血，甚至无尿，由于疼痛频繁舐尿道口。若发生尿道阻塞，病猫绝食、呕吐、脱水、电解质丢失和酸中毒，腹围膨大，腹部触诊时摸到胀大的膀胱。此时如不能及时治疗，可引起尿毒症或肾衰而死亡。

## 二、任务实施

### （一）诊断

根据病史和临床症状可以做出初步诊断，进一步可进行导尿管探诊、血液学检查、尿液分析、X 射线检查确诊。

导尿管探诊是诊断猫下泌尿道疾病的一种简便易行的方法。如果探诊时，患猫紧张、挣扎不配合时，应在镇静或麻醉以后，尿道松弛的情况下进行。导尿管探诊不仅有助于诊断，并且具有一定的治疗作用。

如果患猫尚能排尿，应想法收集尿液进行尿液化验，如果患猫不能排尿时，可以进行膀胱穿刺采集尿液进行化验。化验尿液的 pH、是否有红细胞、白细胞、结晶、细菌等。必要时做 X 射线检查，观察下泌尿道是否有结石、肿瘤或先天异常等。血液学检查有助于判断机体状况、病情及预后。

### （二）治疗

对尿道阻塞患猫必须疏通尿道，疏通尿道最常用的方法是用导尿管冲洗法，最好是在麻醉状态下进行。尿道疏通以后，排出膀胱中潴留的尿液，导尿管应置留在尿道中 1～3 d，以确保尿道畅通，以免再次复发。如果阻塞物不能排除，膀胱积尿过多，可穿刺排尿，然后作尿道切开取结石或造口术。

如果尿道阻塞物为结晶物，应根据结晶类型选择相应的处方食品进行治疗。对猫来说，常见的结晶类型有磷酸铵镁和草酸钙。磷酸铵镁易在碱性尿中形成，多发于青年猫；草酸钙易在酸性尿中形成，多发于老年猫。尿道结石伴有膀胱或肾盂结石时，可结合使用药物溶解结石。常用的酸化尿液的药物有蛋氨酸，每天 0.5～0.8 g，氯化铵每天 0.8～1.0 g。也可在食物中加入 0.5～1.0 g 食盐，增加猫的饮水，多排尿，从而减少尿结石的发生。

尿道疏通以后，及时进行静脉输液或皮下输液，供给能量，补充水分，调节机体酸碱平衡和电解质平衡，纠正尿毒症和肾衰。

抗菌消炎，防止感染，常选用的抗生素有氨苄青霉素、头孢菌素等进行肌肉或脉注射。如果猫下泌尿道疾病是由肿瘤、先天性畸形引起的，应根据原发病的情况，施行适当手术或其他治疗。

### （三）预防

由于造成 FLUTD 的原因还不完全清楚，所以至今还没有完全有效的预防措施，但以下几项措施可减少 FLUTD 的发生，并对恢复期患猫也很重要。

多饮水促进尿液生成。供给新鲜清洁的饮水，但不要一次放大量饮水，最好每次放少量饮水让猫饮完再换；经常清理猫的尿盆，猫沙中大量的猫尿存在容易使猫憋尿；避免高动物蛋白饮食，高蛋白食物容易引起尿 pH 升高；经常鼓励猫运动或玩耍，防止肥胖，肥胖本身就与多发 FLUTD 有关；减少对猫的应激；定期去医院检查，并根据兽医的建议饲喂。

# 技能训练八　犬药物性肾炎的诊断与治疗

【目的要求】

(1)了解肾炎的发病原因。

(2)掌握肾炎的临床症状、诊断方法和治疗措施。

【诊疗准备】

**(一)材料准备**

试管若干、离心管若干、注射器、输液器、试管架每组 1 个、目测八联试纸(尿液分析试条)若干、载玻片、显微镜、擦镜纸、尿样、尿液分析仪、离心机、吸管、酒精棉球、保定绳、口笼、伊丽莎白项圈等。

**(二)药品准备**

5%葡萄糖注射液、青霉素或氨苄青霉素、庆大霉素、地塞米松、呋噻咪、5%碳酸氢钠、注射器、输液器、中药等。

**(三)病例准备**

试验犬,临床病例或人工复制病例。

【方法步骤】

**(一)人工复制病例**

人工复制犬的药物性肾炎,给试验犬提前 2～3 d 连续大剂量肌肉注射庆大霉素,注射后观察试验犬的精神状态,并检查其尿液,至具备肾炎的诊断指征时,可进行正式试验。

**(二)临床检查**

(1)测量病犬的体温、呼吸频率、心率,观察病犬的精神、可视黏膜色泽、食欲、步态、站立姿势等。

(2)触诊肾区观察病犬的反应,直肠检查肾脏的形态、硬度、敏感性等。

(3)观察眼睑、颌下、胸腹、四肢皮肤的弹性,有无浮肿等。

**(三)实验检查**

(1)诱导犬采尿或膀胱穿刺采尿。

(2)用尿液分析试条检测尿液的 pH、尿潜血、尿蛋白含量,诊断肾炎发生情况。

(3)有条件的可用尿液分析仪检测尿液各项指标,并根据检测结果判断肾炎的发生情况。

(4)尿液离心检查尿沉渣、尿管型情况。

**(四)实施治疗**

在老师的指导下,学生分组,按照消除炎症、抑制免疫反应、利尿消肿、中和酸中毒等治疗思路,采用中西医方法实施治疗,并对治疗效果进行评价。

【作业】

**(一)病例讨论**

(1)肾炎的发病原因。

(2)肾炎动物的采食、饮水要求。

(3)不同动物肾炎、不同类型肾炎的诊断技术。

(4)肾炎治疗的用药原则。

**(二)写出实习报告**

## 能力拓展

以下为拓展学生能力的技能训练项目,可根据学校实习条件的实际情况,或进行人工复制病例,或利用在校外实习基地病例,或借助学校实习兽医院的临床病例来完成,要求以学生为主体,分组进行,教师对学生的诊断和治疗过程进行指导,并对各组的治疗方案和治疗效果进行评价,指出存在的问题,旨在进一步提高学生对动物泌尿系统疾病的临床诊疗技能和学习效果。

(1)犬膀胱炎的诊断与治疗。

(2)猫下泌尿道疾病的诊断与治疗。

(3)犬尿道结石的诊断与治疗。

要求:讨论治疗思路、写出治疗处方、实施治疗措施,并护理好发病动物,同时做好病例总结。

## 复习思考题

1.泌尿系统疾病对机体的危害有哪些?

2.肾炎的发病原因有哪些?急性肾小球肾炎有哪些临床症状?

3.肾炎的治疗原则什么?如何选择和使用治疗肾炎的药物?

4.膀胱容易发生哪些疾病?如何诊断和预防?

5.猫下泌尿道疾病的病因、症状有哪些?如何诊断、治疗和预防?

Project 5

# 神经系统疾病防治

**知识目标**

- 了解动物神经系统疾病的发生、发展规律。
- 熟悉动物常见神经系统疾病的诊疗技术要点。
- 掌握动物一般脑症状和局部脑症状的概念，掌握脑膜脑炎、日射病和热射病的发生原因、临床症状、治疗方法及预防措施。

**技能目标**

- 通过学习，学生应具备诊断和治疗动物脑膜脑炎的能力，具备动物中暑急救的能力。

# 任务一　脑膜脑炎

## 一、相关知识

### (一)了解概况

脑膜脑炎是脑膜、脑实质的炎症性疾病,伴有严重的脑机能障碍,表现出一般脑症状和灶性症状(脑局部)的一种中枢神经系统疾病。按病因可分为原发性脑膜脑炎和继发性脑膜脑炎。

主要发生于马,其次是猪、牛和羊,其他动物亦可发生,但较少见。

### (二)认知病因

脑膜脑炎多为继发性炎症,主要由感染性因素引起和中毒性因素所致。

1. 感染性因素

主要是各类病原微生物。例如日本乙型脑炎病毒、链球菌、葡萄球菌、肺炎双球菌、化脓杆菌、坏死杆菌、巴氏杆菌、李氏杆菌、猪流感嗜血杆菌以及沙门氏杆菌等疾病感染过程中;寄生虫病见于脑脊髓丝虫病、脑包虫病、猪与羊囊虫等的侵袭。

2. 中毒性因素

例如铅中毒、氟乙酰胺中毒、猪食盐中毒、霉玉米中毒以及其他毒素或药物中毒。

3. 其他因素

过劳、中暑、脑震荡、长途运输、缺氧、饲料霉败等,常为本病的诱因。

### (三)识别症状

急性脑膜脑炎常突然发病,病情发展急剧,以神经症状为主。

1. 一般脑症状

病轻者,食欲减退,行动迟钝。疾病发展时,头部下垂,沿着羊舍的墙壁走动,或突然做旋转运动。有时起立,有时躺卧。严重时可表现出癫痫症状。绵羊患病后,常表现无目的前冲或后退,撞碰障碍物,大声咩叫。

2. 脑膜刺激症状

轻微刺激或触摸,可引起强烈的疼痛反应,或引起肌肉强直性痉挛,头向后仰。这种情况多见于以脑膜炎为主的脑膜脑炎。

3. 局部脑症状

属于神经机能亢进的有眼球震颤、瞳孔大小不等、鼻唇部肌肉痉挛,牙关紧闭及舌纤维性震颤等。属于神经机能减退的有唇歪斜、耳下垂、舌脱出、吞咽障碍及视力丧失。

除上述症状外,病初往往体温升高,但随后体温正常或低于正常。

由传染因素引起的,病初体温升高,颅顶灼热,颅内压升高,视神经乳头充血,显示头痛现象。继发感染,往往伴发菌血症或毒血症现象。

4. 呼吸与脉搏变化

兴奋期,呼吸急速,脉搏增数;抑制期,呼吸缓慢而深长;脉搏有时减少。但在末期濒于死亡前，多呈现潮式呼吸，或毕欧氏呼吸(间断呼吸)，脉微欲绝。

5. 饮食状态

食欲减退或废绝，采食，饮水异常，咀嚼缓慢，常常终止，猪有呕吐现象。腹壁紧张，肠蠕动音微弱，排粪迟滞；尿量减少，尿中含有蛋白质、葡萄糖。

## 二、任务实施

### (一)诊断

本病诊断，如临床症状明显，结合病史调查。如突然发病，病情发展急剧，神经症状突出。必要时，可进行穿刺，采取脑脊液检查，进行确诊。注意与急性热性传染病，马传染性脑脊髓炎、霉玉米中毒、李氏杆菌病进行区别。

### (二)治疗

本病的治疗原则主要是加强护理，降低颅内压，保护大脑，消炎，恢复中枢机能。

1. 加强护理

将病畜置于宽敞、通风、安静的畜舍中，防止不良刺激。怀疑传染因素引起的，须及时隔离观察。初期，体温高，颅顶灼热，可以用冷水淋头，诱导消炎。

2. 降低颅内压

颅内压升高，脑循环障碍，可先泻血。大家畜泻血 1 000～2 000 mL 后，再用 10%～25%葡萄糖溶液 1 000～2 000 mL，静脉注射；同时可用 10%氯化钠溶液 200～300 mL 静脉注射。脱水剂，20%甘露醇溶液或 25%山梨醇溶液，马、牛 500～1 000 mL，猪、羊 100～400 mL，静脉注射，每天一次。

3. 镇静安神

狂躁不安时，可用 2.5%盐酸氯丙嗪溶液，牛、马 10～20 mL；猪、羊 2～4 mL，肌肉注射；或用 10%溴化钠溶液，或安嗅注射液，牛、马 50～100 mL，静脉注射；也可以用水合氯醛溶液灌肠、内服或静脉注射。

根据病情采取强心利尿，补液解毒，通便等对症治疗措施。

### (三)预防

应加强平时饲养管理，合理使役。注意防疫卫生，防止传染性与中毒性因素的侵害。

强心输液及使用利尿剂。如氨茶碱、安钠咖或双氢克尿噻之类。

# 任务二　日射病和热射病

## 一、相关知识

### (一)了解概况

日射病及热射病又称为中暑。在炎热季节中，畜禽头部受到日光直射，引起脑及脑膜充血和脑实质的急性病变，导致中枢神经系统机能严重障碍现象，称为日射病。在潮湿闷热的环境中，畜禽新陈代谢旺盛，产热多，散热少，体内积热，引起严重的中枢神经系统功能紊乱现象，称为热射病。实际上，中暑是由于外界环境中的光、热、湿度等物理因素对动物体的侵害，导致体温调节功能障碍的一系列病理现象。本病为夏季各种动物常见病。

**（二）认知病因**

1. 日射病

常发生于酷暑盛夏，畜禽在烈日下长时间重度劳役、放牧、被驱赶，或无篷盖的车船运输、笼槛饲养的动物和庭院中的鸡鸭群，缺少遮阳，烈日当头，受到强烈阳光辐射的侵袭下引起。

2. 热射病

常发生于圈舍或笼槛狭小或有盖车船输送，因拥挤、潮湿、通风不良；或因气温高、饲养密度过大、通风不够、饮水不足；或者地处山区、天气闷热，纵然不运动、不使役、不驱逐、不输送，但因体质虚弱、出汗过多、失水、失钠，使血液浓缩，引起中枢神经系统调节机能障碍，也可导致畜禽体温异常升高而发生。

此外，中暑的发生也与体质虚弱，心脏机能、呼吸机能不畅，代谢扰乱，皮肤卫生不良，出汗过多，饮水不足，缺乏食盐，适应性不强，耐热能力差有关。

**（三）识别症状**

突然发病，病情发展非常急剧，甚至迅速死亡。

1. 日射病

病初，精神沉郁，有时眩晕，四肢无力，步态不稳，共济失调，突然倒地，四肢作游泳样运动。目光凶恶，眼球突出，神情恐惧，有时全身出汗。

病情发展急剧，很快就出现心血管运动中枢、呼吸中枢、体温调节中枢的机能紊乱，甚至麻痹。心力衰竭，静脉怒张，脉微欲绝；呼吸急促，节律失调，形成毕欧氏或陈-施式呼吸现象；有的体温升高，皮肤干燥，汗液分泌减少或无汗。瞳孔初散大，后缩小。兴奋发作，狂暴不安。有的突然全身性麻痹，皮肤、角膜、肛门反射减退或消失，腱反射亢进，常常发生剧烈的痉挛或抽搐，迅速死亡。

2. 热射病

体温急剧上升，达 42～44℃及以上；皮温增高灼手，全身出汗。特别是在潮湿闷热环境中劳役或运动时的牛、马，突然停止不前、鞭策不走，剧烈喘息，晕厥倒地，状似电击；猪病初不食，喜饮水，口吐泡沫，有的呕吐。继而卧地不起，头颈贴地，神志昏迷，或痉挛、战栗；羊叠垛，神情恐惧，惊厥不安；鸡、鸭虚弱无力，步态踉跄，呼吸急促，张口喘气，翅膀张开，发出“嘎嘎”声，冠髯先充血后发绀。

由于病畜脑及脑膜充血和急性脑水肿，具有明显的脑症状。多数病例，精神抑郁，站立不稳，卧地不起，陷于昏迷。也有的神志扰乱，精神兴奋，狂暴不安，癫狂冲撞，难于控制。随着病情急剧恶化，心力衰竭，心律不齐，脉搏疾速而微弱，血液循环障碍，静脉淤血，结膜发绀。因伴发肺充血和肺水肿，张口伸舌，呼吸困难，有时口、鼻喷出粉红色泡沫。后期，发生脱水，汗液分泌迅速停止，皮肤干燥，尿量减少或无尿；呼吸浅表、间歇，极度困难。濒于死亡前，体温下降，静脉塌陷，昏迷不醒，陷于窒息和心脏麻痹状态。

本病都是突然发生，病情发展非常急剧，常因窒息和心脏麻痹，迅速死亡；有的因脑组织出血，突然倒地而猝终；也有的经过 1～2 d，陷于衰弱和虚脱而死亡。但在发病后，若能及时采取急救措施，有些病例，亦能逐渐康复。严重的病例，中枢神经系统受到破坏，往往不易痊愈，预后不良。

## 二、任务实施

### (一)诊断

可以根据病史，结合临床症状，进行分析和论证，不难诊断。因为日射病、热射病，发生于炎热的夏季，多因长途运输，劳役过度，饮水不足，受到日光直射，或因通风不良，潮湿闷热，使体质虚弱的动物受热中暑。临床特点呈现一般脑症状及一定的灶性症状，甚至发生猝终。容易诊断。

### (二)治疗

本病多突然发生，病情重，经过急，应及时抢救，方能避免死亡。本病治疗原则：加强护理，防暑降温，镇静安神，强心利尿，缓解酸中毒。

1. 加强护理，防暑降温

立即将病畜放置在阴凉通风处，头部或心区实行冷敷，并用冷盐水灌肠，以促进机体散热。同时，加强护理，避免光、声音刺激和兴奋，力求安静。也可用2.5%盐酸氯丙嗪溶液，牛、马10～20 mL；猪、羊(体重50 kg以上)4～5 mL，肌肉注射。根据临床实践，牛、马发生本病，先颈静脉泻血1 000～2 000 mL，再用25%盐酸氯丙嗪溶液10～20 mL，5%葡萄糖生理盐水1 000～2 000 mL，20%安钠咖溶液10 mL，静脉注射，效果显著。鸡发生中暑时，应及时疏散鸡群，降低密度，加强通风，通风口处安装湿布，并不断喷洒凉水，提供足够饮水等。

2. 镇静安神

当病畜狂躁不安，心搏动加快时，可用水合氯醛灌肠，安溴注射液，静脉注射。

3. 减轻心肺负荷

伴发肺充血及肺水肿的病例，先用适量强心剂注射，立即静脉泻血，牛、马1 000～2 000 mL；猪，羊100～300 mL。泻血后，用复方氯化钠溶液(氯化钠9 g，氯化钾0.3 g，氯化钙0.33 g，蒸馏水1 000 mL)，牛、马1 000～2 000 mL；猪，羊100～300 mL，静脉注射，每隔3～4 h重复注射一次。若无复方氯化钠溶液，亦可用5%葡萄糖生理盐水，或25%～50%葡萄糖溶液。

心力衰竭，循环虚脱时，用25%尼可刹米溶液，牛、马10～20 mL，皮下或静脉注射；5%硫酸苯异丙胺溶液，牛100～300 mL，皮下注射。或用0.1%肾上腺素溶液，牛、马3～5 mL，10%～25%葡萄糖溶液，牛、马500～1 000 mL；猪、羊50～200 mL，静脉注射。其后用安钠咖或氧化樟脑注射液，交替皮下注射，每隔4～6 h一次。

4. 缓解酸中毒

出现自体中毒现象，用5%碳酸氢钠，牛、马500 mL，静脉注射。也可用洛克氏液(氯化钠8.5 g，氯化钙0.2 g，氯化钾0.2 g，碳酸氢钠0.2 g，葡萄糖1 g，蒸馏水1 000 mL)，牛、马1 000～2 000 mL，猪、羊300～500 mL，静脉注射。

病情好转时，用10%氯化钠溶液，牛、马200～300 mL；猪、羊30～50 mL，静脉注射，并内服类泻剂，改善水盐代谢，清理胃肠。

### (三)预防

在炎热季节中，必须做好饲养管理和防暑工作，保证动物健康。使役不得过重，时间不得过长，不使其受热，防止日光直射头部；注意补喂食盐，给予充足饮水，保持畜禽圈舍通风凉爽，降低饲养密度，防止潮湿、闷热和拥挤。随时注意动物健康状态，及时做好防治工作。长途运输时，做好防暑和急救工作。

# 技能训练九　犬中暑的抢救

【目的要求】

(1)了解犬日射病和热射病的发病原因及发病机理。

(2)了解犬中暑的症状。

(3)掌握中暑犬的临床症状及抢救措施。

【诊疗准备】

**(一)材料准备**

风扇、冰袋、注射器、听诊器、体温计等。

**(二)药品准备**

25%葡萄糖注射液、肾上腺素注射液、尼可刹米注射液、5%碳酸氢钠注射等。

**(三)动物准备**

中暑犬。

【方法步骤】

**(一)临床诊断**

1.判断犬中暑的严重程度

(1)轻度中暑。流口水、急喘、躁动。

(2)中度中暑。呼吸困难、呈现呆滞状态。

(3)重度中暑。休克昏迷。

2.测量体温、听诊心跳、呼吸及脉搏

**(二)实施治疗**

1.消除病因

立即将犬移至通风阴凉处休息，如能饮水，给予清凉的含盐饮水。

2.采用物理降温

用冰水在犬头、颈、四肢内侧、腹股沟内敷擦。全身皮肤用冰水或冷水加少许酒精洗浴，配合电扇降温，如有空调设备，可将环境温度降至22～25℃，或直接将犬置于25℃左右的水池中浸泡30 min以上。也可用4℃的5%葡萄糖水500～1 000 mL静脉快速注射，补充水盐和葡萄糖，改善体内循环，以迅速降低体温。

3.应用药物降温

药物降温与物理降温同用，效果更好。常用氯丙嗪每千克体重0.5～1 mg加入5%葡萄糖液或生理盐水适量，静脉滴注1～2 h。对于高热、昏迷及抽搐者，用氯丙嗪每千克体重0.5～1 mg，加入25%葡萄糖20 mL中，15 min内注射完。高热、昏迷无抽搐者，氯丙嗪适量，加入25%葡萄糖25 mL静脉推注。

4.支持疗法

中暑犬大量流涎，失水较多，故要及时适当输液，一般成年犬可补糖盐水适量，速度要慢。要注意保证呼吸畅通，必要时要输氧。也可给病犬输林格氏液，以纠正低钠血症。对于抽搐烦躁不安的犬，肌肉注射安定每千克体重 0.2～12 mg。急性肾衰者早期静脉注射甘露醇每千克体重 0.5～1 g 缓慢滴注，以速尿每千克体重 2～6 mg 静脉注射。

【作业】

**(一)病例讨论**

在教师的指导下讨论内容如下。

(1)中暑犬严重程度的诊断依据。

(2)中暑犬的临床症状的判定。

(3)中暑犬的抢救措施。

**(二)写出实习报告**

## 能力拓展

以下为拓展学生能力的技能训练项目，可根据学校实习条件的实际情况，或进行人工复制病例，或利用在校外实习基地病例，或借助学校实习兽医院的临床病例来完成，要求以学生为主体，分组进行，教师对学生的诊断和治疗过程进行指导，并对各组的治疗方案和治疗效果进行评价，指出存在的问题，进一步提高学生对动物神经系统疾病的临床诊疗技能和学习效果。

(1)松狮犬热射病的诊断与治疗。

(2)犊牛日射病的诊断与治疗。

要求：讨论治疗思路、写出治疗处方、实施治疗措施，并护理好发病动物，同时做好病例总结。

## 复习思考题

1.如何评价动物神经系统疾病的治疗意义？

2.动物神经损伤性疾病的治疗措施有哪些？

3.什么是一般脑症状？什么是灶性脑症状？

4.脑膜脑炎的发病原因有哪些？临床有哪些表现？如何诊断和治疗？

5.什么是热射病？什么是日射病？如何预防？

Project 6

# 营养代谢性疾病防治

**知识目标**

- 了解动物营养代谢性疾病的发生特点和发病机理。
- 掌握维生素缺乏症、微量元素缺乏病和矿物质代谢障碍性疾病发病原因、临床症状、诊断方法和防治措施。
- 重点掌握奶牛酮病的发生原因和诊疗方法及预防措施。

**技能目标**

- 通过学习,学生应具备诊断和治疗动物常见营养代谢性疾病的能力。
- 能够诊断和治疗奶牛酮病和奶牛低血钙症。

# 任务一　奶牛酮病

## 一、相关知识

### （一）了解概况

奶牛酮病是指高产奶牛产后因碳水化合物和挥发性脂肪酸代谢障碍所引起的一种全身性功能失调的代谢性疾病。其临床特征表现为食欲减少、渐进性消瘦、产奶量减少，血、尿、乳、汗和呼气中有特殊的酮味，部分牛伴发神经症状；临床病理生化特征为低血糖，血、尿、乳中酮体含量异常升高。

酮病多发生于母牛产后 2～6 周内的泌乳盛期，尤其是在产后 3 周内；各胎龄母牛均可发病，尤其以 3～6 胎高产胎次的母牛多发，第一次产犊的青年母牛也常见发生；产乳量高、舍饲缺乏运动且营养良好的 4～9 岁的母牛发病较多。该病一年四季均可发生，冬春季节发病较多。在高产牛群中，临床酮病的发病率占产后母牛的 2%～20%，亚临床酮病的发病率占产后母牛的 10%～30%。

### （二）认知病因

1. 日粮能量不足

反刍动物的能量和葡萄糖主要来自瘤胃微生物酵解大量纤维素所生成的乙酸、丙酸和丁酸，三者称为挥发性脂肪酸。因此，凡是造成瘤胃生成丙酸减少的因素，如饲料供应过少，品质低劣，或日粮营养不全、蛋白质过多或不足、氨基酸不平衡，或饲料单一、可溶性糖和优质青干草缺乏、不足，或精料（高蛋白、高脂肪饲料）过多，粗纤维不足等，均可引起日粮在瘤胃中停留的时间过短、发酵不完全，造成生糖的丙酸减少和生酮的丁酸增加，从而使糖的来源不足，引起能量负平衡，导致体脂肪的大量分解，产生酮体，引发酮病。

2. 产前过肥、缺乏运动

干乳期供应的能量水平过高，采食较多的精料，缺乏运动，致使母牛产前过度肥胖，严重影响产后采食量的恢复，同样会使机体生糖物质缺乏，引起能量负平衡，产生大量酮体，由这种原因引起的酮病称消耗性酮病。产前过肥在酮病的发生上具有特殊的意义，过肥的牛比中等膘度的牛酮病的发病率要高 1～2 倍。

3. 产后泌乳高峰和采食高峰不同步

奶牛产后 4～6 周已达到泌乳高峰期和营养最高需要量，而奶牛在产后 10～12 周才能恢复到最大食欲和采食量，在中间相差 6 周左右的时间内，摄入的营养物质和产奶消耗间呈现负平衡。因此，奶牛产犊后 12 周内食欲较差，能量和葡萄糖的来源不能满足高产奶牛泌乳消耗的需要。所以，高产乳牛群酮病的发病率高。

4. 营养元素缺乏

维生素 A、维生素 $B_{12}$ 和微量元素钴、铜、锌、锰、碘等缺乏在酮病的发生上具有一定意义。特别是钴，因为它是维生素 $B_{12}$ 的成分，参与丙酸的生糖作用。

5. 肝脏疾病

肝脏是糖异生的主要场所，原发性或继发性肝脏疾病都可影响糖的异生作用，使血糖浓度下降。尤其是肝脂肪变性、肥胖母牛发生脂肪肝时，常可引起肝糖原贮备减少和糖异生作用减弱，最终导致酮病的发生。

6. 饲料腐败

饲料加工贮存不当，造成饲料腐败，特别是品质不良的青贮，其乙酸、丁酸含量高，可增强生酮作用。还有其他霉败的饲料，如黄曲霉毒素等可直接损害肝脏使肝功能障碍，也可促进酮病的发生。

**（三）识别症状**

酮病的症状常在母牛分娩后几天至几周内出现，临床上表现为两种类型，即消耗型和神经型。消耗型占85%左右，但有些病牛消耗型和神经型同时发生。

1. 消耗型

食欲减少、体况逐渐下降和渐进性消瘦是本病最常见的症状。病初，开始拒食精饲料后拒食青贮饲料，尚能采食少量青干草，继而食欲废绝，反刍无力、瘤胃蠕动减弱甚至消失，瘤胃弛缓、有时发生间歇性瘤胃臌气；异嗜，喜欢舔食污物、泥土和污水，此期有2～4 d及以上的产奶量减少期；体重逐渐减轻、明显消瘦、腹围缩小，被毛粗乱无光，皮下脂肪消失、皮肤弹性减退；体温、呼吸、脉搏正常，随病程延长而病畜消瘦时，体温略有下降（37℃），心率加快（100次/min），心音模糊，脉搏细弱。粪便稍干、量少，粪便上有黏液；尿量也减少，呈淡黄色水样，易形成泡沫。食欲逐渐减退者产奶量也逐渐下降，食欲废绝者产奶量迅速下降或停止，乳汁类似初乳状，易形成泡沫。病牛呈弓背姿势表示轻度腹痛。酮病的特有症状为：呼气、乳汁、尿液、汗液中散发有特殊的丙酮气味（烂水果味），对其加热时气味更浓。

2. 神经型

多数病牛表现为精神沉郁、凝视，对外界反应淡漠，目光呆滞，不愿走动，呆立于槽前，低头耷耳，眼睑闭合、嗜睡，呈沉郁状。少数病牛表现兴奋和狂躁，病初突然发病，精神高度紧张、不安，视力下降，不认其槽，盲目于棚内乱转圈，或走路不辨方向，横冲直撞；有的全身肌肉紧张，感觉过敏，步伐蹒跚，摇摆，站立不稳，四肢叉开或交叉站立；有的肩胛部和腹部肌肉震颤，吼叫；有的病牛空口磨牙，大量流涎，不断舔吮皮肤、饲槽；这些神经症状间断多次发作，每次持续1～2 h，然后间隔8～12 h后可能复发。这种兴奋过程一般持续1～2 d后转入抑制期。

## 二、任务实施

**（一）诊断**

1. 原发性临床型酮病

可根据日粮中缺乏优质干草，发生在产犊后几天至几周内，血清酮体含量在34.4 mmol/L（200 mg/L）以上，低血糖、高血脂、碱贮下降，血、尿、汗、呼气中有特殊烂水果气味，并伴有消化机能紊乱，体重减轻，产奶量下降，间有神经症状，一般可做出诊断。

2. 原发性亚临床型酮病

必须进行实验室检验，其血清中的酮体含量一般在17.2～34.4 mmol/L(100～200 mg/L)之间。继发性酮病如子宫炎、乳房炎、创伤性网胃炎、真胃变位等疾病所继发的酮病，可根据血清酮体水平增高、原发病本身的临床特点及对葡萄糖或激素治疗无明显疗效而诊断。

**(二)治疗**

1. 补糖疗法

静脉注射50%葡萄糖溶液500 mL，每日2次，连用数日，对大多数母牛有明显疗效，但需要重复注射，否则可能复发；也可选用20%葡萄糖溶液腹腔注射，但皮下和肌肉注射会造成局部不良反应。饲喂或灌服葡萄糖、蔗糖或蜜糖治疗效果不明显，因瘤胃中微生物使糖发酵生成挥发性脂肪酸，其中乙酸多，丙酸少，增加了生酮先质。在应用大剂量葡萄糖的同时，可肌肉注射100～200 U胰岛素，以促进葡萄糖进入细胞和脂肪合成，减少酮体生成。

2. 口服生糖物质

为了增加体内生糖物质的来源，通常口服丙酸钠、或丙二醇、或甘油，推荐剂量都是125～250 g，加等量水混合，每日2次口服。内服丙酸钠100～200 g，1～3次/日，连用7～10 d；丙二醇或甘油500 mL/次，2次/d，连用2 d，随后250 mL/d，连用2～10 d；乳酸钙200～400 g，连用3 d，效果良好。给药最好是在静脉注射葡萄糖溶液之前进行。

3. 激素疗法

肌肉注射促肾上腺皮质激素(ACTH)200～600 U，此药物使用方便，不需要同时给予葡萄糖或其先质，单独注射1次后约48 h即能促进糖原异生。静脉注射氢化可的松0.5 g，或肌肉注射醋酸可的松1～1.5 g，或口服甲基泼尼松龙25 mg，每日1次，均能奏效。或肌肉注射地塞米松10～20 mg，1次即能奏效，其作用比泼尼松强15倍，几乎没有钠的贮留。

4. 纠正酸中毒

内服碳酸氢钠50～100 g，2次/d；或静脉注射5%碳酸氢钠500～800 mL。

5. 其他疗法

包括镇静、健胃助消化、补充维生素等。

**(三)预防**

酮病的发生比较复杂，在生产中应采取综合防治措施，如加强饲养管理，合理配合日粮，饲料种类多样化，防止单一等，才能收到良好的效果。

(1)高产奶牛日粮取中等能量水平，如苜蓿干草加蒸热过的谷类(粉碎的玉米片、大麦片)能产生大量丙酸；日粮中的优质干草不少于每100 kg体重3～5 kg。

(2)妊娠后期母牛不宜过肥，尤其在干乳期，应酌情减少精料。在临产前3～4周，逐渐添加精饲料以适应泌乳量的增加。其日粮的参考比例为：干草及草粉不低于30%，优质青贮30%，精料不高于30%，块根约10%。若干乳期出现肥胖症时，可将精料减少10%～20%。

(3)日粮粗蛋白质含量不宜过高，一般不超过16%。

(4)舍饲母牛必须运动0.5～1 h/d。

(5)定期检查血、尿、奶中酮体的含量，以便早发现、早治疗。

# 任务二　维生素A缺乏症

## 一、相关知识

### (一)了解概况

维生素A缺乏症是由于动物体内维生素A或/和胡萝卜素不足或缺乏所导致的皮肤、黏膜上皮角化、变性,生长发育受阻并以干眼病和夜盲症为特征的一种营养代谢病。其病理变化主要以脑脊髓液压力升高、上皮组织角质化、骨骼形成缺陷和胚胎发育障碍为主;临床上以夜盲、眼球干燥、鳞状皮肤、蹄甲缺损、繁殖机能丧失、瘫痪、惊厥、生长受阻、消瘦、体重下降等综合征为特征。本病各种动物均可发生,但以犊牛、羔羊、雏禽、仔猪等幼龄动物多见。多发生在冬、春青绿饲料缺乏的季节。

动物体内没有合成维生素A的能力,其维生素A的常见来源主要是动物的肝、乳、蛋等动物源性饲料,尤其是鱼肝和鱼油,如鲨鱼、鳕鱼和大比目鱼肝油以及北极熊肝油是其最丰富来源。维生素A原——胡萝卜素的常见来源主要是植物性饲料,如胡萝卜、黄玉米、黄色南瓜、青绿饲料、番茄、木瓜和柑橘等是其丰富来源。

### (二)认知病因

1. 饲料中维生素A或胡萝卜素缺乏或不足

常用的动物性饲料如鱼粉等和一些植物性饲料如劣质干草、棉籽饼、菜籽饼、亚麻籽饼、马铃薯、白萝卜、糟渣(甜菜渣)、谷类(黄玉米除外)及其加工副产品(麦麸、米糠、粕饼片)等中几乎不含维生素A原,特别是在无青绿饲料的季节,长期饲用这些饲料最易发病。

2. 饲料中维生素A或胡萝卜素遭破坏

饲料调制、加工、贮存不当,如饲料贮存时间过长、贮藏温度过高、烈日曝晒、高温处理或发霉变质和雨淋,某些豆科牧草和大豆含有脂肪氧合酶,维生素A与矿物质一起混合等,尤其是在维生素E缺乏和不饱和脂肪酸存在的情况下,胡萝卜素和维生素A容易被氧化,可使胡萝卜素的含量降低和维生素A的活性下降。

3. 母源性维生素A缺乏

幼龄动物,如果乳中维生素A含量不足,或断奶过早,易发先天性维生素A缺乏。种禽维生素A缺乏是雏禽先天性维生素A缺乏的主要原因。

4. 肝脏疾患和慢性消化道疾病

长期多病,特别是患肝脏、肠道疾病时,维生素A和胡萝卜素的吸收、贮存和转化发生障碍,即使饲料中维生素A或胡萝卜素不缺乏,也会发生维生素A不足或缺乏症。

5. 蛋白质、脂肪、维生素、无机磷缺乏

机体处于蛋白质缺乏状态就不能合成足够的视黄醛结合蛋白去运送维生素A;维生素A是一种脂溶性维生素,当脂肪不足,则会影响维生素A在肠中的溶解和吸收;维生素E和维生素C缺乏易导致脂肪酸败,增加维生素A在加工和消化过程中的损失率。低磷饲料可促进维生素A的储存,但磷的缺乏可降低胡萝卜素的转化效率。

6. 对维生素 A 的需要量增加

产奶期的高产奶牛、妊娠和哺乳期的动物、生长期的幼禽、高产期的蛋禽及肥育期的肉禽对维生素 A 的需要量明显增加；同时肝、肠道疾病和环境温度过高也使机体对维生素 A 的需要量增多；长期腹泻、患热性疾病的动物，维生素 A 的排泄和消耗增多。

### （三）识别症状

由于各种动物的组织器官对维生素 A 缺乏的反应有异，则表现出一些不同的症状变化。但也有相似的综合征候呈现。

1. 夜盲

夜盲是所有动物尤其犊牛表现出的最早的临床症状之一。病畜表现在黎明、黄昏或月光等暗光下视力障碍，盲目前进，行动迟缓或碰撞障碍物，看不清物体，最易发生。

2. 干眼病

表现为角膜增厚及混浊不清；眼中流出稀薄的浆液性或黏液性分泌物，随后出现角膜角质化、增厚、云雾状，晦暗不清，甚至出现溃疡和羞明。禽类表现为流泪，眼内流出水样或乳样渗出物，眼睑内有干酪样物质积聚，常将上下眼睑粘在一起，角膜混浊不透明，严重者角膜软化或穿孔，半失明或完全失明。眼球干燥可以继发结膜炎、角膜炎、角膜溃疡和穿孔。

3. 皮肤病变

随处可见牛皮肤有大量沉积的糠麸样皮垢，大量干燥的纵向裂纹的鳞状蹄，尤其是马属动物较明显。猪的被毛粗糙、干燥、蓬松、杂乱、竖立、鬃毛尖爆裂是其特征，也可观察到猪因维生素 A 缺乏的脂溢性皮炎。禽类口腔和食道黏膜分布有许多黄白色小结节或覆盖一层白色的豆腐渣样的薄膜，剥离后黏膜完整并无出血溃疡现象。

4. 繁殖性能下降

雄性动物虽可保持性欲，但生精小管的生精上皮细胞变性退化，正常的有活力的精子生成减少；小公羊睾丸明显小于正常。雌性动物受精、怀孕通常不受干扰，但胎盘退化导致流产、产死胎或产弱仔、胎儿畸形，易发生胎衣滞留。

5. 先天性缺陷

牛犊先天性缺陷发生较少，只是在发生视神经压迫和脑病时才出现先天性失明。仔猪可出现完全无眼或小眼、胎儿眼裂沟关闭不全、水晶体和视网膜变性、水晶体前后的间质组织增生等缺陷；仔猪的其他先天性缺陷还包括腭裂、兔唇、附耳、后肢畸形、皮下包囊、肾脏异位、心脏缺损、膈疝、雄性生殖器发育不全、梗阻性脑积水、脊索疝、无显著特点的水肿、死胎或弱仔；体弱猪不能站立，或非常兴奋，用腿作缓慢的涉水样运动，并发出悲惨的声音。

6. 抵抗力下降

维生素 A 缺乏引起黏膜上皮完整性受损，腺体萎缩，极易发生鼻炎、支气管炎、肺炎、胃肠炎、犊牛腹泻等疾病。

## 二、任务实施

### （一）诊断

通常根据饲养管理情况、病史和临床症状可作初步诊断。视神经乳头水肿和夜盲症的检查是早期诊断反刍兽维生素 A 缺乏的最容易的方法。共济失调、瘫痪和惊厥是猪发生维生素 A 缺乏的早期症状。脊髓液压力升高是猪和犊牛维生素 A 缺乏的最早变化。实验室确诊是依靠尸体剖解、组织学检查腮腺和化验肝脏维生素 A 水平，结合检测脊髓液压力、眼底检查、结膜涂片检查。对病牛进行检眼镜观察发现，角质上皮细胞明显增加，眼球结膜混浊和视网膜绿毯部由正常的绿色或橙黄色变为苍白色。结膜涂片检查，发现角化上皮细胞数目增多，如犊牛每个视野角化上皮细胞可由 3 个增加至 11 个以上。

**（二）治疗**

发病后首先要消除致病的病因，必须立即使用维生素 A 进行治疗；要增喂胡萝卜、青苜蓿，增补动物肝脏，也可内服鱼肝油，与此同时也可增加复合维生素的喂量，改善饲养管理条件。

动物发生维生素 A 缺乏时，应立即使用 10～20 倍于日维持量的维生素 A 来治疗，据此推算，维生素 A 的治疗量应是每千克体重 440 IU。对于大群发病鸡，可按每千克体重 2 000～5 000 IU 饲料的量使用维生素 A，或以每千克体重 1 200 IU 的治疗量进行皮下注射。常用维生素 A 的水溶性注射剂，油剂少用。对急性病例，疗效迅速而完全，但对慢性病例就不能肯定，视病情而定。对于脊髓液压力增高所致的牛犊惊厥抽搐型维生素 A 缺乏症，经治疗后 48 h 通常可恢复正常；而对于牛眼疾型维生素 A 缺乏症，出现眼睛失明，则治疗效果差，为了减少经济损失，建议屠宰，尽早淘汰。

**（三）预防**

平时应注意日粮的配合和维生素 A 与胡萝卜素的含量，特别是在青绿饲料缺乏季节，青干草收获时，要调制、保管好，防雨淋、曝晒和发霉变质，放置时间不宜过长，尽量减少维生素 A 与矿物质接触的时间，豆类及饼渣不要生喂，要及时治疗肝胆和慢性消化道病。妊娠、泌乳和处于应激状态下的动物适当提高日粮中维生素 A 的含量。

# 任务三　B 族维生素缺乏症

## 一、相关知识

**（一）了解概况**

B 族维生素缺乏症是由于饲料或饲草中 B 族维生素不能满足动物生理需要而引起的代谢疾病。多发生于犊牛、幼畜和雏禽。

**（二）认知病因**

1. 饲料中缺乏 B 族维生素

B 族维生素是一组多种水溶性维生素，它们的分布亦大体相同，在生物学上作为各种酶的辅酶，其实它们在化学结构上和生理功能上都是互不相同的。B 族维生素的来源很广泛，在青绿饲料、酵母、麦皮、米糠及发芽的种子中含量很高。此外，动物（特别是反刍运动）（胃）肠道中的微生物能合成 B 族维生素，一般不会缺乏，如果长期饲喂缺乏 B 族维生素的饲料，或鸡饲料中添加 B 族维生素不足，就会发病。

2. 继发性病因

饲料发霉或贮存过久，B 族维生素受到破坏，高温、应激、磺胺药的应用等因素，使 B 族维生素消耗量过大。胃肠炎，消化障碍，吸收不良，使 B 族维生素吸收减少而发生本病。

### (三)识别症状

1. 硫胺素(维生素 $B_1$)缺乏症

鸡：主要呈现多发性神经炎。病鸡腿屈曲，坐地，头向后仰，呈“观星姿势”，这是由于颈部的前方肌肉麻痹所致。病雏倒地以后，头部仍然向后仰。成年鸡发病缓慢，鸡冠常呈蓝色，在病的进行期中，肌肉显明麻痹，开始发生于趾的屈肌，然后向上蔓延，波及腿、翅和颈部的伸肌，呈现坐地和翅下垂。

猪：呈现厌食，生长不良，呕吐，腹泻，皮肤及黏膜发绀，可突然死亡。

犊牛：表现衰弱，共济失调及惊厥，有时发生腹泻，厌食及脱水。

马：共济失调，心搏过快，拱背，牙关紧闭，阵发性惊厥，角弓反张，伏卧不起，但食欲正常或稍微下降，体温正常。

2. 核黄素(维生素 $B_2$)缺乏症

鸡：雏鸡缺乏症呈现生长缓慢，衰弱，消瘦，但食欲良好。在 1～2 周之间发生腹泻，不能走路，或走路时以飞节着地，翅膀展开，足趾向内蜷曲。

猪：呈现生长迟缓，呕吐，眼白内障，步态强拘，皮肤发疹、鳞屑、溃疡及脱毛。

犊牛：自然发生的病例很少，据人工发病观察，在口唇、口角、鼻孔周围区和黏膜呈现明显的充血，伴有厌食，生长不良及腹泻。

马：表现不食，生长受阻，腹泻，流泪及秃毛，口角区周围充血，还可以作为周期性眼炎的一种病因。

3. 维生素 $B_{12}$ 缺乏症

钴缺乏的地区可能会发生，其他地区极少发生，包括猪和犊牛。用配合日粮饲养的犊牛，发生这种缺乏症的综合征，包括厌食，生长停止，营养不良，肌肉衰弱。猪缺乏症者，可能就是个别对维生素 $B_{12}$ 吸收能力差的猪，表现为生殖能力降低。鸡缺乏时呈现生长迟缓，饲料利用率降低，孵化率也降低。假如雏鸡同时也缺乏胆碱或蛋氨酸，可能发生脱腱症。在维生素 $B_{12}$ 缺乏的条件下，雏鸡对泛酸的需要量增高。

4. 烟酸缺乏症

猪：皮肤粗糙、增厚、皲裂，上面附有暗色痂皮，采食量少，进行性消瘦而死亡。

鸡、鸭：飞节肿大，骨粗短、腿弯曲，嗉囊膨胀，下痢。

毛皮动物：食欲下降，口腔黏膜发炎，生长慢，神经机能障碍，出现麻痹。

5. 叶酸缺乏症

毛皮动物表现采食量减少，腹泻，贫血，被毛松乱，退色，毛质量差。

鸡：生长停滞，羽毛退色，颈部僵硬，伸直或麻痹，成年鸡产蛋量下降，孵化率下降。

## 二、任务实施

### (一)诊断

根据发病史、临床典型症状和饲料检测的结果进行综合诊断。

### (二)治疗

根据病因不同，有针对性地补充复合 B 族维生素，按 1 kg 体重补充维生素 $B_1$ 0.25～

0.5 mg、维生素 $B_2$ 2～4 mg、维生素 $B_{12}$ 0.001～0.002 mg、烟酸 20～30 mg、叶酸 0.025～0.05 mg 肌肉注射或内服，每天 1 次，连续 7 d。

如是单纯的硫胺素缺乏症，应用硫胺素治疗都是有效的。所有各种动物，其剂量都按 1 kg 体重 0.25～0.5 mg 计算，皮下或肌肉注射。继发性病例，还须作其他治疗。预防在单胃兽，一般 1 kg 体重需要硫胺素 30～60 mg。日粮中加入酵母、麸皮和米糠等，以及在家禽则加入乳、肝和肉粉（亦可给猪），一般能供给足够的硫胺素。

#### （三）预防

除了添加青绿饲料、酵母、米糠外，还要在每吨饲料中添加维生素 $B_1$ 200～300 mg、维生素 $B_2$ 3 000～4 000 mg、维生素 $B_{12}$ 3～5 mg、烟酸 10 g、叶酸 4～6 mg，可以预防本病的发生。

## 任务四　硒和维生素 E 缺乏症

### 一、相关知识

#### （一）了解概况

硒和维生素 E 缺乏症是因硒、维生素 E 缺乏而使机体的抗氧化机能障碍，从而导致骨骼肌、心肌、肝脏、血液、脑、胰腺的病变和生长发育、繁殖等功能障碍的综合征。临床上以白肌病、鸡脑软化症、黄脂病、仔猪肝营养不良、桑葚心和小鸡渗出性素质为特征。

#### （二）认知病因

病因十分复杂，许多问题尚未解决，就现有资料来看，与下列因素有关。

1. 土壤缺硒

（1）与土壤中硒化物形态有关。土壤中的硒多为元素硒或以黄铁矿硒、硒化物、亚硒酸盐、硒酸盐和有机硒化合物形式存在，其中可溶性硒，主要以亚硒酸盐的形态存在，因此，某一地区土壤中可溶性硒含量的多少，影响植物中硒的含量。

（2）与土壤酸碱度有关。碱性土壤中元素硒和硒金属能缓慢的转化为可溶性的亚硒酸盐和硒酸盐被植物利用，酸性土壤中很难进行这种转化。

（3）与土壤干湿度有关。土壤中含水量多，人工灌溉、多雨季节等，由于硒经淋洗流失，可导致植物缺硒。

2. 饲料品质不良

长期单一喂给缺硒和维生素 E 的饲料（如玉米）或缺乏青饲料，饲料中蛋白质尤其是含硫氨基酸不足，维生素 A、B 族维生素、维生素 C 缺乏等，可造成硒的缺乏。饲料保管与配合不当，如收割后谷物干燥时间过长，青草贮存时间过长，饲料霉败等可造成维生素 E 的缺乏；制颗粒饲料时混合无机物以及脂肪的增加使维生素 E 氧化作用加强可造成维生素 E 的缺乏。

3. 某些元素过量

饲料饮水中铁、锰等金属离子含量增加，影响硒的利用，也可促进本病的发生。由于工业的发展，煤炭等燃料燃烧后有大量的硫散落在土壤中，从而引起硫、硒比例的失调（硫为硒的拮抗物），使硒缺乏。

### （三）识别症状

1. 白肌病

它是硒、维生素 E 缺乏所致幼畜的一种以骨骼肌、心肌纤维、肝组织等发生变性、坏死为主要特征的疾病，因病变部位肌肉色淡、苍白而得名。多发于羔、犊、驹、仔猪、幼禽。急性患畜常未出现特征性的症状就突然死亡，或在驱赶、奔跑、跳蹦中突然跌倒，很快死亡。一般患畜以机体衰弱，心力衰竭（心跳快而弱，心律不齐，有杂音），运动障碍，呼吸困难，消化机能紊乱为特征。

白肌病在剖检时的主要病变是骨骼肌、心肌、肝脏、肾、脑等部位色淡似煮肉样，质软易脆，横断面呈灰白色斑纹的病理变化。

2. 鸡脑软化症

脑软化是维生素 E 缺乏所致的雏鸡以小脑软化为主要病变，以共济失调为主要临床症状的疾病。多发于 2～7 周龄的雏鸡。雏鸡发育不良，特有症状为运动障碍，共济失调，头向上或向下弯曲，角弓反张。

剖检时可见小脑发生软化、肿胀、出血、坏死。镜检可见软脑膜血管、颗粒层、分子层的毛细血管以及小脑中央白质区充血。

3. 黄脂病

使用大量不饱和脂肪和酸败脂肪饲喂动物，维生素 E 供给不足，使机体脂肪组织变为黄色、淡褐色的疾病。多发于猪、毛皮兽、兔。一般出现食欲不振，精神倦怠，被毛粗乱，腹水，低血色素性贫血，继而呼吸困难，后躯麻痹，不能起立，最后阵发性痉挛而死亡。

剖检可见尸僵不全，皮下水肿并呈胶冻样浸润；腹腔积液；皮下脂肪和体脂呈不同程度的黄色；肝呈黄褐色；肾呈灰红色，其横断面呈淡绿色；淋巴结水肿、出血；脂肪有鱼臭或其他臭味儿。

4. 仔猪肝营养不良与桑葚心

这是猪硒与维生素 E 缺乏最常见的症状之一。仔猪肝营养不良多见于 21 d 至 4 月龄仔猪，仔猪发病急，往往无症状死亡；慢性者，呼吸困难，黏膜发绀，贫血，消化不良，腹泻等。冬末春初易发，死亡率高。桑葚心猪外表健康，几分钟后搐搦，大声嚎叫而死，皮肤可出现紫红色斑点。

剖检肝脏呈现红褐色正常小叶、红色出血坏死小叶和白色淡黄色缺血性坏死小叶混在一起，形成花肝，表面粗糙不平。心扩张，沿心肌纤维走向发生多发性出血，呈现紫红色外观似桑葚样。

5. 小鸡渗出性素质

这是饲料缺硒或维生素 E 引起的一种以腹部、翅下、大腿皮下水肿为特征的疾病，以 28～42 d 的小鸡多发，又叫小鸡水肿病。临床上主要在胸腹下出现淡蓝色水肿，闭目缩颈，伏卧不动，运动障碍，共济失调，贫血，衰竭死亡。主要见于皮下胶冻样淡绿色渗出物。

另外，维生素 E 缺乏还可引起动物的不孕、不育。

## 二、任务实施

### （一）诊断

通过临床症状、病理剖检、饲料分析、地方缺硒史调查等可进行诊断。

### (二)治疗

1. 补硒

肌内或皮下注射 0.1%亚硒酸钠注射液，羔羊、仔猪 2～4 mL，犊、驹 5～10 mL，每 10～20 d 重复用药一次，母猪产前注射 0.1%亚硒酸钠，或在饲料中添加亚硒酸钠添加剂，也可用亚硒酸钠饮水。

2. 补维生素 E

禽用 10 mg/L 亚硒酸钠液饮水；犊、驹维生素 E 肌肉注射 200～300 mg，羔羊、仔猪酌减，禽 500 IU/(只·d)。

### (三)预防

加强对妊娠、哺乳母畜的饲养管理，增加蛋白质饲料和富硒饲料，给予富含维生素 E 的饲料，禁喂发霉变质的饲料和酸败的动物性饲料。

# 任务五 佝偻病与骨软症

## 一、相关知识

### (一)了解概况

佝偻病是生长发育快的幼畜和幼禽维生素 D 缺乏及钙、磷代谢障碍所致的骨营养不良。病理特征是成骨细胞钙化不足、持久性软骨细胞肥大及骨骺增大的暂时钙化不全。临床特征是消化紊乱、异嗜癖、跛行及骨骼变形。本病常见于犊牛、羔羊、仔猪和幼犬。

骨软病是成年家畜当软骨内骨化作用完成后发生的一种骨营养不良。由于饲料中钙或磷缺乏或二者的比例或维生素 D 缺乏不当而发生。病理特征是骨质的进行性脱钙，呈现骨质疏松及形成过剩的未钙化的骨基质。临床特征是消化紊乱，异嗜癖，跛行，骨质疏松及骨变形。在反刍兽，主要由于磷缺乏；在猪，主要由于钙缺乏，多发于牛和绵羊，偶见于猪。

### (二)认知病因

1. 佝偻病

(1)日粮维生素 D 缺乏。断乳后如果饲料中维生素 D 供应不足，或长期采食未经太阳晒过的饲草，或母乳中维生素 D 不足，或用代乳品饲喂，或母禽产蛋期维生素 D 缺乏，导致钙、磷吸收障碍，这时即使饲料中有充足的钙、磷，亦会发生先天性或后天性佝偻病。

(2)光照不足。母畜和幼畜长期舍饲，或漫长的冬季，或毛皮较厚的动物如绵羊等都会发生光照不足，缺乏紫外线照射，皮肤中的 7-脱氢胆固醇不能转变为维生素 $D_3$，母乳缺乏维生素 $D_3$，从而导致哺乳幼畜发病。

(3)钙、磷不足或比例不当。饲料中存在任何钙、磷比例不平衡现象[比例高于或低于(1～2)∶1]，就会引起佝偻病的发生。犊牛和羔羊的佝偻病往往是由原发性磷缺乏及舍饲中光照不足所引起的。仔猪佝偻病常是由原发性磷过多而维生素 D 和钙缺乏引起的。

(4)患慢性肝、肾疾病。动物患慢性肝脏疾病和肾脏疾病时，维生素 D 在肝肾内羟化转变作用丧失，影响维生素 D 的活化，造成具有生理活性的 1,25-二羟维生素 $D_3$ 缺乏而致病。

(5)其他营养素质缺乏。维生素A参与骨骼有机母质中黏多糖的合成,尤其是胚胎发育和幼畜骨骼生长发育所必需的;维生素C是羟化酶的辅助因子,促进有机母质的合成。因此,维生素A、维生素C缺乏,会发生动物骨骼畸形。佝偻病的发生还与微量元素铁、铜、锌、锰、碘、硒的缺乏或锶、钡含量过多有关。

2. 骨软症

本病和佝偻病的发病原因相似,主要是由于饲料和饮水中的钙磷、维生素D缺乏或钙磷比例不当是引起本病的主要原因,但动物种类不同,在致病因素上也有一定的差异。

#### (三)识别症状

1. 佝偻病

早期呈现食欲减退,消化不良,精神沉郁,然后出现异嗜癖;病畜卧地,发育停滞,下颌骨增厚和变软,出牙期延长,齿形不规则,齿质钙化不足,排列不整齐,齿面易磨损、不平整;严重时,口腔不能闭合,舌突出,流涎,吃食困难;关节肿大,骨端增大,弓背,长骨畸形,跛行,步态僵硬,甚至卧地不起;四肢骨骼有变形呈现O形腿或X形腿,骨质松软,易骨折;肋骨与肋软骨结合处有串珠状肿大。伴有咳嗽、腹泻、呼吸困难、贫血或神经过敏、痉挛、抽搐等。

幼禽可表现为喙变形,易弯曲,俗称橡皮喙;胫、跗骨易弯曲,胸骨脊(龙骨)弯曲成S状,肋骨与肋软骨结合处及肋骨与胸椎连接处呈球形膨大,排列成串珠状;腿软无力,常以飞节着地,关节增大,严重者瘫痪。

X线检查,长骨骨端变为扁平或呈杯状凹陷,骨骺增宽且形状不规则,骨皮质变薄,密度降低,长骨末端呈毛刷状或绒毛样外观。见图Ⅰ-6-1。

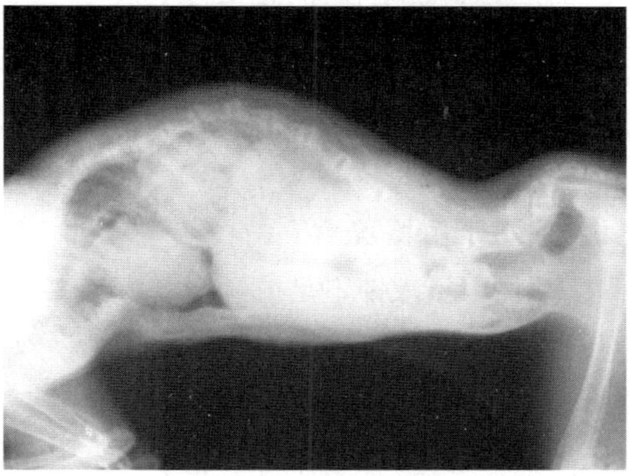

**图Ⅰ-6-1 犬佝偻病X线征象**

2. 骨软症

临床病征主要是消化紊乱,异嗜癖,跛行和骨骼系统严重变化等特征。与佝偻病和马纤维性骨营养不良基本类似。

首先是消化紊乱,并呈现明显的异嗜癖,之后呈现跛行,关节疼痛、肢体僵直,走路后躯摇摆,经常卧地不愿起立。四肢外形异常,后肢呈X形,肘外展,站立时前肢向前伸,后肢向后拉得很远,呈特殊“拉弓射箭”姿势;后蹄壁龟裂,角质变松肿大;肋骨变软,胸廓扁平,弓背、凹腰;尾椎排列移位、变形,重者尾椎骨变软、椎体萎缩,人为卷曲时,病牛无疼痛反应,严重者,最后1~2尾椎骨愈着或椎体被吸收而消失,最后几个椎体消失。

## 二、任务实施

#### (一)诊断

佝偻病可根据动物的年龄、饲养管理条件、慢性经过、生长迟缓、异嗜癖、运动困难以及牙齿和骨骼的变形等特征,很容易诊断;骨的X射线检查及骨的组织学检查,可以帮助确诊。

骨软症可根据日粮组成的矿物质含量和日食的配合方法,饲料来源和地区自然条件,病畜年龄、性别、妊娠和泌乳情况，临床特征和治疗效果，很容易做出诊断。

### （二）治疗

有效的治疗是补充维生素D制剂，如鱼肝油，或浓缩维生素D油、维生素AD注射液、维生素$D_3$注射液等。

### （三）预防

（1）保证机体能够获得充足的维生素D，可在日粮中按维生素D的需要量给予合理补充。

（2）保证舍饲得到足够的日光照射或在畜舍中安装紫外线灯定时照射，让家畜吃经过太阳晒过的青干草。

（3）日粮钙、磷比例平衡，维持Ca∶P为（1.2～2）∶1。可选用维丁胶性钙、葡萄糖酸钙、磷酸二氢钠等，在饲料中添加乳酸钙、磷酸钙、氧化钙、磷酸钠、鱼粉等。

（4）要注意对妊娠母牛、高产奶牛的饲料搭配，调整钙磷比例和维生素D含量，有条件的实行户外晒太阳和适当运动。

# 任务六　低血钾症

## 一、相关知识

### （一）了解概况

动物因摄入钾不足或从汗、尿、粪中丢失钾过多，引起以血清钾浓度下降、全身骨骼肌松弛、异嗜、生产性能降低为特征的疾病称为低血钾症。一般指血钾浓度低于3.5 mmol/L，并有细胞内钾的丢失。

钾是细胞内主要的电解质，参与体内渗透压和酸碱平衡的调节，维持细胞的新陈代谢，保持细胞静息膜电位。血液中钾浓度过低或过高均会影响机体的健康。

兽医临床上原发性低钾血症很少，主要继发于生产瘫痪、肠阻塞、顽固性前胃或真胃疾病以及长时间停食或因大量出汗、呕吐、腹泻等情况下的单纯补液之后。有些母牛产后的"卧倒不起综合征"，用钙剂治疗效果不明显，但补钙的同时补钾有较好的疗效。

### （二）认知病因

1.钾摄入不足

因植物性饲料中钾含量丰富，大多数谷物含钾在0.5%以上，牧草钾含量多在1%以上，有的甚至达2%～3%（干物质）。全价日粮中含钾丰富，一般不会缺钾，草食动物一般不发生钾缺乏。但在集约化养殖中，尤其是对高产乳牛或肉牛的育肥期，多以大量精料取代粗纤维，有可能使动物钾摄入减少；泌乳奶牛饲喂含钾0.06%～0.15%的日粮时，即可使其出现严重的钾缺乏症状。犊牛饲喂含钾0.06%的饲料3～4周后可成功诱发实验性低钾血症。用含钾0.1%的饲料饲喂羔羊10d，就可使血钾浓度下降。犬、猫可从日粮中摄入钾40～100 mmol/d，当吞咽障碍、长期禁食或摄入钾15～20 mmol/d时，经4～7 d排尿，钾开始减少，可发生低钾血症。

2.钾丢失过多

有肾外丢失与肾性丢失两种。肾外丢失指钾从汗腺及胃肠道丢失，见于严重的呕吐、腹泻、高位肠梗阻、长期胃肠引流，或重役、剧烈运动等引起的大量出汗，体内失水过多，给动物补钠的同时未补钾，造成血液中钾浓度下降。此外，当反刍动物患顽固性前胃弛缓、瘤胃积食、真胃阻塞等疾病时，由于大量的液体移向消化道，使血液中 $K^+$ 转移到胃肠液中，继而被排泄。或当大量胃酸分泌入真胃内，$H^+$ 和 $Cl^-$ 转移入胃，造成代谢性碱中毒，肾脏为了保 $H^+$，则以排 $K^+$ 代之，此时不仅有低钾血症，同时会有低氯血症。

肾性丢失指钾经肾脏丢失，见于醛固酮分泌增加（如慢性心力衰竭、肝硬化、腹水等），肾上腺皮质激素分泌增多（如应激），长期应用糖皮质激素、利尿剂、渗透性利尿剂（如高渗葡萄糖溶液），碱中毒和某些肾脏疾病（如急性肾小管坏死的恢复期）等。

3. 钾分布异常

钾从细胞外转移到细胞内，当这一转移使细胞内、外钾浓度发生变化时，就会出现血钾浓度降低。如犬、猫用大量的胰岛素或葡萄糖，促使细胞内糖原合成加强，可引起血钾降低；奶牛生产瘫痪时，由于血钙浓度下降，长时间躺卧，造成局部肌肉缺血性损伤，增加了肌细胞膜的通透性，肌细胞内钾离子流向细胞外。当母牛卧地不起达 6 h，血钾浓度降为 4 mmol/L，16 h 时血钾浓度降为 2～3 mmol/L，细胞内钾离子浓度也下降。此外，碱中毒时，细胞内的氢离子进入细胞外，同时伴有钾、钠离子进入细胞内以维持电荷平衡，也能引起血钾降低。当心力衰竭或由于大量输入不含钾的液体，亦可导致细胞外液稀释，使血清钾浓度降低。

### （三）识别症状

泌乳奶牛表现为采食量和饮水量明显下降、产奶量减少、体重降低、异嗜癖、被毛失去光泽、皮肤弹性降低、血浆和乳汁中钾含量降低、血细胞压积容量升高等。疾病发生的速度和严重程度与产奶量有关，产奶量越高（在乳汁中分泌的钾总量越大），则症状出现得越快且越严重。严重时病畜卧地不起、肌肉松软无力，时间长的甚至发生褥疮。但病牛神志清醒，饮欲、食欲与原发病有关。

犊牛表现为食欲下降，增重停止，异嗜（如舔毛、啃咬木质栅栏等），精神沉郁。后期虚弱，驱赶时后躯摇晃，运步不协调，血钾浓度从 5.0 mmol/L 降为 3.7 mmol/L，血清磷浓度明显升高。

羔羊表现为采食量减少，渐进性消瘦，异嗜，啃咬甚至拉自己身上的毛。血细胞压积容量增多，血清钾浓度下降，红细胞内钠浓度增加。

犬表现为精神倦怠，反应迟钝，嗜睡，有时昏迷；食欲不振，肠蠕动减弱，有时发生便秘、腹胀或麻痹性肠梗阻，四肢无力，腱反射减弱或消失；出现代谢性碱中毒，心力衰竭，心律紊乱；心电图表现为 T 波低平、双相、倒置，S-T 段下移。低钾血症还可引起低血压、肌无力、肌麻痹和肌痛、尿量增多和肾功能衰竭。严重者出现心室颤动及呼吸肌麻痹。

## 二、任务实施

### （一）诊断

根据病史，结合临床症状、实验室和心电图检查，进行综合分析。如血清钾浓度低于 3.5 mmol/L，可诊断为低钾血症，并伴有代谢性碱中毒和血浆二氧化碳结合力增高。

### （二）治疗

治疗原发病，补充钾盐。

$$缺钾量(mmol) =(正常血钾值 - 病畜血钾值)\times 体重(kg) \times 60\%$$

只要动物可以喝水，可在饮水中添加1%～2%的氯化钾，口服钾的毒性很小；亦可静脉注射氯化钾，但静脉注射高钾溶液必须慎重，将计算补充的10%氯化钾溶液的1/3，加入5%葡萄糖溶液中（稀释浓度不超过2.5 mg/mL）缓慢静脉注射，以防心脏骤停。细胞内缺钾的病畜恢复较缓慢，对暂时无法制止大量钾丢失的病例，则需每天口服氯化钾。奶牛在治疗中应加强护理，经常给动物翻身，增加垫草，防止发生褥疮，使病情恶化。

### (三)预防

(1)合理搭配日粮精粗料比，保证钾离子的正常摄入。

(2)积极治疗能导致钾丢失的疾病，如严重呕吐、腹泻、高位肠梗阻等，防止钾离子丢失过多，引发本病。

# 任务七　低血镁症

## 一、相关知识

### (一)了解概况

本病多发生于反刍动物，是反刍动物采食了幼嫩青草或谷苗后而突然发生的一种低血镁症，临床上以兴奋不安，阵发性、强直性肌肉痉挛，惊厥，呼吸困难为特征的高度致死性疾病。又称反刍动物青草搐搦或反刍动物青草蹒跚或反刍动物麦类牧草中毒。

本病主要发生于泌乳母牛和母绵羊，犊牛、肉牛、水牛、役用黄牛和山羊也可发生。发病通常出现在早春放牧开始后的前2周内，也见于晚秋季节。发病率一般为1%～3%，最高可达7%，病死率为50%～100%。

### (二)认知病因

1.牧草镁含量低

牧草或日粮中镁含量低可造成镁的摄入量不足，幼嫩青草和生长繁茂的牧草比成熟牧草中镁含量低，当牧草或日粮中镁含量低于0.2%(干物质)时，在饲喂一段时间后，可引起本病的发生。此外，采食燕麦、大麦等谷物的幼苗后也能引起大规模发病。

2.镁的吸收率下降

饲料中镁的吸收率高低直接影响着血镁浓度的高低。成年反刍动物对镁的平均吸收率为：干草25%～30%、牧草和精饲料13%～20%、混合饲料20%～25%、添加硫酸镁的混合饲料50%～55%。在牧草中，贮存牧草中的镁吸收率比草地牧草高，而幼嫩多汁牧草中的镁吸收率非常低。随着牧草的成熟、镁的吸收率增加，动物机体内70%的镁以磷酸镁、碳酸镁的形式沉积在骨骼中，这些镁在机体缺镁时的补偿缓慢。因此，从正常日粮到缺镁日粮的突然转变过程中，仅在2～18 d内即会导致低血镁搐搦，即使是以前饲喂含镁丰富的日粮，亦会如此，尤其是老年母牛。

3. 镁颉颃因子存在

动物需要的镁主要来自植物，镁在胃中被胃液转化成离子形式，在十二指肠和大肠上段被吸收。在小肠中部分镁被分解后重新生成难溶性镁碳酸盐、磷酸盐和不溶性的脂肪酸镁酯，这些盐难以吸收。因此，饲料中过量的脂肪、钙、植酸、草酸、碳酸根离子都会影响镁在消化道内的吸收。此外，大量使用钾肥的土壤，牧草不仅含镁低，而且含钾高，钾可竞争性地抑制肠道对镁的吸收，并促进体内镁和钙的排泄。当牧草 K/(Ca ＋Mg)摩尔比大于 2.2 时，极易发生低血镁搐搦。

4. 胃肠道疾病

胃肠道疾病如腹泻、胆道疾病也可影响机体对镁的吸收。犊牛常在 2～4 月龄时发病，这主要见于慢性腹泻的犊牛和用含镁量低的代乳品饲喂的犊牛。

### (三)识别症状

由于动物种类不同，临床表现有一定差异。

根据病程将低血镁搐搦分为最急性型、急性型、亚急性型和慢性型等类型。

1. 最急性型

无明显的临床表现而突然死亡。

2. 急性型

病牛突然停止采食，兴奋不安，耳朵扇动，甩头，哞叫，肌肉震颤，在草地放牧的牛还会出现疾走或狂奔。行走时，步态蹒跚，最终跌倒，四肢强直，继而呈现阵发性惊厥(搐搦)。惊厥期间，病牛竖耳，牙关紧闭，口吐白沫，眼球震颤，瞳孔散大，瞬膜外露，全身肌肉收缩强而快。病牛体温升高，呼吸急促，脉率增快，心悸，心音增强，甚至在 1 m 外都能听到亢进的心音。这种类型的病牛常常来不及救治，多在 1 h 内死亡。

3. 亚急性型

病程为 3～5 d，病牛食欲减退或废绝，泌乳牛的产奶量下降，病牛常常保持站立姿势，频频眨眼，对响声敏感。行走时步样强拘或呈高跨步，肌肉震颤，后肢和尾轻度僵直。当受到强烈刺激或用针刺病牛时，可引起惊厥。

4. 慢性型

牛呆滞，反应迟钝，食欲减退，瘤胃蠕动减弱，泌乳牛的奶产量处于低水平。经数周后，病牛出现步态踉跄，上唇、腹部及四肢肌肉震颤，感觉过敏。后期则感觉消失，瘫痪。

## 二、任务实施

### (一)诊断

根据病史和突然发病、兴奋不安、运动不协调、敏感、搐搦等临床症状，以及血清镁、钙和钾浓度的测定，健康牛血清镁浓度为 0.70～1.23 mmol/L；亚临床低镁血症时，牛血清镁浓度为 0.41～0.82 mmol/L；出现临床症状时，牛血清镁浓度低于 0.33 mmol/L、羊低于 0.16 mmol/L；出现明显临床症状时，牛血清镁浓度低于 0.21 mmol/L。血清钙浓度低于 2.0 mmol/L，血清钙与血清镁的比例由正常的 5.6 提高至 12.1～17.3，这是由于血镁下降的幅度大于血钙。此外，血清钾浓度升高，超过 4.4 mmol/L，可做出诊断。但在兽医临床上应与狂犬病、破伤风、急性肌肉风湿、酮病和生产瘫痪等疾病进行鉴别。

**(二)治疗**

钙、镁制剂同时应用对反刍动物低血镁搐搦具有良好的治疗效果。临床上常用硼葡萄糖酸钙 250 g、硫酸镁 50 g,加蒸馏水至 1 000 mL,制成注射液,牛 400～800 mL、羊 50～80 mL,静脉或皮下注射,也可作腹腔注射。或者先皮下注射 25%硫酸镁溶液,牛 400～500 mL、犊牛 100～150 mL、羊 50～100 mL;然后静脉注射 25%硼葡萄糖酸钙溶液(或 10%葡萄糖酸钙溶液),牛 500～1 000 mL、羊 50～80 mL。若无硼葡萄糖酸钙和葡萄糖酸钙时,牛可静脉注射 10%葡萄糖溶液 500 mL 与 5%氯化钙溶液 100～200 mL(羊可注射其混合液 50～100 mL)。同时内服氧化镁,牛 50～100 g/d、羊 10～20 g/d,连续 1 周,然后逐渐减量停服。静脉注射上述药品时,应缓慢注射并监测心率和呼吸频率,如两者过快时,应停止注射,待慢下来后再继续治疗,否则在治疗中常因心脏停止搏动而导致治疗失败。此外,还可用 30%硫酸镁溶液进行灌肠,牛 200～400 mL,羊 50～100 mL。当病畜兴奋不安、狂躁时,可先应用镇静药物如氯丙嗪等,使动物安静后,再应用其他药物进行治疗。

对于同群的其他未出现临床症状的动物,应尽快补给氧化镁或硫酸镁,牛 50～100 g/d、羊 10～20 g/d,持续 1～2 周。

**(三)预防**

注意日粮配合,使日粮干物质中镁含量不少于 0.2%。在缺镁土壤中施加镁肥如硫酸镁($150～300\ kg/hm^2$),以提高牧草或作物的含镁量。也可在放牧前用 1%～2%硫酸镁液喷洒牧草($35\ kg/hm^2$),隔 10 d 喷洒 1 次。在使用钾肥时,应注意与镁肥的配合使用,使有效 K/Mg 之比以维持在(2～3):1为宜。放牧于幼嫩青草牧地的牛、羊,在出牧前应给予一定量的干草。过冬的畜群应注意防寒、防风,应补给优质的干草。



# 技能训练十　奶牛酮病的诊断与防治

**【目的要求】**

(1)了解奶牛围产期的饲养管理要点,了解奶牛酮病的临床发病特点、发病原因及酮病的危害。

(2)掌握奶牛酮病的临床症状以及临床酮病和亚临床酮病的诊断指标。

(3)掌握奶牛酮病的治疗方法和预防措施。

**【诊疗准备】**

**(一)材料准备**

听诊器、体温计、注射器、输液器、胃管或灌药瓶、六柱栏、牛鼻钳、酒精棉球、目测八联试纸(尿液分析试条)、血液生化分析仪、电解质分析仪等。

**(二)药品准备**

50%葡萄糖注射液、5%碳酸氢钠注射液、葡萄糖醛酸钠注射液、维生素 C 注射液、丙二醇、地塞米松注射液、10%葡萄糖酸钙注射液、10%氯化钾注射液等。

**(三)病例准备**

奶牛,临床病例或奶牛场实习。

【方法步骤】

**(一)临床检查**

奶牛的发病时间、精神状态、食欲变化、膘情变化、排尿及排粪情况、胎次、产奶量、泌乳期、产奶量变化、治疗情况,测定病牛的体温、呼吸频率和心率等。

**(二)实验室检查**

1. 血清酮体含量检测

静脉采血离心血清、用血液生化分析仪检测血酮含量。

2. 血清钙、钾含量检测

静脉采血,离心血清、用电解质分析仪检测血钙、血钾含量。

3. 尿酮检测

诱导排尿或自然排尿时采尿,用目测八联试纸检测尿酮含量及尿液 pH,判断是否发生酸中毒及中毒的严重程度。

**(三)实施治疗**

根据诊断结果,学生拟定治疗方案,经老师审阅后,学生分组实施治疗,并将治疗过程和治疗效果做好记录,最后评价治疗效果。

【作业】

**(一)病例讨论**

在教师指导下,可就以下内容进行讨论。

(1)奶牛酮病的发生机理与危害。

(2)奶牛泌乳上升期如何通过加强饲养减少酮病的发生。

(3)临床酮病、亚临床酮病的判断标准。

**(二)写出实习报告**

## 技能训练十一　奶牛低血钙症的诊断与治疗

【目的要求】

(1)了解奶牛矿物质营养需要和代谢特点。

(2)了解奶牛产后、泌乳高峰期及高产奶牛低血钙的临床发生特点。

(3)掌握奶牛低血钙的临床症状、诊断方法及治疗措施。

(4)掌握奶牛低血钙的预防措施。

【诊疗准备】

**(一)材料准备**

听诊器、体温计、注射器、输液器、离心管、六柱栏、牛鼻钳、酒精棉球、动物电解质分析仪、目测八联试纸(尿液分析试条)、血液生化分析仪等。

**(二)药品准备**

10%葡萄糖酸钙注射液、10%葡萄糖注射液、25%葡萄糖注射液、5%碳酸氢钠注射液、复方氯化钠注射液、ATP、CoA、维生素 $B_1$ 注射液、葡萄糖醛酸钠注射液、维生素 C 注射液、微生态制剂等。

**(三)病例准备**

奶牛,临床病例。

**【方法步骤】**

**(一)临床检查**

发病奶牛的生理状况、精神状态、行走步态、站立姿势、卧地姿势,检查体温、呼吸频率、心率等。

**(二)血酮、尿酮检测**

静脉采血离心血清、用血液生化分析仪检测血酮含量,诱导排尿或自然排尿时采尿,用目测八联试纸检测尿酮含量及尿液 pH,判断中否发生酸中毒及中毒的严重程度。

**(三)实验室检查**

静脉采血离心血清、用动物电解质分析仪检测血钙、血钾、血钠等的含量。

**(四)实施治疗**

根据诊断结果,学生拟定治疗方案,经老师审阅后,学生分组实施治疗,并将治疗过程和治疗效果做好记录,最后评价治疗效果。

**【作业】**

**(一)病例讨论**

在教师指导下,学生可就以下内容进行讨论。

(1)奶牛低血钙的发病特点。

(2)奶牛低血钙时卧地不起的症状与低血钾、脊髓损伤的症状有何区别。

(3)如何预防奶牛低血钙。

(4)补钙的注意事项。

**(二)写出实习报告**

## 能力拓展

以下为拓展学生能力的技能训练项目,可根据学校实习条件的实际情况,或进行人工复制病例,或利用在校外实习基地病例,或借助学校实习兽医院的临床病例来完成,要求以学生为主体,分组进行,教师对学生的诊断和治疗过程进行指导,并对各组的治疗方案和治疗效果进行评价,指出存在的问题,进一步提高学生对动物营养代谢性疾病的临床诊疗技能和学习效果。

(1)新生仔猪低血糖症的诊断与治疗。

(2)高产蛋鸡产蛋疲劳综合征的诊断与治疗。

要求:讨论治疗思路、写出治疗处方、实施治疗措施,同时做好病例总结。

## 复习思考题

1. 奶牛酮病的发生原因是什么？临床上有哪些症状？
2. 奶牛常发生的营养代谢病有哪些？如何预防？
3. 动物维生素A缺乏的危害有哪些？
4. 硒和维生素E缺乏症时动物的临床症状特征有哪些？
5. 怎样鉴别诊断家禽维生素$B_1$缺乏症与维生素$B_2$缺乏症？
6. 佝偻病与骨软症有何不同？
7. 有哪些营养代谢病易发生运动障碍和骨骼变形？怎样鉴别诊断？
8. 哪几种营养代谢病易发生繁殖障碍？怎样鉴别诊断？
9. 如何诊断、治疗和预防奶牛酮病？
10. 如何预防和控制畜禽微量元素缺乏症？

Project 7

# 中毒性疾病防治

**知识目标**

- 了解中毒的概念、中毒性疾病的发生特点和诊断与治疗方法。
- 了解常见有毒植物中毒的危害、了解常见药物中毒的临床发生情况。
- 了解霉菌毒素中毒和无机氟中毒的原因、危害及预防措施。
- 掌握黄曲霉毒素中毒、玉米赤霉烯酮中毒诊断和治疗方法。
- 掌握犬洋葱中毒的发生原因、临床症状和诊疗方法。
- 掌握常见药物中毒的预防和解毒方法。

**技能目标**

- 通过学习，学生应具备动物中毒急救的能力，具备正确诊断和治疗动物常见中毒的能力。
- 具备救治犬洋葱中毒的能力。
- 具备指导动物正确用药、防治中毒发生的能力。

# 任务一　中毒急救

## 一、相关知识

### (一)了解概况

毒物是指在一定条件下以较小剂量进入生物体后，能与生物体之间发生化学作用并导致生物体器官组织功能和(或)形态结构损害性变化的化学物。绝大多数毒物就其性质来说是化学物，天然的或合成的，无机的或有机的，单体或化合物。但也可能是动植物、细菌、真菌等产生的生物毒素。

中毒是有毒物质作用于动物机体而引起的疾病甚至死亡。毒物和非毒物并不是绝对的，如食盐、鱼粉并不是毒物，但如果调剂不当或喂量不当，就可变为有毒物质引起中毒。相反有些化学药品虽然毒性很强，如果应用得当即不会引起中毒。防止中毒病的发生，必须综合全面考虑。

### (二)认知病因

常见的中毒有以下几类。

(1)饲料原料中毒。如棉籽饼中毒、菜籽饼中毒等。

(2)霉菌毒素中毒。如黄曲霉毒素中毒、玉米赤霉烯酮中毒、赭曲霉毒素中毒、T2 毒素中毒等。

(3)有毒植物中毒。如夹竹桃中毒、青杠树叶中毒、疯草中毒、毒芹中毒等。

(4)化学物质中毒。如有机磷中毒、有机氟中毒、无机氟中毒等。

(5)药物及添加剂中毒。磺胺类药物中毒、土霉素中毒、抗球虫药物中毒、左旋咪唑中毒等。

### (三)识别症状

由于中毒原因很多，其临床症状表现也多种多样，但它们的共同特点是：在神经系统上表现失神、昏睡、麻痹等；循环系统上的表现是心跳加快，心衰；在消化系统上的表现是减食、绝食，流涎、腹痛、腹泻，腹泻物等有黏液或血液；在泌尿系统上表现为少尿、血尿和尿闭等。这些症状往往是突然发生，变化急剧。

## 二、任务实施

### (一)诊断

不同毒物中毒其临床表现不同，中毒病大多是有毒物质随饲料进入机体而造成不良反应，所以重点是检查饲料，调查饲料来源、成分、是否拌入有毒物质及饲料的保存如何。还要观察动物的临床症状，对病死者进行病理剖检等，作为重要的诊断依据。有些难以确诊的中毒，须送有条件的部门进行化验方可确诊。

### (二)治疗

一般中毒性疾病，多呈突然急性发作，而且目前对多数毒物尚无特效的解毒药物，因此，采取一般治疗措施，对于缓解中毒症状，维持生命，从而使动物获得康复，具有极其重要的意义。

1. 排除消化道内毒物

(1)催吐。经口食入毒物若不超过 1～2 h，毒物未被吸收或吸收不多时，应用催吐，使毒物连同胃内容物吐出体外。可选用阿扑吗啡、1%硫酸锌溶液、2%碘酊、隆朋等药物。当毒物食入已久，并进入十二指肠已被吸收时，催吐治疗无效。此外，误食强酸、强碱、腐蚀性毒物时，不宜催吐，以防对食道和口腔黏膜损伤或使胃破裂。

(2)洗胃。经口食入毒物不久尚未吸收时，可采取洗胃措施。

(3)吸附毒物。经口食入毒物已超过 1～2 h，虽进入肠道但尚未完全吸收时，可服用活性炭吸附毒物，以减少肠道吸收，30 min 后再灌服缓泻剂。

(4)灌肠。促进肠道内有毒物质排除，选用灌肠法。液体选用温热(38～39℃)自来水、1%～2%小苏打水或肥皂水、0.1%高锰酸钾溶液等灌肠。

(5)导泻。加速肠道内容物排出体外，以减少肠道对毒物的吸收。一般多用盐类泻药，或选用润滑性泻药。但对脂溶性毒物，不宜使用植物油(促进毒物吸收)。

2. 清除皮肤和黏膜上的毒物

对皮肤和黏膜上的毒物，应及时用冷水洗涤，洗涤愈早愈彻底愈好。

对不宜用水洗涤的毒物，可酌情使用酒精或油类物质迅速擦洗，并且边擦洗边用干毛巾擦净。对已知毒物，最好选用具有中和或对抗作用的药物来清洗体表或黏膜的有毒物质。但注意选用洗涤药物时，不能使被清洗的毒物增加毒性，如敌百虫中毒时，严禁用碱性溶液清洗。

3. 加速毒物从体内排出

多数毒物通过肝脏代谢由肾脏排出，有的毒物通过肺或粪便等途径排出。保护肝脏，可给予葡萄糖。猫肝脏与犬不同，缺乏葡萄糖醛酸转移酶，因而某些化学物质不能及时与葡萄糖醛酸结合由肾排出，导致这些物质排泄缓慢，使其毒性增强。

投予利尿剂增加排尿量，以加速排毒。但必须在动物机体肾功能正常情况下方可投予利尿剂，如速尿或甘露醇。此外，改变尿液 pH 时，可促使某些毒物排出。当中毒动物发生少尿或无尿，甚至肾功能衰竭时，可进行腹膜透析，从而使体内代谢产物或某些毒物通过透析液排出体外。

**(三)预防**

主要是加强饲养管理，保证饲草、饲料和环境安全，正确使用药物及添加剂，防止药物中毒。牧区要注意避免动物采食到有毒植物或者到安全的牧地放牧。

# 任务二 霉菌毒素中毒

## 子任务一 黄曲霉毒素中毒

### 一、相关知识

**(一)了解概况**

黄曲霉毒素中毒是人、畜共患并具有严重危害性的真菌毒素中毒性疾病。主要侵害肝脏，导致以出血、消化机能障碍和神经症状为特征，具有致癌作用。

### （二）认知病因

黄曲霉毒素目前已发现有 20 种之多，其中以黄曲霉毒素 B1、B2、G1 和 G2 毒力最强，尤其是黄曲霉毒素 B1 更强，黄曲霉毒素 B2 的致癌有效剂量要比黄曲霉毒素 B1 大 100 倍以上，所以，所称其毒素均指黄曲霉毒素 B1。黄曲霉毒素致癌的靶器官是肝脏，同时，对其他器官也可致癌，如肾癌、胃癌、直肠癌以及乳腺、卵巢等肿瘤。经气管滴入毒素可致气管鳞状细胞癌，皮下注射毒素可发生局部皮下肉瘤。据 Butler 估计，黄曲霉毒素致癌强度比二甲基偶氮苯大 900 倍，比二甲基亚硝胺大 75 倍，由此不难看出，黄曲霉毒素是已发现的最强的化学致癌物质。黄曲霉毒素是由黄曲霉和寄生曲霉等产生的真菌毒素。本病发生原因多半是动物采食或饲喂了被上述产毒真菌污染的玉米、花生及花生饼、豆类、麦类及其加工副产品，如酒糟、油粕、酱油渣等。在中毒病动物中，急性的远不如慢性的较为多见。

黄曲霉和寄生曲霉等广泛存在于自然界，如土壤、空气、各种谷物及其副产品等。当多雨季节，温度在 24～30℃，湿度又较适宜时，若收割、脱粒和贮藏谷物各环节处理不当更易被其污染并产生大量毒素，致使动物发生中毒机会也势必增多。

### （三）识别症状

成年牛、奶牛发生黄曲霉毒素中毒的较少，偶有发生的也多取慢性经过。犊牛发病后生长发育缓慢，营养不良，被毛粗刚、逆立多无光泽，鼻镜干裂。病初食欲不振，后期废绝，反刍停止。耳尖颤搐，磨牙，呻吟，有腹痛表现，无目的地徘徊、不安，角膜混浊，出现一侧或两侧眼睛失明。伴发中度间歇性腹泻，排泄混有血液凝块的黏液样软便，里急后重严重的常导致脱肛，终于昏迷而死亡。成年牛的症状远较犊牛为轻。乳牛除泌乳性能降低或停止外，妊娠母牛间或发生早产或流产，个别病牛还出现神经症状，如惊恐、转圈运动等。当肉牛（6～8 月龄）日粮中黄曲霉毒素 B1 含量超过 0.7 mg/kg 时，则较快地出现生长发育迟缓，饲料报酬明显降低。

## 二、任务实施

### （一）诊断

从病史调查入手，并对现场饲料样品进行检查，结合临床症状和病理变化等情况，综合性分析，可做出初步诊断。为了确定致病性真菌，必须对饲料样品做真菌培养、分离和鉴定产毒真菌，连同对饲料样品中毒素检验。

实验室检验：血清转氨酶、碱性磷酸（酯）酶和苹果酸脱氢酶活性升高；乳酸脱氢酶活性降低，异柠檬酸脱氢酶活性接近正常。血尿素氮、白蛋白以及总蛋白含量降低。

### （二）治疗

当发生中毒时，就应立即停止饲喂霉败饲料，改饲含碳水化合物多的青饲料和高蛋白饲料，并减少或不喂含脂肪过多的饲料。通常只要加强护理，对轻型病牛可较快恢复；对重型病牛，除及时投服盐类泻剂排毒外，还要应用一般解毒、保肝和止血药物，如应用 25%～30% 葡萄糖注射液，加维生素 C 制剂，或应用 20% 葡萄糖酸钙注射液 500～1 000 mL，1 次静脉注射。心脏衰弱病例，皮下注射或肌肉注射强心剂（樟脑油、安钠咖等）。为了控制继发性感染，酌情应用青、链霉素等抗生素，但切忌用磺胺类药物。

### (三)预防

本病主要在于预防。预防关键又在于做好饲料的防霉和去毒两个环节性工作。防霉和去毒又应以防霉为主。饲料防霉的根本措施是破坏霉败的因素,如温度和相对湿度等。在谷物收割和脱粒过程中,勿遭雨淋,并防止在场上发热发霉,做到充分通风,晾晒,使之迅速干燥(达到谷粒13%、玉米12.5%、花生仁8%以下的安全水分含量),便可防止发霉并产毒。为了防止谷类饲料在贮藏过程中霉变,可试用化学熏蒸法、熏蒸剂可应用福尔马林、环氧乙烷、过氧乙酸、二氯乙烷和溴甲烷等多种。若饲料已被黄曲霉等轻度污染,宜用福尔马林熏蒸(每立方米用福尔马林25 mL、高锰酸钾25 g加水12.5 L混合),或用过氧乙酸喷雾法(每立方米用5%过氧乙酸液2.5 mL喷雾),均有抑制霉菌生长发育作用。通常在温度和相对湿度适宜的条件下,黄曲霉在48 h内即可产毒。目前对有毒饲料的去毒方法较多,其中首选的为碱炼法,如用0.1%漂白粉水溶液浸泡,使其毒素结构中的内酯环被破坏,形成香豆素钠盐(不呈现蓝紫色荧光即无毒素存在),可溶于水,再用水冲洗除掉。

# 子任务二 玉米赤霉烯酮中毒

## 一、相关知识

### (一)了解概况

玉米赤霉烯酮首先由赤霉病玉米中分离得出,是玉米赤霉菌的代谢产物,又称为F-2毒素。玉米赤霉烯酮具有雌激素的作用,能引起动物流产、死胎、返情等生殖异常现象,近年来,我国南方不少猪场因使用霉变玉米造成种猪流产、返情现象时有发生,给猪场造成了严重的经济损失。

### (二)认知病因

玉米赤霉烯酮主要由禾谷镰刀菌产生,粉红镰刀菌、窜珠镰刀菌、三线镰刀菌等多种镰刀菌也能产生这种毒素。许多农作物如小麦、大豆等植物中也存在玉米赤霉烯酮。玉米赤霉烯酮有许多种衍生物,例如7-脱氢玉米赤霉烯酮、玉米赤霉烯酸、8-羟基玉米赤霉烯酮。同时,植物中的玉米赤霉烯酮结构和对生物体的影响与霉菌产生的玉米赤霉烯酮作用是一致的。

阴雨连绵,地面潮湿严重,使收获的玉米不能及时晾晒入库,玉米含水过高,达到20%～30%。

玉米储存时间较长,又未能很好地保管,出现霉变。

用发霉的玉米饲喂生猪,15～20 d后出现中毒症状。玉米赤霉烯酮主要作用于生殖器官,使动物发生雌激素样亢进。

玉米赤霉烯酮具有雌激素的作用,其强度为雌激素的1/10,可造成家禽和家畜的雌激素水平提高。目前发现,猪对此毒素较为敏感。玉米赤霉烯酮作用的靶器官主要是雌性动物的生殖系统,同时对雄性动物也有一定的影响。在急性中毒的条件下,对神经系统、心脏、肾脏、肝和肺都会有一定的毒害作用。主要的机理是它会造成神经系统的亢奋,在脏器当中造成很多出血点,使动物突然死亡。主要原因还是由于雌激素水平过高而造成的。

### (三)识别症状

在急性中毒时，动物表现为兴奋不安，走路蹒跚，全身肌肉震颤，突然倒地死亡。同时还可发现黏膜发绀，体温无明显变化。动物呆立，粪便稀如水样，恶臭，呈灰褐色，并混有肠黏液，频频排尿，呈淡黄色。同时还表现外生殖器肿胀，精神委顿，食欲减退，腹痛腹泻等特征。在剖检时还能发现淋巴结水肿，胃肠黏膜充血、水肿，肝轻度肿胀，质地较硬，色淡黄。而在慢性中毒时，主要对母畜的毒害较大。它会导致母畜外生殖器肿大，充血，死胎和延期流产的现象大面积产生，并且伴有木乃伊胎的现象。50%的母畜患卵巢囊肿，频发情和假发情的情况增多，育成母畜乳房肿大，自行泌乳，并诱发乳房炎，受胎率下降。同时对公畜也会造成包皮积液，食欲不振，掉膘严重和生长不良的情况。见图Ⅰ-7-1。

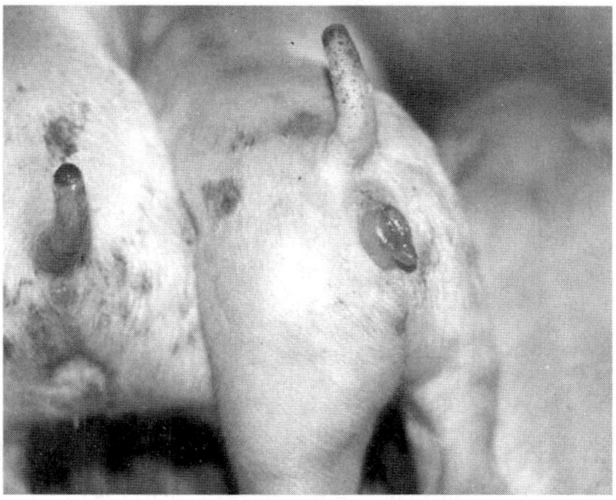

图Ⅰ-7-1　仔猪玉米赤霉烯酮中毒阴门红肿

## 二、任务实施

### (一)诊断

根据发病情况、临床症状、病理变化分析进行初步诊断。进一步进行实验室检查可确诊。

### (二)治疗

对于急性中毒的动物，可采取静脉放血和强心补液的方法。对于慢性中毒的动物首先要将霉变的饲料停喂。

立即停喂霉变饲料，更换新鲜而富含维生素的全价饲料，多饮清鲜水、保持舍内通风卫生。投服人工盐、硫酸钠等药物，清理胃肠道内有毒物质。

(1)硫酸钠 200～300 g 配成 10%的浓度 1 次内服。

(2)用 10%葡萄糖溶液 500～1 000 mL，40%乌洛托品注射液 60 mL，同时静脉注射适量三磷酸腺苷补充能量。

(3)维生素 K 10 mL 1 次性肌肉注射。

### (三)预防

(1)保证饲料的质量。一般玉米赤霉烯酮中毒的直接原因是饲料中有霉变的特别是由赤霉污染的玉米、小麦、大豆等。所以，在使用这些原料为主的饲料时就应当注意检测，一旦发现就不应再使用。

(2)注意饲料的储藏。

(3)饲料应妥善保管，保持干燥，防止赤霉菌污染。被赤霉菌污染的饲料(玉米呈现粉红色霉丛)，可用 4%～5%的石灰水浸泡 48 h，然后用清水洗净浸出的毒物和石灰水，即可与其他饲料混合后喂动物。

# 任务三　犬洋葱中毒

## 一、相关知识

### (一)了解概况

洋葱属于百合科葱属，对人类无害，但犬、猫采食后易引起中毒，主要表现为排红色或红棕色尿液，犬发病较多，猫少见。

### (二)认知病因

发病机理：洋葱含有辛香味挥发油——*N*-丙基二硫化物或硫化丙烯，此类物质不易被蒸煮、烘干等加热破坏，越老的洋葱或大葱其含量越多。*N*-丙基二硫化物或硫化丙烯能降低红细胞内葡萄糖-6-磷酸脱氢酶的活性。G6P能保护红细胞内血红蛋白免受氧化变性破坏，如果G6P活性减弱，氧化剂能使血红蛋白变性凝固，从而使红细胞快速溶解和海恩茨(Heinz)小体形成。老龄红细胞含G6P少，中毒后比幼龄红细胞更易氧化变性溶解，体弱动物红细胞也易溶解。红细胞溶解后，从尿中排出血红蛋白，使尿液变红，严重溶血时，尿液呈红棕色。

### (三)识别症状

犬采食洋葱1～2 d后，最特征性表现为排红色或红棕色的尿液。中毒轻者症状不明显，有时精神欠佳，食欲差，排浅红色尿液。中毒严重的犬，表现精神沉郁，食欲不好或废绝，走路蹒跚，不愿活动，喜欢卧着，眼结膜或口腔黏膜发黄，心搏增快，喘气，虚弱，排深红色的尿液，体温正常或降低，严重中毒可导致死亡。

剖检病变。尸体消瘦，可视黏膜苍白，血液稀薄、色淡且凝固不良，有淡黄色腹水，肝肿大呈土黄色，胆囊肿大1倍充满胆汁，脾脏肿大出血，心肌扩张，肺水肿，胃、小肠及膀胱黏膜充血水肿。

## 二、任务实施

### (一)诊断

根据有饲喂洋葱或葱汁熟食的病史和典型的血红蛋白尿的症状，再结合实验室检查，可进行确诊。

实验室检验：血液检查，血液随中毒程度轻重，逐渐变得稀薄，红细胞数、血细胞比容和血红蛋白减少，白细胞数增多，红细胞内或边缘上有海恩茨小体。尿液检查，尿液颜色呈红色或红棕色、比重增加、潜血，蛋白和尿血红蛋白检验阳性，尿沉渣中红细胞少见或没有。

### (二)治疗

一旦发现犬吃食洋葱中毒，首先应立即停喂含洋葱或大葱等葱属植物的食物。轻度中毒的犬，停止饲喂洋葱后，不经治疗可自然康复；中毒较重的犬需进一步治疗，可用大剂量的抗氧化剂维生素E保护血红蛋白，防止红细胞破裂溶血，延长红细胞寿命，阻止海恩茨小体形成；同时采取支持疗法输液、补充营养，可静脉滴注葡萄糖溶液、林格氏液、维生素C、ATP、辅酶A等，也可适当给予抗生素防止继发感染；给以适量利尿剂(速尿注射液，按每千克体重 1～2 mg，肌肉注射），促进体内变性血红蛋白随尿排出；由于在洋葱中毒时犬的肝脏和肾脏均受到一定影响，因此也应该注意肝、肾的保护和治疗；多数情况下，经过停止饲喂洋葱和药物治疗，3 d 左右临床症状即可消失。对于溶血引起严重贫血的病犬，可考虑进行输血治疗，静脉输血每千克体重 10～20 mL，可获得较好的疗效。

#### （三）预防

犬是绝对不可以食用的，洋葱、葱头对狗来说是有毒的，即使加热，有害的物质也不会分解，因此，像汉堡包、咖喱、酱汤等加入了洋葱或葱的食物都是不能给犬吃的。

# 任务四　有毒植物中毒

## 子任务一　疯草中毒

### 一、相关知识

#### （一）了解概况

疯草是棘豆属和黄芪属中有毒植物的统称。二者均可以引起以神经症状为主的慢性中毒（即所谓的“疯病”），动物采食上述植物引起的中毒病称为疯草中毒或疯草病。疯草是全世界危害家畜最为严重的一类有毒植物，主要分布国家有中国、美国、加拿大、墨西哥、冰岛、俄罗斯等。在我国约有 100 种，主要分布于西北地区，西南及华北部分省区亦有分布。常生长在高山、荒漠及半荒漠地区。对家畜危害严重的有毒种主要是：小花棘豆、黄花棘豆、甘肃棘豆、冰川棘豆及毛瓣棘豆。

#### （二）认知病因

疯草含有毒成分：国内外大量研究认为，吲哚苦马豆素是疯草的主要有毒成分，苦马豆素分子式为 $C_8H_{15}NO_3$，相对分子质量 173，熔点 144～145℃。黄花棘豆、甘肃棘豆、毛瓣棘豆、茎直黄芪和变异黄芪的苦马豆素含量分别为 0.012%，0.021%，0.025%，0.006%和 0.010%（曹光荣等，1989）。用苦马豆素饲喂猪和犊牛均可复制出疯草中毒的典型症状和相同的病理变化。见图Ⅰ-7-2 至图Ⅰ-7-5。

图Ⅰ-7-2　黄花棘豆

图Ⅰ-7-3　甘肃棘豆

图Ⅰ-7-4　毛瓣棘豆

图Ⅰ-7-5　变异黄芪

1. 本病的发生与草原生态有密切关系

疯草适于生长在植被破坏的地方，有人认为这些植物是生态扰乱的先驱。疯草在我国一些草场已发展成为优势种，这不仅与其抗逆性强、抗干旱、耐寒等特性有关，更重要的是草场管理不善，过度放牧，草场退化及植被破坏等，为这些有毒植物的蔓延和密度增加提供了条件。疯草与草场可食牧草争夺生境，进一步加剧了草场退化，造成恶性循环。一般疯草适口性不佳，在牧草充足时，牲畜并不采食，但当可食牧草耗尽时才被迫采食。因此，常在每年春、冬发生中毒，干旱年份有暴发的倾向。

2. 发病与饲养管理有关

据报道疯草在结籽期相对适口性较好，牲畜有可能主动采食而发生中毒。有经验的牧民在结籽期不在有疯草的草地上放牧，可避免中毒造成损失。但在干旱年份由于可食牧草缺乏，特别是没有充分的干草贮备，饲养管理不善，有可能造成灾难性后果。

3. 发病与采食量有关

大量采食疯草可在10余天发生中毒，少量采食疯草常需1～2个月甚至更长的时间才发生中毒。

**（三）识别症状**

家畜在采食疯草的初期，体重增加，当采食一定量后营业状况开始下降，被毛粗乱无光泽，进而出现以运动障碍为特征的神经症状。病畜体温正常或偏低。病至后期，食欲减少，贫血、水肿及心脏衰弱，最终卧地不起而死亡。病期2～3个月，如采食疯草数量较大也可在1～2个月内死亡。各种家畜的症状不完全一致。未发现有急性中毒发生。

牛：主要表现精神沉郁，步态蹒跚，站立时两后肢交叉，视力减退，役牛不听呼唤。有的病牛出现盲目转圈运动，后期消瘦衰竭。在高海拔地区（2 120～3 090 m），饲喂或放牧疯草的牛，特别是犊牛发生充血性右心衰竭，导致下颌、胸前水肿，怀孕牛腹部异常扩张，对传染病及腐蹄病的敏感性增加。

羊：轻症仅见精神沉郁，常拱背呆立，放牧时落群，由于后肢不灵活，行走时弯曲外展，步态蹒跚，驱赶时后躯向一侧歪斜，往往欲快不能而倒地，严重者卧地起立困难，头部水平震颤或摇动。中毒羊在安静状态下可能看不出症状，但在应激时，如用手提耳便立即出现摇头，突然倒地等典型中毒症状。妊娠羊易流产，产下畸形羔羊，或羔羊弱小。公羊性欲降低，或无交配能力。

## 二、任务实施

### (一)诊断

可根据采食疯草病史,结合以运动障碍为主的神经症状和病理组织学检查有神经及实质器官的组织细胞空泡形成可以做出诊断。

### (二)治疗

目前,尚无有效治疗方法。对轻度中毒羊,及时转移到无疯草的草场放牧,适当补饲,一般可不治而愈。

(1)用食醋 500 g,灌服,每天 1 次,连用 3 d。

(2)静脉注射 500～1 000 mL 等渗或高渗葡萄糖注射液,以及生理盐水作支持治疗。

### (三)预防

不让牲畜在有疯草的草场上放牧,就可以防止中毒。但是疯草在一些草场上分布很广,面积很大,使得预防工作变得十分困难。只有加强草场和畜牧管理等综合措施,才有可能防止中毒,减少损失。为此可用:合理轮牧(草原管理)法:即在有疯草的草场上放牧 10 d,或在观察到第一头牲畜轻度中毒,立即转移到无疯草的草场放牧 10～12 d 或更长一段时间,以利毒素排泄和畜体恢复。在疯草密度较高的草场上,也可实行高强度放牧,迫使牲畜采食疯草 10 d,然后再转移到安全草场放牧 15～20 d。这样放牧可使部分疯草被利用,部分被踩踏,疯草会逐渐减少,也不致引起中毒。

间歇饲喂(畜牧管理)法:适于舍饲或冬季补饲,即饲草加疯草(40%)饲喂,每喂 15 d 疯草,停 15 d。经 5 个月试验,无羊只发生中毒和流产。

# 子任务二 狼毒中毒

## 一、相关知识

### (一)了解概况

狼毒为大戟科多年生草本植物。一般家畜不易误食,但当初春发芽,由于家畜贪青,特别是羊易误食中毒。

### (二)认知病因

狼毒是多年生瑞香科草本植物,根系发达。初夏萌生,6～7 月间开花,耐旱力强。在东北、内蒙古、西北的草原上广泛分布,在退化草地上大量生长,狼毒有剧毒,家畜一般不食,但误食后毒性很大,各种家畜均可中毒。狼毒春季返青较早,生长快,春季绵羊采草选择性差而易食,食后中毒较快。见图Ⅰ-7-6。

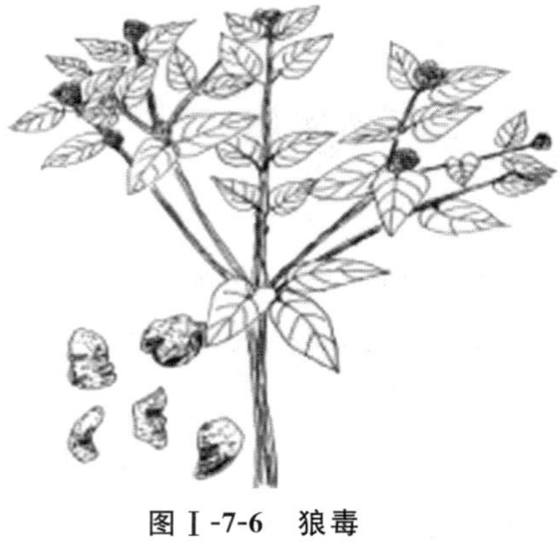

图Ⅰ-7-6　狼毒

### (三)识别症状

中毒后,病畜流涎、呕吐、腹痛、腹泻、精神沉郁,经常卧地，呼吸促迫、心跳加快。羊中毒时食欲消失，结膜充血或发绀、胀肚、卧地、血便或带黏液，肌肉震颤，有时全身痉挛，角弓反张。

剖检可见胃黏膜充血，出血。心外膜，心内膜出血，肺水肿、肝肿大脂变。

## 二、任务实施

### (一)诊断

通过调查病史，了解到动物有接触狼毒的依据，就可做出怀疑诊断，同时还根据狼毒中毒的临床表现特征和病理变化，则很快做出诊断。

### (二)治疗

病初可用1%鞣酸洗胃，隔 30 min 1 次，用 2～3 次。投服碘溶液(碘片 1 g、碘化钾 2 g 溶于 1 000 mL 水中)和盐类泻剂，结合强心补液，羊胀肚时可瘤胃穿刺放气。

### (三)预防

不让牲畜在有狼毒的草场上放牧，就可以防止中毒。加强草场和畜牧管理，才有可能防止中毒，减少损失。

# 子任务三 闹羊花中毒

## 一、相关知识

### (一)了解概况

闹羊花中毒，是放牧时山羊、牛等误食闹羊花所致。临床表现为行走不稳、羊口腔不断吐出黄绿色草汁液，咀嚼磨牙，体温正常，病重羊卧地不起。

### (二)认知病因

闹羊花又名黄牯牛花，它的花、叶、根均有毒，在花未开放前和花落后，嫩枝叶易被牛采食而中毒。见图Ⅰ-7-7。

图Ⅰ-7-7 闹羊花

### (三)识别症状

牛、羊和猪等中毒后，有流涎、呕吐、切齿、四肢外展、步态蹒跚；严重者腹部胀满、呼吸困难、后肢瘫痪、哀鸣不安、全身痉挛以至死亡。

## 二、任务实施

### (一)诊断

根据动物是否接触过闹羊花，就可做出怀疑诊断。同时，还根据动物中毒的临床表现特征和病理变化，则很快做出诊断。

### (二)治疗

吃食 4～5 h 后开始发病，初期有流涎、呕吐、嘶叫。精神不振、呆立、行走不稳等症状。病情加重后，后肢瘫痪，全身麻痹，倒地不起而亡。采集松针煎汁或豆浆 500 mL，加入 2 个鸡蛋清，灌服，一般都能痊愈，重病羊需静脉注射葡萄糖生理盐水 500 mL，加维生素 C 1 g。

(1)用 0.5%的高锰酸钾溶液内服洗胃肠。

(2)用 20～30 mg 的硫酸阿托品进行皮下注射。

(3)用 30%～50%的葡萄糖溶液 1 500～3 000 mL，维生素 C 2～4 g，混合后静脉注射。

(4)中医疗法：

①用忍冬花 280 g，葛根 600 g，绿豆 650 g，共煎为汁，1 次灌服。

②用鲜乌柏根皮 350 g，煎成汁，取汁加入绿豆浆 3 000 g，1 次灌服。

③用新鲜的松树针，放进澄清的黄泥水中煎汁，温凉后灌服。

④用绿豆 600 g 磨浆，加入深层黄泥水 1 500 mL，混合后 1 次灌服。

⑤用朴硝 70 g，枳壳 28 g，莱菔子 28 g，牛膝 28 g，甘草 40 g，银花 120 g，连翘 40 g，共煎为汁，1 次灌服。

#### (三)预防

放牧时，避免牲畜接触闹羊花，加强草场和畜牧管理，可减少损失。

## 子任务四 毒芹中毒

### 一、相关知识

#### (一)了解概况

毒芹又名走马芹、野芹菜、斑毒芹、毒人参等，为伞形科毒芹属多年生草本植物。家畜误食毒芹根茎或幼苗后，可引起毒芹中毒。临床特征为肌肉痉挛、麻痹、呼吸困难、心力衰竭等中枢神经系统和运动神经末梢受损的癫痫状中毒症状。

#### (二)认知病因

毒芹为多年生草本植物，外观看起来很像普通蔬菜可食，但实际上是有毒野菜，常因误食中毒。毒芹全株有毒，以成熟种子毒性最强。首要有毒因素为毒芹碱、甲基毒芹碱和毒芹毒素。见图Ⅰ-7-8。

图Ⅰ-7-8 毒芹

#### (三)识别症状

病羊兴奋不安，有强直性和阵发性痉挛，病羊倒地后头向后仰，瞳孔放大，牙紧闭，腹下有紫斑点，驱赶前行时步态不稳。不反刍，口流涎，呕吐，腹痛，胀肚，严重时下痢，心跳、呼吸急促，终因呼吸中枢麻痹而死亡。死羊胃肠黏膜出血，脑膜充血，心内、外膜和皮下组织有出血点，心、肾等器官有散在出血。

### 二、任务实施

#### (一)诊断

根据发病前曾在生长毒芹地段放牧，有可能接触和采食毒芹的生活史，结合急性型发作，表现急剧的癫痫样神经症状和瘤胃臌气等特征症状，以及很快死亡的病程，即可做出初步诊断。确诊应该依据毒物分析和生物学试验。

将瘤胃内内容物进行毒芹生物碱的定性试验；可取瘤胃内容物残渣 15 mg 以上，制成注射液给青蛙皮下注射，如毒物为毒芹时，则青蛙发生特异的四肢麻痹现象，时间可长达几小时，中毒严重的则立即死亡。取胃肠内容物 20～30 g，加 10%的苏打水 50 mL，再加戊酸 30～40 mL，搅拌后过滤，把滤液加温蒸发后，在所得的黄色沉渣中加入少量硫酸，若为紫红色，则为毒芹中毒。

**(二)治疗**

本病尚无特效解毒药物，且病程短，往往来不及救治。若早期发现中毒时，对胃肠道中的毒芹碱可用沉淀、中和法解毒，同时进行清理消化道、解痉、安神等对症治疗，再配合以强心输液的支持治疗。

发现吃毒芹的病牛、羊等，可立即给其洗胃，有条件的可用清水 1 000 mL 加木炭末 50～100 g 洗胃。没有木炭末可加 10%的米醋于 1 000 mL 水中洗胃，每 20 min 灌 1 次。洗胃后再灌服碘溶液，每次 50～100 mL，隔 2～3 h 再服 1 次。也可灌服 10%的鞣酸 500～1 000 mL。还可给病羊按白酒每千克体重 100 mL 加等量水，1 次灌服，同时根据病羊出现的其他症状进行对症治疗。

取 10%安钠咖注射液 10 mL；10%维生素 C 注射液 20 mL，分别肌肉注射。同时用 1%鞣酸液 1 000 mL 洗胃，稍后灌服硫酸钠 100～200 g、水 2 500～4 000 mL，以清理肠道，排出毒物。

**(三)预防**

不要喂动物性质不明的野生植物，也不要在毒芹分布广的地方放牧。

## 任务五　无机氟中毒

### 一、相关知识

**(一)了解概况**

动物氟中毒或氟病(fluorosis)是指无机氟随饲料或饮水长期摄入，在体内蓄积所引起的全身器官和组织的毒性损害。其特征是发育的牙齿出现斑纹、过度磨损及骨质疏松和骨疣形成。氟中毒为人畜共患病。

**(二)认知病因**

慢性氟中毒是动物长期连续摄入少量氟而在体内蓄积所引起的全身器官和组织的毒性损害。主要见于以下原因。

1. 自然环境致病

我国的自然高氟区主要集中在荒漠草原、盐碱盆地和内陆盐池周围，当地植物氟含量达 40～100 μg/g，有些牧草高达 500 μg/g 以上，超过动物的安全范围。我国规定饮水氟卫生标准为 0.5～1.0 μg/mL，一般认为，动物长期饮用氟含量超过 2 μg/mL 的水就可能发生氟中毒。

2. 工业环境污染

某些工矿企业(如铝厂、氟化盐厂、磷肥厂、炼钢厂、氟利昂厂、水泥厂等)排放的工业"三废"中含有大量的氟,污染邻近地区的土壤、水源和植物。造成放牧动物氟中毒。一般认为家畜牧草氟含量达 40 μg/g 可作为诊断氟中毒的指标。

3. 饲料含氟量高

长期饲喂未脱氟的矿物质添加剂,如过磷酸钙、天然磷灰石等。

**(三)识别症状**

幼畜在哺乳期内一般不表现症状,断奶后放牧 3～6 个月即可出现生长发育缓慢或停止,被毛粗乱,出现牙齿和骨骼的损害,随年龄的增长日趋严重,呈现未老先衰。

当畜禽摄入大量可溶性无机氟化物时,在胃的酸性环境里形成氢氟酸,立即产生胃肠刺激,随后可能发生包括抽搐和感觉过敏的神经症状。长期摄入超标含氟饲料引起慢性中毒,表现为氟斑牙、氟骨症、食欲减退、跛行、瘫痪、骨折等症状。

等家畜急性氟中毒发生胃肠炎,无食欲,呕吐,腹泻,呼吸困难。出现过敏和不断咀嚼等神经症状。严重者抽搐甚至死亡。慢性中毒为骨骼和牙齿的损害。跛行、氟斑牙、骨折、瘫痪、采食困难。尤其对种猪危害最大。

牛、羊、鹿等以配合饲料为主家畜,因其产奶、产毛、产茸、繁殖是其经济目标,生长周期较长,摄入氟超标饲料,危害较大。初期四肢运动不灵活,继而腕关节、飞节逐渐肿大,运动时四肢僵硬,触之无热感。后期在管骨、面骨、肋骨部等出现大小不等包块,无热感,氟斑牙,食欲减退,产品数量减少,严重的瘫痪。

鸡、鸭、鹅等禽类,慢性氟中毒表现为食欲减退,生长迟缓,羽毛无光泽,体瘦,腿软无力,关节肿大。严重的以跗关节着地趴伏或两脚呈"八"字形外翻,跛行,瘫痪,吃料困难,粪便稀薄,最后昏迷衰竭死亡。

## 二、任务实施

**(一)诊断**

根据动物生长缓慢、骨骼变脆、变形、氟斑牙等,可初步诊断。确诊可在实验室进行氟的检测。

**(二)治疗**

一旦发现氟中毒现象,应立即停止饲喂高氟饲料,更换饲料,补充精饲料。特别蛋白质能缓解氟的毒性作用。对含氟高的饲料可掺拌含氟低的饲料,降低氟的含量。也可添加钙、镁、铜、硼等矿物元素,以颉颃氟的吸收。

**(三)预防**

(1)对补饲的磷酸盐应尽可能脱氟,不脱氟的磷酸盐氟含量不应超过 1 000 μg/g,且在日粮中的比例应低于 2%。

(2)高氟区应避免放牧。

(3)低氟牧场与高氟牧场轮换放牧。

(4)饲草料中供给充足的钙、磷。

(5)在工业污染区根本的措施是治理污染源,在短时间内不能完全消除污染的地区可采取综合预防措施，如从健康区引进成年动物进行繁殖，在青草期收割氟含量低的牧草，供冬春补饲，有条件的建立棚圈饲养等。肌肉注射亚硒酸钠和投服长效硒缓释丸，对预防山羊氟中毒效果显著。

# 任务六　药物中毒

## 子任务一　磺胺类药物中毒

### 一、相关知识

#### （一）了解概况

磺胺类药物是用化学方法合成的一类药物，具有抗菌谱广，疗效确切，价格便宜等优点，常用于鸡球虫病、禽霍乱、鸡白痢等病的防治，如复方敌菌净、磺胺胍等。磺胺类药物的治疗量接近中毒量，且鸡较敏感，因此，使用剂量过大连续用药时间过长很容易引起中毒。

#### （二）认知病因

磺胺类药物是防治家禽传染病和某些寄生虫病的一类最常用的合成化学药物。用药剂量过大，或连续使用超过 7 d，即可造成中毒。磺胺药物的治疗剂量与中毒量接近，用药时间过长，就会造成中毒。据报道，给鸡饲喂含 0.5%SM2 或 SM1 的饲料 8 d，可引起鸡脾出血性梗死和肿胀，饲喂至第 11 天即开始死亡。复方敌菌净在饲料中添加至 0.036%，第 6 天即引起死亡。维生素 K 缺乏可以促进本病的发生。复方新诺明混饲用量超过 3 倍，即可造成雏鸡严重的肾肿。

#### （三）识别症状

急性中毒主要表现兴奋、拒食、腹泻、痉挛或麻痹等症状。慢性中毒的病例，常见于连续用药超过 1 周的鸡群，病鸡一般表现为精神沉郁，食欲下降或完全消失，渴欲增加，贫血，黄疸，羽毛松乱，头部肿大呈蓝紫色，翅下出现皮疹、便秘或腹泻，粪便呈酱油色。成年鸡可见产蛋下降或产软壳蛋。

### 二、任务实施

#### （一）诊断

可根据渐进性贫血的临床症状，结合长期性饲喂磺胺类药物的病史，参考剖检时以广泛性出血、肾及输尿管大量尿酸盐沉积等基本可做出初步诊断。有条件时可做血液的重氮反应试验或显微结晶对应而获得确诊。

#### （二）治疗

发生磺胺类药物中毒，应立即停药，多饮水，可以内服碳酸氢钠等溶液，促进肝脏排泄，加入维生素 $B_{12}$ 和维生素 $K_3$ 拌料，进行对症疗法，严重的病禽可肌肉注射维生素 $B_{12}$ 或叶酸及时解救，同时以电解多维饮水，提高病禽抵抗力。因此，磺胺类药物应严格掌握用量与其适应症、剂量、配伍等，不能单纯认为量越大越好。

1. 应立即停药

饮 5%葡萄糖溶液或 0.5%～1%碳酸氢钠溶液，并在每千克饲料中添加维生素 K 0.5 mg 或在日粮中提高 1 倍维生素含量。

2. 中毒严重的鸡

可肌肉注射维生素 $B_{12}$ 1～2 μg 或叶酸 50～100 μg。

#### (三)预防

(1)对 1 月龄以下的雏鸡和产蛋鸡不要使用磺胺药。

(2)严格掌握各种磺胺药的治疗剂量，连续用药不能超过 5 d。

(3)选用含有增效剂的磺胺类药物。

(4)应用磺胺类药时最好同时应碳酸氢钠。

## 子任务二 土霉素中毒

### 一、相关知识

#### (一)了解概况

土霉素中毒是畜禽用土霉素剂量过大或连续用药时间过长导致的药物性中毒疾病。本病主要见于鸡，猪也偶尔发生。

#### (二)认知病因

土霉素属四环素类药物，具有广谱抗菌作用，能干扰细菌蛋白质的合成，低浓度可抑菌，高浓度有杀菌作用。土霉素中毒的主要原因是用药量过大，饲喂时间过长和搅拌不均匀等。土霉素常用量为 2 000 mg/kg，连用 3～5 d，但超量长期服用亦可引起中毒。土霉素进入机体后，吸收快，排泄慢(达 12 h 以上)，因此，不论一次大剂量或连续超剂量用药均能引起中毒。能使肠道菌群失调，引起霉菌与其他细菌继发感染，使机体发生二重感染，即清除或抑制敏感细菌，但不敏感的或具有耐药性的细菌则能大量繁殖而侵入，从而产生危害。还能使肝脏发生脂肪变性，对肝酶系统产生不利影响，并改变机体中的凝血因子，导致凝血障碍，对消化道黏膜刺激性较强，在酸性环境中对局部刺激性最强。

#### (三)识别症状

猪：病猪急性中毒表现狂躁不安，全身痉挛，肌肉震颤，以后四肢站立如木马状，张口呼吸，呈腹式呼吸，口吐大量泡沫，结膜潮红，瞳孔散大，反射消失，呼吸、心跳次数增多。口服中毒时，呕吐、腹泻、黄疸。有的发生昏睡，全身肌肉松弛，伏卧不安，耳尖发冷，心跳增快。

鸡：鸡土霉素中毒多为慢性，其主要表现为精神萎靡不振，缩头缩颈；采食量减少，饮水量增加，嗉囊充满液体；拉稀，粪便呈白色，并带有血丝；羽毛干枯，无光泽；鸡体逐渐消瘦，龙骨弯曲，腿瘫软；鸡冠萎缩、苍白，皮肤呈紫色；母鸡产蛋量下降或停产。腺胃壁、十二指肠壁水肿，黏膜脱落，黏膜下层有弥漫性大小不等的出血点，肌胃黏膜角质化，龟裂或溃疡，肝脏呈土黄色且混浊、肿胀、脆弱，肾脏肿大充血，输尿管扩张。有的鸡心脏、肝脏、肺脏、气囊表面呈石灰样。

## 二、任务实施

### （一）诊断

根据长期应用土霉素的病史，结合症状和剖检可做出诊断。本病的诊断要点为应用土霉素过量，畜禽急性中毒则出现狂躁不安；全身痉挛，呼吸增数、困难，口吐白沫，瞳孔散大，反射消失，心跳增数，若口服中毒，则出现呕吐、腹泻、黄疸，全身肌肉松弛，心跳加快，伏卧不起。

### （二）治疗

猪内服中毒，用1%～2%碳酸氢钠液200～400 mL、硫酸钠20～50 g灌服。并用含糖盐水200～500 mL、5%碳酸氢钠注射液20～50 mL静脉注射，以减轻其毒副作用并促进其排泄。注射中毒，用5%碳酸氢钠注射液50～300 mL、含糖盐水500～1 000 mL、樟脑磺酸钠注射液5～10 mL静脉注射。

发现鸡中毒后，立即停喂土霉素，并给鸡饮服绿豆汤、甘草水或5%葡萄糖溶液。

### （三）预防

在应用土霉素时应严格按照剂量使用，并不宜长期应用，如需内服时应与饲料混合，以免刺激胃和发生二重感染。如必须服用时应配合B族维生素，不能与碱性药物同时服用，以免形成复合物失效。如已发生中毒，应及时抢救治疗。

# 子任务三 抗球虫药物中毒

## 一、相关知识

### （一）了解概况

抗球虫药物中毒是畜禽用抗球虫药物（如氯苯胍、氨丙啉、马杜拉霉素、氯羟吡啶等）剂量过大或连续用药时间过长导致的药物性中毒疾病。

### （二）认知病因

球虫病是所有饲养畜禽，尤其是养鸡、兔的地区都存在的一种寄生虫病。可以说，只要养鸡、养兔就有球虫存在。雏鸡和青年鸡以及幼兔的感染率很高，急性球虫病暴发时，往往造成巨大的损失。药物防治一直是防治球虫病的主要手段。然而由于球虫会对药物产生抗药性，并且由于对药物的理化性质和代谢性能未能完全掌握，在应用上具有一定的盲目性，有的误认为越多越好，往往造成中毒。

### （三）识别症状

禽：轻则食欲减少，沉郁，互相啄羽，较严重呈神经症状，行走摇摆、脚软、伏地或侧卧，两脚后伸，有的鸡兴奋转圈，共济失调，排黄色或绿色水样粪便，消瘦脱水死亡。剖检变化：肝脏肿大、质脆、有出血斑点，心脏有出血，肠道黏膜肿胀出血，尤其十二指肠严重。

## 二、任务实施

### （一）诊断

根据病史调查，诊断不困难。

### (二)治疗

饮用5%～10%糖水或葡萄糖水,经30 min至24 h可解毒。

马杜拉霉素中毒:10%葡萄糖液配合电解多维素或速补多维素饮水,对重症鸡肌肉注射维生素C按每千克体重2 mg,每日2次。

### (三)预防

必须严格控制连续用药时间和用药剂量,熟悉抗球虫药物的商品名和药物含量避免造成重复用药。同时用药拌料要均匀,发现中毒立即停药。预防抗球虫药中毒的唯一办法是严格按照说明书用量或遵医嘱,切不可擅自加大用量,即使怀疑预混品中有有效成分含量,也应先经少数治疗试验,取得经验,再回到大群中推广。

# 子任务四 左旋咪唑中毒

## 一、相关知识

### (一)了解概况

左旋咪唑是咪唑嗪唑类药物,为广谱高效的驱虫药。左旋咪唑中毒是使用本品剂量过大所引起的以烟碱样和毒蕈碱样症状为特征的中毒性疾病,各种动物均可发生,常见于猪、牛和犬。

### (二)认知病因

左旋咪唑中毒多因主人或一些医生超剂量使用或犬误食等而导致犬中毒,时有苏格兰牧羊犬的左旋咪唑中毒(可能因该品种的血脑屏障与其他犬不同,而对左旋咪唑较敏感)及其他品种的犬因超量服用左旋咪唑后中毒现象。

左旋咪唑的中毒与抑制胆碱酯酶有关,从而引发乙酰胆碱的毒蕈碱样作用,如瞳孔缩小,支气管收缩,消化道蠕动增强,心率减慢以及其他拟胆碱神经系统兴奋等现象。

### (三)识别症状

主要表现流涎,摇头,呕吐,肌肉震颤,运动失调,不安,感觉过敏,排粪、排尿次数增多,应激性增高。后期阵发性惊厥,中枢神经系统抑制,呼吸急促或困难,虚脱,因呼吸衰竭而死亡。因动物品种不同症状有一定差异。

牛、羊一般在15 min出现症状,30 min达高峰,1～6 h逐渐恢复。牛还可在鼻镜上形成大量泡沫,舔唇。猪皮下注射过量可在5～60 min引起死亡。

犬表现呕吐,流涎,腹泻,呻吟,起卧不安,站立不稳,运动失调,兴奋,全身肌肉震颤,心律失常,呼吸困难,肺水肿,痉挛,因呼吸衰竭而死亡。有的犬重复用药可发生溶血性贫血。

## 二、任务实施

### (一)诊断

根据使用左旋咪唑的病史,结合烟碱样和毒蕈碱样症状,即可初步诊断。必要时检测饲料、胃内容物和组织中左旋咪唑的含量。口服后24 h,脂肪、肌肉和血液中的含量已不能检出,72 h后肝脏已无残留。

**(二)治疗**

本病尚无特效解毒药，口服 1 h 内可催吐，然后灌服活性炭和盐类泻剂。主要采取对症和支持治疗，阿托品作为颉颃剂可缓解症状，但不能降低死亡率；镇静可用安定或巴比妥类，同时应强心、补液和兴奋呼吸。

**(三)预防**

临床上应严格按照剂量使用，严禁随意增加剂量。除肺线虫病外，应尽可能选择内服给药。因本药可通过乳房屏障，泌乳期(特别是奶牛)禁用。

## 子任务五 阿维菌素中毒

### 一、相关知识

**(一)了解概况**

阿维菌素类药物是一种高效、低毒、安全、广谱的新型驱虫药，对动物体内线虫及疥螨、蜱、血虱等几乎所有体外寄生虫都有很强的驱杀效果。无论从药理作用上，还是在实际应用中，按推荐剂量使用阿维菌素类完全可以收到满意的驱虫效果，而且不存在任何安全隐患。但由于用户用药时的疏忽大意，主要是不注意看产品使用说明书(说明书中明确指出柯利类犬只慎用或禁用)及擅自加大用药剂量等而致药物中毒的事例时有发生。

**(二)认知病因**

阿维菌素是大分子药物，一般不能通过血脑屏障进入脑细胞中，但苏牧或幼犬因为血脑屏障发育不完善，药物得以进入脑细胞，从而造成中毒。此外，中毒原因有药量过大、动物品种等。

阿维菌素是由阿佛曼链霉菌经液体发酵加工而成的抗生素类杀虫、杀螨剂，其中 Bla 为主要活性成分，属于新型大环内酯类高效生物农、兽药，阿维菌素通过刺激神经传递介质 y-氨基丁酸的释放，干扰节肢动物正常的神经生理活动，而起到杀虫作用，而人和其他哺乳动物外周神经传递过程无此物质参与，因而对人及哺乳动物很安全，这一点与青霉素仅干扰构成细胞壁的一种重要组分的合成，从而有效地杀死细菌，而哺乳类动物细胞中不存在这种组分，因而对哺乳类动物细胞的合成没有影响具有异曲同工之妙。

**(三)识别症状**

病牛精神沉郁或委顿，低头流涎或流泡沫，四肢乏力，共济失调或行走摇晃或站立不稳或摔倒，被毛湿润，重则倒地不起，瘤胃鼓气，昏迷死亡，体温下降，36～36.5℃，心跳每分钟50～60 次，中毒轻的食欲稍有减少，反刍次数减少，重的食欲废绝或反刍停止，大部分病牛便秘，少部分病牛出现黄色水样腹泻。病牛心跳减弱，呼吸缓慢乏力。

中毒羊的主要症状为行走不稳，流涎，严重时卧地不起，全身肌肉震颤，倒地后四肢呈游泳状划动。心跳加快，心音亢进，甚至头向后仰，颈和四肢痉挛。舌麻痹，伸出口外，呼吸加快。

中毒犬只主要表现为呼吸抑制及中枢神经抑制症状(超量使用阿维菌素还可能引起孕畜流产)，先期表现为呻吟，流涎，步态蹒跚，继而出现全身震颤性痉挛，头后仰、脖颈与四肢痉挛，舌麻痹伸出口外，舌面干裂，眼球完全被第三眼睑覆盖。后期呼吸快而浅表，心音弱而心率缓慢，血压及体温下降，四肢及耳端变冷，听觉、痛觉、关节反射及肠蠕动音消失，最后死亡。

## 二、任务实施

### (一)诊断

根据超量使用阿维菌素病史，并结合发病症状及病变可做出诊断。

### (二)治疗

由于阿维菌素没有特效解毒药，治疗主要以催吐、泻下、吸附或利尿为主，以减少药物的吸收和加速药物的排泄。

(1)肌肉注射强尔心、尼可刹米、速尿。

(2)5%糖盐水、50%葡萄糖注射液、维生素 C、ATP、辅酶 A、肌苷、复合维生素 B 等配合静脉滴注。

(3)肌肉注射强力解毒敏，每日 1 次。强力解毒敏是阿维菌素中毒解救有效药物之一，它的主要成分是甘草酸铵，肌肉注射后中毒症状可以很快缓解。

(4)口服补液盐溶液灌肠。

一般经过 3～5 d 的治疗，都可以脱离危险恢复正常。

使用阿托品解毒不仅无效，反而使症状加重，甚至导致死亡，阿托品属于抗胆碱药中的 M 胆碱受体阻断药即节后抗胆碱药，能阻断副交感神经节后纤维所支配效应器上的 M 受体，表现出松弛多种平滑肌，抑制腺体分泌，扩散瞳孔等作用。

### (三)预防

预防本病应准确测定猪的体重并严格按要求使用剂量用药。

# 技能训练十二　犬洋葱中毒的诊断与治疗

【目的要求】

(1)了解犬洋葱中毒的剂量、中毒机理和预防措施。

(2)掌握犬洋葱中毒的临床症状。

(3)掌握犬洋葱中毒的诊断方法和治疗措施。

【诊疗准备】

### (一)材料准备

听诊器、体温计、一次性注射器、一次性输液器、酒精棉球、保定绳、口笼、目测八联试纸(尿液分析试条)若干、载玻片、显微镜、擦镜纸、尿样、尿液分析仪、血细胞分析仪、血液生化仪、采血管、集血瓶。

### (二)药品准备

5%葡萄糖注射液、10%葡萄糖注射液、复方氯化钠注射液、三磷酸腺苷(ATP)、辅酶 A、维生素 C 注射液、维生素 $B_{12}$ 注射液、葡萄糖醛酸钠注射液、呋噻咪注射液、肝素或 3.8%的枸橼酸钠、青霉素、链霉素、地塞米松、安钠咖注射液等。

(三)供血犬准备

健康无病青年大型犬 1～2 只。

(四)病例准备

犬,临床病例或人工复制病例。

【方法步骤】

(一)人工复制病例

试验犬用洋葱炒鸡蛋或熟洋葱汁拌饭,洋葱吃入量为不少于每千克体重 15 g,至犬出现病状如精神沉郁、排尿出现血红蛋白尿等。

(二)临床诊断

观察精神状态,检查可视黏膜颜色,检查体温、呼吸频率和心率,检查排尿颜色,检查有无呕吐、腹泻症状等。

(三)实验室诊断

1. 血常规检查

血浆呈粉红色;红细胞数、血红蛋白含量及红细胞比容等中度减少,网织红细胞增多,红细胞大小不等并呈明显多染性,红细胞内和边缘上有大量海恩茨氏小体;白细胞总数稍增加。

2. 血液生化检验

血清总蛋白、总胆红素、直接及间接胆红素、尿素氮和天门冬氨酸氨基转移酶活性均不同程度增加。

3. 尿液检验

颜色呈红色或红棕色,比重增加;尿潜血、尿蛋白和尿血红蛋白检验阳性;尿沉渣中红细胞少见或无。

(四)实施治疗

根据临床诊断结果,按照输血、保肝、利尿和补充营养的治疗原则,由学生拟定治疗方案,经老师审阅后,由学生实施治疗方案,并注意护理动物,最后评价治疗结果。

【作业】

(一)病例讨论

在教师的指导下,学生分组讨论以下问题。

(1)犬洋葱中毒的发病机制。

(2)洋葱中毒犬的血常规指标、血液生化指标、尿液指标的变化特点。

(3)治疗犬洋葱中毒的护理要点。

(4)洋葱中毒恢复期犬饲养要点。

(二)写出实习报告

## 能力拓展

以下为拓展学生能力的技能训练项目,可根据学校实习条件的实际情况,或进行人工复制病例,或利用在校外实习基地病例,或借助学校实习兽医院的临床病例来完成,要求以学生为主体,分组进行,教师对学生的诊断和治疗过程进行指导,并对各组的治疗方案和治疗效果进行评价。

(1)中毒急救技术。

(2)玉米赤霉烯酮中毒的诊断与治疗。

(3)磺胺类药物中毒的诊断与治疗。

(4)抗球虫药中毒的诊断与治疗。

要求:讨论治疗思路、写出治疗处方、实施治疗措施并写出治疗注意事项,同时做好病例总结。

## 复习思考题

**一、简答题**

1. 什么是中毒病？中毒病的常见原因是什么？

2. 如果一个中毒病没有特效解毒药,应采取哪些措施治疗？

3. 如何治疗犬的洋葱中毒？

4. 如何避免有毒植物中毒？

5. 如何控制无机氟中毒？

6. 动物磺胺类药物中毒有何临床症状？

7. 如何避免驱虫药物中毒？

8. 鸡药物中毒的共同原因有哪些？怎样预防？

9. 抗球虫药物的中毒机理如何？其预防措施有哪些？

10. 饲料霉菌污染的途径有哪些？

**二、论述题**

1. 试述中毒病的综合治疗措施。

2. 如何诊断黄曲霉毒素中毒？

Project 8

# 其他内科病防治

**知识目标**

- 了解畜禽应激综合征、糖尿病、过敏性疾病的发生、发展规律。
- 熟悉糖尿病、变应性皮炎的发生原因、发病机制、临床症状、诊断方法和治疗措施。
- 掌握过敏性休克等疾病的诊疗技术要点。

**技能目标**

- 通过学习，学生应具备正确诊断和治疗动物应激综合征、糖尿病、过敏性休克和变应性皮炎的能力。
- 具备抢救动物过敏性休克的能力。

# 任务一　应激综合征

## 一、相关知识

### (一)了解概况

应激，通俗地讲，就是动物机体对各种紧张刺激产生的适应性反应。应激综合征，是指动物对体内外非常刺激所产生的非特异性应答反应的总和，它是一种应激反应，而不是一种独立的疾病。在生产实践中应激往往对畜禽生产力和健康造成不良影响。本病在家禽和猪常见，牛羊马等均可发生。

### (二)认知病因

引起应激反应的因素很多，归纳起来大致可以分以下几种。

1. 生理性应激

如饲料的突然改变、遗传育种、营养代谢、配种繁殖、分娩泌乳、生长发育、肌肉运动、强化培育等。

2. 心理性应激

如神情紧张、惊恐、追捕、驱赶、关闭饲养、地震感应、预防注射、环境的突变、陌生、离群、手术保定等。

3. 物理性应激

气候过冷、过热或气温骤变、噪声、电刺激、暴力鞭打等。

4. 躯体性应激

如烧伤、烫伤、感染、斗架、拥挤等。但是由于应激原的作用、强度、时间以及动物的敏感性差异，即使是同一性质的刺激因素所产生的效应往往也不同。如果应激过度或应激不足，都不利于适应性机制的形成往往可能影响动物的生产性能，乃至引起适应性疾病的发生或死亡。因此，有关本病的病因问题，比较复杂，仍需继续深入研究。

### (三)识别症状

动物应激综合征的临床症状多种多样，形形色色。但根据应激的性质、程度和持续时间，呈现的各种特异的症状和病理变化来划分。可以归纳为以下几种类型。

1. 猝死性应激综合征

猝死性应激综合征或称突毙综合征，主要是受强烈应激原的刺激时，无任何临床症状而突然死亡。如配种时公畜过度兴奋而猝死；追赶时过于惊恐，或在车船的运输时过度拥挤或恐慌等，都可能由于神经过于紧张，“交感-肾上腺”系统受到剧烈刺激时活动过强，引起休克或循环虚脱，造成猝然死亡。

2. 急性应激综合征

呈恶性过热综合征，主要为运输应激、热应激和拥挤等，如运送途中的动物多发生大叶性肺炎，全身颤抖、呼吸困难、黏膜发绀、皮肤潮红或呈现紫斑、肌肉僵硬、体温增高，直至死亡。急性肠炎，多表现下痢、水肿病，由大肠杆菌引起的，与应激反应有关，导致非特异性炎性病理过程。

3. 全身适应性综合征

动物受到饥饿、惊恐、严寒、中毒及预防注射等因素刺激，引起应激系统的复杂反应，表现为警戒反应的休克相，沉郁、肌肉弛缓、血压下降、体温降低。与此同时，病猪可交错出现体温升高、血糖上升、血压增进等抗休克相。

4. 慢性应激综合征

应激原强度不大，但持续或间断反复引起轻微反应，所以容易被人们所忽视。由于动物不断地做出适应性反应，形成不良的累计效应，致使动物生产性能降低，防卫机能减弱，容易继发感染，引起各种疾病的发生。这类疾病在营养、感染与免疫应答的相互作用现象，比较常见。主要表现为幼畜、禽的生长发育受阻或停滞，贫血，被毛粗乱无光泽，易受惊。奶牛的产奶量减少，奶质下降，鸡的产蛋下降，畸形蛋增多，胃溃疡等。

死于急性应激综合征的动物主要病变是某些肌肉苍白、柔软、液汁渗出，即白肌肉，尤以背最长肌明显。有的肌肉颜色变得比正常更暗红，即黑硬干猪肉。多数病例剖检见不到特异性变化。最明显的特征是死后迅速出现踝关节僵直及肌肉僵硬。可能见到内脏膨满，肺水肿及细支气管充满泡沫。

有的病例出现胃肠道溃疡、出血，肾上腺的肿大、出血等病理变化。

## 二、任务实施

### (一)诊断

根据临床表现、病理变化，并且有应激因素的存在，不难做出诊断。

### (二)治疗

对于轻度的应激，消除应激原后，一般可自行恢复。对于表现严重的病例，可采取以下措施进行治疗。

1. 消除应激原

尽量消除一切可能引起应激的因素，如拥挤、突然断奶、换料、忽冷忽热、噪声和骚扰等。

2. 镇静

氯丙嗪 1～2 mg/kg，肌肉注射。也可选用巴比妥、盐酸苯海拉明等镇静药。

3. 解除酸中毒

在动物发生应激反应时，肌糖原迅速分解，血中乳酸浓度升高，pH 下降，导致机体酸中毒。可以使用 5% 的碳酸氢钠溶液，纠正酸中毒。大动物 500～1 000 mL，猪羊 100～200 mL，犬 10～40 mL，猫、貉、家兔 10～20 mL，静脉注射。

### (三)预防

应根据应激原及应激综合征的性质选用具体的防治措施。

1. 注意选育繁殖工作

胆小、神经质、难以管理、容易惊恐、皮肤易起红斑、体温升高、外观丰满的猪，多为应激敏感型，最好不要选作种用。必要时，检测全血或血清肌酸磷酸激酶以及进行氟烷筛选试验，进而从种群中将这类动物淘汰。

2. 通过改进饲养管理，减少或消除应激

(1)畜舍要通风良好，防止拥挤。

(2)注意畜群组合,避免任意组群,防止破坏原有群体关系。

(3)注意保持安静,避免惊恐不安,防止噪声和骚扰。

(4)注意气候变化,防止忽冷忽热,保持舍内温度的恒定。

(5)出栏前 12～24 h 内不饲喂或减饲,避免出栏过程中发生应激现象。

(6)注意车船运输或陆路驱逐时,避免过分刺激,防止应激反应。

(7)在出栏运输前,对应激敏感型猪,可用氯丙嗪进行预防注射或应用抗应激药物以及抗应激添加剂,以防止发生应激现象。

## 任务二　糖尿病

### 一、相关知识

#### (一)了解概况

糖尿病是一种常见的内分泌性代谢病,是由于胰岛素绝对或相对不足,引起糖代谢障碍和继发脂肪、蛋白质、维生素、水及电解质的代谢紊乱。其特征是多饮、多尿、多食、消瘦等。

#### (二)认知病因

糖尿病的病因复杂,但归根结底是由于胰岛素绝对或相对缺乏,或胰岛素抵抗。因此在胰岛素的产生、运送以及靶细胞接受胰岛素并发挥生理作用这三个环节任何一个环节出现问题均可引起糖尿病的发生。

1.胰岛素分泌减少

造成胰岛素减少的原因是多方面的,但一般均与严重的胰腺炎、胰腺肿瘤或选择性胰岛细胞退化引起的继发性胰岛损害有关。常见原因有如下几种。

(1)遗传因素。糖尿病有遗传倾向已比较肯定。

(2)病毒感染。据许多实验及临床研究结果表明,某种病毒感染也可以造成选择性胰岛损害或胰腺炎,据认为可导致某种糖尿病的迅速发展。伴随着胰岛被淋巴细胞和巨噬细胞浸润,出现被他细胞的选择性退化和坏死。

(3)自身免疫。主要与胰岛素依赖型糖尿患病动物发病有关。

(4)胰岛 $\beta$ 细胞释放胰岛素异常。生物合成中胰岛素基因突变而形成结构异常的胰岛素导致糖尿病。

(5)伴有渐进性外分泌和内分泌细胞减少并被纤维结缔组织取代的慢性胰腺炎,常常是引发糖尿病。

2.胰岛素运输障碍

血液中抗胰岛素的物质增加,这些对抗性物质可以是胰岛素受体抗体,受体与其结合后,不能再与胰岛素结合,因而胰岛素不能发挥生理作用,激素类物质可以对抗胰岛素的作用,如儿茶酚胺类。皮质醇在血液中浓度异常升高时,可导致血糖增高。

3.靶细胞水平下降

靶细胞上受体数量减少,或受体与胰岛素亲和力降低以及受体的缺陷,均可引起胰岛素

抵抗，代谢性高胰岛素血症，最终使B细胞逐渐衰竭，血浆胰岛素水平下降，

### (三)识别症状

糖尿病的初始常是隐袭性的，且病症发展缓慢，往往容易被忽视。典型的症状主要以“三多一少”为特征，即多饮、多尿、多食、消瘦，并常伴有白内障及体弱等。

早期的特征性症状为多尿，白天尿频，夜间也排尿。多尿引起脱水后，发生代偿性摄水增加，饮欲增强。随着病情的发展，进入酮体期时，葡萄糖不能被充分利用，引起食欲亢进，进食增加。

由于体内糖代谢障碍，高能磷酸键形成减少，脂肪和蛋白质分解代谢亢进，患病动物体重逐渐减轻，日渐消瘦，常常伴有倦怠、喜卧、不耐运动。呼气时可闻到酮臭味。

如本病未得到良好控制还可引发白内障，眼晶状体纤维线出现晶状体混浊，并呈现星状，引起视力障碍。

患病动物对细菌或真菌感染的抵抗力减弱，常出现慢性或复发性感染，如化脓性膀胱炎、前列腺炎、支气管炎及皮炎。

病理性表现常见有脂肪沉积导致肝大，脂肪组织的脂肪代谢增加引起脂肪肝，中性多脂滴的沉积使单个肝细胞显著增大。胰腺变得坚硬，多结节，常有分散的出血区域和坏死。患病后期，胰腺只剩一条细的纤维带或结节位于幽门和胃附近。

其他一些与糖尿病有关的胰腺外病理变化如慢性肾病、失明是由使毛细血管基底膜变厚的慢性微血管疾病引起，这些病理变化在犬和猫中也有发生，但临床意义不大。

## 二、任务实施

### (一)诊断

根据三多一少的特征性症状以及尿糖、高血糖等，不难做出诊断。

### (二)治疗

主要的治疗原则是纠正代谢紊乱，消除症状，预防各种并发症，延长寿命，减少死亡。

1. 加强饲养管理

长期连续的治疗有赖于饲养管理者的理解与协作。轻度糖尿病普遍的不重视，但可以通过减少体重和饲喂高碳水化合物和高纤维日粮控制。应将发育成熟的雌性动物阉割，并分析诱发糖尿病的药物或疾病。

2. 胰岛素疗法

如果饮食和减轻体重不能控制病情，可使用胰岛素，并调节剂量直至病症得到控制及尿中仅间断性地含微量糖。使用胰岛素的同时，饲喂含日总热量约25%的食物，其余75%在胰岛素发挥最大作用1～2 h前饲喂。

如果注射胰岛素造成低血糖，可口服5～20 g葡萄糖，或不经胃肠道吸收，并减少胰岛素日剂量。

3. 治疗并发症

可根据并发症的种类进行对症治疗。如酮酸中毒是糖尿病一系列的并发症之一，被视为临床急症。

针对性治疗有：静脉输液，如0.9% NaCl或乳酸林格氏液，以纠正脱水；使用结晶锌(常

规)胰岛素降低血糖和酮病。

4.补充电解质

慎重维持血清电解质含量,特别是钾快速下降,此时静脉输液需补充 2.5%～5%的葡萄糖。

当胰岛素疗法确定后,应经常检查血糖含量直至确定合适的维持剂量,如果动物接受维持疗法且状态稳定,每年还应复查 2～3 次。

# 任务三　过敏性疾病

## 子任务一　过敏性休克

### 一、相关知识

#### (一)了解概况

过敏性休克是外界某些抗原性物质进入已致敏的机体后,通过免疫机制在短时间内发生的一种强烈的多脏器累及症群。本病的表现与程度,依机体反应性、抗原进入量及途径等而有很大差别。通常都突然发生且很剧烈,若不及时处理,常可危及生命。

#### (二)认知病因

作为过敏源引起本病的抗原性物质如下。

1.异种(性)蛋白

内泌素(胰岛素、加压素)、酶(糜蛋白酶、青霉素酶)、花粉浸液(花、树、草)、食物(蛋清、牛奶、硬壳果、海味、巧克力)、生物制品(如疫苗、血清、免疫球蛋白、抗淋巴细胞血清或抗淋巴细胞丙种球蛋白)、蜂类毒素等。

2.多糖类

例如葡聚糖铁。

3.许多常用药物

例如抗生素(青霉素、头孢霉素、两性霉素 B、硝基呋喃妥因),局部麻醉药(普鲁卡因、利多卡因),维生素(硫胺、叶酸)等。

绝大多数过敏性休克是典型的Ⅰ型变态反应在全身多器官,尤其是循环系统表现。外界的抗原性物质(某些药物是不全抗原,但进入动物机体后又与蛋白质结合成全抗原)进入体内能刺激免疫系统产生相应的抗体,其中 IgE 的产量,因体质不同而有较大差异。这些特异性 IgE 有较强的亲细胞性质,能与皮肤、支气管、血管壁等的"靶细胞"结合。以后当同一抗原再次与已致敏的个体接触时,就能激发引起广泛的第Ⅰ型变态反应,其过程中释放的各种组胺、血小板激活因子等是造成多器官水肿、渗出等临床表现的直接原因。

#### (三)识别症状

本病大都突然发生,如青霉素 G 过敏动物,注射后 5 min 内可以发生症状。

过敏性休克有两大特点：一是有休克表现即血压急剧下降，动物出现意识障碍，轻则朦胧，重则昏迷。二是在休克出现之前或同时，常有一些与过敏相关的症状。归纳如下。

1. 皮肤黏膜表现

往往是过敏性休克最早且最常出现的征兆，包括皮肤潮红、瘙痒，继以广泛的荨麻疹和(或)血管神经性水肿；还可出现喷嚏、水样鼻涕、音哑、甚而影响呼吸。

2. 呼吸道阻塞

呼吸道阻塞是本病最多见的表现，也是最主要的死因。由于气道水肿、分泌物增加，加上喉和(或)支气管痉挛，患者出现喉头堵塞感、胸闷、气急、喘鸣、憋气、紫绀，以致因窒息而死亡。

3. 循环衰竭

患病动物先有心悸、出汗、可视黏膜苍白、脉速而弱；然后发展为肢冷、发绀、血压迅速下降，脉搏消失，最终导致心跳停止。

4. 意识障碍

往往先出现恐惧感，烦躁不安；随着脑缺氧和脑水肿加剧，可发生意识不清或完全丧失；还可以发生抽搐、肢体强直等。

5. 其他症状

比较常见的有刺激性咳嗽，连续打喷嚏、恶心、呕吐、腹痛、腹泻，最后可出现大小便失禁。

## 二、任务实施

### (一)诊断

根据临床症状很容易诊断。

### (二)治疗

必须当机立断，不失时机地积极处理。可采用以下措施。

1. 消除过敏源

立即消除可疑的过敏源或停止使用可疑的致敏药物。

2. 快速抢救

立即给0.1%肾上腺素，先皮下注射0.3～0.5 mL，紧接着作静脉穿刺注入0.1～0.2 mL，症状不缓解，半小时后重复肌肉注射或静脉注射肾上腺素，直至脱离危险。继以5%葡萄糖液滴注，维持静脉给药畅通。

同时给予血管活性药物，并及时补充血容量，首剂补液500 mL可快速滴入。

3. 抗过敏

可选用扑尔敏注射液，马、牛60～100 mg，猪、羊10～20 mg，肌肉注射。

4. 对症处理

对于呼吸困难的动物应及时吸入氧气，同时用尼可刹米，马、牛2～5 mg，猪、羊0.25～1 mg，犬0.125～1 mg，皮下、肌肉注射或静脉注射。

### (三)预防

(1)消除过敏源最根本的办法是明确引起本症的过敏源，并进行有效的措施进行防避。

但在临床上往往难以作出特异性过敏源诊断，况且不少患病动物属于并非由免疫机制发生的过敏样反应，为此应注意。

(2)尽量减少不必要用药，尽量采用口服制剂。

(3)对过敏体质患病动物，在注射用药后观察 15～20 min，在必须接受有诱发本症可能的药品前，宜先使用抗组胺药物或强的松。

## 子任务二 变应性皮炎

### 一、相关知识

#### (一)了解概况

变应性皮炎是指已致敏个体再次接触变应原后引起的皮肤黏膜炎症性反应，在接触部位所发生的急性炎症，表现为红斑、肿胀、丘疹、水疱，甚至大疱。

#### (二)识别病因

能引起变态反应性皮炎的物质主要有动物性、植物性、化学性三种，以化学性因素引起的最为常见，最为重要。

1. 化学性因素

常见的有芳香化合物、防腐剂、色素等；外用药物中的红汞、碘酊、清凉油、磺胺及抗生素外用制剂等；化工原料及制品中的添加剂、染料、合成树脂等；重金属如镍盐、铬盐等。

2. 动物性因素

如动物的皮、毛，昆虫的分泌物等。

3. 植物性因素

如植物性中的荨麻、除虫菊、生漆等。

#### (三)识别症状

由于接触物的性质、浓度、接触方式及个体的反应性不同，发生的皮炎的形态、范围及严重程度也不同。轻者可仅为红斑、丘疹，重者有明显红肿，上有密集丘疹、水疱甚至大疱，水疱破后糜烂、渗出、结痂。大多数动物表现为瘙痒，部分有疼痛感，皮肤损伤严重而广泛者可有全身反应，如发热、全身不适等。皮炎发生的部位及范围与接触物一致。当机体高度敏感时皮炎蔓延而范围广泛。

变应性皮炎的发病过程可受遗传因素、年龄、性别、合并疾病、理化因素及产生免疫耐受等影响。

大量研究证实，变应性皮炎的主要致病机理为 T 淋巴细胞介导的迟发型变态反应，主要是Ⅳ型变态反应。其发病过程主要涉及以下四个方面。

(1)变应原与皮肤接触形成变应原载体复合物。

(2)诱导皮肤中抗原提呈细胞处理并提呈变应原给 T 淋巴细胞。

(3)T 淋巴细胞活化形成抗原特异致敏的 T 淋巴细胞。

(4)再次接触相同变应原引发皮肤炎症反应。

## 二、任务实施

### (一)诊断

根据接触史,在接触部位或机体暴露部位突发境界清楚的急性皮炎等特点,一般不难诊断。

### (二)治疗

寻找病因、去除病因,一旦确诊应避免再次接触致敏原及其结构类似物。彻底清洗接触部位,避免热水、肥皂、搔抓等刺激。

1. 局部治疗

根据皮损炎症情况选择适当外用药物及剂型。

(1)急性期皮损。无渗出液时,用炉甘石洗剂,每日 3 次外用或痒时即外用。有渗液时,用 2%～3%硼酸溶液或生理盐水做冷湿敷。如果皮损继发感染,可选用 0.05%小檗碱溶液等做冷湿敷。每次湿敷 30～60 min,每日 2～4 次。

(2)慢性期皮损。选用皮质类固醇软膏或霜剂外用,每日 1 次。

2. 全身治疗

(1)皮质类固醇。皮疹严重或泛发者,可选用氢化可的松,马、牛 200～500 mg,猪、羊 200～800 mg 加入 5%～10%葡萄糖液 500～1 000 mL 中,静脉滴注每日 1 次;或地塞米松,马 2.5～5 mg,牛 5～50 mg,猪、羊 4～12 mg,犬、猫 0.125～1 mg,静脉或肌肉注射,每日 1 次。待炎症控制后逐渐减量,在 2～3 周内停用。

(2)非特异性脱敏。10%葡萄糖酸钙,马、牛 200～600 mL,猪、羊 50～150 mL 静脉注射每日 1 次。

(3)继发感染者。同时选择适当有效抗生素全身或局部外用治疗。

### (三)预防

加强管理,避免动物接触化学性、动物性和植物性致病因素,同时加强饲养,提高动物体质,减少该病的发生。



## 复习思考题

### 一、问答题

1. 引起应激综合征的原因有哪些?
2. 怎样治疗应激综合征?
3. 犬糖尿病是有哪些原因引起的?
4. 糖尿病的诊断要点有哪些?
5. 过敏性休克的临床表现如何? 怎样进行抢救?
6. 试述荨麻疹的临床诊断。

### 二、论述题

1. 试述糖尿病的治疗措施。
2. 如何诊断变应性皮炎?

# 模块二　动物外科疾病防治

项目一　外科感染防治

项目二　损伤防治

项目三　头部疾病防治

项目四　胸腹部疾病防治

项目五　运动障碍性疾病防治

Project 1

# 外科感染防治

**知识目标**

- 了解动物常见外科感染的发生、发展规律。
- 熟悉动物外科感染的诊断和治疗技术要点。
- 掌握动物外科感染的原因、症状、治疗方法和预防措施。

**技能目标**

- 通过学习，具备能够正确诊断和治疗动物脓肿、蜂窝织炎和败血症等疾病的能力。

## 任务一　外科局部感染

外科感染是致病微生物在一定条件下侵入机体后，在组织、器官内生长、繁殖及分泌毒素的过程中所产生的机体局部和全身反应。

由病原微生物通过皮肤或黏膜的伤口侵入机体内部，随血液循环达到其他器官或组织内的感染过程称为外源性感染；病原微生物侵入有机体后未被消灭而存留在某部（腹膜粘连处，组织坏死部位，缝合线上及形成包囊的异物等），当机体局部和全身的抵抗力下降时发生的感染为隐性感染。由一种病原微生物引起的感染称单一、感染；多种病原微生物导致的感染称混合感染；在原发性病原微生物感染后，又有其他病原微生物感染，则称为继发感染；被原发性病原微生物反复感染称为再感染。

外科感染和其他感染不同，绝大多数由手术和损伤引起的感染。多数为混合感染，并且有明显的局部症状。被感染的器官、组织常发生局限性或广泛性的化脓和坏死，治愈后机体局部多留下瘢痕。

外科感染常见的化脓性病原微生物为葡萄球菌、链球菌、大肠杆菌及绿脓杆菌等，是引起疖、痈、脓肿和蜂窝织炎的主要病原菌。厌气性感染的病原菌为魏氏杆菌、腐败梭菌等。腐败感染的病原菌为变形杆菌、大肠杆菌、产芽孢杆菌等。化脓性病原菌引起感染又称为非特异性感染。厌气性感染又称为特异性感染，此感染虽少见，但危害极大，严重的可引起动物死亡。

外科感染是动物机体与病原微生物相互作用引起的局部防御性反应和全身反应。局部反应为组织变性、渗出及增生。此炎性反应对于控制外科感染的发生和发展起到重要作用。

外科局部感染，主要包括脓肿和蜂窝织炎。一般的比较局限化，通过合理、及时的治疗，可以较快治愈。较严重的伴有全身症状的外科局部感染，治愈较慢。



### 子任务一　脓肿

#### 一、相关知识

**（一）了解概况**

任何组织、器官中形成的外有脓肿膜包裹，内有脓汁潴留的局限性脓腔称为脓肿。若解剖腔（鼻腔、喉囊、胸膜腔、关节腔）中有脓汁潴留时则称为蓄脓，如上颌窦蓄脓、胸膜腔蓄脓等。

根据脓肿发生的部位分为浅在性脓肿和深在性脓肿，形成于皮下结缔组织、筋膜和表层肌肉内的为浅在性脓肿；形成于深层肌肉、肌间、骨膜下和内脏器官中的为深在性脓肿。

根据脓肿经过分为急性脓肿和慢性脓肿，形成迅速、局部表现急性炎症的为急性脓肿；形成较慢，没有或仅呈现微弱炎症的为慢性脓肿。

### （二）认知病因

引起脓肿的病原菌主要是葡萄球菌，其次为链球菌、大肠杆菌、绿脓杆菌和腐败性菌。病原菌经损伤的皮肤、黏膜侵入机体并在其局部生长、繁殖的过程中形成脓肿。猪、犬的脓肿绝大多数是金黄色葡萄球菌感染引起的。牛的脓肿有时是因为感染了结核杆菌、放线杆菌形成的冷性脓肿。

除了感染病原菌导致的脓肿外，给动物注射强刺激性药物，如氯化钙、高渗盐水、水合氯醛、松节油及砷制剂等局部误注或静脉注射漏入周围组织时也可以发生无菌性脓肿。有的脓肿是因病原菌随着血液、淋巴循环，由原发病灶转移到其他组织、器官内所形成的转移性脓肿。

由于物种不同，同一病原菌感染后患畜的反应及结果差异很大。如马被绿脓杆菌感染所引起的脓肿多数取慢性经过，而猪则发生脓肿并伴随严重的全身症状。

### （三）识别症状

浅在性急性脓肿，初期出现急性炎症，局部肿胀、质地坚实、界限不清、增温、剧痛。病灶中央区域软化有波动感，并且可以自行破溃，流出脓汁。浅在性慢性脓肿，一般经过缓慢，局部肿胀和波动明显，但增温不显著，无痛或仅有轻微的疼痛。

深在性急性脓肿，局部症状不明显。患部皮下组织有微弱的炎性水肿，触诊有疼痛反应并留下压痕，病灶中央区域没有波动感。

有的深在性急性脓肿治疗不及时，制脓膜发生变性、坏死，在脓汁的压力下导致皮肤破溃，流出脓汁；有的向深部发展，引起邻近组织、器官感染，而表现出明显的全身症状，严重的可以继发全身化脓性感染。

较小的脓肿，由于脓汁被吸收或钙化而痊愈。多数常因脓汁的潴留，引起感染范围扩大。持续向机体表层组织侵蚀的则破溃而流出脓汁；向深部组织扩散的则形成新的脓肿或蜂窝组织炎；随血液、淋巴循环转移至其他组织、器官的则形成转移性脓肿。

## 二、任务实施

### （一）诊断

浅在性脓肿较易确诊，深在性脓肿可经过诊断性穿刺和超声波检查确诊。超声波检查，不仅可以确定脓肿是否存在，而且还能检查出脓肿的发生部位和大小。进行诊断性穿刺检查时，若脓肿没有成熟或脓汁过于黏稠时，多数不能排出脓汁，但在后一种情况下针孔内常存有干涸黏稠的脓汁或脓块。

进行脓肿诊断时，要与血肿、淋巴外渗、挫伤和某些疝（如腹壁疝等）相鉴别。

根据脓汁的颜色等可以确定引起脓肿的病原菌。因为葡萄球菌感染形成的脓汁一般呈微黄色或黄白色、黏稠、臭味较小。链球菌（特别是溶血性链球菌）感染形成的脓汁呈微红色、稀薄。大肠杆菌感染形成的脓汁稀薄且有恶臭，呈暗褐色。绿脓杆菌感染形成黏稠、带有苍白绿色或灰绿色的脓汁，坏死组织为浅灰绿色。腐败性菌感染形成的脓汁呈污绿色或巧克力糖色，稀薄且有恶臭气味。牛结核杆菌感染形成的脓汁稀薄且含有絮状物及乳脂样块。马流产菌感染形成乳脂样、恶臭的脓汁。

### （二）治疗

脓肿的治疗原则为消除病因，消炎、止痛，提高机体的防御机能。

1. 消炎、止痛及促进炎症产物吸收

对于局部肿胀正处于急性炎性细胞浸润阶段时，可以局部涂以樟脑软膏，也可以采用冷疗法（如复方醋酸铅溶液、鱼石脂酒精、栀子酒精冷敷），使疼痛减弱和炎性渗出减少。但是在炎性渗出停止后，应改用温热疗法、短波透热疗法和超短波疗法以促进炎症产物的吸收。在上述局部治疗的同时，应该依据患畜的具体情况配合抗生素、磺胺类药物及对症疗法。

2. 促进脓肿成熟

在脓肿的形成过程中，患部涂鱼石脂软膏、鱼石脂樟脑软膏，或采用温热疗法、超短波疗法等，可促进脓肿的成熟。当患部出现明显波动时，应及早进行手术治疗。

3. 手术疗法

脓肿成熟后应该及时进行手术切开、摘除或穿刺抽出脓汁。

（1）脓汁抽出法。适用于关节部脓肿膜形成良好的较小脓肿。使用注射器将脓腔中的脓汁尽量抽净，并用生理盐水反复冲洗脓腔，直至回流液清澈透明，抽净脓腔内的液体，最后向脓腔内注入青霉素溶液。

（2）脓肿切开法。切开脓肿时，应该在波动最明显并且容易排出脓汁处切开。如果脓腔内压力较高时，应该先用粗针头穿刺排出一部分脓汁，减压后再切开脓肿。切开前，应对患部进行手术的常规处理，如剪毛、消毒和麻醉（局部或全身麻醉）。切开脓肿时，应该施行分层切开，切口要有一定的长度，以利于脓汁排出顺畅。不能损伤大的血管、神经，如有出血现象，一定要彻底止血，并排净脓汁，防止脓肿转移。切开时务必不能损伤对侧的脓肿膜。为排净脓汁，必要时可作辅助切口。对浅在性脓肿用生理盐水或防腐液反复冲洗后，再用灭菌脱脂纱布轻轻吸出脓腔中的残液。对切开的脓肿应按化脓创进行外伤处理。

（3）脓肿摘除法。适用于脓肿膜完整的浅在性小脓肿。要彻底地剥离脓肿周围的组织联系，不能切破脓肿膜，取出完整的脓肿。创腔中撒布消炎粉后，对创伤进行密闭缝合，争取第一期愈合。

## 子任务二 蜂窝织炎

### 一、相关知识

#### （一）了解概况

疏松结缔组织发生的急性弥漫性化脓性感染称为蜂窝织炎。其常常发生在皮下、筋膜下及肌间的疏松结缔组织内。特征是局部出现浆液性、化脓性和腐败性渗出，并且伴有明显的全身症状。

依据蜂窝织炎发生的部位可分为浅在性和深在性蜂窝织炎。发生于皮下、黏膜下的称为浅在性蜂窝织炎；发生于筋膜、肌间、软骨周围及腹膜下的称为深在性蜂窝织炎。

依据渗出液的性状和组织的病理学变化可分为浆液性、化脓性、厌气性和腐败性蜂窝织炎。若化脓性蜂窝织炎伴有皮肤、筋膜和腱的坏死时则称其为化脓性坏死性蜂窝织炎。化脓菌和腐败菌混合感染导致的化脓性腐败性蜂窝织炎临床上也多见。

依据蜂窝织炎蔓延的范围可分为局限性和弥漫性蜂窝织炎。

依据蜂窝织炎发生的部位可分为关节周围蜂窝织炎、淋巴结周围蜂窝织炎、食管周围蜂窝织炎、股部蜂窝织炎和直肠周围蜂窝织炎等。

### (二)认知病因

引起蜂窝织炎的病原菌主要为溶血性链球菌,其次是金黄色葡萄球菌。比较少见的为腐败菌感染或化脓菌和腐败菌混合感染。一般多为经皮肤的微小创口而引起的原发性感染,也可继发于邻近组织化脓性感染的扩散,或者经过血液循环和淋巴道的转移。

刺激性强的药物(如松节油、水合氯醛溶液、高渗氯化钠溶液等)误注或漏入疏松结缔组织内,也可以导致蜂窝织炎的发生。

蜂窝织炎的发生发展,主要取决于患病动物的防御机能、局部解剖结构特点和病原菌的种类、毒力和数量。若机体防御机能显著降低时,同时皮肤发生创伤引起化脓性感染,或者创腔内有大量血凝块、坏死组织、异物或由于治疗不当等破坏了肉芽性防卫面,造成感染的扩散而发生蜂窝织炎。

蜂窝织炎的初期,因疏松结缔组织内发生急性浆液性渗出,导致局部水肿。最初的渗出液透明,随着白细胞的不断渗出,出现混浊现象。随后白细胞(主要为中性粒细胞)游走到发炎组织且不断死亡、崩解,释放出蛋白溶解酶;同时病原菌和患部的坏死组织细胞崩解时,也能释放出组织蛋白酶等溶解酶,在二者共同作用下,发生组织溶解坏死,最终形成化脓性浸润。若为化脓性浸润,大约经过 2 d 就能形成化脓灶,随后化脓性浸润的疏松结缔组织呈现弥漫性化脓性溶解或形成蜂窝组织炎性脓肿。此外,链球菌产生的透明质酸酶和链激酶能够加快结缔组织基质和纤维蛋白的溶解,促进了病原菌和毒素向周围组织扩散,该扩散导致的化脓性感染沿着疏松结缔组织间隙向四周蔓延。

### (三)识别症状

蜂窝织炎病程发展很快,迅速出现明显的局部和全身症状。

1.局部症状

由于局部急性浆液性渗出、化脓性浸润、短时间内可以引起大面积肿胀。浅在性蜂窝织炎出现弥漫性肿胀,最初按压时能够形成压痕。随后,组织坏死、溶解和化脓,使患部有波动感。深在性蜂窝织炎肿胀坚实,界限不清,患部增温、剧痛。最后,由于大量的筋膜下组织及肌肉坏死、溶解而形成大量的脓汁,随后因脓汁沿着肌间、大动脉、神经干及筋膜间隙扩散,引起严重的机能障碍。浅在性蜂窝织炎发生多处组织坏死、溶解、皮肤破溃而流出脓汁。深在性蜂窝织炎,由于深部组织坏死、溶解形成脓汁,导致局部内压升高,使患部皮肤、筋膜及肌肉高度紧张,因化脓部位较深,局部皮肤不易破溃。

由腐败性、厌气性病原菌引起的腐败性坏疽性蜂窝织炎,最初局部组织出现浸润性肿胀,患部增温且剧痛。随之出现组织坏死、溶解、腐败产气,此时局部触诊变凉、不敏感、有捻发音。脓汁呈现红褐色、恶臭、稀的液体。坏死组织呈灰绿色或黑褐色。

2.全身症状

病畜精神沉郁,体温升高,食欲不振或废绝并出现各系统(循环、呼吸及消化系统等)的机能紊乱。深在性蜂窝织炎,可以继发败血症。腐败性及厌气性病原菌感染时,机体从患部吸收了大量的有毒物质,体温显著升高,全身症状恶化。

有的蜂窝织炎,在患畜抵抗力提高和经过合理的治疗后,局限化并形成脓肿;有的蜂窝织炎，在动物抵抗力降低或治疗不合理时，化脓灶迅速扩散，使患畜整个肢体或躯体出现弥漫性肿胀，局部显著增温，剧痛，高度跛行。皮肤多处有破溃并流出脓液。

## 二、任务实施

### （一）诊断

可根据临床症状进行诊断。局部出现弥漫性、热痛性肿胀，有时可见多处皮肤破溃排脓。另外，全身症状严重。

### （二）治疗

治疗原则为局部疗法和全身疗法并重。一般情况下，对早期浅在性蜂窝织炎应以局部治疗为主，对于深在性、蔓延迅速、全身症状明显者应及早全身应用抗生素和磺胺类药物。

1. 局部疗法

局部治疗主要是为了减少渗出、降低组织内压、减轻组织坏死、溶解，防止感染扩散。发病 24～48 h 以内的，局部可用 10%鱼石脂酒精、90%酒精等冷敷。病灶周围，可用 0.5%盐酸普照鲁卡因注射液封闭。发病 3～4 d 后可用上述溶液温敷。也可用中草药治疗，如外敷雄黄散，内服连翘败毒散。雄黄散方药组成是：雄黄、大黄、白芷、天花粉皆为 32 g，川茭、天南星皆为 16 g。其用法是共为末，醋调涂之。连翘败毒散方药组成是：连翘、金银花、天花粉、紫花地丁、蒲公英、黄药子、白药子、黄芪皆为 32 g，牛蒡子、菊花、黄芩皆为 26 g，薄荷、荆芥皆为 16 g，甘草 10 g。其用法是共为细末，开水冲调，候温灌服。

2. 手术疗法

如果经过局部冷敷，症状仍不见好转者，为了排出渗出物，降低组织内压力，应该及早切开患部。为了保证渗出液的顺利排出，切口要有足够的长度和深度，做好纱布条引流。必要时可作几个切口或反对口。切口彻底止血后可以先用防腐消毒液冲洗创腔，用灭菌纱布吸净创腔中的残留药液。再使用中性盐高渗溶液或奥立夫柯夫氏酸性液（3%过氧化氢溶液、20%氯化钠溶液各 100 mL、松节油 10 mL），浸透纱布条引流。

如果经过上述外科处理的动物体温下降后又上升，局部肿胀加重，全身症状恶化，则说明可能有新的病灶形成，或者引流纱布条干涸堵塞影响脓汁排出，或者引流不当，或者病灶中存有异物及脓窦所引起。此时应该迅速扩创，消除脓窦，清除异物，更换引流纱布条，保证渗出液或脓汁排出顺利。

3. 全身疗法

尽早使用抗菌、杀菌类药物治疗。为了增强机体抵抗力，预防和治疗全身化脓性感染，还应该配合使用 5%碳酸氢钠注射液、40%乌洛托品注射液、葡萄糖注射液、樟酒糖注射液（精制樟脑 4 g、95%酒精 200 mL、葡萄糖 60 g、0.9%氯化钠注射液 700 mL，混合灭菌，马、牛每次可以静脉注射 250～300 mL）。

如果蜂窝织炎已转化为慢性炎症，并出现象皮病症状时，为了促进局部炎性产物的吸收，最好采用物理疗法（如石蜡疗法、超短波疗法、红外线疗法等）治疗。

# 任务二　全身化脓性感染

## 一、相关知识

### （一）了解概况

本病又称败血症，是机体从感染病灶吸收病原菌及其产生的毒素和组织分解产物所引起的全身性感染过程。主要表现为神经系统、实质器官、组织发生机能性、退行性变化。它是开放性损伤、局部炎症过程及手术后的最严重的并发症，如果不及时治疗，动物多因发生感染性休克而死亡。

根据病原菌的种类分为葡萄球菌性、链球菌性、厌气菌性及腐败菌性全身化脓性感染。

根据致病原因分为创伤性、炎症性和术后全身化脓性感染。另外还有致病原因不太明确的称为隐性全身化脓性感染，分为骨源性、尿源性、腹膜炎、关节源性和产后全身化脓性感染。

根据转移性分为转移性全身化脓性感染和无转移性全身化脓性感染。

根据症状和病理学的变化分为败血症、脓血症和脓毒败血症。败血症主要是畜体从败血病灶中吸收了大量的毒素，引起许多器官、系统发生退行性病变。脓血症是败血性病原菌从病灶侵入血液循环系统，随血流进入其他组织、器官并在其中形成转移性脓肿。败血症和脓血症同时存在者，称为脓毒败血症。

### （二）认知病因

引起败血症的病原菌主要有金黄色葡萄球菌、溶血性链球菌、大肠杆菌、绿脓杆菌和厌气菌等。一种病原菌引起者称为单一感染，2～3 种病原菌引起者称为混合感染。革兰氏阴性杆菌引起的败血症多见。

对创伤处理粗暴及用药不合理损伤了防卫性肉芽面，创腔内潴留大量脓汁，创腔内有异物、坏死灶和脓窦等皆易导致全身化脓性感染的发生。

机体过度疲劳、衰竭、维生素缺乏等皆有利于败血症的发生。也可以继发于某些慢性传染病的急性发作期，如马传染性贫血、鼻疽，牛结核病、布鲁氏杆菌病等。

动物机体内的化脓性、厌气性、腐败性感染或混合感染，是全身化脓性感染发生的基础。如果动物机体的防御能力强、病原菌的毒力较弱时，不会发生全身化脓性感染，感染会局限化，如疖、痈和脓肿等。反之亦然。

动物机体的防御能力在败血症的发生上具有极其重要的意义。当患畜的防御机能下降，而且病原菌的毒力较强时，病灶中病原菌可以大量繁殖并造成组织、器官的防卫屏障破坏。若对感染灶处理不当或止血不良等，病灶中病原菌通过栓子或被感染的小血凝块进入血液循环而达到其他组织、器官，当病原菌能够在这些组织和器官中大量繁殖时，就可以形成转移性脓肿。若动物防御机能高度下降，病灶中病原菌的代谢产物、组织蛋白分解产物和病原菌本身，随血液、淋巴循环进入动物机体，数量很大的病原菌及其产生的各种毒素可以引起循环系统、神经系统、实质器官的毒害作用，导致一系列的机能障碍，全身化脓性感染不可避免地发生。

### (三)识别症状

1. 脓血症

病原菌从感染灶侵入动物机体并在各组织、器官内形成转移性脓肿。其脓肿大小不一，从粟粒大到拳头大的都有。

感染灶周围呈严重水肿，触诊有剧痛。病理性肉芽组织发绀、水肿、坏死或分解，其表面脓汁较多且稀薄而具恶臭气味。

患病动物全身症状明显，精神沉郁，食欲废绝，饮欲增强，体温增高可以达到40℃以上。体温下降时有出汗现象。热型呈稽留热、间歇热或弛张热。本病的特征性症状是体温变化明显，血压下降。如果长期高热不退，全身症状恶化，往往导致病畜的死亡。

如果为肝脓肿时，动物可视黏膜高度黄染；肠脓肿时表现为剧痛腹泻；肺脓肿时病畜呼出腐臭味的气体，鼻液呈脓性；脑脓肿时动物痉挛；肾脓肿时尿内有病理性产物，尿密度变小。

血液检查，可以见到白细胞增多，核左移，血沉加快。如果淋巴细胞、单核细胞增多，说明该病将要痊愈。

在败血病灶创面按压标本检查时，如果脓汁相内存在静止游走细胞和巨噬细胞，说明动物机体防御机能较强。若脓汁相内没有巨噬细胞及溶菌现象，并且细菌数量多，说明病情严重。

2. 败血症

由于病畜从败血病灶中吸收大量的坏死组织、脓汁和病原菌毒素，从而引起其中枢神经系统、网状内皮系统、有机体氧化过程抑制和代谢紊乱。局部病灶中潴留大量脓汁和坏死组织。多数发生于马和山羊。

动物精神沉郁或意识丧失，卧地不起，食欲废绝，眼结膜黄染并有小出血点。肌肉剧烈颤抖。多为稽留热，可以达到40℃以上。脉搏快而弱，呼吸困难，严重者血压下降。

## 二、任务实施

### (一)诊断

本病的一般诊断并不困难，但需与急性炎症过程时发生的中毒相区别，应首先了解动物是否有原发感染性病灶，再结合上述临床症状，即可做出诊断。但临床表现不典型或原发病灶隐蔽时，诊断可能困难。因此，对一些畏寒、发热、贫血、脉搏细速、皮肤黏膜有淤血点、精神改变等临床表现，不能用原发病来解释时，应提高警惕，密切观察和进一步检查，以免漏诊败血症。确诊败血症可通过血液细菌培养。但有抗菌药物治疗史的病畜，往往影响培养结果。也可进行血液电解质、血气分析、血尿常规检查以及反应重要器官功能的监测。

### (二)治疗

全身化脓性感染的治疗原则为彻底处理感染病灶，控制全身感染，增强有机体防御机能，恢复机体功能。

1. 局部疗法

对感染病灶要彻底处理来消除感染和毒素的来源。如扩大创口，消除创囊，清除创腔内的坏死组织、异物和脓汁，引流顺畅，采用刺激性小的防腐液彻底冲洗创腔。然后，局部按化脓创处理。病灶周围用混有青霉素的盐酸普鲁卡因溶液封闭。

2. 全身疗法

为了控制感染的发展，应该尽早应用抗菌药物。可以大剂量使用青霉素、链霉素或四环素等。应用抗菌增效剂（如三甲氧苄氨嘧啶-TMP、二甲氧苄氨嘧啶-DVD）效果良好。严重的病例，应该抗生素、磺胺类药物及抗菌增效剂联合应用。恩诺沙星也被广泛应用。为了防止病原菌产生抗药性，应该适时更换抗生素类药物。对于危重患畜，应该使用肾上腺皮质激素配合治疗。

为了提高机体防御机能，纠正电解质紊乱，防治酸中毒，维持循环血容量和中和毒素，应该及时给病畜输血、补液。静脉滴注25%葡萄糖注射液，40%乌洛托品，0.9%生理盐水，樟酒糖注射液，5%碳酸氢钠注射液。还应当补充维生素A、维生素B、维生素C。

3. 对症疗法

目的是改善和恢复全身化脓性感染时受损害的系统和器官的功能。当心脏衰弱时可使用苯甲酸钠咖啡因等，肾机能紊乱时可以静脉注射乌洛托品，腹泻时可以静脉注射氯化钙溶液，为防止转移性脓肿可使用樟酒糖溶液。

## 复习思考题

**一、名词解释**

脓肿、蜂窝织炎、败血症。

**二、填空**

1. 外科感染是在一定条件下____________侵入机体后，在其生长、____________及分泌毒素的过程中所产生的机体局部和____________反应。

2. 引起外科感染的致病菌有____________、____________、____________、____________。

3. 蜂窝织炎的特征是局部呈浆液性、____________性和____________性渗出，并伴有明显的全身症状。

4. 脓血症是____________菌从病灶侵入____________循环系统，随血流进入其他组织和器官并在其中形成转移性____________。

**三、问答题**

1. 蜂窝织炎如何治疗？

2. 如何治疗发生败血症的患畜？

3. 外科感染的症状及治疗方法有哪些？

Project 2

# 损伤防治

**知识目标**

- 了解动物损伤及损伤并发症的发生、发展规律。
- 熟悉动物损伤及损伤并发症的诊断和治疗技术要点。
- 掌握动物创伤、损伤等的发病原因、发病机理、临床症状、治疗方法和预防措施。

**技能目标**

- 通过学习，学生应具备能够正确诊断和治疗挫伤、血肿、淋巴外渗，休克和溃疡等损伤性疾病的能力。

# 任务一　创伤及创伤处理

## 一、相关知识

### （一）了解概况

动物机体受到锐性外力或强大的钝性外力作用而造成的开放性损伤称创伤。

一般的创伤由 6 个部分组成，分别称为创围、创缘、创口、创壁、创底、创腔。创围是指围绕创口周围的皮肤或黏膜；创缘是指被损伤的皮肤、黏膜及其下的结缔组织；创口是指创缘之间的空隙；创壁是指损伤的肌肉、筋膜及位于其间的疏松结缔组织；创底是指创伤的最深部；创腔是指两创壁之间空隙，管状创腔称为创道。见图Ⅱ-2-1。

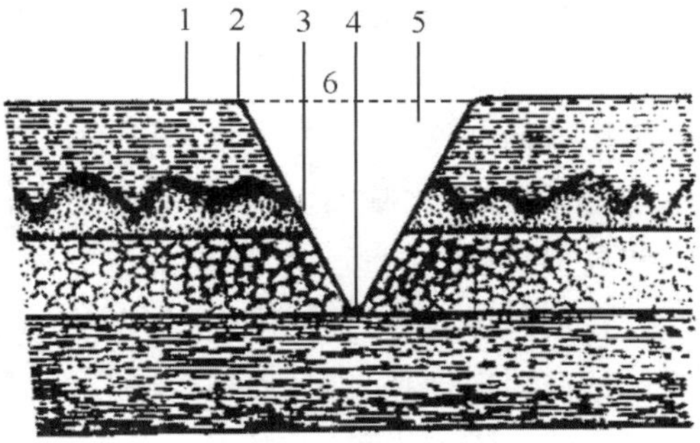


**图Ⅱ-2-1　创伤各部名称**

1. 创围　2. 创缘　3. 创壁
4. 创底　5. 创腔　6. 创口

### （二）创伤类型

1. 按致伤物的性状分

（1）刺创。刺伤是由细长尖锐异物如钉子、铁丝刺入组织而引起的损伤。特征为创口小，创道狭而长，一般创道较直。如深部组织被损伤，常并发内出血或形成组织内血肿。刺伤极易感染，甚至形成化脓性窦道或厌氧性感染。

（2）切创。切创是由锐利物体如镰刀、铡刀、外科刀、玻璃片等切割而引起的损伤。特征为创缘及创壁较平整，组织受挫灭轻微，出血量多，疼痛较轻，创口裂开明显。一般经适当外科处理，能迅速愈合。

（3）裂创。裂创是由钩、钉等钝性牵张而引起的损伤。特征为患部不规整，组织发生撕裂或剥离，创缘呈锯齿状，窗内深浅不一，创壁及创底凹凸不平，存有创囊和组织碎片。出血较少，创口裂开很大，剧烈疼痛。

（4）挫创。挫创是由钝性外力或动物跌倒在硬地而所致的组织损伤。特征为患部形状不规整，常有明显的挫灭破碎组织，出血少，创内常有创囊及血凝块，多被沙土、被毛等污染，极易感染。

（5）砍创。砍创是由斧头、砍刀而砍切而引起的组织损伤。特征为创口裂开大，组织严重损伤，剧烈疼痛。

（6）压创。压创是由重性物体如房屋、牛棚倒塌等猛烈压迫而造成的损伤。特征为创形不整，存有大量的挫灭组织、压碎的肌腱碎片，有的皮肤缺损或粉碎性骨折，一般出血少。

2. 按伤后经过的时间分

（1）新鲜创。伤后时间较短，创内还有血液流出或存有血凝块，创内轮廓仍能识别。有的虽被污染，但未出现感染症状。

(2)陈旧创。伤后时间已长，创内各组织的轮廓不易识别，出现明显的感染症状，排出脓汁或有肉芽组织出现。

3.按创伤有无感染分

(1)无菌创。通常将在无菌条件下所作的手术创称为无菌创，一般不会感染。

(2)污染创。创伤被细菌或异物污染，但进入创内的细菌未侵入组织的深部发育繁殖，未呈现致病作用。时间较短、较轻的污染创，经适当的外科处理后，可能取第一期愈合。污染严重而又未及时彻底处理的污染创常转化为感染创。

(3)感染创。它指进入创内的致病菌大量繁殖，对机体呈现致病作用，使受伤部的组织出现明显的感染症状，呈现化脓性炎症的创伤，严重的会引起机体的全身反应。根据感染创的临床特征，将其分为两个不同阶段。

①化脓期(化脓创)。由于感染的进行性发展使创伤组织发生充血、渗出、肿胀、剧烈疼痛和局部温度增高等急性炎症症状。随之，受损伤的组织细胞发生坏死、分解液化，形成脓汁。在创腔内，创缘及创围堆积大量脓汁，这是化脓创的重要临床特征。

②肉芽期(肉芽创)。随着化脓后期急性炎症的消退，化脓症状的减轻，毛细血管内皮细胞及成纤维细胞增殖，形成了肉芽组织。健康的肉芽组织质地坚实，粉红色，呈粟粒大的颗粒状，表面有少量黏稠灰白色脓性物。病理性肉芽质地脆弱，颜色苍白或暗红色，颗粒不均，表面有大量脓汁。

**(三)创伤愈合**

1.创伤愈合的种类

创伤愈合分为第一期愈合、第二期愈合和痂皮下愈合。

(1)第一期愈合。创伤第一期愈合是一种较为理想的愈合形式。其特点是愈合过程中创缘、创壁整齐，创口吻合，无肉眼可见的组织间隙，临床上炎症反应较轻微。凡具备创内无异物、坏死灶及血肿，组织保有生活能力，失活组织较少，没有感染的创伤，一般均可完成第一期愈合。无菌手术创绝大多数可达第一期愈合，新鲜污染创如能及时作清创术处理，也可以此方式愈合。第一期愈合从伤口出血停止时开始，愈合结束后其形态学和生化变化均不显著，仅留下线状疤痕，有时甚至不留疤痕。

(2)第二斯愈合。感染化脓创一般取第二期愈合形式愈合。特征是愈合过程中创腔内的组织坏死、分解、形成大量脓汁，随后创伤组织增生肉芽，并逐渐长满创腔，最后形成疤痕组织被覆上皮组织而愈合。凡组织缺损大，创缘不整齐，创腔内有血凝块、细菌感染、异物、坏死组织以及由于炎性产物，代谢障碍，致使组织丧失第一期愈合能力的创伤，均要通过第二期愈合而治愈。当创伤坏死组织基本净化后，创面逐渐地长出新生的肉芽组织并充满创腔，肉芽组织逐渐成熟而形成瘢痕并被覆上皮而愈合。这种创口愈合的时间长，瘢痕组织多，愈合后组织或器官的功能受到一定影响。

根据本愈合方式过程中生物形态、物理学及胶体化学变化的特点，把本愈合方式分为两个时期，即化脓期(炎性净化期)及肉芽生长期(组织修复期)。这两个时期不能截然分开，是由一个时期逐渐过渡到另一个时期，而在表现形式上各有特点。

①化脓期:该期是通过炎性反应达到创伤的自家净化。临床上主要表现为创伤部发炎，

肿胀、增温、疼痛，随后创内坏死组织液化，形成脓汁，从创口流出。创伤净化过程的特点牛、羊以浆液-纤维素渗出为主。液化过程较弱，是通过形成化脓性分离界面使坏死组织脱离的，净化过程慢，但不易引起吸收中毒。

②肉芽生长期。肉芽组织是由新的纤维母细胞和毛细血管构成的，其中纤维母细胞是由伤口周围的原始结缔组织细胞分裂增生而来的，这种细胞在伤后的初期增生快，由伤口边缘及底部逐渐向中心生长。与此同时，有大量毛细血管混杂纤维母细胞之间，自伤口周围向中心靠拢而产生伤口收缩，使伤面缩小，有利于伤口愈合。

肉芽组织除有纤维母细胞和毛细血管外还有嗜中性粒细胞、巨噬细胞及其他炎性细胞，但无神经纤维故肉芽组织无感觉，触之不痛。健康肉芽组织红色，较坚实，表面呈颗粒状，并附有很少的一层黏稠、灰白色脓性物，对肉芽组织起保护作用。肉芽组织是坚强的创伤防卫面，防止感染蔓延，所以诊疗创伤时，保护肉芽面不受损伤，合理选用促进肉芽正常生长的药物和措施十分重要。

肉芽组织成熟过程是在伤后 5～6 d，增生的纤维母细胞开始产生胶原纤维，在 2 周左右，胶原纤维形成最旺盛，以后逐渐减慢至 3 周左右，胶原纤维的增生就很少了。此时，纤维母细胞转化为纤维细胞。与此同时，肉芽组织中的大量毛细血管闭合、退化、消失，只留下部分毛细血管及细小的动、静脉营养该处。至此，肉芽逐渐成熟为疤痕组织，呈灰白色，硬韧。

肉芽组织开始生长的同时，创缘的上皮组织增殖，新生的上皮由周围向中心生长，当肉芽组织增生高达皮肤面时，新生的上皮形成完了。覆盖创面而愈合。当创面较大，由创缘生长的上皮不足以覆盖整个创面时，则以上述的疤痕形成而告终。由此可能引起伤部的损伤和功能障碍。疤痕组织中无毛囊、汗腺和皮质腺。

(3)痂皮下愈合。发生在皮肤表面的损伤，如擦伤、轻度的烧伤等，由于损伤仅伤及表皮，受伤后局部表面渗出血液及淋巴液，渗出物凝固干燥而形成暗褐色痂皮，覆盖在伤部表面。痂皮下受伤组织的边缘再生出表皮而逐渐痊愈。若细菌感染时，痂皮下发生感染而化脓，创伤则取第二期愈合。

2.影响创伤愈合的因素

创伤愈合的速度常受到许多因素的影响，主要包括外界条件方面的、人为的和机体方面的因素。创伤诊疗时，应尽力消除妨碍创伤愈合的因素，创造有利于愈合的良好条件。

(1)创伤感染。创伤感染化脓是延迟创伤愈合的主要因素，由于病原菌的致病作用，一方面使伤部组织遭受更大的破坏，延长愈合时间；另一方面机体吸收了细菌毒素和有害的炎性产物，降低机体的抵抗力，影响创伤的修复过程。

(2)创内存有异物或坏死组织。当创内特别是创伤深部存有异物或坏死组织时，炎性净化过程不能结束，化脓不会停止，创伤就不能愈合，甚至形成化脓性窦道。

(3)受伤部血液循环不良。创伤的愈合过程是以炎症为基础的过程，受伤部血液循环不良，既影响炎性净化过程的顺利进行，又影响肉芽组织的生长，从而延长创伤愈合时间。

(4)受伤部不安静。受伤部经常进行有害的活动，容易引起继发损伤，并破坏新生肉芽组织的健康生长，从而影响创伤的愈合。

(5)处理创伤不合理。如止血不彻底，施行清创术过晚和不彻底，引流不畅，不合理的缝合与包扎，频繁地检查创伤和不必要的换绷带，以及不遵守无菌规则、不合理地使用药剂等，都可延长创伤的愈合时间。

(6)维生素缺乏。维生素 A 缺乏时,上皮细胞的再生作用迟缓,皮肤出现干燥及粗糙;B族维生素缺乏时,能影响神经纤维的再生;维生素 C 缺乏时,由于细胞间质和胶原纤维的形成障碍,毛细血管的脆弱性增加,致使肉芽组织水肿、出血;维生素 K 缺乏时,由于凝血酶原的浓度降低,致使血液凝固缓慢,影响创伤愈合时间。

## 二、任务实施

### (一)诊断

创伤检查的目的在于了解创伤的性质、观察愈合的情况,以决定治疗措施。

1. 一般检查

首先进行问诊,了解创伤发生的时间、致伤物的性状、发病情况及病畜表现等。然后做全身检查,测体温、脉搏、呼吸,观察可视黏膜颜色和病畜精神状态。必要时对全身各系统进行检查。

2. 创伤局部检查

(1)创伤外部检查。按由外向内的顺序,先视诊创伤部位、大小、形状、方向、性质,伤口裂开程度,有无出血,创围组织状态和被毛情况,有无感染。再观察创缘、创壁是否整齐、平滑,有无肿胀及血液浸润,有无挫灭组织及异物。然后对创围进行柔和而细致的触诊。以确定局部温度高低、疼痛情况、组织硬度、皮肤弹性及移动性等。

(2)创伤内部检查。应胆大心细,在熟悉局部解剖构造的基础上,遵守无菌规则,防止破坏相邻的健康组织,避免造成继发性感染。先创围剪毛、消毒。检查创壁时,应注意组织受伤情况、肿胀情况、出血及污染情形。对创底,应注意深部组织受伤状态,有无异物、血凝块及创囊存在。必要时可用消毒的探针、硬质胶管或用戴消毒乳胶手套的手指进行创底探查。应注意创内有无异物,创伤组织挫灭及出血和污染的程度等。对有分泌物的创伤,应注意分泌物的颜色、气味、黏稠度、数量和排出情况等。对出现肉芽组织的创伤,应注意肉芽组织的数量、颜色和生长情况;创面可做按压标本的细胞学检查,以了解机体的防卫机能状态。

3. 辅助检查

严重创伤时,如探明创伤部有无内脏器官或骨的损伤,必须 X 射线及其他特殊的检查方法进行检查。必要时除对病畜的血常规、体液及尿常规进行检查外,还可做创伤脓汁的检查、创伤细胞压片的检查。

### (二)治疗

1. 创伤治疗原则

(1)抗休克,正确处理局部和全身的关系。从病畜全身状态出发,从处理患部着手,在抓紧局部处理的同时,应注意到必要的全身治疗。有时应在改善全身情况后,再进行局部处理。严重的创伤,应该先抗休克,待休克好转后再行清创术,但对大出血、胸壁透创及肠脱出的病例,则应在积极抗休克的同时,进行创伤的治疗。

(2)预防和制止感染与中毒。抗感染应贯穿在创伤治疗的全过程。大部分创伤都被细菌感染,伤后应立即使用抗菌药物,预防感染化脓。对新鲜创应着重防止感染;对化脓感染创,应着重消除感染和制止中毒。

(3)消除影响创伤愈合的因素。创伤愈合的速度受许多因素的影响,如感染化脓、异物、坏死组织、血液循环不良、创伤不安静,营养缺乏症等都可以抑制创伤愈合或延长愈合的时间。应注意用外科处理方法创造创伤愈合的条件,加强饲养管理,治疗全身疾病,增强机体的抵抗力,防止并发症的发生。

(4)加强饲养管理。精心护理,改善饲料营养水平,补给高蛋白及富有维生素的饲料。

(5)努力创造创伤第一期愈合的条件或缩短第二期愈合的时间。创伤第一期愈合的条件是创缘、创壁整齐,创口吻合,无肉眼可见的组织间隙、创内无异物、坏死组织及血凝块,组织具有生活能力,没有感染。临床上创伤只有具备这些条件才可能实现第一期愈合。

2.创伤治疗程序与方法

(1)清洁创围。目的在于便于清创和防止再次污染创伤。用灭菌纱布覆盖创面,由外围向创缘方向剪除被毛,如图Ⅱ-2-2。若被毛粘上血污时,可用3%过氧化氢溶液浸湿、洗净后再剪毛,用5%碘酊消毒创围,用75%酒精脱碘。

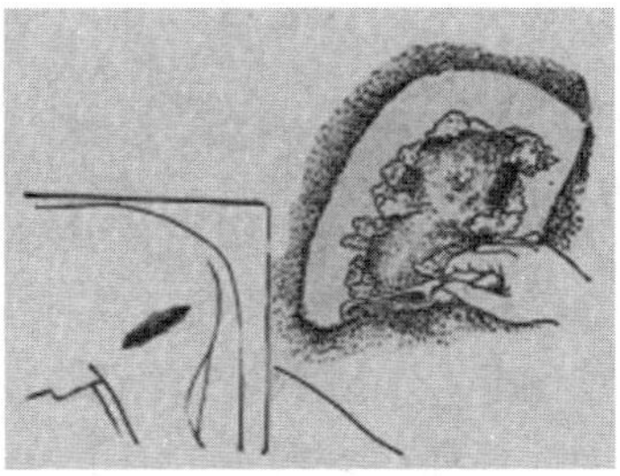

图Ⅱ-2-2 清洁创围

(2)清洁创腔。

①新鲜创。先除去覆盖创口的纱布,无菌操作除去创伤内的被毛、异物。然后选用生理盐水、0.1%~0.2%高锰酸钾溶液、0.01%~0.5%新洁尔灭溶液、0.5%洗必泰溶液、3%过氧化氢溶液、0.01%呋喃西林溶液或0.1%雷夫努尔溶液彻底冲洗创腔,如图Ⅱ-2-3所示。用灭菌纱布吸净创腔内残留药液。对于损伤大、污染严重的新鲜创,用消毒溶液冲洗后,在局部麻醉下施行扩创或切除术。即用无菌操作的方法、修整创缘、扩大创口、切除创伤内的挫灭组织(暗红色、缺乏收缩力、切割时不出血)直至从组织内流出鲜血、消除创囊、除去异物、血凝块,充分暴露创底。再用消毒溶液冲洗创腔、灭菌纱布吸净创腔内残留药液。扩创术的目的是扩开创伤,保证创液或脓汁能顺利排出和导入防腐性引流。切除术的目的是除去严重污染和失去血液供应的坏死组织和损伤严重的组织,以便在非损伤组织界限内造成一个创缘、创壁平整的近似于新鲜的手术创。

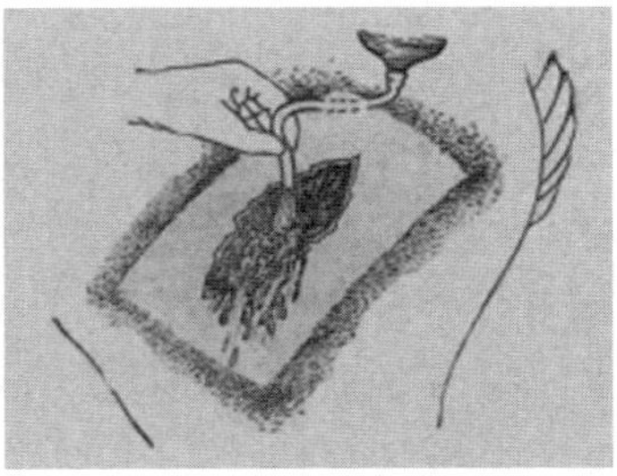

图Ⅱ-2-3 冲洗创腔

②化脓创(炎性净化期)。化脓初期创面呈高度酸性反应,会影响细胞吞噬和肉芽生长,应选用碱性药溶液冲洗创腔,常选用生理盐水、食盐水、2%碳酸氢钠溶液、0.01%~0.5%新洁尔灭溶液及0.01%~0.02%呋喃西林溶液等。若创伤被严重污染,有厌气菌、绿脓杆菌、大肠杆菌感染的可能时,用酸性药物冲洗创腔。常选用0.1%~0.2%高锰酸钾溶液、2%~4%硼酸溶液或2%乳酸溶液等。

③肉芽创(肉芽期)。清洁肉芽创时,不能用刺激性强的药液冲洗。常选用生理盐水、0.1%~0.2%高锰酸钾溶液、0.01%~0.02%呋喃西林溶液洗去或拭去脓汁。

清洗创腔后,应用灭菌纱布块轻轻地擦拭创面,以除去创内残存的液体和污物。

(3)清创手术。即对创伤的初期外科处理。包括剪毛,消毒,清洗创伤附近的污物,修整创缘,切除挫灭、坏死和严重污染的组织,扩大创口,以解除深层组织的张力,清除异物,消灭死腔，仔细止血，尽可能保存有活力的组织和修复特殊组织，尽早地使开放性创转为闭合创等步骤。防止感染，为创伤的一期愈合创造有利条件。

①术前准备。有较大血管出血时，先用止血钳夹住血管断端，留待术中处理。对有休克迹象的病畜，应采取积极的综合防治措施。对有破伤风感染嫌疑时，可根据情况使用类毒素或抗毒素。在术前应使用大量广谱抗生素，预防化脓性感染和厌气性感染。并妥善保定与麻醉。

②手术方法。切除污染创面要由外向内，由浅入深，逐步进行，并使切除过的新鲜创面不再污染，这是清创术中预防感染的重要环节之一。

首先用浸有过氧化氢液的灭菌纱布块或脱脂棉覆盖创口，然后剪除创围被毛。剪毛范围要在创围 20～25 cm 处。用肥皂水清洗创缘周围皮肤，最后剃净被毛。用 3%碘酒、75%酒精消毒，铺盖消毒巾，准备清创。

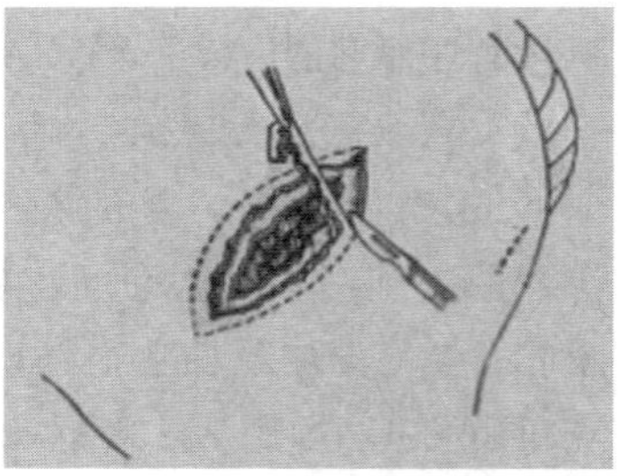

图Ⅱ-2-4　切除创缘皮肤

用大量盐水冲洗创口，并用纱布、棉球清拭创内污染物。对皮肤的处理原则是，切除已坏死的创缘皮肤，但尽量保存有活力的部分，以免缝合时张力过大，并考虑创缘对合整齐，如图Ⅱ-2-4 所示。边缘不整的创缘应尽量切修整齐。

坏死污染而不出血的皮下组织，都要切除干净，直到健康出血部为止。撕裂创剥脱皮瓣上的皮下组织，要彻底切除。小而深的创伤，在切除创缘和皮下组织后，要沿创口的纵轴方向或被毛方向切开皮肤与皮下组织，扩大创口，以便进行深部组织清洗，如图Ⅱ-2-5 所示。

深筋膜的破碎和污染部分，必须全部切除，并按原皮肤切口方向切开筋膜，以显露全部创腔，充分解除深层组织的张力。深筋膜切开是否充分，是清创术能否有效地解除深层组织张力的关键问题之一。必要时，可作深筋膜“十”形或双“十”形切口，使深筋膜彻底松弛，如图Ⅱ-2-6 所示。

坏死的肌肉应切除。凡肌肉呈暗红色，用钳镊夹之无收缩，或用刀切割而不出血，都是挫灭坏死的肌肉，应予以切除，一直切至出血时为止，如图Ⅱ-2-7 所示。坏死肌肉切除不彻底，极易造成厌气杆菌(气性坏疽、破伤风)繁殖和发病的条件。如有碎骨片或异物，应尽量取出，如图Ⅱ-2-8 所示。

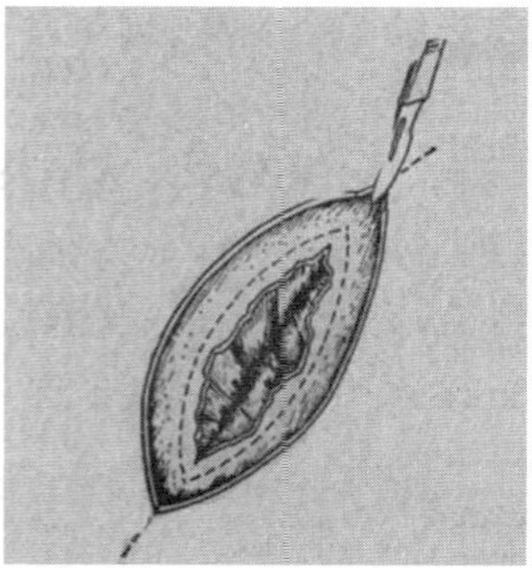

图Ⅱ-2-5　坏死皮下组织的切除

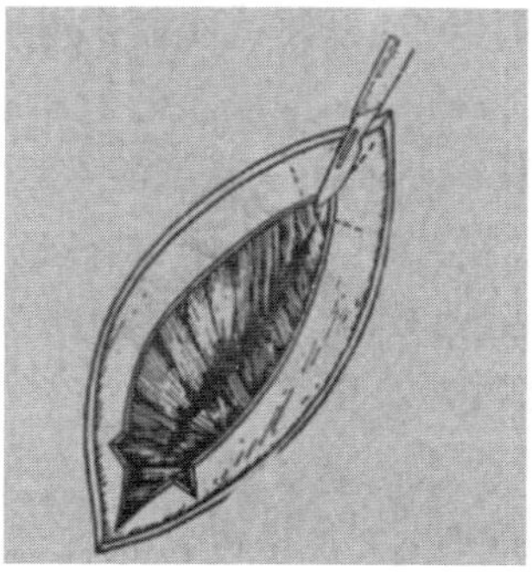

图Ⅱ-2-6　深筋膜“十”形或双“十”形切

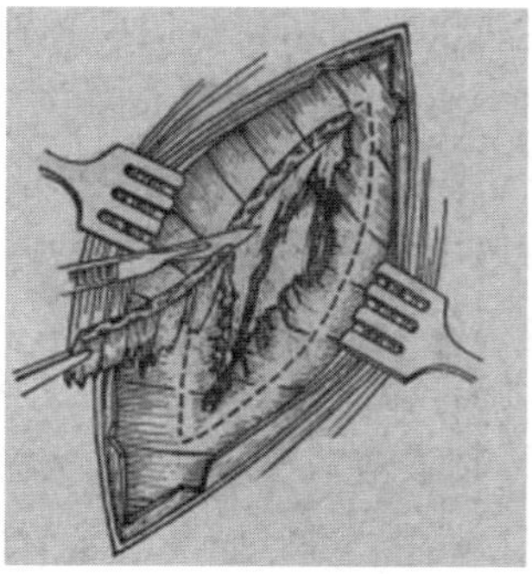

图Ⅱ-2-7　坏死肌肉的切除

血管、神经和肌腱的损伤，应根据具体情况分别处理。最后用灭菌生理盐水轻轻冲洗创腔，清除一切细小的异物、血凝块和组织碎片，彻底止血。

清创后是否进行初期缝合，应根据病畜局部污染程度、伤后经过时间、清创彻底程度、术后护理条件等考虑决定。在伤后 8 h 内得到清创处理，可作初期连续或间断缝合，8～24 h 内得到清创处理，以定位缝合加引流或仅作引流，争取延期缝合较为合适，24 h 清创的仅作引流，争取延期缝合。胸、腹壁透创，虽在 24 h 以上得到清创处理，术后仍应考虑初期缝合或定位缝合加引流。创腔内有神经、血管、肌腱、骨骼暴露时，即使不作初期缝合，也要用邻近肌瓣将这些组织覆盖，并作简单的定位缝合，或“8”字形缝合，以防暴露特殊组织发生坏死或感染，造成不良后果。但绝不应缝合深筋膜，以防深部组织肿胀时其张力得不到解除，并影响引流。

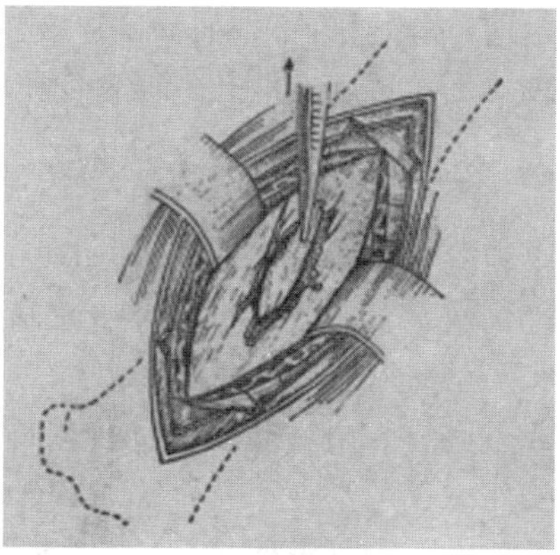

图Ⅱ-2-8　创腔内异物的取出

可作初期缝合的创口，如因皮肤缺损较多不能直接缝合，或勉强缝合后张力过大时，可在距原创口一侧或两侧 5～6 cm 处，作等长的减张切口，缝合原创口。减张切口可以根据情况直接缝合。

不能作初期缝合的创口，用盐水纱布疏松的引流。引流物要深入到创腔深部各个死角，但不要起填塞作用。较长的创口可在两端缝合 2～3 针，使创口缩小，有利于创面的对合、愈合，并争取延期缝合。

颈部与前后肢上部软组织中，深厚强大的肌群发生开放性创伤，若创腔深广，经清创后应在创腔的低位作反对口引流。方法是在创底用止血钳于两肌之间分离，直达创口附近低位引流的欲作反对口皮下。切开欲作反对口的皮肤、皮下组织和深筋膜，使原创腔与反对口交通，将引流物由原创口引申到反对口。此法即可减少血管、神经的损伤，又能获得良好的引流。

③术后护理。术后根据病情给予相应的抗生素。对局部创伤每日应作严密观察。如装有引流物，在 24～48 h，按分泌物多少取出更换。开放性的引流创口，除按时更换敷料，争取及时进行延期缝合或二期缝合。

(4)创伤用药。用药的目的是防止创伤感染，加速炎性净化，促进再生。药物的选择和应用取决于创伤的性状、感染的性质和创伤的时间。新鲜的污染创若污染轻，清创彻底，一般仅应用抗生素，也可以应用 10%氯霉素酒精药敷 3～5 min。如创伤污染严重，不能施行彻底的外科处理，需要早期大剂量应用抗菌药物(如青霉素、链霉素、氯霉素等)。对于化脓创，以控制细菌感染和促进炎性净化为目的，应选用高渗溶液清洗创腔，常应用魏氏流膏(碘仿 3，松馏油 5，蓖麻油 100)、呋吗唑酮鱼肝油流膏(1∶100)、8%～10%氯化钠溶液、10%～20%硫酸镁或硫酸钠溶液等。对于肉芽创应使用保护肉芽生长的药物，如抗生素软膏，3%龙胆紫等。

(5)创伤缝合。根据创伤情况可分适当选择初期缝合、延期缝合或肉芽创伤缝合。

①初期缝合。对受伤后数小时的清洁创或经彻底外科处理的新鲜污染创施行缝合。适合初期缝合的条件是创伤无严重污染，创缘及创壁完整且具有生活力，缝合时创缘不致因牵

引而过分紧张，不妨碍局部血液循环等。若不能满足上述条件，可采取部分缝合的方式即在创口下角留一排液孔。缝合创壁时，皮肤和深部组织作一次缝合，以减少创内的异物。

②延期缝合。先用药物治疗 3～5 d，待炎症消退和渗出减少时再施行的缝合。

③肉芽创伤缝合。用于加速创伤愈合，减少瘢痕形成。肉芽创应无坏死组织，肉芽组织呈粉红色平整颗粒状，肉芽组织上被覆的少量脓汁内无厌氧菌存在。通过适当的外科处理，10％氯霉素酒精药敷后方能施行肉芽创缝合。

(6)创伤引流。当创腔深、创道长、创内有坏死组织或创底有渗出物潴留时进行创伤引流，多用于深在的感染化脓创的炎性净化期。常用纱布条引流法，即根据创腔的大小和创道的长短，可做成不同的宽度和长度。将纱布条浸以药液（如抗生素生理盐水、10％氯化钠溶液等），用长镊子将纱布条的两端夹住，先将一端疏松地导入创底，另一端游离于创口下角，如图Ⅱ-2-9 所示。纱布条若在创内形成圆球样，则不起引流作用。临床上除用纱布条作为引流物外，也常用胶管、塑料管进行引流。换引流物的时间取决于渗出物的数量，渗出物多时应常换。引流物也是创内的一种异物，长时间使用能刺激组织，妨碍创伤的愈合。当炎性渗出物少时，应停止使用引流物。对于渗出物排出通畅的创伤、已形成肉芽组织创面的创伤、创内存有大血管和神经干的创伤、发生于关节和腱鞘的创伤等，均不宜使用引流疗法。

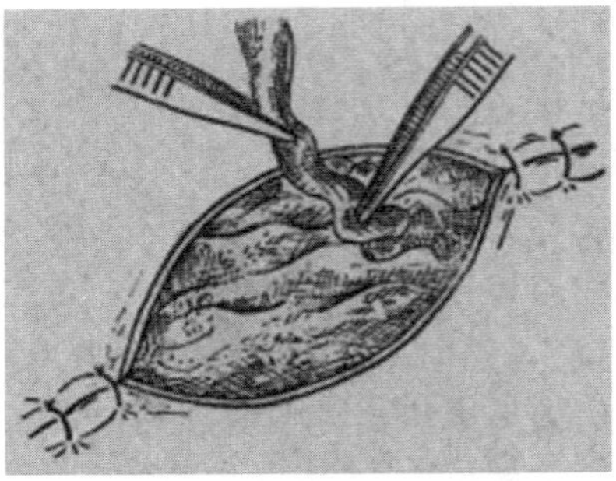

图Ⅱ-2-9　引流条的放置

(7)创伤包扎法。包扎不仅可以保护创伤免于继发损伤和感染，且能保持创伤安静、保温、保湿，有利于创伤愈合。包扎绷带用 3 层，即从内向外由吸收层（灭菌纱布块）、接受层（灭脱脂棉块）和固定层（卷轴绷带）组成。一般经外科处理后的新鲜创都要包扎。化脓性创伤，包扎要疏松且经常更换包扎绷带。创伤绷带的交换时间取决于渗出物的多少，当绷带被浸润而不能吸收渗出物时，或脓汁流出受阻以及需要进行创伤处理时，应及时更换绷带。更换绷带时，要轻柔、仔细、严密消毒，防止继发损伤和扩大感染。

(8)全身疗法。受伤轻微，无创伤感染及全身症状的病畜，可以不进行全身疗法。当病畜出现体温升高，精神沉郁，食欲减退、白细胞增多等全身症状时，应该施行全身疗法。可应用点滴补液，补葡萄糖、能量合剂、生理盐水等。为减少炎性渗出可少量静脉滴注钙制剂，如有酸中毒可静脉滴注 5％碳酸氢钠溶液。重者可进行输血及输血浆治疗。为了防止创伤感染，应及时合理地选用抗生素和其他抗炎药物。正确合理的饲养管理在创伤治疗上具有重要意义，它有助于防止有机体发生创伤感染和重度，并能增强创伤的炎性净化和促进创伤的组织再生以利于创伤的愈合。

3. 不同创伤的一般外科处理

临床实践中按创伤有无感染、化脓症状，可分为新鲜创与化脓感染创。新鲜创发生的时间较短，包括手术和新鲜的污染创（受伤时被污物、细菌等污染而未发生感染症状的创伤）；而化脓感染创是指被细胞感染后，出现化脓性炎症的创伤。

(1)对新鲜创的处理。应着重于创伤的止血与防止感染。

①创伤止血。根据创伤发生的部位和出血程度，除应用一般手术中的止血方法（止血钳止血及结扎、填塞止血法等）外，还可应用局部的和全身性的止血药。

②创围的清洗和消毒。先用灭菌纱布将创口盖住，剪去创围的被毛，用肥皂水或3%的来苏儿清洗创围，后用5%的碘酊消毒创围。

③清净创腔。用药液洗涤和器械处理的方法来防止创伤的感染。为此，取下覆盖创口的纱布，除去创内的异物，用生理盐水或0.1%～0.5%浓度的新洁尔灭反复洗涤创腔。再用无菌纱布轻蘸创腔。

④创伤的修整。对清洗后的清净创伤，仔细检查创内的情况，切除或修整创腔内的坏死组织和失活组织，使创腔、创缘整齐，然后用防腐消毒液(0.1%高锰酸钾溶液、0.1%雷佛奴尔溶液)或生理盐水清洗创伤，并向创内撒布磺胺粉或青霉素粉。最后作密闭缝合。

⑤创伤的缝合与包扎。对每个新鲜创是否都进行缝合，主要应视创伤的具体情况而定。当创面比较整齐，外科处理又比较彻底，可行创口的密闭缝合；当有感染的危险时，可行部分缝合，并于创口下方留出排液的创口；当创伤组织损伤严重或不易缝合时，可行开放疗法。

不能缝合的创伤，可根据创伤的部位，创液的多少及季节的不同，而对创口实行包扎或开放疗法。如果创伤的部位在四肢的末端，创液较少，而且在寒冷季节，可用脱脂棉或绷带包扎防冻。

密闭缝合创的拆线：创伤缝合后，如发现感染化脓则应立即拆除缝线，然后按化脓创处理；如果未感染而取第一期愈合，一般应在10 d左右拆线较为适宜，过早或过晚拆线都不利。

拆线时，应先用酒精或碘酊消毒缝线及其周围皮肤，然后用镊子轻轻提起线端露出少许埋入组织的缝线，用剪刀从该处剪断抽出。

新鲜创的换药时间，可根据病情而定，一般无明显过度肿胀及创液过多或污染时，可经2～3 d换一次药。

⑥中医疗法。以下药方可供选择。

用陈石灰300 g、大黄40 g，一起炒到棕红色时，凉后撒布在创伤上。

如果蹄子被钉子刺伤，可用乳香17 g、花椒18 g、清油140 g、没药19 g、共同煎后去渣，浸蹄。1 d浸数次，每次要把上述药液加热至沸再浸。

用人头发烧成灰加入适量的冰片，撒在伤口上。

用冰片23 g、芒硝60 g，研成末混合后，备用。患处剪毛消毒，把一块纱布展开，把药粉撒在中间，贴在患部，用绷带或胶布包扎固定。每2 d换药1次，用药2～4次，凡创伤感染没有化脓的，都可以用这一方法。

用煅龙骨20 g、三七12 g，共研为细末，敷在创口。

用当归20 g、乳香16 g(需去油)、血竭16 g、三七12 g、红花17 g、去油的没药18 g、儿茶18 g、锻珍珠5个、冰片10 g、雄黄11 g、麝香0.6 g，共研为细末，一般创伤只需敷2次即可。如果伤势较重，可先用18～32 g内服，立刻止痛，再清洗伤口上药，4次左右即可。

用白菜根9个、地龙140 g、红糖80 g，共研为细末，用冷水调制，敷在患部，可治疗被咬伤的创伤。

(2)对化脓感染创的处理。化脓创(被细菌感染化脓的创伤)的处理，目的在于除去创内的异物、坏死组织和脓汁，控制感染的扩展，促进创伤的净化、消除炎症。

①创围的清洗与消毒(同新鲜创)。

②清净创面。除用防腐消毒液外，对化脓感染创，临床上常用双氧水或碘酊双氧水(3%过氧化氢溶液内加入少量的碘酊)进行创面的清洗，然后再用生理盐水彻底清洗。特别是有

厌气性细菌感染时，应用强氧化剂0.5%高锰酸钾，3%过氧化氢洗涤创面。

③处理创腔。首先用外科器械扩创，除去创内的异物，切除坏死组织，清除脓汁。如果脓汁排出不畅或因创腔深而有蓄脓现象时，应扩创或做反对孔，以便于排出；其次，用防腐消毒药液或生理盐水清洗创面。

④应用药物。对化脓感染创，宜用高渗盐溶液，如10%氯化钠、10%硫酸钠，20%硫酸镁等。亦可用奥氏液[处方(单位:g)：碳酸钠4.0，硫酸镁或硫酸钠80.0，甘油28.0，碘酊20.0，毛地黄叶浸液3.0～6.0，蒸馏水180.0]、魏氏硫膏(处方：松馏油3.0，10%碘酊1.0，鱼肝油或蓖麻油100.0)、碘胺鱼肝油乳剂[处方(单位:g)]：胺苯磺胺5.0，鱼肝油，30.0蒸馏水65.0)或硫呋液(处方：0.05%呋喃西林100.0，硫酸镁10.0～20.0)。

用上述药液做创腔灌注或用脱脂棉纱布浸蘸上述药液并敷于创面上，再加以包扎。

⑤创伤的引流。当创腔较深(关节透创例外)，为使创液及脓汁顺利排出，常用纱布浸蘸上述药液进行创伤引流，使纱布条的一端导入创腔深部，但不要塞得过紧；另一端游离于创口下方，便于创液的流出。

⑥中医疗法。以下药方可供选择。

用大葱白捣烂，加适量的蜂蜜，调制成糊状。用高锰酸钾溶液清洗创面，然后涂上大葱蜂蜜合剂，3 d涂1次，5次即愈。

用黄丹、冰片、滑石粉、煅石膏各1份，共研为细末，密封备用。把创面按常规处理以后，撒上上述药粉，用消毒的纱布包扎。

把600 g蜂乳煮沸消毒，把2袋磺胺消炎粉和庆大霉素撒布在纱布条上，用蜂乳拌匀，把纱布湿透。把创面按常规处理过后敷上配制好的纱布条3层，最外面用消毒的纱布固定，2 d换药1次。

用轻粉30 g、没药32 g、龙骨20 g、乳香31 g、儿茶20 g、硇砂19 g，共研末，备用。把创面按常规消毒处理后，撒上药粉，再用消毒的纱布包扎好。

把大蒜捣制成糊状，再把大蒜与蜂蜜按1∶4的比例调制成糊状，配好备用。把创面消毒洗净，再把药膏放进创腔内，用纱布包扎2层即可。2 d换药1次。

用阿胶1份、红糖2份，共研细末备用。把创腔消毒清洗，拭干，填入适量药粉，填满创腔为止，再用纱布包扎。换药时，不要冲洗，可除掉纱布，再填进药粉。2 d换药1次。

用蓖麻油100 mL、碘仿1.5 g，混合以后涂布在创面。此法可用于炎症消退和化脓现象缓和症状。

有淤血肿痛的创伤，可用当归38 g、桃仁37 g、苏木20 g、红花21 g、丝瓜络22 g、酒大黄37 g、川芎21 g、积壳20 g，共研为细末，用开水冲调一次灌服。

(3)对肉芽创(组织修复期)的处理。目的在于促进肉芽生长，保护肉芽，防止肉芽赘生。

①创围的清洗与消毒同前。

②清净创面。清洗时，不能用刺激性强的药液，以免损害健康的幼芽组织。可用生理盐水或低浓度防腐液轻轻清洗，切忌强力粗暴地擦拭或刮削。

③应用药物。宜用软膏，如磺胺软膏、青霉素软膏、氧化锌水杨酸钠软膏等。

(4)对非健康肉芽的处理。当肉芽组织过度生长而超出创面时，应刮去或切除腐蚀不健康的肉芽，并清洗创面，撒布强氧化剂(如高锰酸钾粉)使其形成痂皮。

# 任务二　损伤并发症

## 子任务一　休克

### 一、相关知识

#### (一)了解概况

休克是机体受到强烈的刺激引起微循环血量锐减，微循环障碍，造成全身性细胞缺氧，代谢和功能紊乱。

#### (二)认知病因

多见于严重的外伤，大出血、大神经干损伤、骨折，过度的牵张肠系膜等。

根据病因休克可分低血容量性休克、感染性休克、心源性休克、神经源性休克和过敏性休克等。在外科临床常见低血容量性休克和感染性休克。

1. 低血容量性休克

低血容量休克主要包括创伤、烧伤、失液、失血等原因引起的休克。创伤性休克是因严重创伤而引起，常见于严重创伤、骨折和挤压伤等。造成休克的主要原因为剧烈的疼痛刺激、血浆渗出及全血丧失、坏死组织分解产物的释放和吸收。失液性休克常因重症胰腺炎、消化道梗阻、腹泻和消化道漏等引起。失血性休克多见严重创伤引起大血管破裂，物体撞击或坠落使内脏(肝、脾、肾)损伤引起的大出血或手术不慎造成的大血管出血等，因血容量锐减而引起休克。

2. 感染性休克

主要有感染性、神经源性、过敏性内、分泌性以及全身炎症反应性休克。感染性休克常因败血症、大面积烧伤、皮肤感染创、子宫积脓及化脓性腹膜炎等引起严重感染，产生大量细菌毒素所致。神经源性休克常因高度紧张、惊恐、高位脊髓损伤、脑疮、颅内高压而引起，也有的因麻醉药使用过量而引起。过敏性休克见于药物或血制品过敏，如青霉素过敏、静脉用中成药过敏，虫、蛇、蜂咬伤而致过敏等。内分泌性休克以肾上腺皮质功能不全为主要病因。全身炎症反应性休克常见于重症胰腺炎挠伤、创伤的急性反应期。

#### (三)识别症状

根据休克的发展过程，一般可分为三个时期。

1. 初期(微循环缺血期)

患畜呈兴奋状态。皮温下降，黏膜苍白，无意识大小便。呼吸加快，脉搏快而充实。该期持续时间短(短则几秒，最长不超过 1 h)，常被忽略。

2. 中期(微循环淤血期)

动物呈抑制状态。精神沉郁、不思饮食，视觉、听觉、痛觉反应消失。全身或局部颤抖，行走不稳。黏膜发绀、瞳孔散大、血压下降、体温降低，如不及时抢救，可以导致死亡。

3. 晚期(微循环衰竭期)

动物昏迷,体温继续下降,血压急剧下降,呼吸快而浅表,脉搏快而微弱,无尿。

## 二、任务实施

### (一)诊断

根据临床症状,注意结膜和舌的颜色变化,诊断并不困难。要做出早期诊断,应配合应用血压、中心静脉压、心率和毛细血管充盈度等检查项目。

1. 测定血压

在休克初期,因血管剧烈收缩,血压可维持接近正常水平,休克期则下降。平均动脉压降过多,则动物意识丧失,甚至导致脑缺血性休克。

2. 测定心率、呼吸频率和体温

休克时心率快,患畜可超过 150 次/min;呼吸次数增加;除某些特殊情况体温升高外,一般休克时体温低于正常体温,尤其体表末梢部位更加明显。

3. 毛细血管充盈度

用手指轻压齿龈或舌边缘,观察松压后血流充盈时间。正常犬、猫毛细血管充盈时间为 1 s 以内。在休克状态,其充盈时间超过 2 s。

4. 尿量测定

尿量能反映肾灌流情况,故也反映生命器官血灌流情况。可安插导尿管,观察每小时尿量。少尿提示肾血流不足,即全身血容量不足。如无尿,则表示肾血管痉挛,血压急剧下降。

### (二)治疗

休克属于一种危症,后果严重。如抢救不及时,会影响动物的生命,故应早发现、早诊断、早治疗。

1. 首先消除病因,保持足够的通气和输氧

对损伤性休克,应及时止血,补充血容量,改善血循环,纠正水、电解质和酸碱平衡失调。镇痛镇静可选用安痛定、强痛定等肌肉注射,剧痛时可选用吗啡或杜冷丁。兴奋期用氯丙嗪、安溴合剂等。

2. 补充血容量

补充血容量是抗休克的根本措施,要尽快恢复血容量。常用生理盐水、林格氏液、乳酸林格氏液、葡萄糖溶液、全血和血浆(或血浆代用品,如右旋糖酐)等。在严重休克确有酸中毒时(通过测定血气值确定)可用碱性药物,减轻酸中毒。常用碳酸氢钠进行治疗。

3. 纠正酸中毒

轻度的酸中毒可用生理盐水,中度以上的酸中毒需用 5%碳酸氢钠注射液,配合注射 3%过氧化氢溶液,能够提高疗效。

4. 激素疗法

在休克早期,应大剂量使用肾上腺皮质类固醇,可每千克体重静脉注射甲基强的松龙 15～20 mg 或地塞米松 4～8 mg。初次用量要大,加入等渗溶液静脉注射。每隔 4～6 h 注射 1 次,注意应与抗生素合用。

5. 广谱抗生素疗法

若为感染性休克,宜用广谱抗生素控制感染。开始用量要大,可经静脉给药。庆大霉素

按每千克体重 4.5 mg 的剂量溶于林格氏液滴注，一次持续 75 min。如肾功能正常，在此之后，可继续静脉注射庆大霉素，开始 3～5 h 剂量为每千克体重 1 mg，7 h 后，剂量升到每千克体重 4 mg，以后每隔 8 h 重复上述过程。

坚持对引起休克的原发伤及时有效处理为中心，突出以迅速补液扩容改善微循环及充足合理的氧供为重点，抓好心血管药物的应用、酸碱失衡的纠正和感染防治这三个环节。

## 子任务二 溃疡

### 一、相关知识

#### （一）了解概况

溃疡是皮肤或黏膜上经久不愈合的病理性肉芽创。其表面为细胞分解产物、细菌及脓性分泌物或腐败分解产物；其深部为生长缓慢的肉芽。溃疡病灶周围常伴有慢性炎症。

#### （二）认知病因

机体局部血液、淋巴循环和物质代谢紊乱，机体缺乏维生素和内分泌紊乱；异物、分泌物及排泄物的刺激；慢性消耗性疾病的局部表现，如肿瘤、糖尿病等。某些外科感染、传染病和炎症的刺激等。

#### （三）识别症状

1. 单纯性溃疡

有少量浓稠黄白色的脓性分泌物覆盖在肉芽表面，干涸后可以形成痂皮，其脱落后，露出蔷薇红色肉芽，表面平整，颗粒均匀。上皮生长缓慢，呈淡红色或紫色。溃疡病灶周围肿胀。

2. 炎症性溃疡

多因机械性、理化性、分泌物和排泄物的长期作用而形成。肉芽呈鲜红色，表面脓汁较多。局部增温，周围肿胀，疼痛。

3. 蕈状溃疡

多发生于四肢末端。肉芽表面有少量脓性分泌物。肉芽呈紫红色，易出血，往往高于体表，呈现大小不同、凹凸不平的蕈状突起。上皮生长缓慢，病灶周围有肿胀。

4. 褥疮性溃疡

局部长期受压，导致血液循环不良而发生皮肤坏疽。多发生在机体突出部位。坏死的皮肤脱毛、干涸，呈灰褐色或黑色。坏死部与周围界限明显。坏死的皮肤等组织脱落后，露出不易愈合的肉芽创，其表面有少量黄白色的黏稠脓汁。

### 二、任务实施

#### （一）诊断

根据皮肤、黏膜症状表现进行诊断。

#### （二）治疗

1. 单纯溃疡

治疗可以使用含 2%～4%水杨酸的锌软膏、鱼肝油软膏等，促进肉芽的正常发育和上皮形成。

2. 炎症性溃疡

治疗时，局部禁用有刺激性的药物。如果有脓汁潴留，应该及时扩创排净脓汁。病灶周围可使用青霉素普鲁卡因溶液封闭。为了防止从溃疡表面吸收毒素，可用浸有20%硫酸钠或硫酸镁溶液的纱布盖在创面上。

3. 蕈状溃疡

治疗时，可以采用剪、切、烧烙法除去。也可以用烧碱、20%硝酸银溶液等腐蚀除去。也可用 $CO_2$ 激光除去等。

4. 褥疮性溃疡

治疗时，为了预防褥疮的发生，对长期不能站立的动物，应提供较厚的垫草，经常让动物变换卧姿。选用3%～5%龙胆紫酒精溶液或3%煌绿溶液涂患部，每日2～3次。多晒太阳或应用紫外线和红外线照射可以促进褥疮的愈合。

## 技能训练十三　创伤的处理技术

【目的要求】

(1)了解新鲜创、化脓创和肉芽创的临床特征。

(2)掌握新鲜创、化脓创和肉芽创的治疗。

(3)熟悉外科处理常用防腐剂及使用方法。

【诊疗准备】

**(一)病例准备**

患新鲜创、化脓创和肉芽创的病畜各一例，也可给实习动物人造各种创伤。

**(二)材料准备**

剪毛剪2把，外科剪2把，外科刀1把，探针1个，大、小镊子2把，量尺1个，器械盘1个，贮槽1个，洗手盆1个，毛巾，毛刷等。

**(三)药品准备**

水溶性防腐剂，油膏防腐剂和粉末防腐剂各备三种以上，酒精棉球，碘酊棉球，生理盐水等。

【方法步骤】

(1)将患新鲜创、化脓创和肉芽创的病畜各一例，保定在四柱栏或六柱栏内。

(2)教师按新鲜创、化脓创和肉芽创的顺序进行观察其临床特征与治疗方法步骤示教。

【注意事项】

(1)创伤治疗中所能应用的防腐剂，应该备齐，以便学生了解。

(2)用作引流的纱布条，应适合具体的创腔。一般其愈长，则愈宽。若长而窄，达不到引流的目的。

(3)合理地用药，有利于创伤的愈合。有化脓性炎症时，每日用药1次，若化脓停止，生长肉芽时，隔2～3 d用药1次。

【作业】

**(一)病例分析**

由学习委员或老师组织学生对所实习的病例进行分析讨论，进一步加强对创伤的诊断及治疗技术的学习。

**(二)写出实习报告**

写出实习报告，并详细说明新鲜创、化脓创和肉芽创治疗的异同点。

## 能力拓展

下述技能项目可以根据学校的实际情况来完成，可以在学校的动物医院进行，亦可以在实训室进行或在校外实习实训基地进行。以学生为主体，分组进行，3～5人1组。实习指导教师 对学生的诊断和治疗过程进行必要的指导，并且对治疗方案和治疗效果进行评价，指出成功的经验和存在的问题，目的为进一步提高学生对动物损伤性疾病和损伤并发症的临床诊疗技能。

(1)牛蹄部钉创的处理。

(2)马挫伤的处理。

(3)犬血肿的诊疗。

(4)猪腹壁淋巴外渗的诊疗。

(5)猫皮肤溃疡的治疗。

## 复习思考题

**一、名词解释**

创伤、血肿、休克、溃疡、瘘。

**二、填空**

1.造成损伤的原因有__________、__________、__________、__________。

2.创伤由__________、__________、__________、__________、__________。

3.创伤的症状__________、__________、__________。

4.创伤的治疗原则__________、__________、__________、__________、__________。

5.挫伤是较强的__________外力直接作用于机体，引起软组织的__________性损伤。

6.休克多见于严重的____________________等。

**三、简答题**

1.简述血肿和淋巴外渗的异同点及临床处理方法。

2.简述休克的病因、症状及抢救方法。

3.简述溃疡的症状及治疗方法。

4.简述瘘的症状及治疗方法。

Project 3

# 头部疾病防治

## 知识目标

- 了解动物常见眼病、舌病及耳病临床发病情况。
- 熟悉动物眼病、舌病及耳病的诊断和治疗技术要点。
- 掌握动物眼病、舌病和耳部等疾病的发病原因、发病机理、临床症状、治疗方法和预防措施。

## 技能目标

- 通过学习，学生应具备能够正确诊断和治疗结膜炎、角膜炎、舌损伤和耳部炎症等头部疾病的能力。

# 任务一 眼病

## 子任务一 眼底检查

检眼镜是眼底检查的常用工具。检眼镜种类很多，可以分为直接检眼镜和间接检眼镜。用直接检眼镜检查眼底所看到的眼底像是原眼底放大约 16 倍的正像；用间接检眼镜检查眼底所看到的眼底像是原眼底放大 4～5 倍的倒像。

### 一、眼底检查方法

#### (一)在光线暗的环境中检查眼底

让动物站在或者卧在光线较暗的环境中。首先用 1%硫酸阿托品溶液 3～5 滴点眼，经过 15～30 min 瞳孔散大后，将光源(电灯或者手电筒)放在待检眼的外侧 30 cm 处。

检查左眼时，检查者用右手固定病畜头部，以大拇指帮助抬起上眼睑。左手持检眼镜，站在(或坐在)病畜左侧，左眼观察眼底。反之亦然。检查视乳头时，光源应该处在颞侧约 15°的地方；检查眼底周边区域时，应该将检眼镜角度上、下、左、右调整。检查眼底时先检查视乳头，再按视网膜上动脉分支，逐步检查各个象限，最后检查黄斑部。

让病畜的眼睛和检查者的视线处在同一平面上，检查者的视线向颞侧偏 15°，检眼镜位于待检眼前 2 cm 处，若检查者与病畜的待检眼都无屈光不正，按理说把检眼镜调到"0"处就可以看清视乳头的形态，但是由于被检病畜眼的调节作用，常常需要用 2～4 个屈光度的凹球面镜。若以上度数还不可以看清眼底，可以再把检眼镜转盘朝左或右方转动，直至看清为止。检查时应该首先检查视乳头，看其大小、形状、颜色及边界是否清楚，有无水肿(水肿程度以屈光度表示，每相差 3 个光度相当于 1 mm 的高度)等。从视乳头水平位置向外移动约 2 个视乳头的距离，观察黄斑部有无水肿、渗出物和中央凹反光现象是否存在等。然后，沿视网膜中央动脉及静脉的 4 条分支，观察动脉、静脉的管径大小、颜色、光柱宽窄，有无动脉、静脉交叉压迫现象，有无新生血管等。最后观察视网膜上有无渗出物、出血斑、新生物及视网膜脱落等现象(图Ⅱ-3-1)。

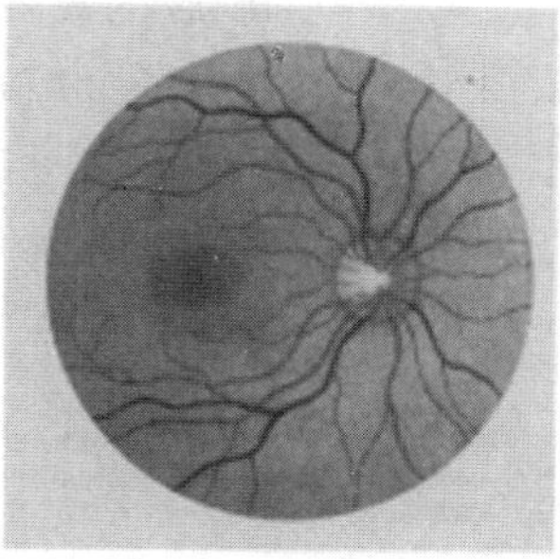

图Ⅱ-3-1 正常眼底

#### (二)检查眼屈光间质混浊现象

将检眼镜转盘调到+8～+10 屈光度处，放在待检眼前 10～20 cm 处，让光线射入待检眼的瞳孔后就可以观察了。动物眼睛的瞳孔区正常情况下为均匀的橘红色反光，若屈光间质有混浊现象，在瞳孔红色反光中有不同程度的黑色混浊出现。上述混浊有固定和飘动两种情形，前者是位于角膜和晶状体中，后者多数在玻璃体内。若要判定固定混浊物的位置，可以让动物转动眼球，如果黑影随眼球一起运动，说明混浊物位于晶状体之前；假如黑影向眼球运动相反方向移动。说明混浊物位于晶状体之后(玻璃体);假若黑影位置始终不变,说明混浊物在晶状体中。

## 二、眼底检查结果

一般正常眼底视毡呈绿色,其周围呈现浅蓝色,中央呈黄色斑部。在绿毡内有许多黑点,绿毡下部玫瑰黄色的横椭圆形,即是视乳头。

牛的视毡和马有所不同,绿毡的颜色比马的浅,且呈现浅黄绿色,无明显的深暗部分,在其边缘有斑点,绿毡面可占眼底的大部分。其视乳头为不正形或椭圆形,在其中心部能见到不大的凹陷,视乳头为灰白色或淡黄色。有3对动、静脉从视乳头中心分出,可以至锯齿缘,上枝比其他两枝粗大,呈纵行方向走出,最初的分支几乎与主干呈直角,继而再分出呈锐角的较细分支。

检查周边的眼底病变时,要以被检眼的瞳孔为中心。检查上方周边眼底时,被检动物的头部和检眼镜要稍移向下方,反之亦然。

## 三、眼科常用药

### (一)洗眼液

2%~4%硼酸溶液、0.9%生理盐水、0.5%~1%明矾溶液和0.01%呋喃西林溶液等。

### (二)收敛药和腐蚀药

0.5%~2%硝酸银溶液、0.5%~2%硫酸锌溶液、2%~10%蛋白银溶液、1%~2%硫酸铜溶液、1%~2%黄降汞眼膏以及硝酸银棒和硫酸铜棒等。

### (三)磺胺类与抗生素类

3%~5%磺胺嘧啶溶液、4%磺胺异噁唑溶液及10%乙酰磺胺钠眼膏;0.5%~1%新霉素溶液、0.5%~1%金霉素溶液、3%庆大霉素溶液、1%卡那霉素滴眼液、甲哌力复霉素眼药水(利福平眼药水)等。抗生素眼膏:新霉素—多黏菌素眼膏、3%庆大霉素眼膏、1%~2%四环素、红霉素及金霉素眼膏等。

### (四)皮质类固醇类

此类药可以局部和结膜下注射,也可以和抗生素合用。0.1%~0.2%氢化可的松溶液及0.1%~1%强的松龙溶液点眼。结膜下注射可以选用:1 mL 含 4 mg 的地塞米松、1 mL 含 25 mg 的强的松龙等。皮质类固醇和抗生素联合使用:新霉素、多黏菌素与0.1%二氟美松;1.5%新霉素与0.5%氢化可的松;青霉素与地塞米松合用等。

### (五)散瞳药

0.5%~3%硫酸阿托品溶液或1%硫酸阿托品眼膏、0.25%东莨菪碱溶液等。

### (六)缩瞳药

1%~6%毛果芸香碱滴眼液或1%~3%软眼膏、0.25%~0.5%毒扁豆碱溶液或眼膏、1%乙酰胆碱溶液等。

### (七)麻醉药

给马做角膜和眼内手术时,一般采用全身麻醉。表面麻醉药物有:0.5%~2%盐酸可卡因溶液、0.5%盐酸丁卡因溶液等。

## 四、眼病常用治疗技术

### (一)洗眼

1.目的

主要用于各种眼病的辅助治疗，特别适用于结膜和角膜炎症的治疗，冲洗后再用药，能够加强疗效。

2.药械

2%～4%硼酸溶液等。冲洗器、洗眼瓶、洗眼壶或20 mL注射器。

3.方法

将动物在六柱栏内站立保定，头部要三角形固定。一只手的大拇指与食指翻开上下眼睑，另一只手持冲洗器冲洗患眼，若冲洗不彻底时，可以用硼酸棉球轻试结膜囊。

4.注意事项

操作中防止动物骚动，防止冲洗器损伤眼睛。

### (二)点眼

1.目的

治疗眼部的各种炎症。

2.药物

2%红霉素眼膏、2%～3%黄降汞眼膏；鳖胆眼药水；明目散等。

3.方法

将动物头部固定好，用一只手的大拇指和食指翻开上下眼睑，另一只手将眼膏或眼药水、眼药末涂、点、撒入结膜囊内，而后闭合眼睑并轻轻按摩，让药物分布均匀。

4.注意事项

用药时防止动物骚动，避免损伤角膜。

### (三)角膜的穿刺技术

1.目的

取混睛虫。

2.药械

5%盐酸普鲁卡因溶液、3%芦荟酊等；小号三棱针或较细的静脉注射针头、细线、眼科镊子等。

3.方法

将动物站立保定或侧卧保定(此时患眼位于上边)，头部固定确实可靠。而后用注射器吸取清洁冷水反复冲洗眼球，或用5%盐酸普鲁卡因溶液点眼进行表面麻醉，固定眼球。以左手大拇指和食指张开眼睑，右手持三棱针或静脉注射针头(在距尖部0.3～0.5 cm处缠上数圈细线，以免损伤虹膜)，等虫体在眼前房中游动时，迅速在角膜下缘(开天穴处)，以针尖斜向刺穿角膜。穿刺时应该轻手急针，同时左手轻压眼球，则虫体随眼房液流出。若虫体停滞在穿刺孔处，可以用眼科镊小心取出。当第1次穿刺未能穿出虫体时，可以待眼房液充满后，再进行第二次穿刺，也可以用3%芦荟酊点眼杀死混睛虫。

4.注意事项

(1)避免穿刺针过粗、穿刺太深，损伤虹膜或晶状体，引起眼前房出血。

(2)操作完毕后，局部涂以消炎、促进吸收和消散的药物，并加强护理。

## 子任务二 结膜炎

### 一、相关知识

#### (一)了解概况

结膜炎是眼结膜受到外界因素刺激和感染引起的炎症，是各种动物皆可以发生的常见眼病，尤其马、牛、犬常见。结膜炎可以分为急性和慢性两种，急性结膜炎又名暴发火眼。

#### (二)认知病因

本病的发生主要因为各种异物(如尘土、砂子、植物碎屑和小虫等)落入结膜囊内，或鞭打石伤，或刺激性气体(如烟、氨气和硫化氢等)等外界因素对结膜的刺激或直接损伤，相邻组织器官炎症的蔓延，以及继发于某些流行病(如腺疫、流感、犬瘟热及某些寄生虫病等)等。

#### (三)识别症状

结膜炎的共有症状为羞明、流泪、结膜充血和肿胀、眼睑痉挛、渗出物及白细胞浸润。

急性结膜炎以怕光、流泪、结膜潮红肿胀和眼睑闭合为主要症状。局部热、痛。初期炎性分泌物为浆液性，随后逐渐变为黏液性，甚至脓性。有时炎症可以蔓延到角膜，导致角膜混浊。若继发角膜化脓性炎症时，则一般症状明显增重，并有大量脓性分泌物产生，严重时可以发生角膜溃疡，甚至穿孔继发全眼球炎(如犬瘟热)。

慢性结膜炎，症状不明显，结膜暗红色、肥厚呈丝绒状，基本不羞明，分泌物浓稠，由于分泌物的经常刺激，眼内角下方皮肤发生湿疹，呈现脱毛、瘙痒。

### 二、任务实施

#### (一)诊断

根据病畜患眼结膜潮红，羞明，流泪，眼睑肿胀，疼痛，眼内有黏液性或脓性分泌物等症状就能够确诊。

#### (二)治疗

治疗原则为消除病因，消炎镇痛，清泻肝火。

1.清除异物等

使用没有刺激性药液(如2%～4%硼酸溶液、0.01%新洁尔灭溶液、0.1%雷佛奴尔溶液或0.9%生理盐水等)冲洗患眼。若分泌物太多可以使用0.3%硫酸锌溶液、1%～2%明矾溶液或1%硫酸铜溶液冲洗患眼。

2.消炎镇痛

用浸有2%～3%硼酸溶液或0.01%新洁尔灭溶液纱布敷在眼上，每日换3次。也可以用青霉素、红霉素或可的松点眼。疼痛严重者可以使用1%～2%盐酸普鲁卡因溶液点眼。

3. 慢性结膜炎

可以使用0.5%～1%硝酸银溶液点眼或用硫酸铜棒轻擦上下眼睑，擦后立即用硼酸溶液冲洗，然后再进行温敷。也可以使用2%黄降汞眼膏涂于结膜囊内。中药川连1.5 g、枯矾6 g、防风9 g，煎后过滤，洗眼效果良好。对于顽固性的病例，可以应用自家血液疗法。

4. 中药疗法

对症治疗结合内服青箱子散效果良好。

青箱子散方药：青箱子30 g、龙胆草30 g、草决明30 g、石决明30 g、木贼草30 g、井泉石30 g、黄连30 g、白菊花45 g、黄芩30 g、郁金30 g、苍术30 g、防风30 g、甘草30 g，共为末，开水冲，候温加入蛋清5～7个同调灌服。

也可以应用一味蒲公英汤治疗，蒲公英250 g(鲜的500～1 000 g)，水煎灌服。灌服时可以留出1茶杯，过滤后洗眼。

5. 放血疗法

当结膜潮红肿胀明显，炎症剧烈时，针刺太阳穴放血疗效良好。

### (三)预防

(1)保持厩舍和运动场的清洁卫生。合理的通风换气，适中的光照。严禁舍内干扫地、调制饲料和刷拭畜体。笼头不合适应该加以调整。

(2)在小麦收获季节，每天用0.9%生理盐水洗眼2次。

(3)治疗眼病时，严禁使用浓度高和变质的药品。

## 子任务三 角膜炎

## 一、相关知识

### (一)了解概况

角膜炎是眼角膜组织炎症的总称。临床上可以分为表层性、深层性和化脓性角膜炎。发病后，若不及时治疗，急性转化慢性，形成角膜混浊或角膜翳。

### (二)认知病因

角膜炎多数由于鞭打、笼头压迫、倒睫和进入异物等因素导致，或者化学物质灼伤致病，或者继发及并发于腺疫、流感、传染性角膜炎、混睛虫病、结膜炎、周期性眼炎和维生素A缺乏症等疾病。

### (三)识别症状

角膜炎的共有症状为羞明、流泪、疼痛、眼睑闭合、角膜混浊、角膜损伤及溃疡等。

1. 表层性角膜炎

角膜肿胀，患部粗糙不平，透明度下降，混浊部呈灰白色(图Ⅱ-3-2)。弥漫性混浊常从角膜周围开始，逐渐发展到中部。病程久时，角膜上出现新生血管，呈树枝状分布在角膜表面。

2. 深层性角膜炎

一般症状同表层性角膜炎，但是，角膜表面不粗糙且有镜状光泽。在角膜深部，呈点状、棒状和云雾状混浊，呈现灰白色、乳白色、黄红色和绿色等。角膜边缘和周围血管充血，并出现明显的新生血管，有时与虹膜发生粘连。

3. 化脓性角膜炎

炎症初期角膜周围充血，羞明，流泪，剧痛，继而浸润形成脓肿，角膜上出现数目不等的、粟粒大至豌豆大的黄色局限性混浊，在混浊部周围出现灰白色的晕圈，轻者向外破溃，流出脓液形成溃疡；重者向内穿孔，形成眼前房蓄脓。

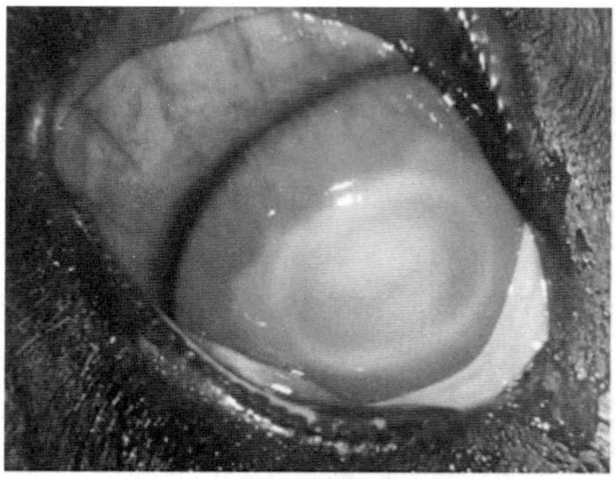
图Ⅱ-3-2　牛角膜混浊（石冬梅 摄）

## 二、任务实施

### （一）诊断

病畜羞明流泪，疼痛，眼睑肿胀、闭合，角膜周围充血、有新生血管，角膜呈现不同程度混浊。依据上述症状，可以确诊。

### （二）治疗

本病的治疗原则为消除炎症，促进混浊的吸收与消散。

1. 消除炎症

先用洗眼液冲洗患眼，除去异物和分泌物，用消毒过的棉球轻拭以吸干冲洗液。而后用青霉素、醋酸可的松滴眼液点眼，每天 2～3 次。

对于急性角膜炎，可以采取球后封闭疗法，用 0.5%～1%盐酸普鲁卡因溶液 10～15 mL 加入青霉素 20 万～40 万 IU，在眼窝后缘向面嵴的延长线作垂线，两线的交点即注射部位。注射时，用长 10 cm 针头，避开皮下的面横动脉垂直刺入皮肤，直达眼窝底部（马、牛深 7～8 cm），缓慢注液，每周 2 次，消炎镇痛作用良好。

若继发虹膜炎，可以应用 0.5%～1%阿托品溶液点眼，每天 2 次。若感染化脓时，可以使用 0.9%生理盐水洗眼后涂以抗生素眼膏，同时全身使用抗生素（亦可以用磺胺类药物）治疗。

2. 促进混浊的吸收与消散

温敷后，使用细塑料管一端装入甘汞与乳糖（白糖亦可以）等量的混合粉末，吹到角膜上，然后再轻轻按摩眼睑 1 min，每天 3 次，连用 2～3 d。

为了加快吸收可以在眼睑皮下注射自家血液 2～3 mL，隔 1～2 d 注射 1 次，连用 2～3 次；亦可以应用 0.5%盐酸普鲁卡因注射液 2 mL、青霉素 10 万 IU 和氢化可的松 2 mg 均匀混合液，球结膜下注射，每日或隔日 1 次。

若出现角膜翳时，可以采取中医药疗法。采用圆珠笔芯粗细的新鲜柳树条一支，切成 10～15 cm 长且去皮备用。牛站立保定，打开口腔，将柳树条全部插入角膜混浊对侧的鼻腭孔（即右眼角膜混浊，插入左侧鼻腭孔，反之亦然），留置不用取出。1%三七液煮沸灭菌，冷却后点眼，不仅对损伤的角膜愈合有促进作用，而且能够使角膜混浊减退。亦可以同时外用明目散，内服拨云退翳散（明目散：硼砂 3 g、炉甘石 15 g、朱砂 1 g、卤砂 1 g，共为细末，细箩筛后装瓶备用。外用吹眼，每天 2～3 次。拨云退翳散：川芎 30 g、菊花 30 g、密蒙花 30 g、蔓荆子 30 g、蝉蜕 30 g、蛇蜕 30 g、木贼 30 g、楮实子 30 g、荆芥穗 30 g、地骨皮 30 g、当归 30 g、蕤仁 30 g、黄连 30 g、甘草 30 g、生地 20 g，共为细末，开水冲后候温灌服，隔日 1 次）。也可以选用下述方法：其一，蝉蜕 500 g，焰黄为末，混于草料内喂服，每天 3 次，每次 30 g，直至翳基本退净为止；其二，龙胆草 15 g、草决明 30 g、夜明砂 30 g、青箱子 30 g、木贼草 30 g，共为细末，开水冲后候温灌服；其三，针灸疗法，配合上述药物治疗有很好的效果。针刺太阳、眼脉、睛明等穴位，隔日 1 次，连用 3 次。

# 任务二　舌损伤

## 一、相关知识

### (一)认知病因

本病多见于马、牛，其他动物也可以发生。马属动物主要因为齿病、口勒装得不合理或者拉缰绳粗暴等引起；牛主要是由于误食尖锐或者有刺的异物、用细绳对下颌作强力保定和装置开口器不当等方面导致；犬、猫是因为吃碎骨片、鱼刺等方面引起，训练工作犬衔物时可能导致舌体误伤。

### (二)识别症状

舌损伤初期，表现为口炎症状，涎中混有血液，有食欲，但是进食困难或不能进食。口腔检查可以见到多种状态的损伤，轻的仅仅擦伤黏膜，但是，大多数病例皆伤及肌肉，发生舌的撕裂、缺损或断离。损伤时间较长的，损伤的舌面坏死、颜色发白，有恶臭味且缺乏弹性。由锐齿导致损伤的多数位于舌的侧面；因口勒引起的多数是横创，出血较多；由开口器导致的舌损伤常常伴有齿龈的损伤；犬、猫舌刺创常常在舌组织深部有异物残留。

## 二、任务实施

### (一)诊断

病畜咀嚼困难，涎中带血。检查时，发现舌部疼痛，并有不同程度的损伤。

### (二)治疗

1. 消除病因

对于损伤较轻的病例，创面用 0.1%高锰酸钾溶液冲洗，然后，在创面上涂碘甘油或撒布青黛散(青黛、黄柏、儿茶各 30 g，冰片 3 g，明矾 15 g，共为末，用细箩过筛)。使用青黛散，一般采用口衔纱布条法：用一块较大的长方形纱布包上足量的青黛散后卷成条状，将其衔于口内，并固定确实。

2. 舌缝合术

如果创口裂开较大、缺损或舌尖部断裂，应该及时施行舌缝合术。施术时，动物采取站立保定。

(1)麻醉。可以进行全身麻醉或舌神经传导麻醉。舌神经传导麻醉操作如下：于舌骨突起前 2～3 cm 处，将长 5～10 cm 的针头垂直地向口腔底部刺入，随着针头的刺入不断地注射 2%盐酸普鲁卡因注射液，先少后多，直到刺入 5 cm 深处，药液总量不超过 20 mL。然后回抽针头，当针尖达到皮下时把针头向一侧倾斜，使呈 45°～60°角，再将针头推向下颌骨内侧面，直至针头接触骨面，然后略回抽针头并注射 2%盐酸普鲁卡因注射液 20 mL。同样的方法向另一侧注射同量的同种药液。经过 5～10 min 后，即发生麻醉作用，这时舌会自动脱出口腔。

(2)手术方法。装上开口器。对于新鲜创，首先除去口腔内的异物，用 0.1%高锰酸钾溶液等消毒液彻底清洗口腔，然后将舌经口角处缓慢拉出，用消毒绷带在舌体后方扎紧，起到止血和固定作用，舌创面清洗后作水平钮孔状缝合，并且在创缘对合处补以间断缝合。对于陈旧性舌损伤应该先做合理的修整术，造成新鲜创面，发生舌坏死时，应当将坏死部分切除，创面做成楔形，清洗消毒后缝合。

缝合时，缝合线穿过舌组织时，要距舌腹侧黏膜 2 mm 以上，不适宜穿透舌腹侧黏膜，避免缝合线刺激口腔底的黏膜。见图Ⅱ-3-3 至图Ⅱ-3-5。

A

B

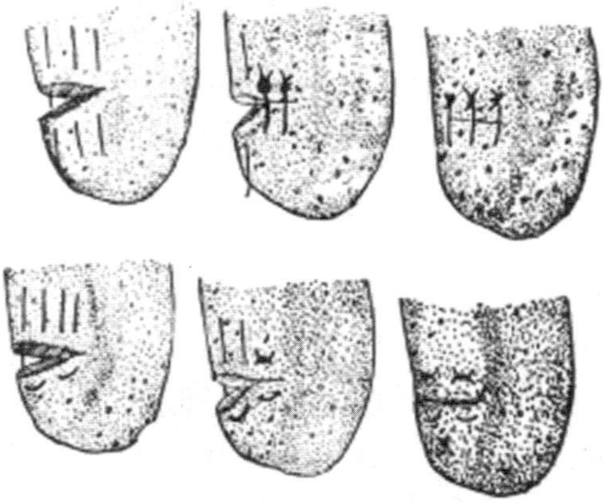

**图Ⅱ-3-3　舌缝合**

A. 结节缝合　　B. 水平钮孔状缝合

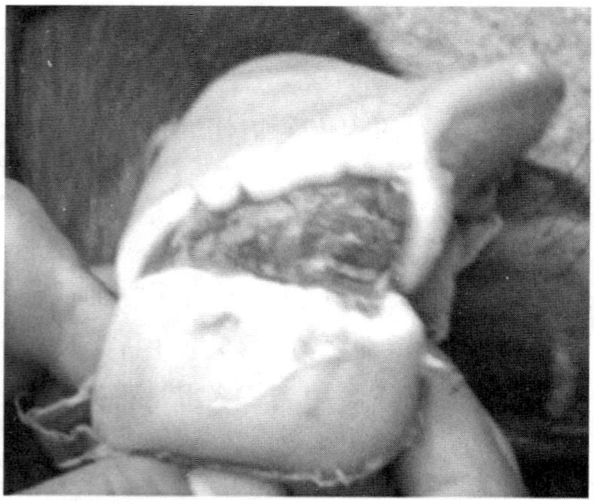

**图Ⅱ-3-4　马舌断裂**(石冬梅 摄)

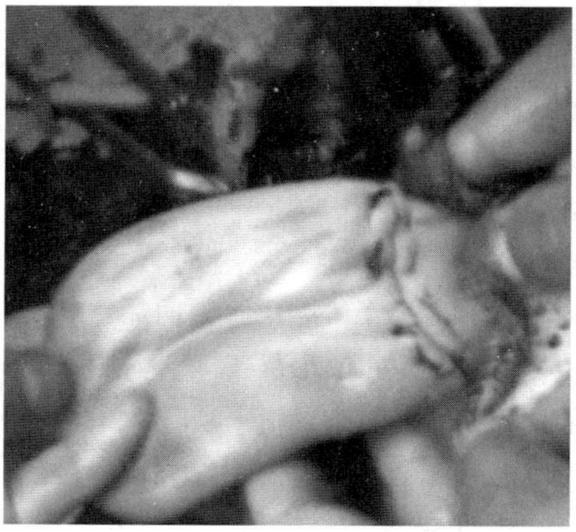

**图Ⅱ-3-5　马舌断裂缝合后**(石冬梅 摄)

3. 舌损伤护理

术后 5 d 内禁止采食，但是可以饮水。每天用 0.1%高锰酸钾溶液冲洗口腔 1～2 次。马属动物可以用胃管经鼻投饲，牛可以在手术 3 d 后用胃管经过口腔投饲。5～7 d 后可以给予软而嫩的青草或青干草等饲料。喂后要用 0.1%高锰酸钾溶液冲洗口腔。经过 10～12 d 后可以拆线。

# 任务三　耳病

## 子任务一　外耳炎

### 一、相关知识

#### (一)了解概况

外耳炎是指发生于外耳道的炎症。犬、猫多发。依据病程可以分为急性和慢性外耳炎；依据病原可以分为细菌性、真菌性和寄生虫性外耳炎。

#### (二)认知病因

1. 机械性因素刺激

如芒刺、被毛、泥土、耳垢或昆虫的刺激，加之搔抓、摩擦导致外耳道损伤，病原微生物侵入伤口或毛囊、耵聍腺，引起炎症。洗涤液进入外耳道，也可以诱发该病。

2. 病原微生物

常见病原体有金黄色葡萄球菌、链球菌、假单胞菌、变形杆菌等；糠疹癣菌、念珠菌等；耳痒螨。

3. 过敏反应

如食物过敏也可以导致本病。

#### (三)识别症状

从外耳道内排出不同颜色带臭味的分泌物，其量不等。多量的分泌物流出时，可粘着耳廓周边被毛，并浸渍皮肤发炎，甚至溃疡。耳部瘙痒，马、牛等大动物常常在树干或墙壁上摩擦耳部；犬、猫等小动物常用后爪搔耳抓痒。因为炎症导致的耳部疼痛，指压耳部动物敏感。久病者外耳道上皮肥厚，分泌物黏稠。当耳垢和分泌物堵塞外耳道时，导致听力减退。

### 二、任务实施

#### (一)诊断

根据动物耳部异常气味、分泌物和发痒、耳部敏感等症状进行诊断。

#### (二)治疗

对于耳部疼痛高度敏感的动物，应该在进行治疗前向外耳道注入可卡因甘油(可卡因0.1 g加甘油10 mL)。使用3%过氧化氢溶液充分清洗外耳道，再用灭菌棉球拭干，然后涂擦1%～2%龙胆紫溶液或1∶4碘甘油溶液，也可以涂以氧化锌软膏。细菌性外耳道炎症时，可以使用抗生素溶液(如庆大霉素注射液)滴耳；寄生虫性外耳道炎症时，可以使用杀螨剂滴耳；真菌性外耳道炎症时，可以向外耳道内涂抹杀真菌膏剂，直到外耳道内鳞屑消失；过敏性外耳道炎症时，可以向外耳道内滴入糖皮质激素。外耳道内分泌物干涸堵塞时，可以使用注射用糜蛋白酶 4 000 IU 溶于 8 mL 氯霉素眼药水中滴耳，待软化后取出。对于重症或慢性外耳道炎症，可以手术切除部分外耳道，引流，进行开放性治疗。

## 子任务二 中耳炎

### 一、相关知识

**（一）了解概况**

该病是鼓室以及耳咽管的炎症。临床上多为卡他性和化脓性炎症。各种动物皆可以发生，但是犬、猫、猪和兔多发。

**（二）认知病因**

本病常常继发于呼吸道感染，炎症蔓延至耳咽管以及中耳而导致。此外，外耳炎、鼓膜穿孔亦可以引起中耳炎。引起中耳炎的病原菌多为葡萄球菌和链球菌。

**（三）识别症状**

单侧性中耳炎时，动物头部歪向患侧，患耳下垂，有时出现回转运动和摇头。两侧性中耳炎时，头颈伸长，动物以鼻触地。化脓性中耳炎时，动物体温升高，精神沉郁，食欲不振，有时横卧或出现阵发性痉挛等症状。若炎症波及内耳时，动物出现耳聋和共济失调、转圈、头颈倾斜而倒地。

非化脓性中耳炎一般预后良好，而化脓性中耳炎多因继发内耳炎和败血症预后不良。

### 二、任务实施

**（一）诊断**

根据临床症状和耳内部检查等进行诊断。

**（二）治疗**

局部和全身应用抗生素治疗。充分清洗外耳道后再滴入抗生素药液，并且配合全身应用抗生素治疗。若上述治疗方法，效果不好，可以进行中耳腔冲洗治疗。其方法如下：动物全身麻醉，充分清洗外耳道后用细长的灭菌穿刺针刺透鼓膜，放出中耳内积液，用盐酸普鲁卡因青霉素混合溶液反复冲洗，直到排出液透明为止。

## 技能训练十四 动物眼底检查技术

**【目的要求】**

掌握直接检眼镜的使用方法和动物眼底检查技术。

**【诊疗准备】**

**（一）材料准备**

手电筒 1 个、检眼镜 1 个、20 mL 注射器 1 个。

**（二）药品准备**

2%硼酸溶液 500 mL、1%硫酸阿托品溶液 10 mL。

**(三)实习动物准备**

羊、牛或犬,眼底正常的1～2例,眼底异常的1～2例。

**【方法步骤】**

由老师先做示范,然后让学生逐一进行正常和患病动物的眼底检查。

**(一)被检动物保定**

将被检查动物在暗室内保定,并用1%硫酸阿托品溶液点眼2～3次,使瞳孔散大。

**(二)检眼镜检查眼底**

将检眼镜保持在被检眼前(愈近愈好,一般1～2 cm),使检眼镜上反射的光线进入眼内,通过检眼镜中央的小孔,即可观察到眼底状态。

**【作业】**

**(一)分组讨论**

每组3～5人,主要讨论每人所观察到的眼底组织的异同点。

**(二)写出实习报告**

写出观察方法和步骤,画出所观察到的动物眼底图。

## 能力拓展

下述技能项目可以根据院校的实习条件来完成,可以在学校的动物医院进行,亦可以在实训室进行或在校外实习实训基地进行。以学生为主体,分组进行,3～5人一组。实习指导教师 对学生的诊断和治疗过程进行必要的指导,并且对治疗方案和治疗效果进行评价,指出成功的经验和存在的问题,目的为进一步提高学生对动物头部疾病的临床诊疗技能。

(1)犬的洗眼技术。

(2)犬的洗牙技术。

(3)犬鼻泪管阻塞的治疗技术。

(4)牛虹膜炎的治疗技术。

(5)牛耳血肿的治疗技术。

(6)牛角折的治疗技术。

(7)牛豁鼻的治疗技术。

## 复习思考题

**一、名词解释**

角膜混浊、角膜溃疡、角膜翳、面神经麻痹、外耳炎、中耳炎、齿周炎。

**二、填空**

1.急性结膜炎临床表现__________、__________、__________、__________为其主要症状。

2.角膜炎分为__________、__________、__________3种类型。

3.角膜炎的治疗原则为__________、__________。

4.眼病的治疗技术有__________、__________、__________。

## 三、问答题

1. 简述眼底的检查方法。
2. 简述洗眼技术、点眼技术的方法。
3. 简述角膜炎的治疗方法。
4. 简述舌损伤的手术缝合方法及护理措施。
5. 简述面神经麻痹的发生原因、症状及治疗方法。

Project 4

# 胸腹部疾病防治

**知识目标**

- 了解动物常见胸、腹部疾病的临床发生特点及发展规律。
- 熟悉动物胸、腹部疾病的诊断和治疗技术要点。
- 掌握动物气胸、疝、直肠及肛门等疾病的发病原因、临床症状、治疗方法和预防措施。

**技能目标**

- 通过学习，学生应具能够正确诊断和治疗动物常见疝、胸腔疾病、直肠及肛门等疾病的能力。

# 任务一　气胸

## 一、相关知识

### (一)了解概况

气胸指胸膜腔里存在空气，因为空气破坏了胸膜腔的负压状态和限制了肺的扩张，所以动物气胸的典型临床症状为换气不足。

### (二)认知病因

空气经过胸壁、食道或肺的破裂孔进入胸膜腔而导致气胸。引起胸壁外伤的因素有胸壁刺伤、枪击伤、较大的动物咬伤、胸膜腔穿刺不当或者开胸术创口闭合不严密等，以上因素皆可能导致开放性气胸。食道异物(如鱼刺等)导致的胸部食道穿孔，可以引起闭合性气胸。此种气胸只有在用力吸气、麻醉或发生弥散性食道炎的情况下，才有可能发生真正的气胸。肺破裂导致的气胸有外伤性和自发性的。外伤性肺破裂多数由于胸部钝性创伤(如车撞等)而引起。除此之外，临床诊断、手术或治疗失误亦有可能引起医源性肺破裂。自发性肺破裂常无外伤病史。有报告称，犬胸膜下肺泡破裂可以导致自发性气胸。这些肺泡多数位于肺尖部。而肺的其他部分正常，可以称之为原发性自发性气胸。自发性气胸可以继发于肺脓肿等肺本身的疾病。

### (三)识别症状

动物发生气胸后，主要表现为由于肺换气不足导致的低氧血症和呼吸性酸中毒。呼吸困难，呈现典型的腹式呼吸，可视黏膜发绀，常保持久站不卧。若为开放性气胸，临床症状发展的快速且严重，可以在胸部创口听到空气出入胸腔的“呼呼”声；闭合性气胸，症状一般较轻。若胸膜腔积存的空气增加，胸膜内压大于大气压，则肺发生萎陷，可以导致动物很快死亡。

## 二、任务实施

### (一)诊断

开放性气胸，病因和临床症状明显，不难做出诊断。食道或肺破裂导致的气胸，可以进行X线透视或摄片检查做出诊断。

### (二)治疗

对于开放性气胸，应该尽快用灭菌敷料覆盖胸部创口，并抽出胸膜腔中的积气。直到动物病情稳定后，再施行手术修复胸部创口。闭合性气胸多不引起明显的换气不足，且胸膜腔积气最后会被动物吸收，要密切观察动物病情的变化。若出现呼吸困难，则应该采取间歇性胸腔穿刺等方法排除胸腔积气。

# 任务二　疝

## 一、关于疝

### (一)概念

疝(赫尔尼亚,hernia)是指腹腔器官部分从自然孔道(如脐孔、腹股沟管)或病理性破裂孔脱到皮下或相邻解剖腔的常见外科疾病。各种动物皆可发生,但以猪、马、牛和羊多见。

### (二)疝的分类

(1)根据疝向体表突出与否,可以分为外疝(如脐疝)和内疝(如膈疝)。

(2)根据疝发生的解剖部位不同,可以分为脐疝、腹股沟阴囊疝、腹壁疝和会阴疝等。

(3)根据疝内容物能否还纳腹腔,可以分为可复性疝、不可复性疝和嵌闭疝。通过挤压或体位的改变,疝内容物可以通过疝孔还纳到腹腔的称为可复性疝,反之称为不可复性疝。若疝内容物突然不能还纳入腹腔,并发生疼痛等一系列症状的称为嵌闭性疝。嵌闭性疝如不及时处理,可以导致疝内容物发生血液循环障碍、炎症,甚至坏死。

(4)根据疝发生在出生前后,可以分为先天性疝和后天性疝。先天性疝多发于初生动物,如某些解剖孔(脐孔、腹股沟环等)的扩大,膈肌发育不全等为常见原因。后天性疝可以见于各种年龄的动物,常常因为机械性损伤、腹压增大、小母猪阉割不当等原因引起。

### (三)疝的组成

疝由疝孔(疝轮)、疝囊和疝内容物组成。见图Ⅱ-4-1。

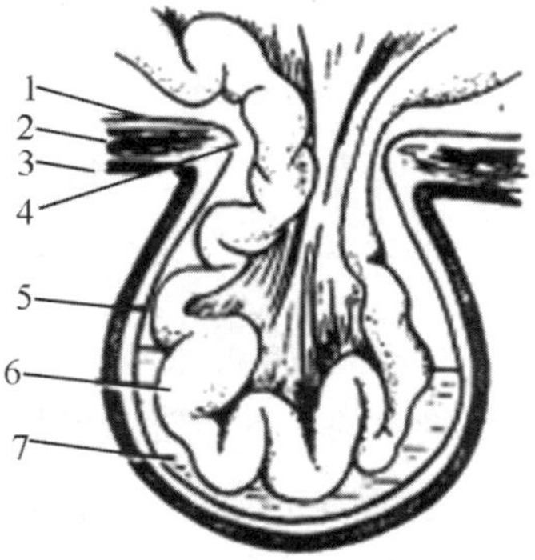


**图Ⅱ-4-1　疝的模式图**

1.腹膜　2.肌肉　3.皮肤　4.疝轮　5.疝囊　6.疝内容物　7.疝液

1.疝孔

疝孔又称疝轮,是天然孔的异常扩大(如脐孔、腹股沟环)或腹壁上破裂孔(如钝性外力造成的腹肌撕裂),内脏器官由此脱出。疝孔可以是圆形、卵圆形或狭窄的通道。初发的新疝孔,多因断裂的肌纤维收缩,使疝孔边缘变薄,而且常常被血液浸润。陈旧性疝孔,多因局部结缔组织增生,导致疝孔边缘增厚。

2. 疝囊

典型的疝囊包括囊口(囊孔)、囊颈、囊体及囊底。疝囊是由腹膜及腹壁的筋膜、皮肤等构成。疝囊的大小和形状取决于发生部位的局部解剖结构,可以呈卵形、扁平形或圆球形。疝囊有的较小,有的可以达到人头大或更大。

3. 疝内容物

常见的有小肠肠襻、网膜;瘤胃、真胃次之;子宫、膀胱等较少见。疝囊内含有数量不等的疝液。可复性疝的疝液通常为浅乳白色透明液体。若发生嵌闭性疝,疝液一般呈紫红色混浊液体,并且有恶臭气味。

**(四)疝的症状**

外疝中除腹壁疝外,其他的疝如脐疝、腹股沟阴囊疝和会阴疝等都是有其固定的解剖部位。局部突然呈现椭圆形或扁平型肿胀,柔软而有弹性。可复性疝在动物改变体位或人为压迫疝囊时,肿胀可以消失,可以摸到疝孔,当腹压升高时疝内容物又可以脱到疝囊中;若为不可复性疝,疝内容物不能还纳入腹腔内。若疝内容物是胃肠时,在疝囊部可以听到胃肠蠕动音。通常的疝病例,局部炎症不明显或轻微,但是外伤性腹壁疝局部有炎症,炎性肿胀从疝孔开始向下蔓延可以延伸到胸壁底部;若发生嵌闭性疝时,则突然出现剧烈疼痛,局部肿胀增大、变硬、紧张,大小便受到影响,常继发臌气。

**(五)疝的诊断**

疝的诊断比较容易,应当注意了解病史,并且从全身性、局部性症状中加以剖析,腹壁疝应当注意与血肿、脓肿、淋巴外渗和蜂窝织炎等区别开来,腹股沟阴囊疝应当注意和精索静脉肿、阴囊积水及肿瘤等做鉴别诊断。



## 子任务一 脐疝

## 一、相关知识

**(一)了解概况**

腹腔器官通过扩大的脐孔脱至皮下形成脐疝(图Ⅱ-4-2)。各种动物皆可发生,常见于幼年动物。以仔猪、犊牛和幼驹多发。犊牛的先天性脐疝多数在出生后数月内逐渐消失,少数病例越来越大。犬、猫在2～4月龄内常常有较小的脐疝,大多数在5～6月龄后逐渐消失。脐疝的内容物可以是小肠、结肠或网膜。

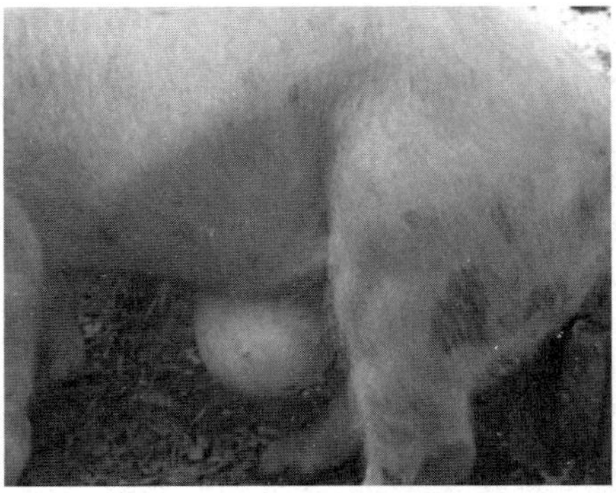

图Ⅱ-4-2 猪脐疝

**(二)认知病因**

1. 先天性脐疝

多数因为脐孔发育不全,没有完全闭锁或者脐孔异常扩大,腹腔器官通过脐孔脱至皮下形成。

2. 后天性脐疝

多数因为脐孔闭锁处瘢痕组织薄,抵抗力弱,断脐带时过度牵引、腹压升高或脐部化脓导致脐孔处的瘢痕组织撕裂，脐孔扩大，内脏通过脐孔脱到皮下形成。

**(三)识别症状**

脐部呈现局限性、半球形柔软的肿胀。触诊不热、不疼。时常能摸到脐孔，并且可以听到肠鸣音。若为嵌闭性疝时，触压疝囊，硬固，且有热痛，疝内容物不能还纳腹腔，动物出现明显不安、腹痛等全身症状，在猪有呕吐现象。若不及时手术救治，常可以导致患病动物死亡。

## 二、任务实施

**(一)诊断**

根据临床症状比较容易做出诊断，应当注意和脐部脓肿、肿瘤等相区别，必要时可以慎重地做诊断性穿刺。

一般情况下，可复性脐疝预后良好，在幼年动物经过保守疗法常可痊愈。嵌闭性脐疝预后不良，若能及时手术治疗，预后良好。

**(二)治疗**

1. 非手术疗法

(1)对于较小的脐疝，可以用绷带压迫疝部，当疝轮周围组织增生后痊愈。

(2)在疝轮周围分点注射95%酒精溶液或10%～15%的氯化钠溶液，可以分为4～6点注射，每点3～5 mL，能够促进脐孔缩小或闭合。

2. 手术疗法

该法是非常有效、快捷的方法。

(1)可复性脐疝。手术前禁食1 d，仰卧保定，术部剪毛、消毒和局部麻醉。于疝囊基部靠近脐孔处纵向切开皮肤，稍加分离后，送疝内容物入腹腔，在脐孔处结扎腹膜，剪去多余的腹膜。对脐孔做双钮孔状或烟包缝合。切除多余的皮肤后做结节缝合，缝合部涂碘酒，合理装置保护绷带。对于哺乳仔猪的脐疝，可以施行皮外疝轮缝合法，首先将疝内容物还纳腹腔，用止血钳提起脐孔两侧的皮肤和肌肉，钮孔状缝合疝轮。对于病程久、疝轮肥大的脐疝，在缝合脐孔时，应当先用手术刀轻轻划破疝轮边缘肌膜，造成新鲜创面而有利于愈合。

(2)嵌闭性脐疝。皱襞切开疝囊皮肤，先切一小口，用手指探查疝内容物种类以及有无粘连、坏死等情况。用手术剪小心剪开疝轮，暴露疝内容物，若有粘连，应小心剥离，涂液体石蜡后送回腹腔。若肠管有坏死现象时，应做肠管切除及吻合术，术后将肠管送回腹腔并注入适量的青霉素，用烟包或双钮孔状缝合疝轮，结节缝合皮肤。

**(三)术后护理**

术后避免吃得太饱，限制剧烈活动，防止缝合处撕裂。术部装置压迫绷带，保持7～10 d，可以减少复发。连续应用抗生素5～7 d。

## 腹股沟阴囊疝

### 一、相关知识

#### (一)了解概况

本病常见于公猪、公马和幼年公犬,母犬、猫多发生腹股沟疝。后天性的腹股沟阴囊疝主要由于腹压增大使腹股沟管扩大而导致,如配种、跳跃、爬跨、腹痛时努责和装蹄时。先天性腹股沟阴囊疝往往与遗传有关,主要因为腹股沟管环过大所引起,多数为一侧性,亦有两侧性的。

#### (二)识别症状

可复性腹股沟阴囊疝,由于无疼痛,多数不易发现,检查时可见一侧阴囊下垂、体积增大,皮肤紧张,阴囊柔软有弹性,多数没有痛感,有的紧张、发硬及敏感。疝部可以听到肠蠕动音。可复性疝和先天性疝,直肠检查可知其腹股沟管内环扩大(马的可以伸进三横指),脱到阴囊中的肠管可以慢慢拉出来。猪的可复性腹股沟阴囊疝提起两后肢,适当用力抖动或者用手将肠管还纳腹腔可以整复,但是放下两后肢或者腹压增高后,疝部又恢复原状。见图Ⅱ-4-3。

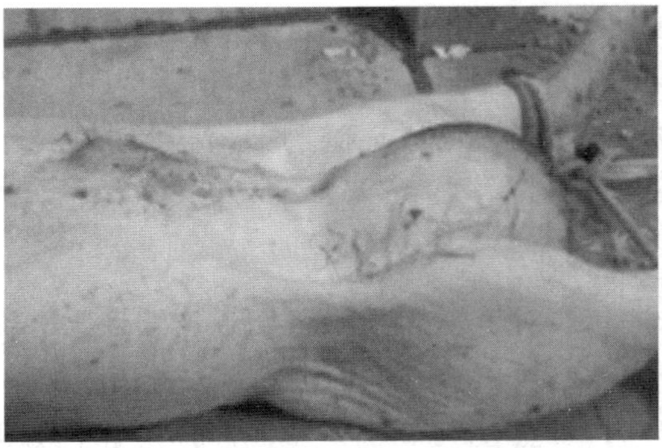

图Ⅱ-4-3　腹股沟疝

患嵌闭性腹股沟阴囊疝的动物,出现剧烈的疼痛。阴囊皮肤紧张、发凉,不愿走动,运步时患侧后肢外展,步态强拘,随着血液循环障碍的加剧,出现较重的全身症状,如体温升高,呼吸、脉搏加快。若嵌闭的肠管发生坏死时,动物则可能发生休克或毒血症,此时应该及时手术切除坏死肠管,否则动物会在1～2 d死亡。

母犬、猫发生腹股沟疝时,可以见到单侧或两侧腹股沟部增大,直径可以达到2～3 cm,甚至可以达到10～15 cm,有的较小,难以观察到。疝内容物一般情况下是肠管或子宫。可复性的腹股沟疝无热、痛现象,柔软而有弹性;不可复性的腹股沟疝,有热、痛症状,若肠管发生嵌闭,腹痛症状较明显。

### 二、任务实施

#### (一)诊断

诊断并不困难,不同动物根据临床症状即可进行诊断。

#### (二)治疗

本病应当尽早进行手术治疗。

1. 公猪

倒立保定,术部局部浸润麻醉。从腹股沟管外环开始沿精索纵向切开皮肤和筋膜,将总鞘膜剥离后牵出，从鞘膜囊的顶端开始捻转，逐渐还纳疝内容物。若为嵌闭疝，常有肠粘连现象，剥离时用浸有温热生理盐水的纱布缓缓分离，以防肠管破裂，剥离后将肠管(其上涂油剂青霉素或抗生素软膏)还纳腹腔，其余操作同马属动物的。另外可以采用简易缝合法，将猪前低后高仰卧保定，疝内容物全部复位，局部充分剪毛、消毒，然后术者用左手食指和拇指于阴囊颈部探摸精索，同时右手向阴囊底部推睾丸，让精索处于紧张状态，左手在皮肤中感受到的索状物为精索。接着左手食、拇指捏紧皮肤，固定精索并尽量靠近腹股沟管外环，右手持针(18 号缝线 30 cm 长)，穿透包裹精索的两侧皮肤(切勿刺破精索)，拉紧打结，将总鞘膜、精索和皮肤牢固的结扎在一起。术后如患侧阴囊不再肿大，说明手术成功不必拆线。见图Ⅱ-4-4。

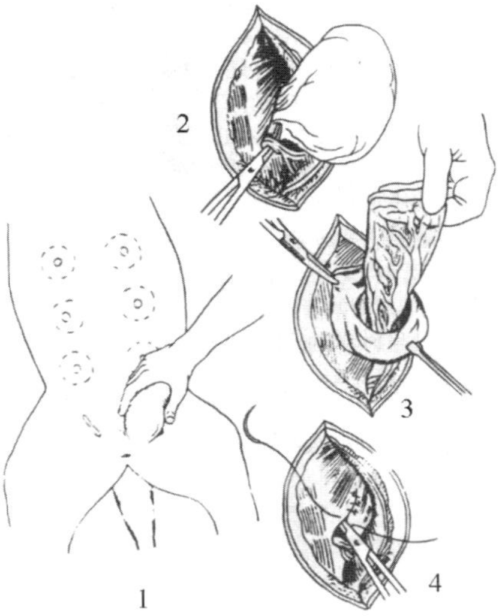


**图Ⅱ-4-4　腹股沟疝修补术**

1.动物仰卧保定，虚线为切口线　2.分离疝囊周围的筋膜，使其完全暴露在外
3.切开疝囊，检查疝内容物　4.止血钳插入腹股沟管内，防止腹腔内容物露出，结节闭合构成腹股沟管的肌筋膜

2.母犬、猫

母犬、猫的腹股沟疝整复术，采取全身麻醉，仰卧保定，切口可以选在耻骨前缘外的腹中线上。切口皮肤时，应将疝囊上的皮肤尽量拉向腹中线方向，以便让皮肤上切口靠近疝囊，分离皮下组织，露出疝囊和腹股沟管外环，还纳疝内容物，难以还纳时，可以在皮肤切口处打开腹腔，从腹腔内牵引帮助还纳疝内容物。然后，缝合外环和腹壁创口。

## 子任务三　外伤性腹壁疝

### 一、相关知识

#### (一)了解概况

本病是因为腹壁肌肉或腱膜发生破裂，腹腔器官脱出腹腔外的皮下导致。各种动物均可以发生。腹壁的任何部位都能发病，多数发生在膝褶前、季肋部或下腹部。

### (二)认知病因

腹壁受到强大的钝性外力作用,导致腹肌或腱膜破裂是主要因素,如牛抵、冲撞、蹴踢和摔倒等。其次为腹压过高,如母畜妊娠后期或分娩时,因为腹压升高,导致腹壁肌肉断裂引起。再者腹壁手术缝合不当,造成腹肌或腱膜愈合不良导致。

### (三)识别症状

腹壁损伤部突然呈现局限性、柔软且富有弹性和热痛的肿胀(图Ⅱ-4-5)。在患部可以见到脱毛或皮肤擦伤。按压时,肿胀变小且可以摸到疝轮。疝轮多呈圆形、卵圆形或裂隙状。

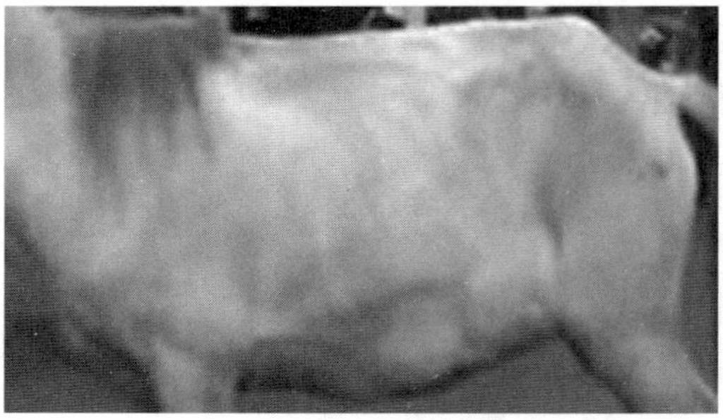

图Ⅱ-4-5　马外伤性腹壁疝(石冬梅 摄)

腹壁疝发生 2～3 d 后,因为疝部出现炎性肿胀,所以肿胀部变得稍硬、增温疼痛明显。此时,腹壁外侧不易摸到疝轮,直肠内仍然可以摸到疝轮。1 周后炎症开始减轻,2～3 周后消失,半圆形或卵圆形肿胀界限清楚,较柔软且有一定的可复性,能够触摸疝轮,随后因为结缔组织增生,肿胀边缘变硬。

若发生的为嵌闭性外伤性腹壁疝,动物均表现不同程度的腹痛,病畜表现由轻度不安、前肢刨地至起卧交替、急剧翻滚,有的甚至发生肠坏死而死亡。

## 二、任务实施

### (一)诊断

根据动物腹壁受伤后突然发生肿胀,肿胀物柔软且具有弹性,局部触摸或直肠检查可以摸到疝轮的就能确诊。

### (二)治疗

外伤性腹壁疝的治疗方法,有保守疗法和手术疗法。

1. 保守疗法

本法适用于刚发生、疝轮较小和疝轮位置在腹侧壁 1/2 以上的可复性外伤性腹壁疝。疝部涂擦碘酊,将疝内容物还纳腹腔,疝轮部放置大小适当的棉垫,然后装置用竹帘、轮胎胶皮等制成的压迫绷带固定。装好固定绷带后,应该严密观察动物的状态,若出现疝痛症状说明整复不彻底或肠管脱出,应该迅速拆除绷带,重新整复疝内容物后,再装好压迫绷带。应当经常检查压迫绷带,发现绷带松弛或者移位时应立即纠正,以保证起到压迫作用。一般情况下,疝轮 15 d 可以愈合,可以拆除压迫绷带。见图Ⅱ-4-6。

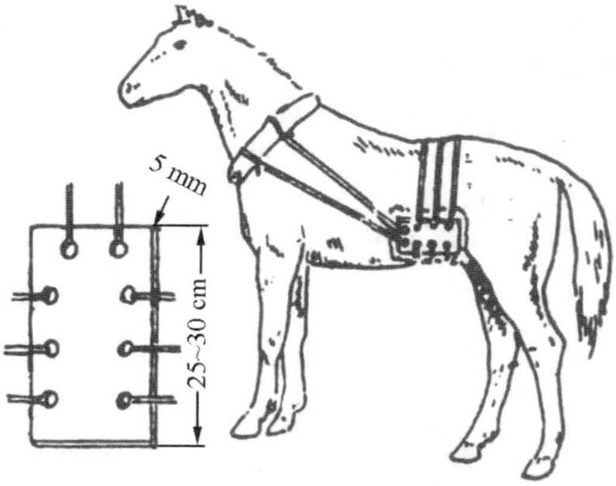


图Ⅱ-4-6　压迫绷带治疗马腹壁疝

2. 手术疗法

(1)保定与麻醉。马应侧卧保定,应用保定宁配合局部麻醉。牛可以站立或横卧保定,使用静松灵配合局部浸润麻醉,或者腰旁神经干传导麻醉配合局麻。犬、猫可以应用846合剂(0.1 mL/kg)全身麻醉,侧卧保定。

(2)切开疝囊、复位疝内容物。术部常规处理,于疝囊纵轴上皱襞切开之,用手指伸进疝囊,探查疝内容物有无粘连,若粘连先小心剥离之,而后用手术剪扩大疝囊上切口,此时疝内容物和疝轮露出,若疝内容物正常,立即用温热生理盐水冲洗,再用灭菌纱布蘸干且涂以油剂青霉素后,还纳腹腔;若肠管呈暗紫色且紧紧地被疝轮卡住,此时应当用手术剪扩大疝轮,用浸有温热生理盐水的纱布温敷肠管,如肠管颜色很快变为鲜红色且出现蠕动,可以将肠道送回腹腔;若肠管已坏死,应当立即施行肠管切除和吻合术。

(3)闭锁疝轮。首先使用肠线缝合腹膜,闭合腹膜前向腹腔内注入油剂青霉素300万IU,而后缝合腹肌。若外伤性腹壁疝发生的时间短,疝轮可以使用钮孔状缝合法缝合。若疝轮较大,可以使用软性尼龙网、钽丝网或碳纤维网等修补,将尼龙网置于腹膜内侧,使用肠线将尼龙网和腹膜缝在一起。陈旧性的腹壁疝,疝轮较小的,可以采取一般的方法缝合,在缝合前必须将瘢痕化的疝轮修整,形成新鲜创面,以利于愈合。若疝轮较大时,可以利用其周围的结缔组织或筋膜做成瓣状,作为修补材料,用一侧的结缔组织瓣钮孔状缝在对侧的疝轮上,再将另一侧的结缔组织瓣覆盖、缝合其上。最后切除皮肤囊多余的皮肤,施行结节和减张缝合皮肤上创口,涂碘酒后,装置压迫绷带。

(4)术后治疗。全身使用抗生素治疗。10 d后可以拆去结节缝合线,12~14 d可以拆除减张缝合线。

# 任务三 直肠及肛门疾病

## 子任务一 直肠和肛门脱

### 一、相关知识

#### (一)了解概况

直肠和肛门脱指直肠末端黏膜脱出肛门(脱肛)或直肠部分向外翻转脱出肛门(直肠脱)的疾病。有的病例可以并发肠套叠或直肠疝。本病多见于猪和犬,其他动物均可发生,皆以幼年和老龄动物发病率高。

#### (二)认知病因

导致本病主要原因为直肠韧带松弛,直肠黏膜下层组织和肛门括约肌松弛及功能不全。动物长期的腹泻、便秘、病后瘦弱、难产、强烈努责和腹压升高是该病的诱因。另外,马胃蝇蛆肛门滞留,牛阴道脱,仔猪维生素缺乏等亦可以诱发直肠和肛门脱。

### （三）识别症状

症状较轻的病例，在病畜卧下或排粪时直肠部分脱出，久之，脱出的直肠黏膜发炎，并很快形成黏膜下层高度水肿，此时脱出物不能自行复位。肛门外可以见到圆球状，颜色淡红色或暗红色脱出物（图Ⅱ-4-7）。随着炎症和水肿的加重，则可以发生直肠脱出，称之为直肠完全脱垂。在肛门外可以见到呈圆筒状下垂的脱出物（图Ⅱ-4-8）。由于肛门括约肌的作用，导致直肠血液循环障碍，水肿进一步加重，久之发生黏膜出血、糜烂和坏死。此时，病畜全身症状明显，体温升高，食欲下降，精神沉郁，频频努责。

图Ⅱ-4-7　直肠黏膜脱出

图Ⅱ-4-8　直肠壁全层脱出

## 二、任务实施

### （一）诊断

根据临床症状不难做出确诊。但是应当注意动物是否并发肠套叠和直肠疝（直肠部分截除时应避免损伤疝内容物）。单纯性直肠脱圆筒状脱出物向下弯曲下垂（重力作用），而伴有肠套叠的脱出，圆筒状脱出物向上弯曲（后肠系膜牵引），坚硬而厚。

### （二）治疗

发病初期应当积极治疗腹泻、便秘或阴道脱等。给予青草或软甘草，充分饮水。

1.整复法

适用于发病初期的脱肛和部分直肠脱出。首先使用0.25%温热高锰酸钾溶液或1%明矾溶液清洗患部，清除污物或坏死黏膜，而后用手指背或腹部小心谨慎将脱出物复位。为了有利整复，可以将小动物后肢提起，大动物保持前低后高状态。为了减轻动物在整复过程中的疼痛和努责，可以施行尾间隙硬膜外腔麻醉或后海穴麻醉。为了防止再次脱出，整复后可以烟包或钮孔状缝合肛门，针要刺在有被毛的部位。打结时，要留有排粪空隙（牛2～3指，猪1～2指），并打成活结，同时温敷肛门处。

2.固定法

直肠脱整复后，为了防止再次脱出，可以利用药物使直肠周围结缔组织增生，起到固定直肠的作用（人医有用钛合金钉直接固定直肠壁的疗法）。用70%乙醇溶液或10%明矾溶液注射到直肠周围结缔组织中。操作方法为在距肛门2～3 cm处，于肛门上方和左、右两侧分点注射70%乙醇溶液3～5 mL（猪、犬）或10%明矾溶液5～10 mL，另外，混入2%盐酸普鲁卡因溶液3～5 mL。针头刺入深度为3～10 cm。为了保证进针方向与直肠平行，在进针时应将食指插入直肠内引导进针方向。

3. 直肠部分切除法

适用于脱出的直肠难以整复或者发生坏死、穿孔。

(1)麻醉。施行尾间隙硬膜外腔麻醉或后海穴麻醉。

(2)手术方法。

①直肠部分切除法。清洗干净脱出的直肠，用两根灭菌的兽用麻醉针头或细编织针，紧贴肛门外交叉刺穿直肠固定之(图Ⅱ-4-9)。对于大动物应先在直肠内插入一根橡胶管，然后再交叉固定(图Ⅱ-4-10)。对于仔猪和幼犬，可以使用带胶管的肠钳夹住脱出直肠进行固定。于固定针后方约 2 cm 处，将直肠环形横切(切开时可以先切一小口，看一下里面有无疝内容物)，用细丝线和圆针将肠管的浆膜和肌层分别结节缝合，然后连续缝合黏膜层。缝好后用 0.25%高锰酸钾溶液充分清洗、蘸干，涂擦碘甘油或油剂青霉素，送回腹腔。

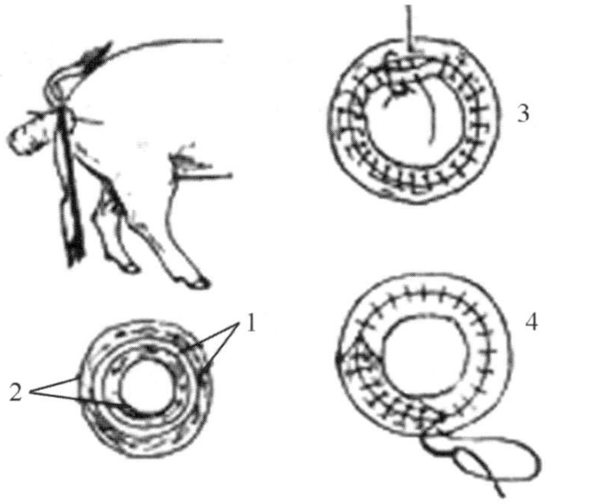


**图Ⅱ-4-9　直肠部分切除法**

1. 浆膜 2. 黏膜　3. 直肠浆膜层与肌层结节缝合　4. 直肠黏膜层连续缝合

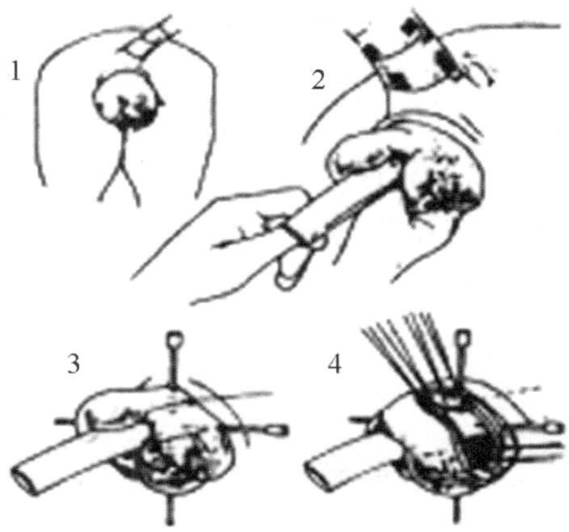


**图Ⅱ-4-10　直肠部分切除法**

1. 直肠脱出　2. 插入橡胶管　3. 穿刺针十字固定　4. 切除并缝合

②黏膜下层切除法。适用于单纯性直肠脱。在距肛门周缘 1 cm 处，环形切开黏膜层，向下分离并翻转黏膜层将其剪掉，两黏膜断端用肠线作结节缝合(图Ⅱ-4-11)。复位脱出部，肛门做烟包缝合。

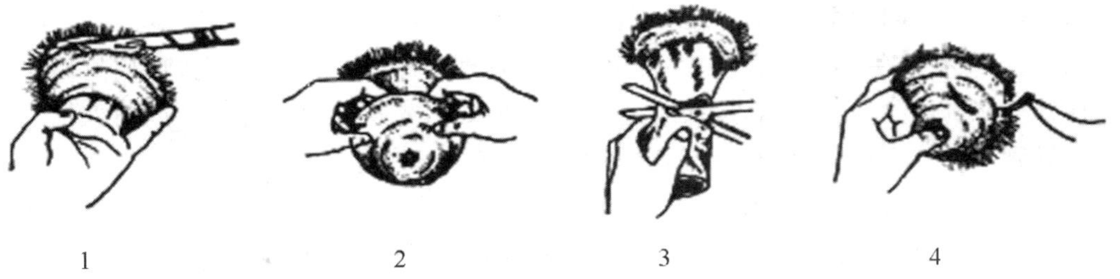


**图Ⅱ-4-11　直肠黏膜下层切除法**

1. 环形切开腾脱出的基部黏膜　2. 剥离黏膜层　3. 切除翻转的黏膜层　4. 缝合

## (三)术后护理

术后饲以麸皮、米粥和柔软草料，多饮温水，防止卧地。可以应用镇痛药、消炎药 1～3 d。

# 子任务二 肛门腺炎

## 一、相关知识

### （一）了解概况

本病是指肛门囊内的腺体分泌物积聚于囊内，刺激黏膜而导致的炎症。肛门囊有 2 个，囊体呈梨形，分泌物为黑褐色或褐色油脂状物，有难闻气味。位于肛门下方两侧的肛门内外括约肌之间。本病多见于犬，猫也时有发生。

### （二）认知病因

肛门囊炎的病因不是十分清楚，可能和下列因素有关：动物肥胖，缺乏运动，导致肛门括约肌收缩无力；日粮中脂类物质过多或饲料配合不合理，引起粪便稀软；绦虫囊片或其他异物引起肛门囊开口阻塞等。以上原因导致肛门囊内腺体分泌物滞留，刺激黏膜发炎，加上细菌感染、繁殖和释放毒素，随之形成脓肿。

### （三）识别症状

肛门囊肿胀，局部发痒，动物舔咬肛门部或者一侧会阴部皮肤，在地上摩擦肛门或者追尾。久之囊体膨胀，突出于周围皮肤，指压敏感且有弹性。肛门囊化脓时可以破溃流出浓汁。反复发作后，可以导致肛门一侧皮肤出现一个到几个瘘管。

## 二、任务实施

### （一）治疗

对于单纯性的肛门囊脓肿（肛门囊管堵塞而致）可以用卫生纸覆盖在其上面，用拇指和食指对准囊体轻轻挤压，就可以排出囊体内容物。对于化脓性炎症，可以先排空囊体内浓汁，再用 0.1%高锰酸钾溶液反复冲洗。然后在肛门周围上方、左、右 3 点分别注入药液（2%盐酸普鲁卡因注射液 0.5 mL、阿莫西林 1.5 mL、地塞米松 0.5 mL，用 0.9%生理盐水稀释至 6.0 mL），每点 2.0 mL（小型犬量）。一般应用 2～3 次痊愈。

已形成瘘管或者难以治愈的肛门囊炎，可采取施行肛门囊外科摘除术。术前给动物灌肠，排除直肠内积粪，并且塞入一块纱布，避免排粪污染术部。全身麻醉，躺卧保定，抬高后躯，固定尾巴。排空肛门囊内容物，并且用消毒液冲洗干净，同时，彻底消毒肛门周围。用一有沟探针等从肛门囊导管口插入，探明囊的大小和深度，先从肛门口旁切开肛门外括约肌和肛门囊导管口，并向下切开皮肤、肛门囊导管直至肛门囊底部，完全暴露出灰色的肛门囊黏膜，用 2 把组织钳夹持肛门囊的最底部，再用手术剪由下往上分离囊壁，直至把整个囊体分离掉，接着向上钝性分离其导管直至开口。仔细检查分离掉的囊体是否完整。

用生理盐水清洗术部后，将肛门括约肌创缘对齐，进行结节缝合，再分别结节缝合皮下组织和皮肤，消毒术部。

### （二）术后护理

术后肌肉注射广谱抗生素 3～5 d。

给病犬带上颈枷，防止自咬术部。每日热敷会阴部 2 次，每次 30 min，连续 7 d。

# 技能训练十五　疝的诊断和治疗

【目的要求】

通过疝病例观察，了解疝诊断的要领，掌握疝的诊断和诊疗技能。

【诊疗准备】

**（一）材料准备**

剪毛剪 4 把、手术刀 4 把、手术剪 4 把、止血钳 16 把、缝合器材 4 套、器械盘 4 个、毛刷 4 个、洗脸盆 4 个、镊子 8 个。腹壁疝病例器械同开腹术。

**（二）药品准备**

消毒药、酒精棉、碘酊棉、抗生素、3%盐酸普鲁卡因溶液。

**（三）病例准备**

患脐疝、阴囊疝猪各 2～4 头，有条件时可以结合临床腹壁疝病例。

【方法步骤】

在教师指导下，通过脐疝、阴囊疝及外伤性腹壁疝的病例，分四组观察疝的症状，从其中体会鉴别可复性疝、不可复性疝及嵌闭疝的特征，进而掌握疝的诊断要点，提出治疗措施。

**（一）疝的诊断**

通过视诊、触诊、听诊等方法对疝做出正确诊断。

**（二）实施治疗**

由教师示教进行手术治疗 1 例，全班同学观察，其余病例，可以分组进行，由学生自己操作。

**（三）术后护理**

对手术病例让学生进行分组治疗与护理。

【作业】

**（一）病例分析**

在老师的指导下，对所有不同动物疝、不同类型疝的发生、诊断与治疗进行讨论。

**（二）写出实习报告**

## 能力拓展

下述技能项目可以根据院校的实习条件来完成，可以在学校的动物医院进行，亦可以在实训室进行或在校外实习实训基地进行。以学生为主体，分组进行，3～5 人一组。实习指导教师对学生的诊断和治疗过程进行必要的指导，并且对治疗方案和治疗效果进行评价，指出成功的经验和存在的问题，目的为进一步提高学生对动物胸腹部疾病的临床诊疗技能。

（1）膈疝的诊断与治疗。

（2）母犬腹股沟疝的诊断与治疗。

（3）牛外伤性腹壁疝的诊断与治疗。

（4）母猪腹壁疝的诊断与治疗。

（5）仔猪锁肛的手术治疗方法。

(6)牛脱肛的治疗方法。

(7)仔猪直肠脱的手术方法。

(8)牛直肠损伤的直肠内单手缝合方法。

## 复习思考题

1.什么叫疝？疝的形成原因有哪些？

2.脐疝、腹股沟阴囊疝、外伤性腹壁疝各有何特征？如何诊疗？

3.气胸的治疗方法是什么？

4.什么是直肠脱和肛门脱？病因为何？

5.直肠肛门脱的基本治疗方法是什么？在什么情况下可以采取直肠部分截除术？叙述直肠部分截除术的基本操作方法。

6.什么是肛门囊炎？其主要临床表现有哪些？

7.肛门囊炎的基本治疗措施有哪些？

# Project 5

# 运动障碍性疾病防治

**知识目标**

- 掌握运动障碍性疾病的基本理论知识。
- 掌握动物跛行、骨折、关节脱位、奶牛蹄病、椎间盘突出症等疾病进行临床诊断方法、治疗措施和临床护理知识。

**技能目标**

- 通过学习，学生具备诊断和治疗动物跛行、骨折、关节脱位、奶牛蹄病、椎间盘突出等疾病能力。

## 任务一　跛行

### 一、相关知识

#### (一)了解概况

跛行是动物肢蹄病及某些疾病的一种临床症状。其不仅见于外科病,某些内科病、产科病、传染病和寄生虫病同样也能引起运动机能障碍而表现跛行。各种动物均可发生,临床上马、牛、犬、猫常见。

跛行是动物躯干或肢体发生结构性或功能性障碍而引起的姿势或步态异常的总称,简而言之,动物步态的异常就是跛行。跛行不是一种独立的疾病,而是肢蹄疾病或某些疾病的一种临床综合症状。但主要是四肢疾病,特别是四肢的骨、关节、肌肉、神经、韧带、腱、黏液囊及蹄的各种损伤和炎症,许多外科病、某些内科病、产科病、传染病及寄生虫病也可引起跛行,诊断时应注意鉴别。

#### (二)认知病因

跛行是各种原因引起动物的运动机能障碍,其发生与疼痛(如炎症、损伤)、机械性干扰(如瘢痕组织对运动的限制)和神经系统的损伤有关。

1. 外伤

外伤引起的骨折、关节脱位、关节扭伤和挫伤、韧带和腱损伤、肌肉挫伤等均可导致跛行。过度或不当使役(竞赛),容易引起四肢各部位的机械性损伤,因疼痛出现运动机能障碍。大动物削蹄和装蹄不当,可直接引起蹄病和跛行。犬、猫指(趾)甲过度卷曲生长刺入枕垫或指甲损伤可引起跛行。蹄底刺入异物(如铁钉、铁丝、玻璃等),压迫蹄部真皮的神经末梢及真皮感染均可引起跛行。冬季蹄部冻伤也可出现跛行。

2. 炎症

关节炎、骨髓炎、腐蹄病、犬全骨炎及传染性肌炎等可引起跛行。肢体某些部位的慢性炎症过程,可形成关节粘连、僵直、腱短缩等,引起四肢异常运动,呈现四肢机械性障碍。另外,也见于一些自身免疫性与变态反应性疾病,如全身性红斑狼疮、风湿性关节炎、类风湿性关节炎等。

3. 神经损伤

四肢神经损伤常导致所支配肌肉的迟缓或萎缩,而出现特定性的跛行,如肩胛上神经麻痹、桡神经麻痹、坐骨神经麻痹及股四头肌萎缩,引起四肢肌肉功能障碍,引起跛行。椎间盘突出、椎体骨折等压迫脊髓神经,引起肢体运动失调而出现跛行。在一些传染病过程中,因神经系统的病变也可引起跛行,如犬瘟热、狂犬病等。

4. 营养因素

四肢病和蹄病的发生与日粮成分密切相关,饲料中矿物质(如钙、磷、铜、锌、锰等)不足或比例失调,维生素(如维生素 A、维生素 C、维生素 $B_1$)缺乏,常可引起骨、关节代谢紊乱(如骨软病、佝偻病等),是引起跛行的全身性因素。摄入维生素 A 过多可引起骺板变性、骨质疏松和外生骨疣而表现跛行，常见于犬、猫。马属动物后躯肌肉变性、肿胀、疼痛，可表现运步困难，常见于硒缺乏症、肌红蛋白尿症等。奶牛日粮中碳水化合物含量过多，容易发生蹄叶炎。马属动物摄入大量的谷类饲料引起的急性胃扩张，容易继发蹄叶炎。牛霉稻草中毒及动物的麦角中毒时，因导致末梢血管平滑肌发生痉挛性收缩，血管内皮细胞损伤，发生蹄腿肿胀、溃烂而表现跛行。家禽日粮蛋白质含量过高（特别是核蛋白和嘌呤碱）引起的关节型痛风主要表现关节肿大和跛行。动物氟中毒时因关节肿大和骨质损伤而表现跛行。

5.其他

临床上许多疾病可继发或伴发跛行，如牛病毒性腹泻-黏膜病、口蹄疫、蓝舌病、光过敏症、真菌性皮炎等。

**（三）跛行的分类**

四肢在运动的时候，每条腿的动作可分为两个阶段——空中悬垂阶段和地面支柱阶段。在空中悬垂阶段可分为提举、伸扬两个步骤，在地面支撑阶段可分为着地、负重和离地三个步骤。蹄从离开地面到重新到达地面，为该肢所走的一步（也称一步幅），这一步被对侧肢的蹄印分为前后两半，蹄迹前方的半步叫前半步，后方的叫后半步（图Ⅱ-5-1）。健康动物前后两个半步基本相等，而在运步有障碍时两个半步则发生明显变化。据此，根据患肢的机能障碍状态及步幅将跛行分为以下几种：

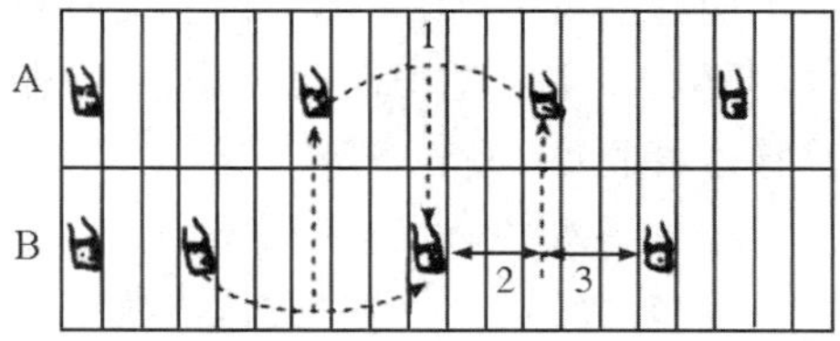


**图Ⅱ-5-1　健康动物的步幅**

1.一步幅　2.后半步　3.前半步

1.根据步幅变化分类

（1）支跛。患肢在支撑或负重瞬间，表现明显的机能障碍，称为支柱跛行，简称支跛（图Ⅱ-5-2）。其特征是负重时间缩短和避免负重。驻立时呈现减负体重或免负体重，或两肢频频交替。在运步时，对侧的健肢就比正常运步时伸出得快，即提前落地，故以健蹄蹄印量患肢所走的一步时，呈现后半步短缩，临床上称为后方短步。某些负重较大的关节，其关节面或关节内有炎症或缺损时，也表现为支跛。可以概括为“敢抬不敢踏，病痛腕跗下”。

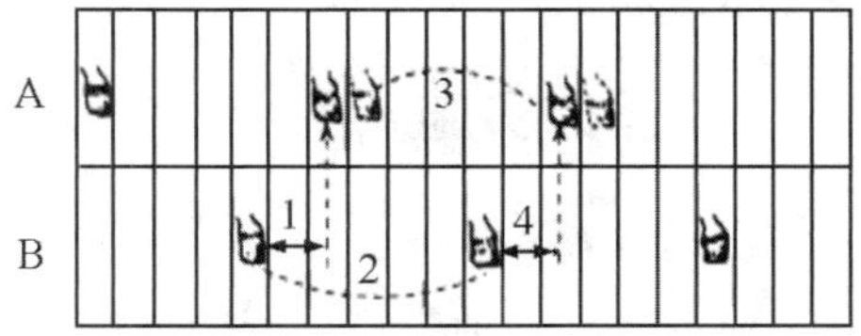


**图Ⅱ-5-2　患支跛动物的步幅**

A.健肢　B.患肢

1、4.后半步　2、3.一步幅

（2）悬跛（运跛、扬跛）。患肢在空中悬垂阶段表现明显的机能障碍，即患肢的提举和伸扬出现机能障碍，称为悬垂跛行，简称悬破。特征是患肢提举困难，伸扬不充分，即抬不高，迈不远，患肢前进运动时，在步伐的速度和健肢比较是缓慢的。两肢腕关节抬举的高度，患肢常常是比较低下，重者患肢拖拉前进。患肢“抬不高，迈不远”所以以健蹄蹄印量患肢的一步时，出现前半步缩短，临床上称为前方短步（图Ⅱ-5-3）。前方短步，运步缓慢，抬腿困难是临床上确定悬跛的表现，患部多在腕、跗关节以上，关节的伸屈肌及其附属器官、分布在上述肌肉的神经、关节囊、牵引肢前进的肌肉、关节屈侧皮肤、某些淋巴结、某些部

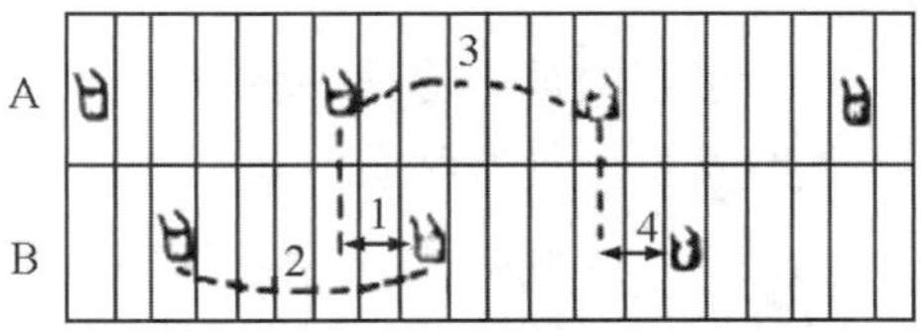


**图Ⅱ-5-3　悬跛**

1、4.后半步　2、3.一步幅

位的骨膜等发生炎症或疾患时，都可引起悬跛。可以概括为“敢踏不敢抬，病痛上段呆”。

(3)混合跛。患肢提举、伸扬及负重时，都出现机能障碍，称为混合跛，即支跛与悬跛的特征同时存在。根据患肢步幅，前后半步的长短，又可分为以支跛为主的混合跛（支混跛）和以悬跛为主的混合跛（悬混跛）。混合跛常见于上部关节疾病、上部骨折、神经及肌肉麻痹或肢体上下段同时患病。

(4)特殊跛行。

①紧张步样。表现急促短步，如蹄叶炎。

②黏着步样。表现缓慢短步，步态强拘，见于肌肉风湿、破伤风等。

③鸡跛。患肢呈现高度举扬，膝关节和跗关节高度屈曲，并在空中停留片刻后，突然着地，如鸡走路的样子（图Ⅱ-5-4）。

图Ⅱ-5-4 鸡跛

④间歇性跛行。它是周期性发作的一种跛行，马在开始运步时一切都很正常，在劳动或骑乘过程中，突然发生严重的跛行，甚至马匹卧下不能起立，停止运动则跛行消失自然而恢复正常。但再次运动时，可再次复发。主要见于大动脉栓塞（如髂内外动脉、股动脉栓塞等）、习惯性膝盖骨脱位、关节石等。

2. 根据跛行的程度分类

(1)轻度跛行。站立或运步落地负重时，患肢可以蹄全负缘着地，有时比健肢维持时间短；运步时稍有异常，或病肢在不负重运动时跛行不明显，而在负重运动时出现跛行。

(2)中度跛行。站立时患肢前伸、后踏、内收或外展，不能以全蹄着地，仅用蹄尖着地，或虽以蹄全负缘着地，但上部关节屈曲，减轻患肢对体重的负担。运步时可明显看出提伸有障碍。

(3)重度跛行。站立时患肢几乎不着地负重或悬提，患肢提举伸扬极度困难，拖曳前进，甚至呈三肢跳跃，但牛很少呈三肢跳跃前进。

## 二、任务实施

### (一)诊断

跛行不是一种疾病，而是疼痛、乏力、畸形或机体肌肉骨骼系统机能及结构性障碍的一种标志，因此对跛行诊断不能只单纯注意局部病变，而应该从有机体是一个整体出发进行诊断，应该对机体的全身状况加以检查，包括体格、营养、姿势、精神状态、被毛、饮食欲、排尿、排粪、呼吸、脉搏、体温等，逐项加以检查，以供在判断病情时参考，同时也要注意患畜和外界环境的联系。

1. 问诊

采用问诊的形式向畜主或饲养管理人员了解有关动物跛行的情况。问诊时注意询问下列内容。

(1)患畜的饲养管理、使役情况，其他同群动物情况如何？

(2)发生跛行的时间？是突然发生，还是缓慢发生的？

(3)发病前是否受伤？是否出现滑倒、跌倒？是否与其他动物打斗？有没有发生机械撞击？

(4)发生跛行后的表现如何？发病后病情是加重了，还是减轻了？

(5)何时跛行最严重？是刚开始运动时，还是运动过程中？

(6)是否经过治疗？如何治疗的？效果如何？

当然，在问诊时不能呆板地逐条询问，应根据具体情况有针对性地提出与疾病有关的问题。对畜主所提供的情况也应该进行分析和判断，去粗存精、去伪存真地加以取舍。

在问诊基础上，以视诊为主，观察动物在站立或运动中所表现的异常状态，进而确定患肢和初步判定患部，视诊可分站立视诊和运步视诊。

2. 视诊

(1)站立视诊。让病畜自然站立在平坦的地面上，检查者与患畜相距 1～2 m，围绕患畜走一圈，从蹄到肢的上部，或由肢的上部到蹄，从头到尾仔细地反复地观察，比较两前肢或两后肢同一部位有无异常。伫立视诊时应该注意以下几个问题。

①头颈位置有无改变。两前肢有病时，两后肢伸到腹下，头颈高举；两后肢有病时，两前肢稍后伸，头颈低下。但在两后肢蹄叶炎时，患畜常两后肢前伸，以蹄踵负重；一侧的前后肢有病时，头颈偏向健侧。

②肢势有无异常。患肢常出现前伸、后踏、内收、外展、系部直立、关节屈曲等异常肢势。

③肢蹄的负重状态。患肢常呈减负体重(蹄着地不确实，负重时间短或频频交替负重)或免负体重(患肢悬提或以蹄尖着地)。

④肢蹄的局部变化。患肢有无延长或缩短；局部被毛有无逆立；皮肤有无破损、肿胀、化脓、瘢痕；骨骼、肌肉有无变形萎缩等异常变化。同时，还要注意两侧肢的指(趾)轴和蹄形是否一致，蹄铁是否适合？蹄钉的位置如何？

(2)运步视诊。运步视诊的目的主要有三：首先是确定患肢，中度和重度跛行在视诊时，患肢就可看出，但轻度跛行只能在运步视诊时才能确定；其次是肯定患肢跛行的种类和程度；最后是初步发现可疑的患部，为进一步诊断提供线索。

运步视诊时，应该让畜主牵导患畜沿直线运步，缰绳 1 m 左右比较合适，不能过长或过短。如过长患畜可自由低头，寻觅食物，影响运步；过短可影响头部自然摆动和运步。先使患畜沿直线走常步，然后再改为快步。检查者与病畜相距 3～5 m，随着病畜的运动，从前面、侧面和后面观察肢的提举、伸扬和负重状态，以及步幅变化，并注意点头运动和臀部升降运动等。

①点头运动。一前肢发生支跛时，健肢着地负重时，头向健侧低下；患病前肢着地负重时，则头向患侧高举。此种随运步而上下摆动头部的现象，称为点头运动。概括为“点头行，前肢痛”，“低在健，抬在患”。

②臀部升降运动。当一后肢患病时，为了把身体重心移向对侧健肢，因而健肢着地时，臀部下降；患肢着地时，臀部高举，这种现象称为臀部升降运动。概括为“臀升降，后肢痛。降在健，升在患”。

③运步状态。观察各关节屈曲、伸展是否充分，左右肢提举高度是否相等，系部倾斜是否一致，蹄负重面是否完全着地等，从中判定是前方短步还是后方短步。并注意肢蹄有无内收、外展、划弧等情况。

④运动量对跛行程度的影响。当有关节扭伤、蹄叶炎等疼痛性疾患时，跛行程度随运动量的增加而加剧；患风湿病时，跛行程度随运动量的增加而逐渐减轻甚至消失。

⑤加重负荷运动。加重负荷运动促使跛行明显化。当跛行程度较轻，应用上述方法尚不能确定患肢时，可采用以下方法，促使跛行明显化，进而确定患肢。

a. 圆周运动。圆周运动时，患畜的重心偏于内侧的前后肢，支持器官有疾患时，内侧肢跛行加重；同时，外侧肢因步幅加大，主动运动器官有疾患时，则表现跛行加重。圆周运动时圈子不能太小，过小不但妨碍肢的运动，而且不便于两肢比较。

b. 回转运动。使患畜快步直线运动，趁其不备，使之突然回转，患畜在向后转的瞬间，可看出患肢的运动障碍。内侧肢支跛时跛行加重，外侧肢悬跛时跛行加重。回转运动需连续进行几次，向左向右都要回转，以便比较。

c. 乘挽运动。伫立和运步都不能认出患肢时，可行乘骑或适当的拉挽运动，增加四肢的负荷，有时可发现患肢。

d. 软、硬地运动。在软地运动时，主动运动器官有疾患可表现出机能障碍（悬跛）加重；在硬地运动时，支持器官有疾患时可表现出机能障碍（支跛）加重。

e. 上坡和下坡运动。前肢和后肢的悬跛，上坡时跛行都加重，后肢的支跛上坡时跛行加重；前肢的支持器官有疾患时，下坡时跛行明显。

（3）牛躺卧视诊。牛患肢蹄病时，常不能站立而躺卧，因此，躺卧视诊非常重要。

牛正常时经常是卧着休息，卧的姿势如发生改变或卧下不愿起立，往往说明运动器官有疾患。牛正常卧的姿势是（图Ⅱ-5-5）两前肢腕关节完全屈曲，并将肢压于胸下，后部的体躯稍偏于一侧，一侧的（下面的）后肢弯曲压于腹下，另一侧（上面的）后肢屈曲，放在腹部的旁边。偶尔也有一前肢向前伸出，或整个体躯平躺在地上。若动物正常卧的姿势发生改变，多半有运动器官障碍，有的牛脊髓损伤时，不能站立，往往用髂骨支持躺卧，两后肢伸于一侧；或患牛整个体躯平躺在地上，四肢伸直。一侧或两侧闭孔神经麻痹时，一个或两个后肢伸直呈跨坐姿势（图Ⅱ-5-6）。股神经麻痹时，两后胶常向后伸直，用腹部着地。

图Ⅱ-5-5　牛正常卧地姿势

图Ⅱ-5-6　闭孔神经麻痹

临床上在躺卧视诊时，还应注意动物由卧的姿势改变为站立时的表现，有时在这时可看出有病变的肢和部位。为了证明牛起立时有障碍，可先使多处于正常卧姿，然后给以针刺，或用脚在地面上搓压患畜尾部，刺激动物站起来，在站立过程中观察哪个肢有障碍，或某个肢的哪个部位有障碍。若动物不能站立，或伸直前肢呈犬坐姿势，表明腰部有问题，可能是后躯麻痹，脊髓的疾患。

躺卧视诊时，应注意蹄的情况。为伫立视诊对蹄的观察打下一定基础。

3. 患部确定

确定患肢后，还必须根据运动检查时所确定的跛行种类及程度，有步骤、有重点地进行肢蹄检查，以找出患病部位。

（1）蹄部检查。

①外部检查。主要注意蹄形有无变化；蹄壁面有无裂缝或缺损；蹄底各部有无刺伤物及刺伤孔等。检查牛蹄时，应特别注意趾间韧带有无异常。

②蹄温检查。以手掌触摸蹄壁，感知蹄温，并应做对比检查。若蹄内有急性炎症，则蹄温显著升高。

③痛觉检查。先用检蹄钳敲打蹄壁、钉节和钉头，再钳压蹄匣各部，如动物拒绝敲打和钳压，或肢体上部肌肉呈现收缩反应或抽动患肢，则说明蹄内有带痛性炎症存在。

(2)肢体各部的检查。使患畜自然站立，由冠关节开始逐渐向上触摸压迫各关节、屈膝、骨骼等部位，注意有无肿胀、增温、疼痛、变形等变化。

(3)被动运动检查。即人为地使动物关节、腱及肌肉等做屈曲、伸展、内收、外转及旋转运动，观察其活动范围及患病情况，有无异常音响，进而发现患病部位。

(4)外周神经传导麻醉检查。其他诊断方法不能确定的跛行，用2%～4%盐酸普鲁卡因注射液5～20 mL注射于神经干周围，进行传导麻醉检查。若注射10～15 min发生麻醉作用跛行消失，说明病变部位在注射点的下方，反之病变是在上方。怀疑有骨裂和韧带、腱部分断裂时，不能应用麻醉诊断。传导麻醉检查对肢体下部单纯痛性疾病引起的跛行有确诊意义。

(5)X射线检查。四肢疾病用X射线进行透视或照相检查，可获正确诊断，兽医临床广泛用于诊断关节脱位、骨折、骨化性骨膜炎、蹄部骨病及蹄内异物等。

(6)直肠检查。直肠检查在大动物髋部疾病的确诊上有着特殊的、不可替代的作用，因为髋关节外面有很厚的肌肉，不容易摸到骨的病理变化，同时，骨盆腔内许多器官有病理过程时，也会引起肢的机能障碍。

当髋骨骨折、腰椎骨折、髂荐联合脱位时，直肠检查不仅可确诊，还可了解其后遗症和并发症，如血肿、骨痂等。腰肌的炎症过程、腹主动脉及其分支的血栓、股骨头脱位等都可用直肠检查确诊。直肠检查时可配合后肢的主动运动和他动运动，如诊断髋关节脱位时，检查者的手伸入直肠内，让马慢慢向前走，或让助手牵动患肢，感觉关节的活动情况。

(7)热浴检查。当蹄部的骨、关节、腱和韧带有疾患时，可用热浴诊断。在水桶内放40℃的温水，将患肢热浴15 min，若为腱和韧带或其他软组织炎症引起的跛行，热浴以后，跛行可暂时消失或大为减轻，相反，如为闭锁性骨折、籽骨和蹄骨坏死或骨关节疾病引起的跛行，热浴后，跛行一般都增重。

(8)电刺激诊断。神经和肌肉麻痹时，其对电刺激应激性减弱，因而同侧肢同一部位比较，可以确定患部和麻痹的程度。

将检查所获得的丰富材料进行认真的分析对比，反复研究加以归纳总结，对疾病做出初步诊断，定出病名，确定治疗措施。

上述诊断可概括为一问、二看、三摸、四判断。

**(二)治疗**

跛行是疼痛、乏力、畸形或机体肌肉骨骼系统机能及结构性障碍的一种标志，因此对跛行的治疗，应考虑引起跛行的原因进行综合治疗。

*1.腱炎的治疗*

减少渗出，促进吸收和出血凝固，防止腱束的继续断裂，恢复功能。

急性炎症时，首先使病畜安静，如出现在肢势不正或护蹄、装蹄不当的病例须在给药治疗的同时进行矫形装蹄和削蹄，以防腱束的继续断裂和炎症发展，病后1～2 d进行冷疗，亦可用冰敷、雪囊、凉醋、明矾水和醋酸铅溶液冷敷，或用凉醋泥贴敷。

炎症减轻后，使用酒精热绷带、酒精鱼石脂温敷，或涂擦复方醋酸铅散加鱼石脂等。或使用中药消炎散(处方:乳香、没药、血竭、大黄、花粉、白芷各100 g，白芨300 g，碾细加醋调成糊状)贴在患处，包扎绷带，药干时可浇以温醋。

封闭疗法：将盐酸普鲁卡因注射液注于患处。

亚急性和转为慢性时间不久的病畜，用热疗法，如电疗、离子透入疗法、石蜡疗法，或使用可的松 3～5 mL 加等量 0.5%盐酸普鲁卡因注射液在患肢两侧皮下进行点注，每点间隔 2～3 cm，每点注入 0.5～1 mL，每 4～6 d 1 次，3～4 次为一疗程。

对慢性经过时间较久的腱炎，可以涂擦碘汞软膏（处方：水银软膏 30 g、纯碘 4 g）2～3 次，用至患部皮肤出现结痂为止，但在每次涂药后，应包扎厚绷带。或涂擦强刺激性的红色碘化汞软膏（处方：红色碘化汞 1 g、凡士林 5 g），为了保护系凹部，应在用药的同时涂以凡士林，然后包扎保温绷带，用药后注意护理，预防咬舔患部。经过 5～10 d 换绷带（夏季时间短，冬季时间长）。对顽固的病例可使用点状或线状烧烙，在烧烙的同时涂强刺激剂，包扎绷带保温，加强护理。借以诱发皮肤及皮下组织出现急性炎症，形成炎性水肿，白细胞增加，在酶的作用下，可促进腱的病态结缔组织软化。在治疗过程中应保持病畜的适当运动。

2. 指（趾）屈腱炎的治疗

除按照腱炎的常规治疗外，应注意不同腱炎的装蹄疗法。

指（趾）深屈腱炎：原则上加大蹄的角度，以侧望与指轴一致为标准，适当切削蹄尖部负面，装厚尾蹄铁，抑或加橡胶垫。蹄铁的剩缘、剩尾应多些，上弯稍大些。

3. 腱断裂的治疗

使病畜安静，缝合断端，固定制动，防止感染。

其他原因引起跛行的治疗，参见骨及骨关节疾病的治疗。

# 任务二　骨折



## 一、相关知识

### （一）了解概况

骨的完整性或连续性遭受破坏，称为骨折。根据骨折处皮肤或黏膜是否有创口，分为开放性骨折和闭合性骨折；根据骨折的程度，分为全骨折和不全骨折（骨裂、部分骨折）；根据骨折线的走向，分为横骨折、纵骨折、斜骨折、螺旋骨折、嵌入骨折、穿孔骨折、粉碎性骨折等。根据骨折的位置，分为骨干、骨骺和关节内骨折。

### （二）认知病因

1. 外伤性骨折

主要由于暴力的作用，如打击、跌倒、冲撞、挤压、蹴踢、牵引等，奔跑中扭闪或急停、跨沟滑倒等，肌肉突然强烈收缩以及骨质病时而发生骨折。

2. 病理性骨折

有骨质疾病的骨发生骨折。如患有骨髓炎、佝偻病、骨软症、氟中毒、骨疽等，衰老、营养不良时骨质疏松，遭受不大的外力就容易发生骨折。

### （三）骨折的分类

1. 根据骨折部位是否与外界相通分为 2 种

（1）开放性骨折。骨折时周围组织损伤严重，致皮肤或黏膜破裂，骨折断端与外界相通容易感染化脓。

(2)非开放性骨折。骨折断端未与外界相通。

2.根据骨折的程度分为2种

(1)完全骨折。骨的连续性或完整性遭到完全破坏。根据骨折线的走向可分为横骨折、纵骨折、斜骨折、螺旋骨折、嵌入骨折、穿孔骨折等,若断为三块或三块以上,称为粉碎性骨折,其骨折线可呈“T”“V”“Y”字形(图Ⅱ-5-7)。

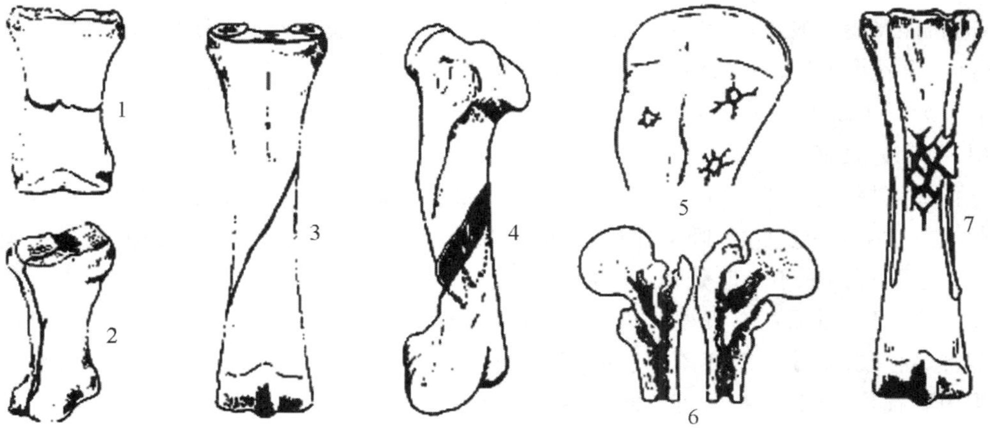


图Ⅱ-5-7 完全骨折

1.横骨折 2.纵骨折 3.螺旋骨折 4.斜骨折 5.嵌入骨折 6.穿孔骨折 7.粉碎性骨折

(2)不完全骨折。骨的完整性或连续性只部分破坏。如骨裂、部分骨折和幼畜的轻微骨折。

3.根据骨折的位置分3种

骨干骨折、骨骺骨折和关节内骨折等。

**(四)识别症状**

1.完全骨折的特有症状

(1)异常体形。骨折端移位,使骨折部位外形或解剖位置发生改变,出现肢体弯曲、缩短、延长或骨折断端重叠、嵌入、分离异常的外观姿势(图Ⅱ-5-8)。

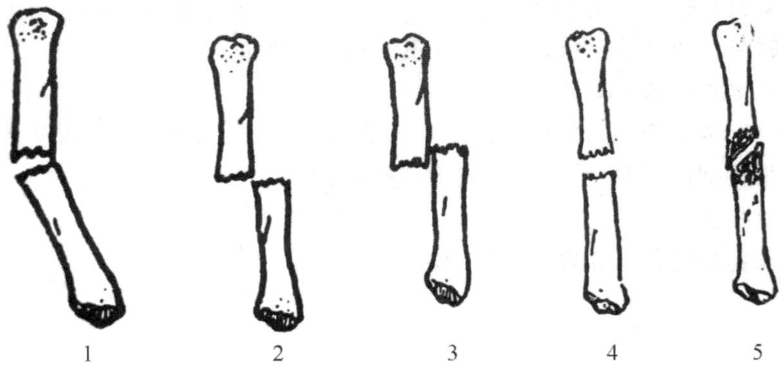


图Ⅱ-5-8 骨折段五种不同的移位

1.成角移位 2.侧方移位 3.缩短移位 4.延长移位 5.旋转移位

(2)异常活动和骨摩擦音。肢体完全骨折时，活动其远侧端，出现异常活动如屈曲、旋转等，并可听到骨折断端互相触碰而发出的摩擦音。

2. 骨折的其他症状

(1)出血与肿胀。骨折部位出现明显的肿胀是因为骨折时骨膜、骨髓及周围组织损伤出血和炎症所引起的。血肿多在骨折后立即出现，而炎症多在骨折 12 h 后出现。

(2)疼痛。骨折发生后，动物即刻出现疼痛，表现骚动不安，肌肉颤抖，出汗。触诊有明显的疼痛部位，骨裂时，指压患部呈线状疼痛区，称骨折压痛线，据此可判定骨折部位。

(3)机能障碍。肢体全骨折时，患肢突然发生重度跛行，表现为不能屈伸和负重，呈三肢跳跃前进(不全骨折跛行较轻)；肋骨骨折时呼吸困难；脊椎骨折时可发生神经麻痹及肢体瘫痪。

3. 骨折的并发病

(1)早期并发症。

①休克：骨折时突然出汗、不安、心跳加快，此休克数分钟即可停止。但头骨、脊椎骨折，常引起严重休克，神志不清，呼吸加快，以后虽渐缓和，但呼吸浅表，脉弱、肢凉、意识淡漠、瞳孔散大，血压下降，如不及时处理，可致死亡。

②感染：开放性骨折多发生感染，非开放性骨折，如皮肤破损处理不当，也可引起感染。

③神经损伤：损伤的程度不同引起不同程度的麻痹，有的可以恢复，有的不可以恢复。

④内脏损伤：肋骨骨折时可引起心、肺、肝和脾的损伤。

(2)晚期并发症。

①关节僵硬：长期固定和缺乏运动，可引起靠近骨折部的关节僵硬，在骨折愈合后，解除固定绷带，有的可逐渐恢复。

②假关节或畸形愈合：由于断端内嵌入了软组织，两断端不能接触，骨痂形成两个钝圆的骨端，未能愈合。

③褥疮：患病动物长期卧地，护理不当，可引起褥疮。或者固定绷带装置不当，在骨的突起部亦可造成褥疮。后者因难以发现，更为危险。

## 二、任务实施

### (一)诊断

肢体全骨折可依据骨折的特有症状，开放性骨折可依据创口外露的骨断端而确诊。不全骨折可查找骨折压痛线。根据需要，可用下列方法辅助检查。

1. X 射线透视或拍片检查

能准确诊断骨折类型、移位情况，而且还能指导整复、监测愈合情况等。关节附近的骨折和关节脱位鉴别诊断时，需用 X 线透视或拍片。

2. 直肠内检查

用于大动物骨盆骨折和腰椎骨折的辅助诊断，有助于了解到骨折部变形或骨的局部病理变化。

3. 骨折传导音的检查

用听诊器置于大动物骨折任何一端骨隆起的部位作为收音区，以叩诊锤在另一端的骨隆起部轻轻叩打，病肢与健肢对比。根据骨传导音的音质与音量的改变，判断有无骨折存在。正常骨的传导音有清脆实质感，骨折后音变钝而浊，有时甚至听不清楚。但此方法不适合于小动物。

**(二)治疗**

治疗原则是紧急救护、正确整复、合理固定、促进愈合、恢复机能。

1.急救措施

骨折发生后,限制动物活动,维持呼吸畅通(必要时做气管插管)和血循环容量。用简易夹板临时固定包扎骨折部;注意止血,预防休克;开放性骨折,创伤内消毒止血,撒布抗菌药物后,固定包扎,以防感染。

2.治疗方法

治疗原则是正确复位,合理固定,促进愈合,恢复功能。在治疗骨折中应考虑动物的经济价值和治疗后机能恢复程度,如治疗费用过高或治疗后机能恢复不能达到生产要求,应建议淘汰。

(1)非开放性骨折的治疗。

①闭合复位与外固定:适用于移位不严重或易于手法复位的四肢骨折,马属动物可用吊马器固定于站立姿势,以手法复位后随时装置外固定,直到初步愈合。其他动物在复位固定后,放置于干燥土质地面舍内饲养应加以垫草。若移位严重,可横卧保定,麻醉。整复时,将两断端拉开,然后使断端对合,对合正确与否可以手触诊,且与健侧对比,有条件可用X光判断,对合后及时加外固定。

外固定须能帮助动物支撑体重,在患病动物有不可避免的运动时,断端能不再移位。固定方法有石膏绷带、夹板绷带、胶绷带、铁制支架绷带和金属活动架夹等。

在进行外固定前,先将拟装绷带部位皮肤上的污物清除,并消毒,当有创伤彻底处理创口后,再装置绷带。

②切开复位与内固定:当骨折断端嵌入软组织内复位有困难时,或整复后的骨折端有迅速移位倾向时,可采取切开复位与内固定的方法。内固定必须严格按照无菌操作进行手术,尽量地保护骨膜使骨折部血液循环少受损害。内固定应结合外固定以增强其支撑作用。内固定材料一般为不锈钢制品。a.髓内针:此法适用于臂骨、股骨、桡骨、胫骨等骨干的横骨折,由骨的一端将髓内针条插入骨髓腔内以固定骨折段。髓内针的长度应以该骨正常状态

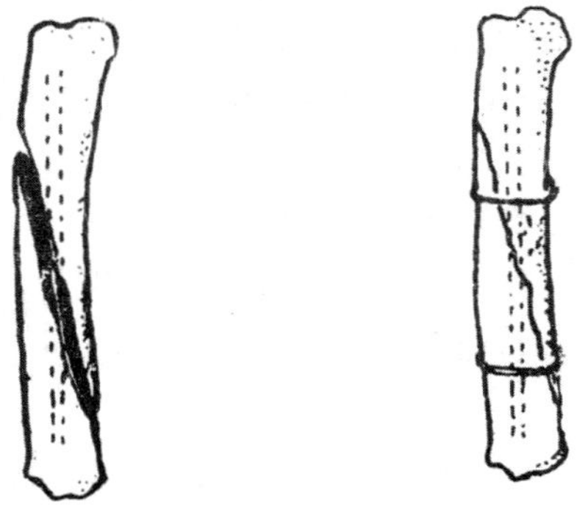

1　　　　2

**图Ⅱ-5-9　髓内针**

1.用髓内针固定斜骨折,使通过各个骨折缘　2.将骨折缘拉到一起,并环绕骨装置一个或两个金属线固定,以维持满意的整复

下的长度为准。如用髓内针固定斜骨折，应将骨折断端拉到一起，并加一两个金属线袢以维持固定（图Ⅱ-5-9）。b.接骨板：适用于长骨体中部的斜骨折、螺旋骨折、尺骨肘突骨折、严重的粉碎性骨折或老龄动物骨折等。接骨板长度种类应根据具体情况而定。螺丝钉长度以刚穿过对侧骨密质为宜，不可过长或过短，且钻孔位置和方向要准确（图Ⅱ-5-10）。c.贯穿术：用特制的不锈钢骨栓通过两侧皮肤切口，横贯骨折段的远近两端，涂塑料粉或赛璐珞，将同侧各个骨栓连接起来。此为内外固定结合，患病动物可以自由起卧，用于体重不大的动物或小动物的桡骨或胫骨中部的横骨折或斜骨折，经6周至3个月不等，待骨痂形成后即可拔除骨栓。但此法易引起软组织感染，骨坏死和骨髓炎，在治疗中应及时处理创口，更换绷带，在骨栓拔除后感染和化脓一般能很快停止（图Ⅱ-5-11）。d.螺丝钉：有些部位骨折可用螺丝钉加以固定，先在骨上钻孔，钻孔直径应略小于螺丝钉，若直径相等容易脱出。e.钢丝：用于上颌骨前颌骨和下颌骨骨折，四肢骨骨折也偶用之。

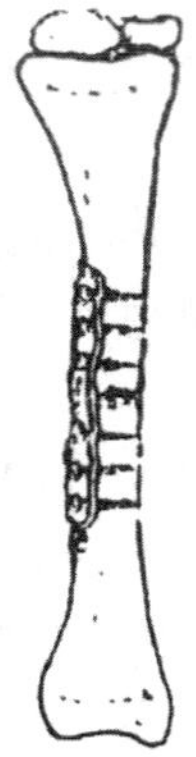

图Ⅱ-5-10　接骨板固定

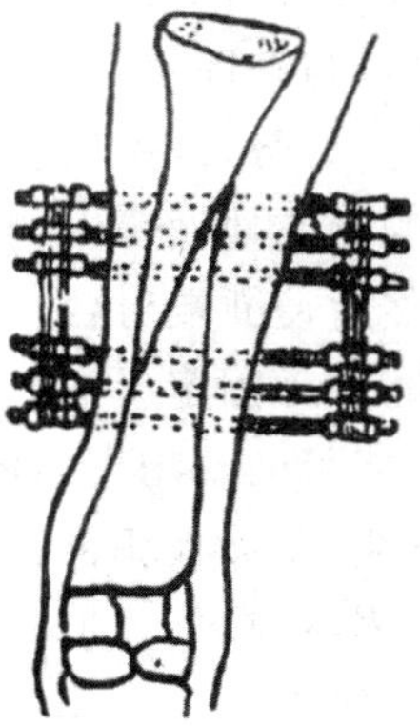

图Ⅱ-5-11　贯穿术

③功能锻炼：功能锻炼可防止肌肉关节僵硬，使机体更好地恢复机能。骨折后1～2周内，局部肿胀疼痛，断端关节易移位。功能锻炼主要目的是促进患部血液循环和消肿，可在固定部位下方搓擦、按摩和对关节部做轻度屈伸活动，此阶段马属动物可用吊马器保定于站立状态，牛则须帮助其起卧，小动物可使其在软地面上自由活动，注意防止断端移位。两周以后，解除固定绷带，但须防止猛跑猛跳，特别是幼畜。

(2)开放性骨折的治疗。开放性骨折应按照创伤的清创术进行处理，清除异物和失去活力的组织，完全游离的小骨片应清除，用骨钳、骨凿、骨匙除去污染的骨表层和污染的骨髓，尽量保留与骨膜和软组织相连并保有血液供应的碎骨片，大块的游离骨取出清洗后，用0.1%新洁尔灭浸泡5 min放回原处，术中尽量减少骨膜的损伤，以利于骨的愈合，若有大血管和神经干断裂，直接进行吻合。如处理及时，清创彻底，多可取第一期愈合，时间延误越长，感染可能性越大。

骨折的药物治疗和物理疗法：为了加快骨组织愈合，可补充钙剂，如静脉注射10%氯化钙、5%葡萄糖酸钙溶液，饲料中添加骨粉等。物理疗法可用氦氖激光、紫外线和中波透热疗法等。中药具有促进愈合、提高疗效作用。消炎汤：当归、花粉、金银花各30 g，柴胡、赤芍、乳香、没药、白芷各15 g，山甲珠、红花、桃仁、丹皮、甘草、防风、贝母各9 g。共为细末，开水冲调，加黄酒120 mL灌服。中后期为促进骨痂形成，可内服接骨散：杜仲、续断、骨碎各30～40 g，当归、元胡、土鳖虫各25～30 g。共为细末，开水冲调，加黄酒120 mL灌服。

3.骨折的愈合

骨折的愈合过程分三期。

(1)血肿机化演进期。骨折后,受伤组织出血,在骨折断端及周围形成血肿,血肿变成血凝块,骨折断端几毫米处骨质因缺血而坏死。此时,新生毛细血管、吞噬细胞和成纤维细胞进入骨断端间隙和血凝块中,逐步清除坏死组织并机化形成肉芽组织。骨断端附近的内外骨膜深层的成骨细胞在伤后立即活跃增生形成与骨干平行的内外骨样组织。这一阶段为10～15 d。临床特征是局部充血,肿胀、疼痛和增温。此时骨断端初步愈合,软组织的损伤也在恢复中。

(2)原始骨痂形成期。上期形成的内外骨样组织逐渐钙化成新的骨组织,紧贴骨密质的内外两面,称内骨痂和外骨痂,这一过程为膜内化骨。上期由血凝块形成的肉芽组织逐渐转化为软骨组织,以后软骨细胞增生骨化。其在骨断端间隙形成一周,连接断骨,称环状骨痂,其在骨髓腔中者,称腔内骨痂,这一过程为软骨化骨。这一阶段约需 1 个月。临床特征是局部症状消退,不肿、不疼,原骨折部可摸到新生骨痂。此时,虽然轻度负重,但断端结合不够牢固。

(3)骨痂改造塑型期。原始骨痂是不规则的网状排列的骨痂,称网织骨,随着运动和负重,应力线上的骨痂在骨小梁上逐渐加强,变成紧密排列的骨板,应力线外的骨痂被噬骨细胞吞噬,原始骨痂变成永久骨痂,腔内骨痂也被清除使骨髓重新畅通。这一阶段需 3～10 周至 1 年以上。

愈合过程良好的,其原断端不活动,无明显变形,无痛,X 线检查骨折线模糊或消失,患肢能负重,无跛行或跛行不明显,如固定不可靠,断端移位严重或断端内嵌入软组织,则形成病理性愈合,如畸形愈合或假关节。

4.影响骨折愈合的因素

影响骨折愈合的因素很多,在治疗中应尽量消除和避免这些不利因素。

(1)全身因素。年龄和健康状况与骨折愈合快慢直接相关。老龄体弱、营养不良、骨组织代谢紊乱时,患有急、慢性传染病等,均可使骨折的愈合延迟。

(2)局部因素。

①血液供应。这是决定骨折愈合快慢的一个重要因素。广泛和严重的软组织创伤,多次手法复位,频繁地更换外固定,误用切开复位手术或内固定装置不良,复位或固定时操作粗暴等,均可加重局部软组织、骨髓腔和骨膜的损伤,影响或破坏血液供给,使骨折愈合延迟或不能愈合。

②固定。复位不良或固定不当,过早负重,骨折端可发生扭转、成角移位或不利于愈合的活动,使断端愈合停留于纤维组织或软骨而不能正常骨化,造成畸形愈合或延迟愈合。

③骨折断端的接触面。接触面越大,愈合时间越短。粉碎性骨折,骨折移位严重而间隙过大,骨折间有软组织嵌入,局部广泛出血和肿胀严重等,均影响骨折的愈合,有时出现病理性愈合。

④感染。开放性骨折或切开复位都容易并发感染,可导致化脓性骨髓炎,有死骨形成或软组织坏死,造成骨折延迟愈合或不愈合。

**(三)术后护理**

(1)全身应用抗生素预防或控制感染。

(2)适当应用消炎止痛药，加强营养，饮食中补充维生素 A、维生素 D、鱼肝油及钙剂等。同时配合物理疗法如石蜡疗法、温热疗法、直流电钙离子透入疗法、紫外线疗法等。

(3)限制动物活动，保持内、外固定材料牢固固定。

(4)对局部进行按摩、搓擦，恢复功能锻炼，防止肌肉萎缩、关节僵硬及骨质疏松等。

(5)外固定时，术后及时观察固定远端如有肿胀、变凉，应解除绷带，重新包扎固定。

(6)定期进行 X 射线检查，掌握骨折愈合情况，适时拆除内、外固定材料。

骨的完整性或连续性被破坏称为骨折。

# 任务三　关节脱位

## 一、相关知识

### (一)概念

关节骨端的正常位置关系，因受力学的、病理的以及某些作用，失去原来状态，关节头脱离关节窝，称为关节脱位(脱臼)，常突然发生，有的间歇发生，或继发于某些疾病，多发于膝关节，髋关节，系关节等。

按病因分为：先天性脱位、外伤性脱位、病理性脱位、习惯性脱位等。按程度分为：完全脱位、不完全脱位、单纯脱位、复杂脱位。

### (二)认知病因

突然强烈的外力直接(跌倒、打击、冲撞等)或间接(蹬空、关节强烈伸曲、肌肉不协调的收缩等)作用于关节，使关节韧带和关节囊遭到破坏而引起，患有结核病、马腺疫、传染性胸膜肺炎、胆色素尿病、维生素缺乏或关节先天性缺陷也可引起关节脱位。

### (三)识别症状

1. 关节变形

关节失去原来正常的轮廓和形状，出现异常隆起或凹陷。

2. 异常固定

关节头离开关节窝，因韧带肌肉的紧张，而使关节头固定于异常位置，不能自动活动，他动时受到限制并有弹拨性。

3. 关节肿胀

因出血、形成血肿及比较剧烈的局部急性炎症反应，引起肿胀。

4. 肢势改变

在患关节的下方出现肢势改变，呈现内收、外展、屈曲或者伸张的状态。

5. 机能障碍

由于关节头移位和疼痛，患肢发生程度不同的运动障碍，甚至不能运动(图Ⅱ-5-12、图Ⅱ-5-13)。

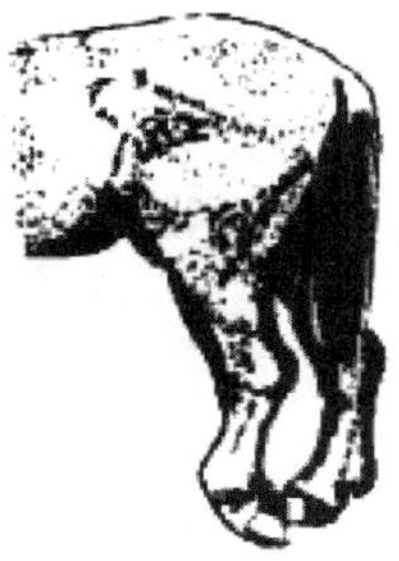

图Ⅱ-5-12　左后肢膝盖骨上方脱位

图Ⅱ-5-13　右后肢膝盖骨上方脱位

由于脱位的位置和程度不同，这5种症状会有不同的变化，诊断时应根据视诊、触诊、他动运动与双肢的比较做出初步判断；但是当关节肿胀严重时，X射线检查可以做出正确的诊断。同时，应当检查肢的感觉和脉搏等情况，尤其是骨折是否存在。

## 二、任务实施

### (一)诊断

根据关节变形、异常固定、关节肿痛及机能障碍进行诊断，但须注意与关节骨端骨折鉴别。被动运动检查，关节脱臼时呈基本不动或活动不灵，并在被动运动后仍恢复异常固定状态，带有弹拨性。而骨折脱位时无此特征。

### (二)治疗

治疗原则是早期整复，确实固定，促进修复，功能锻炼。

1.整复

整复就是复位，使关节的骨端回到正常位置，整复越早越好，有炎症出现时会影响复位。为减少疼痛，肌肉韧带弛缓，整复前应麻醉。整复方法是牵拉患肢，拉开异常固定的关节，同时采用按、揣、抬、揉和抬等手法，使脱位的骨端还纳到正常的解剖位置，正确复位时会有一种声响。复位后数日禁忌病畜卧倒，应吊起保定。整复后应让动物安静1～2周。

(1)膝盖骨上方脱位。给病畜注射肌松剂后，鞭打驱赶患畜，强迫做前进运动或后退运动，可使其自行复位。或用绳向前牵引患肢，推压膝盖骨，或侧卧保定后，采用后肢前方转位的方法进行整复。削蹄疗法效果较好，将患肢的蹄外侧负缘削低或垫高内侧负缘，使蹄底外低内高，如削蹄合适，即可在运动中自行复位。此法对习惯性脱位也有效。顽固性病例，可行患肢的膝内直韧带切断术。

(2)膝盖骨外方脱位。采用向下方推压膝盖骨的方法复位。局部热敷或涂擦刺激剂，全身用消炎、镇痛药物，配合牵遛运动，数天内可复位。

2.固定

有些病例整复后，即可恢复正常功能。有的病例则需进行固定，可向患部注射95%酒精或10%氯化钠溶液、自家血液，或皮肤涂擦刺激剂，如芥子泥、鱼石脂等，诱发急性炎症，起到固定作用。肢的中、下部关节可装石膏绷带或夹板绷带，3～4周后，损伤的关节即可修复。中、小动物或幼畜装着固定绷带的时间可缩短。

3. 祛瘀消肿、促进修复

中药可用当归、五加皮、赤芍、川芎、羌活、桂枝各 30 g，生地、威灵仙各 45 g，续断、木瓜、白芷各 25 g，苡仁 60 g，甘草 20 g，水煎服。或用其他祛瘀消肿药物。

4. 功能锻炼

固定解除后适当进行牵遛运动，并结合适当的理疗方法。

## 任务四　奶牛蹄病

### 一、相关知识

#### (一)了解概况

奶牛蹄病是一类严重影响奶牛健康的疾病，包括蹄病和蹄变形。蹄病指蹄已发生病理变化，临床表现红肿热痛和功能障碍，蹄变形指蹄的形状发生改变，蹄变形是蹄病的基础，临床表现出蹄病。

#### (二)认知病因

1. 与营养的关系

产前精料喂量过多，母牛过于肥胖，产后胎衣下不，子宫炎和酮病瘤胃酸中毒发病增多，而这些疾病可致使蹄病的发生。矿物质缺乏，特别是钙、磷的不足，比例不当，致使钙、磷代谢紊乱，临床上出现骨质疏松症，而导致蹄病的发生。

2. 与圈舍的关系

舍阴暗潮湿，通风不良，氨气浓度过高，在氨的作用下，蹄底角质变性分解呈粉状，故在临床上出现“粉蹄”；炎热多雨季节，牛圈泥泞，粪尿堆积发酵，牛蹄受污物浸渍，角质变软，抵抗力下降，促使蹄病发生；生长期立于水泥地等较硬地面上，可使角质过度磨损，引起蹄底发生严重挫伤；圈舍过小，牛密度过大，奶牛缺少运动，蹄角质过度生长，出现变形、蹄裂。

3. 与管理的关系

修蹄不及时或不修蹄，蹄受多种因素影响，表现异常角质形成，出现蹄变形，则促使蹄病的发生。奶牛集中饲养时环境因素、圈舍运动场不消毒、不清扫，致使传染病、寄生虫病流行和传播，常会引起蹄病出现，如口蹄疫、坏死杆菌病、牛病毒性腹泻、锥虫病等。

4. 与遗传育种的关系

在生产实践中，奶牛场可通过淘汰有明显肢蹄缺陷，特别是那些蹄变形严重，经常发生跛行的奶牛及其后代，或使牛群肢蹄状况得到改善。

#### (三)识别症状

1. 蹄底溃疡

蹄底溃疡是奶牛蹄底后 1/3 处即蹄底和蹄球结合部发生角质缺失，真皮裸露，进而发生肉芽组织增生，甚至引起蹄深部组织感染。见图Ⅱ-5-14 至图Ⅱ-5-16。

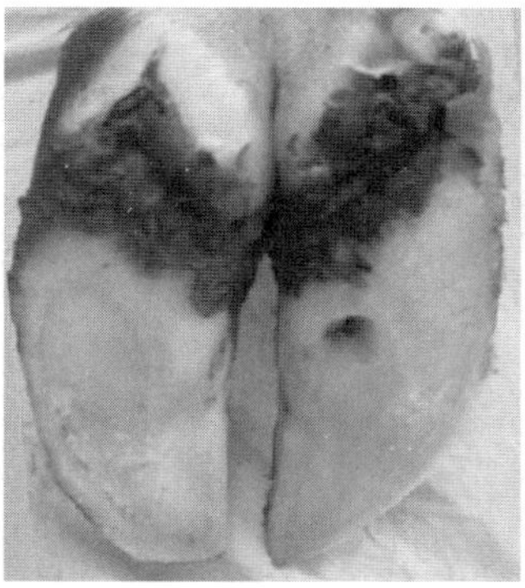

图Ⅱ-5-14　病变处角质坏死，呈黑色(齐长明 摄)

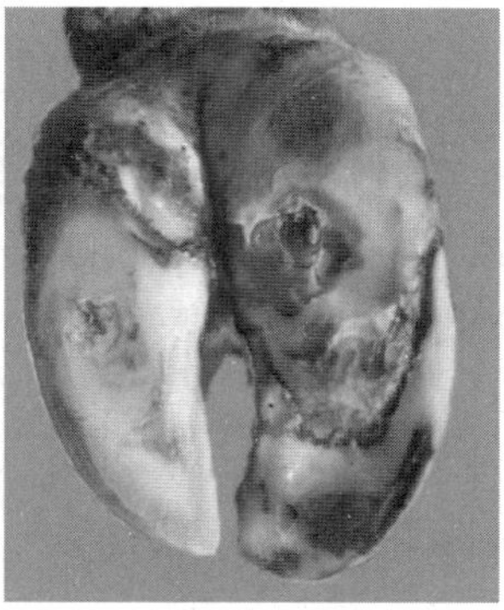

图Ⅱ-5-15　病变处角质变软、崩解、脱失露出蹄底真皮(齐长明 摄)

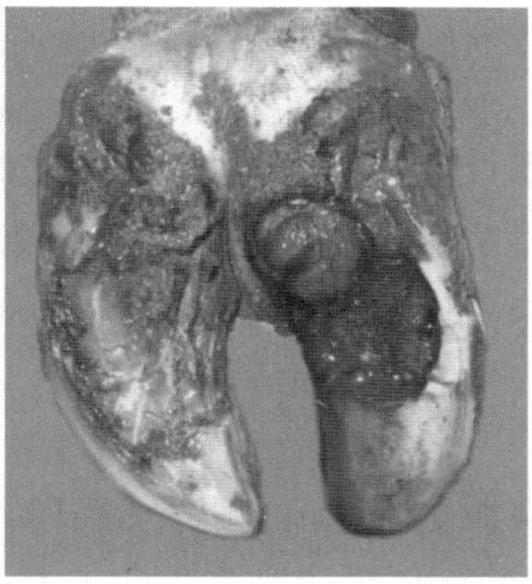

图Ⅱ-5-16　溃疡处形成肉芽肿，突出于角质表面(齐长明 摄)

2. 指(趾)间皮肤增殖

本病是指(趾)间隙皮肤的异常增殖。增殖物的结构与正常皮肤相同，但各层组织都显著增生。见图Ⅱ-5-17、图Ⅱ-5-18。

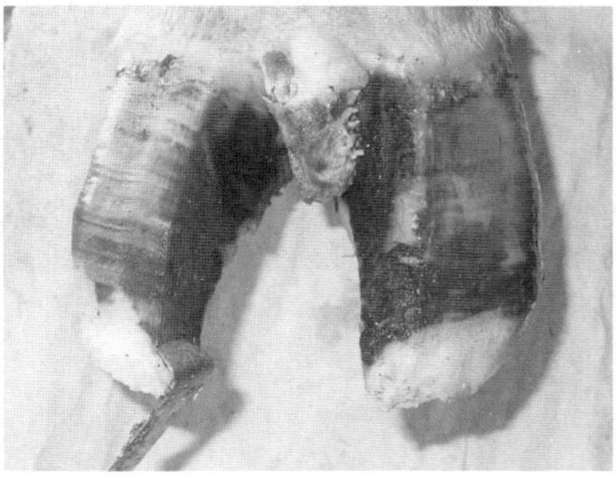

图Ⅱ-5-17　皮肤增殖物在指(趾)间呈舌状突起(齐长明 摄)

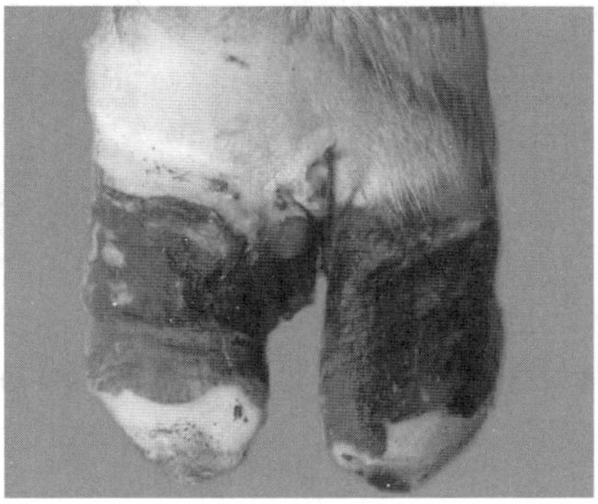

图Ⅱ-5-18　增殖物感染后破溃，导致蹄冠部肿胀(齐长明 摄)

3. 疣性皮炎

疣性皮炎是指(趾)间隙背侧或掌(跖)侧皮肤出现菜花样增殖物，已证实增殖物为真性纤维乳头状瘤。见图Ⅱ-5-19、图Ⅱ-5-20。

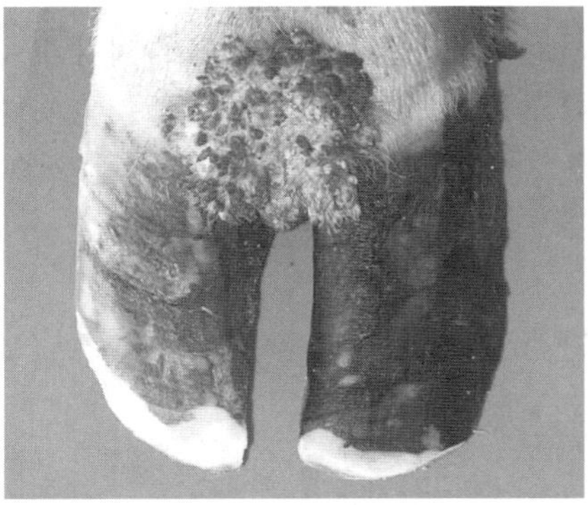

图Ⅱ-5-19　左前蹄指间隙背侧的增殖物(齐长明 摄)

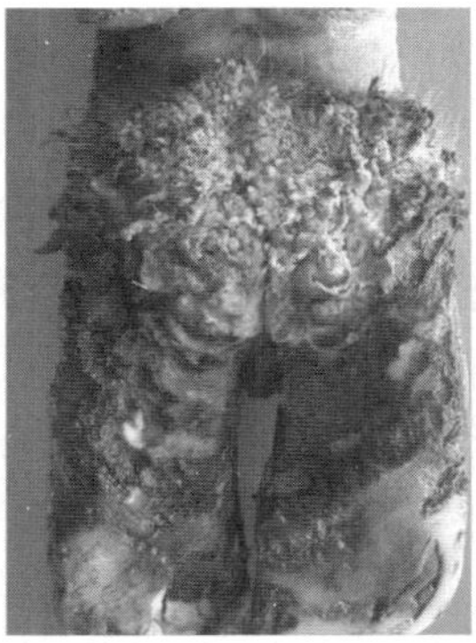

图Ⅱ-5-20 右后蹄趾间隙跖侧的增殖物(齐长明 摄)

4.指(趾)间皮炎

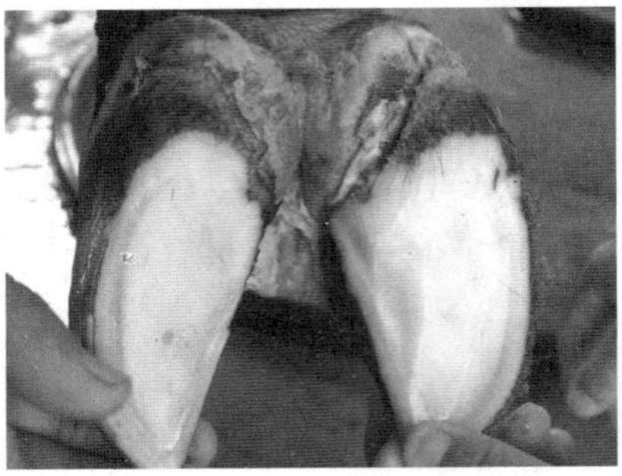

图Ⅱ-5-21 右后蹄趾间表皮增厚、充血,有渗出物(齐长明 摄)

指(趾)间皮炎是(趾)间隙皮肤的异常增殖性疾病,增殖物的结构与正常皮肤相同,但各层组织都显著增生。另一种为指(趾)间隙背侧或掌(跖)侧皮肤出现菜花样增殖物,称为指(趾)间疣性皮炎,已证实增殖物为真性纤维乳头状瘤。

局部皮肤逐渐肥厚,被覆有绒毛状物及疣状物,有时呈花椰菜状。发病时间长引起蹄变形。污物黏附,有臭味。乳牛发生本病后体重及乳量均减少。见图Ⅱ-5-21。

5.白线病

蹄底角质和蹄壁角质结合处的白线的疾病,主要可分为白线异物、白线裂和白线脓肿。见图Ⅱ-5-22至图Ⅱ-5-24。

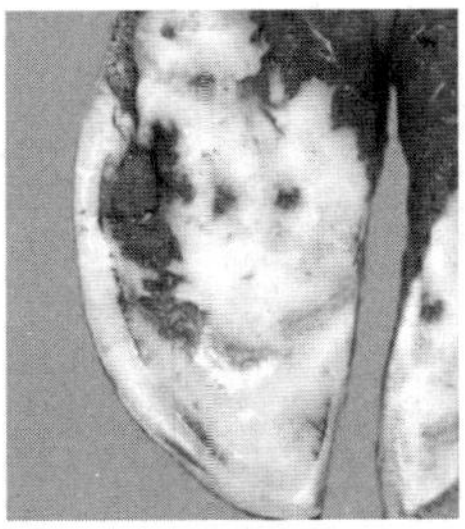

图Ⅱ-5-22 白线异物,一石子嵌入白线处(齐长明 摄)

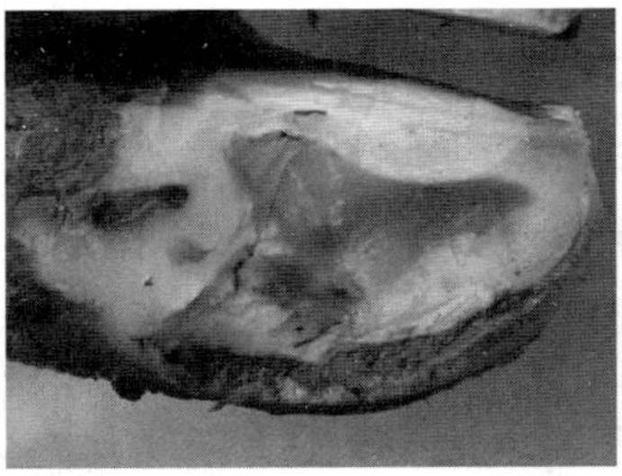

图Ⅱ-5-23 白线裂,裂开的白线内填塞的脏物使裂缝不断扩大(齐长明 摄)

图Ⅱ-5-24 白线脓肿(齐长明 摄)

## 二、任务实施

### (一)诊断

根据不同蹄病的临床症状进行诊断。

### (二)治疗

1.蹄底溃疡

(1)清蹄后,彻底去除溃疡周围所有已坏死的角质和真皮,去除过度突出的肉芽组织。

(2)适当切削蹄底轴侧部,以减少病变部负重。严重病例,可在健指(趾)下装置支撑物。

(3)根据病情选择治疗药物和处置方法。常用药物有松馏油和魏氏流膏。上药物用蹄绷带包扎,轻度病例可不包扎。

2.指(趾)间皮肤增殖

(1)对于小的增殖物,可用高锰酸钾腐蚀的方法进行治疗,但疗效不确实。

(2)手术切除增殖物可根治。

3.疣性皮炎

增殖物小时可用高锰酸钾腐蚀的方法进行治疗,稍大时手术切除增殖物是最有效的治疗方法。

4. 指(趾)间皮炎

使用外科手术将增殖物完全切除，手术创用消毒药液冲洗干净，涂碘酊或10%硫酸铜溶液，用绷带包扎。手术后也可涂磺胺软膏或抗生素软膏，用绷带包扎。

5. 白线病

(1)浅小的白线裂，仔细清除裂隙内的脏物后，将周围角质削薄即可。

(2)发生白线脓肿时，不要在裂口处挖深洞，应牺牲部分蹄底或蹄壁的角质，使裂口扩开呈倒漏斗形，以便于深部的渗出物和脓汁排出。

**(三)预防——蹄部保健**

奶牛健康与否是保证奶牛健康的重要原因之一，蹄病困扰，可使奶牛体质下降，逐渐消瘦，抗病力降低，易感染其他疾病，泌乳量下降，还会影响繁殖能力。做好蹄部保健，可提高奶牛的利用年限，降低因蹄变形、蹄病造成的淘汰率。

防止奶牛蹄病，要供应平衡日粮，满足奶牛对各种营养成分的需求，其中特别注意精粗比、碳氮比和钙磷比。保持圈舍、运动场清洁、干燥，不用炉渣、石子铺运动场。保持蹄部卫生，夏天用清水每日冲洗。建立修蹄制度，每年春秋两季各修一次蹄。坚持用药物浴蹄。浴蹄药物选择3%～5%福尔马林或4%硫酸铜。治蹄方法有喷洒治蹄和浸泡浴蹄。喷洒治蹄，用清水清洗蹄部泥土粪尿等脏物，将药液直接喷洒蹄部，夏秋季每5～7 d喷洒一次，冬春季可适当延长时间。浸泡浴蹄，在奶牛必经处设蹄浴池(长3～5 m、宽1 m、深15 cm)，放置药液量为蹄浴池深度，约10 cm，每日过蹄浴池，每周换药液一次。

# 任务五　椎间盘突出症

## 一、相关知识

**(一)了解概况**

椎间盘(IVD)突出是指椎间盘变性、纤维环破裂、髓核向背侧突出，压迫脊髓而引起以运动障碍为主要特征的一系列症状。临床上以疼痛、共济失调、麻木、运动障碍或感觉运动麻痹为特征。为小动物临床常见病，多见于体型小、年龄大的软骨营养障碍类犬，常发生于胸腰椎和颈椎，其发病率前者占85%，后者占15%。

**(二)认知病因**

一般认为椎间盘突出是因椎间盘退变所致，但引起其退变的诱因仍不明确，下列因素可能与本病的发生有关。

1. 品种与年龄

小型犬如腊肠犬、比格犬、京巴犬及长卷毛犬等最常发生。小型犬硬膜外腔较小，即使少量的髓核突出，也会产生严重的压迫脊髓。而大型犬硬膜外腔较大，同样量的髓核突出就不会产生严重后果或只出现轻微的压迫脊髓。4～5岁犬发病率最高，占73%，7岁以上占21.2%。

2. 遗传

腊肠犬为最易发生椎间盘突出，其发病率比其他各种犬发病率总和高 10～20 倍。有人对 536 例腊肠犬椎间盘突出的进行系谱分析，发现该病的遗传模式一致，即腊肠犬对本病有较高的遗传性。另外，北京犬、法国斗牛犬、贵宾犬、可卡犬、西施犬、拉萨狮子犬等，近亲繁殖发病率较高。

3. 外伤

尽管外伤对椎间盘退变并不是主要的，但当发生椎间盘退变时，外伤可促使椎间盘损伤、髓核突出。外伤可引起纤维环和软骨终板的破裂，促使椎间盘脱位。如动物从高处跳下，上下楼梯，嬉戏时跑跳，两后肢触地直立，在光滑的地板上突然跌倒等。但外伤可能对引起椎间盘病变并不重要。

4. 椎间盘因素

受异常脊椎应激的影响，椎间盘的营养（如缺钙）、溶酶体酶活性而引起椎间盘基质的变化。

5. 内分泌因素

某些激素如雌激素、雄激素、甲状腺素等可能导致椎间软骨的病变。

### （三）识别症状

1. 颈部椎间盘突出

初期病犬颈部、前肢过度敏感，颈部肌肉疼痛性痉挛，鼻尖抵地，腰背弓起，头颈不愿伸展、抬起，甚至嘴唇也难高过碗口；行走小心，耳竖起，触诊颈部可引起剧痛或肌肉极度紧张。重者颈部、前肢麻木，共济失调或四肢截瘫。但多数病例即使椎间盘突出量多，也仅以疼痛为主。疼痛是颈椎间盘突出的示病症状，呈持续或间歇性发生。第 2～3 和第 3～4 椎间盘发病率最高。

2. 胸腹部椎间盘突出

患畜主要表现后躯感觉和运动障碍。初期严重疼痛、呻吟、不愿挪步或行动困难。腰背肌肉紧张，尾下垂，疼痛剧烈的动物一旦触及背部就会发出叫声；后躯无力，喜卧，强行驱赶走路摇摆不稳，严重者后躯瘫痪，针刺后肢感觉迟钝或无感觉。急性病例突然出现两后肢瘫痪，痛觉消失，粪、尿失禁。上运动神经原损伤时，瘫痪肢体的腱反射增强，膀胱充满，张力大，难挤压。下运动神经原损伤时，瘫痪肢体的腱反射消失，肌肉弛缓、萎缩，膀胱松弛，容易挤压。后肢有无深痛是重要的预后症候。感觉麻痹超过 24 h 意味着预后不良。

3. 颈、胸、腰段椎间盘突出

X 线摄影检查可见椎间盘间隙狭窄，并有矿物质沉积团块，椎间孔狭小或灰暗，关节突异常间隙形成。如做脊髓造影术，可见脊索明显变细（被椎间盘突出物挤压），椎管内有大块矿物阴影。

## 二、任务实施

### （一）诊断

根据品种、年龄、病史和临床症状，可做出初步诊断。X 线检查即可对本病做出正确诊断，还可对脊髓的损伤程度与预后做出判断。

1. X 线诊断

应在动物全身麻醉的情况下进行。正位投照时采取腹背位姿势，侧位投照时，应使动物脊柱与摄影床平行，并将前肢向前拉，后肢向后拉。一般普通平片可以诊断出椎间盘突出，必要时需施脊髓造影术。

2. 神经学检查

包括姿势反应（本体意识反应、单侧肢伫立、行走），腱反射（股二头肌、三头肌、胫骨前肌、腓肠肌及髌骨等），膀胱功能试验，膜反射和疼痛敏感试验等。后两者有助于发现胸腰段脊髓病变程度。

另外有条件可做 CT 和 MRI 检查，有助于精确地判定椎间盘突出的位置，尤其椎孔内髓核突出物。

### （二）治疗

1. 保守疗法

适用于疼痛、轻瘫、共济失调等。治疗原则是强制休息、限制运动、镇静消炎、促进神经机能的恢复。减轻脊髓及神经根炎症，促使背侧纤维环愈合，可首选皮质类固醇（地塞米松、强的松）治疗，也可用水杨酸。不主张使用止痛、肌松、非类固醇消炎药（除少数病例外），否则动物疼痛减轻或消失而活动增加，有促使髓核突出的危险。一般关在笼内限制活动 2～3 周。另外，还可采用针灸、电针、按摩、温敷、旋流温水浴、超声波和穴位药物注射等治疗。尿失禁者每天定时挤压膀胱排尿 2～3 次，便秘者可进行灌肠。

2. 手术疗法

适应症为严重的神经障碍，药物治疗无效，经常复发且症状加剧，非感觉麻痹性截瘫及感觉运动麻痹不超过 24 h 者。手术包括开窗术和减压术两种。

(1)开窗术指通过两椎体间钻孔，刮取椎间盘组织。此法仅在临床症状较轻和椎管内突出物有限时，才有治疗意义。从这一点来说，颈部开窗术效果比胸腰段好，但在多数情况下，开窗术更多用于预防性手术，常与减压术同时进行。开窗术有脊椎背侧、偏侧和腹侧术。

(2)减压术指切除椎弓骨组织，取出椎管内椎间盘突出物，以减轻脊髓压迫。适用于肢体运动障碍，椎管内有多量椎间盘突出物者。根据病情及术者的习惯，减压术有偏侧椎板切除、背侧椎板切除和腹侧开槽术等几种。

# 任务六　风湿病

## 一、相关知识

### （一）了解概况

风湿病是一种常反复发作的急性或慢性非化脓性炎症，以胶原纤维发生纤维素样变性为特征。骨骼肌、心肌、关节囊和蹄是最常见的发病部位，其中骨骼肌和关节囊的发病部位常有对称性和游走性，且疼痛和机能障碍随运动而减轻。胶原纤维发生纤维变性主要是由于在变态反应中产生的大量氨基己糖所引起，如果氨基己糖能被体内精蛋白所中和，则不会发生纤维变性或变性表现得不明显。本病在我国各地均有发生，东北、华北、西北等地发病率较高。本病常见于马、牛、猪、羊、犬、家兔和鸡。临床上常进行以下分类。

1. 根据发病的组织和器官的不同分为

肌肉风湿病（风湿性肌炎）、关节风湿病（风湿性关节炎）和心脏性风湿病。

2. 根据发病部位的不同分为

颈风湿病、肩臂风湿病（前肢风湿）、背腰风湿病、臀股风湿病（后肢风湿）等。

3. 根据病理过程的经过分为

急性风湿病、慢性风湿病等。

**（二）认知病因**

风湿病的发病原因尚未完全阐明。研究表明，风湿病是一种变态反应性疾病，发生可能主要有下列原因：①A 型溶血性链球菌感染；②病原菌持续存在或反复感染，可能因含不同类型 M 蛋白链球菌感染；③机体对链球菌产生抗体（异感性）；④感染必须在上呼吸道，而在其他部位的链球菌感染不会引起风湿病。

**（三）识别症状**

风湿病的主要症状是发病的肌群、关节及蹄的疼痛和机能障碍。疼痛表现时轻时重，部位多固定但也有转移的。风湿病有活动型的、静止型的，也有复发型的。根据其病程及侵害器官的不同可出现不同的症状。

风湿病是全身性结缔组织的炎症，按照发病过程可以分为三期。

1. 变性渗出期

结缔组织中胶原纤维肿胀、分裂，形成黏液样和纤维素样变性和坏死，变性灶周围有淋巴细胞、浆细胞、嗜酸粒细胞、中性粒细胞等炎性细胞浸润，并有浆液渗出。结缔组织基质内蛋白多糖（主要为氨基葡萄糖）增多。此期可持续 1～2 个月，以后恢复或进入第二、第三期。

2. 增殖期

本期的特点是在上述病变的基础上出现风湿性肉芽肿或阿孝夫小体，亦称为风湿小体，这是风湿病特征性病变，是确诊风湿病的依据，也是风湿活动的指标。小体中央纤维素样坏死，其边缘有淋巴细胞和浆细胞浸润，并有风湿细胞。风湿细胞呈圆形、椭圆形或多角形，脑浆丰富呈嗜碱性，核大，呈圆形、空泡状，具有明显的核仁，有时出现双核或多核，形成巨细胞。小体内尚有少量淋巴细胞和中性粒细胞。到后期，风湿细胞变成梭形，形状如成纤维细胞，而进入硬化期。此期持续 3～4 个月。

3. 硬化期（瘢痕期）

风湿小体中央的变性坏死物质逐渐被吸收，渗出的炎性细胞减少，纤维组织增生，在肉芽肿部位形成瘢痕组织。此期持续 2～3 个月。

由于本病常反复发作，上述三期的发展过程可以交错存在，历时需 4～6 个月。第一期及第二期中常伴有浆液的渗出与炎性细胞的浸润，这种渗出性病变在很大程度上决定着临床上各种显著症状的产生。关节和心包的病理变化以渗出为主，而瘢痕的形成则主要见于心内膜和心肌，特别是心瓣膜。

## 二、任务实施

### (一)诊断

风湿病尚缺乏特异性诊断方法，在临床上主要根据病史和上述的临床表现加以诊断。必要时可进行水杨酸钠皮内反应试验：即用新配制的 0.1%水杨酸钠注射液 10 mL，分数点注入颈部皮内。注射后 30 min 和 60 min 分别检查白细胞总数，其中有 1 次比注射前的白细胞总数减少 1/5 时，即可判定为风湿病阳性反应。血常规检查，纸上电泳法等辅助诊断；及对血清中溶血性链球菌的各种抗体与血清非特异性生化成分进行测定，主要有：红细胞沉降率(ESR)；C 反应蛋白(CRP)；抗核抗体(ANA)；血清抗链球菌溶血素的测定以及抗中性粒细胞脑浆抗体等的测定。至于类风湿性关节炎的诊断，除根据临床症状及 X 线摄影检查外，还可作类风湿因子检查，以便进一步确诊。

注意与骨质软化症、肌炎、多发性关节炎、神经炎，颈和腰部的损伤及牛的锥虫病等鉴别诊断。

### (二)治疗

治疗要点是：削除病因、加强护理、祛风除湿、解热镇痛消炎，及改善病畜的饲养管理，增强其抗病能力。如用水杨酸、水杨酸钠及阿司匹林，皮质激素类药物，抗生素及局部涂擦刺激剂等治疗，还可用局部温热疗法、电疗法、激光疗法等物理疗法。

### (三)预防

在风湿病多发的冬春季节，要特别注意家畜的饲养管理和环境卫生，要做到精心饲养，注意使役，勿使其过度劳累。使役后出汗时不要系于房檐下或有穿堂风处，免受风寒。厩舍应保持卫生、干燥、冬季时应保温。对溶血性链球菌感染后引起的家畜上呼吸道疾病，如急性咽炎、喉炎、扁桃体炎、鼻卡他等疾病应及时治疗。如能早期大量应用青霉素等抗生素彻底治疗，对风湿病的发生和复发起到一定的预防作用。

# 技能训练十六　骨折的诊断与治疗

【目的要求】

(1)掌握骨折诊断的方法。

(2)掌握骨折的整复和固定方法。

【诊疗准备】

### (一)材料准备

(1)保定绳数根，细绳或细铁丝，棉花，纱布，绷带，夹板，X 射线机等。

(2)竹夹板。取青竹筒一个，劈开除去内瓤，制成厚为 0.3～0.5 cm，宽约 3 cm 的竹板，长度视固定部位而定，以不超过骨折上下两个关节为宜。将竹板用开水煮 15 min，后用火烤数分钟，将两端稍加压力使之弯曲，或按骨折肢的形状弯曲成一定弯度。也可用扁竹皮制成上述规格的竹板。

(3)木夹板。如无竹板,也可按上述规格制成木夹板 10 余根。

(4)衬垫制备。用棉花、纱布制成稍大于夹板的衬垫。

**(二)药品准备**

局部麻醉药(2%普鲁卡因注射液),全身麻醉药,肌松药,消毒药,消肿散瘀药,接骨药,抗生素,消炎汤剂,钙剂等。

**(三)病例准备**

实验性骨折动物一头(或只)。

**【方法步骤】**

**(一)临床检查**

包括病因询问,观察有无外露的骨断端,骨折肢体出血肿胀情况,旋转、触诊骨摩擦感,他动观察动物疼痛反应,观察跛行情况,以听诊器置于可疑骨折骨端,以叩诊锤叩打一端,正常骨传导音清脆坚实,骨折后则音钝而浊,并与健肢进行对比。

**(二)实验室检查**

X 线检查,分别拍一个正、侧位片。观察骨折线位置,断端移位情况。

**(三)实施治疗**

学生协助老师做好骨折动物的保定与麻醉,骨折的整复与固定由老师操作,整复固定后的药物治疗和护理由学生来做,这样既能让学生了解和掌握骨折的整个治疗过程和术后护理,又能保证治疗效果。

**【注意事项】**

(1)整复一定要对准骨茬,防止重茬或突出外部。整复时用力要轻柔,切忌粗暴行动。

(2)固定时用的衬垫长度必须超出夹板 2~3 cm。

(3)固定要确实,松紧要适当。

(4)包缠绷带宜上下一样粗。

(5)开放性骨折可在创伤处留一窗口,以便创液外流及处置外伤。

**【作业】**

**(一)病例讨论**

(1)骨折的症状,骨折的整复原则。

(2)骨折正确整复固定的标准是什么?

(3)骨折整复固定应注意的事项。

**(二)写出实习报告**

## 技能训练十七　奶牛修蹄技术

**【目的要求】**

(1)掌握奶牛修蹄技术。

(2)掌握修蹄注意事项。

【诊疗准备】

**(一)器械的准备**

蹄刀、蹄钳、蹄铲、木工电刨、板锉、电砂轮、保定绳索、脱脂棉、绷带、保定架。

**(二)药品**

75%酒精、2%～5%碘酊、紫药水、磺胺粉、硫酸铜、松馏油、鱼石脂、高锰酸钾等。

【方法步骤】

**(一)修蹄前的检查**

在修蹄前要认真进行站立与运动检查,观察牛站立、走动的情况。从前面、后面、侧面查看延长和突出部角度,对左右蹄、内外蹄进行对比,判断其蹄形、肢势,判断患病肢蹄,分清蹄病类型和蹄形类型。不同肢势、不同蹄形的修蹄方法各有不同,故修蹄时应综合各种因素,制定合理的修蹄方案,确定正常修蹄时应达到的效果。无论哪种肢势和蹄形,修蹄后都应尽可能达到蹄与肢势相适应,指(趾)轴一致,蹄底平稳,站立踏着确实,运步均衡轻快。

发育良好的蹄质地坚实、致密、无裂缝,指(趾)间隙紧密,蹄底的形状前蹄为圆形,后蹄为椭圆形。内外蹄形状、大小略有不同,前蹄的内蹄稍大些,蹄尖向外弯,外蹄比内蹄略小;后蹄的外蹄比内蹄略短小,外蹄尖多向内弯。蹄与地面形成 45°～50°角;前蹄蹄前壁长为 7.5～8.5 cm,与蹄踵比为 2∶1.5;后蹄前壁长 8.0～9.0 cm,与蹄踵比为 2∶1;蹄底厚度为 5.0～7.0 mm,蹄间紧密无裂缝。

**(二)保定**

根据牛场的具体情况和修蹄类型,选择相应的修蹄保定方式,将牛很好地保定在相应的修蹄架内。

**(三)洗蹄**

刷洗牛蹄,将蹄壁、指(趾)间的粪便、污泥等彻底清洗干净,用 3%～5%甲醛或 5%～10%硫酸铜泡蹄 20～30 min。充分清洗牛蹄可以软化角质,便于发现其他蹄病,并为在修削蹄过程中治疗其他蹄病创造条件。洗蹄可以用自来水,有病变者可用消毒液进行清洗。

**(四)修蹄**

第 1 步:准备好专用修蹄器具和相应的药品,检查洗后的牛蹄,按图Ⅱ-5-25 所示,量好尺寸(可随体重不同稍作改动),从冠状带到蹄尖保留 75～80 mm 或一掌的距离,用强力蹄钳剪去过长的蹄尖及尖部蹄壁边缘角质,蹄钳的钳口应与蹄底垂直。

第 2 步:将蹄尖与蹄踵底相连画线,用蹄刀修整外侧趾(指)或内侧趾(指)的蹄底,去除线段 A、B 以下的角质部分,保留约 7 mm 的蹄底厚度。在修蹄过程中,所切的蹄角质不能过长,如图Ⅱ-5-26 所示,若切除假想线 A、B 以下部分,将暴露蹄尖底部真皮而导致严重跛行。修整后的蹄底用拇指按压其软硬及匀程度,角质变软的马上停止修整,这时角质离真皮也就几毫米了,倘若真皮暴露,将会导致非常严重的顽固性跛行。

第 3 步:去除两趾(指)底面轴侧蝶形线过长的角质,把趾(指)间的空间稍微扩大一些,泥土等异物就不容易进入,减少了蹄腐烂、趾(指)间皮炎和趾(指)间皮肤增生等病的发生。

第 4 步:去除后蹄外侧趾、前蹄内侧指多余角质,使两趾(指)大小近似,外侧趾(指)稍长 4～5 mm。然后以修整好的一侧趾(指)作为参照,将另一侧指(趾)的蹄前壁修整至合适的长度,蹄底修整至同样的厚度,保证肢蹄负重均衡,运步轻快、舒适。

第 5 步：去除蹄踵松散及糜烂的角质，对蹄底不规则之处进行修整，修成从远轴侧壁到轴侧壁有 15°倾斜角的面。修整完成后，如图Ⅱ-5-27 所示的 1，2，3，4 点应在同一纵向水平面上，两个蹄底面也应在同一横向水平面上。

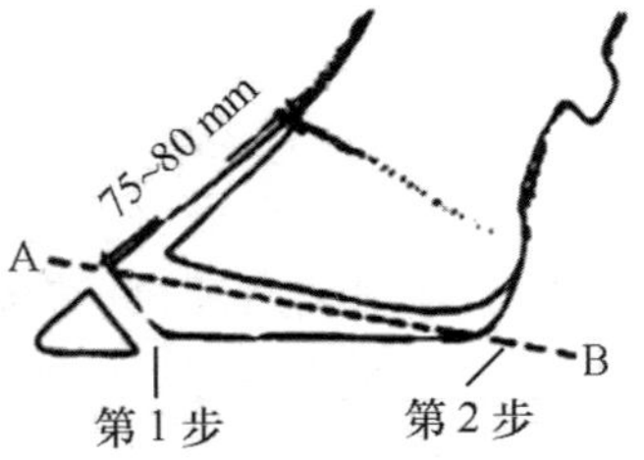


**图Ⅱ-5-25　正确修蹄步骤**

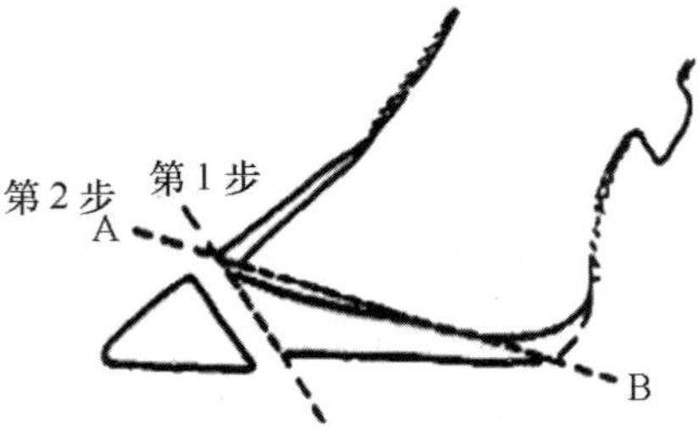


**图Ⅱ-5-26　错误地切下 A、B 线下部分**

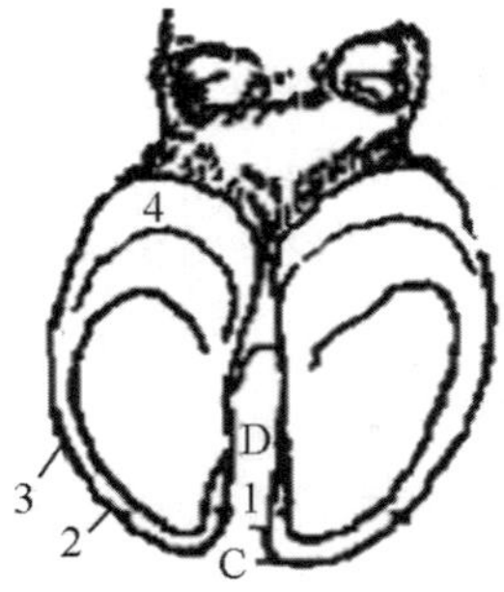


**图Ⅱ-5-27　后蹄的状态**

1-2. 白线　3. 远轴侧壁负面　4. 蹄踵　C. 蹄尖　D. 趾间隙

**（五）修蹄失误时的补救措施**

蹄部受伤出血，对出血血管结扎止血；找不到出血血管时，采用压迫或烧烙止血，创伤处理完毕后撒布防腐药品，包扎，装蹄绷带。

若蹄部受伤没有出血，患趾坏死部位用 3％双氧水或 0.1％高锰酸钾溶液清除创腔内脓血，涂布碘甘油，再用土霉素粉或云南白药粉填塞创口，用蹄绷带包扎，外涂松馏油。也可用硫酸铜和磺胺 1∶4 的混合物或含 2.5％土霉素的甘油水溶液涂抹患病蹄部，打上蹄绷带，用白酒洗净蹄患部，把 1 支香烟的烟丝和少量食盐填进患部，最后包扎（或用蒲公英 5 份、断肠草 1 份、桐油 1 份煎成乳状，加桐油拌匀填进患部）。

**【注意事项】**

（1）修蹄最好用保定架保定。用保定架拴牛要注意牛的安全，操作要轻，不可粗暴。

（2）修蹄应该先修健康的蹄，再修有病变的蹄。

（3）为了保证蹄的稳定性和良好功能，尽量少削内侧趾，或使两趾等高。在奶牛站立时，新的蹄负面要和跖骨的长轴有合适的角度。

（4）要注意蹄底的倾斜度。蹄底应向轴侧倾斜，即轴侧较为凹陷。在趾的后半部，越靠近趾间隙，倾斜度也应越大。

（5）对发生角质病灶时，应将趾后方尽量削低，除去蹄底、球部和蹄壁的松脱角质，削薄角质缘并使过渡平缓。创内真皮因受刺激而增生，如果突出明显而基部狭小，可用锋利的蹄刀将这种增生的肉芽组织整个切除。

（6）修蹄时间可安排在雨季到来前。过早修整，气温低，蹄角质坚硬，修蹄困难；过晚修蹄，天热雨水多，修后不易护理，易于感染。

（7）修蹄过程要尽快完成，以防牛由于长时间的过度躺卧而出现站立困难等情况。

（8）凡因蹄病（真皮损伤）而经修整处理后的病牛，应置于干净，干燥的牛舍内饲喂。保持蹄部清洁，减少感染机会。也可给患病蹄穿上蹄靴。修蹄过程中应坚持宁轻勿重的原则，对于1次不能校正的蹄形可采取多修几次，逐渐矫正的方法。

【作业】

**(一)病例讨论**

(1)奶牛蹄病的危害。

(2)预防蹄病的措施。

(3)修蹄的技术操作要领。

**(二)写出实习报告**

## 能力拓展

通过人工复制病例，或利用校外实习基地病例，或借助学校实习兽医院的临床病例进行以下运动障碍性疾病的诊断和治疗。

(1)跛行的诊断与治疗。

(2)骨关节炎、骨关节病的鉴别诊断与治疗。

(3)关节扭、挫伤的诊断与治疗。

(4)关节脱位的诊断与治疗。

(5)腐蹄病的诊断与治疗。

(6)蹄叶炎的诊断与治疗。

要求：病例诊断，制定治疗方案，写出治疗处方，实施治疗措施并护理好发病动物。同时教师对学生的诊断和治疗方案进行指导。最后共同对治疗方案和治疗效果进行分析、总结和评价，并写出总结报告。目的：进一步提高学生对运动障碍性疾病的临床诊断和治疗技术。

## 复习思考题

1.什么叫跛行？跛行的分类及诊断方法怎样？

2.骨折的类型有哪几种？各自症状、诊断及治疗方法是什么？

3.关节脱位的症状是什么？如何进行治疗？

4.简述奶牛蹄病的类型、病因、症状及治疗方法。

5.如何进行蹄部保健？

6.犬椎间盘突出症的病因及预防措施有哪些？

# 模块三　动物产科疾病防治

项目一　妊娠期疾病防治

项目二　分娩期疾病防治

项目三　产后期疾病防治

项目四　不育不孕防治

项目五　新生仔畜疾病防治

项目六　乳房疾病防治

Project 1

# 妊娠期疾病防治

### 知识目标

- 了解动物常见妊娠期疾病的发生状况。
- 熟悉动物流产、围产期胎儿死亡、孕畜浮肿、孕畜截瘫、阴道脱水出及妊娠毒血症的发病原因、临床诊断及危害。
- 掌握动物常见妊娠期诊断要点、治疗方法及预防措施。

### 技能目标

- 通过学习，学生应具备能够正确诊断和治疗动物常见妊娠期疾病的能力。

# 任务一 流产

## 一、相关知识

### (一)了解概况

流产是指胚胎或胎儿与母体的正常生理关系破坏,而使妊娠中断,胚胎在子宫内被吸收,或排出死亡的胎儿称为流产。流产可发生在妊娠的各个阶段,但是妊娠早期多见。各种动物均可发生,而以马为最多见。

### (二)认知病因

引起非传染性流产的原因有以下几种。

1. 母畜怀孕期饲养管理不当

长期饲喂腐败变质饲料,或饲料中缺乏蛋白质,维生素和矿物质,以及饲养管理失误,贪吃过多,寒冷季节空腹饮冷水,过劳等而引起等。

2. 机械性损伤

外界机械损伤,引起子宫收缩。如冲动、拥挤、剧烈的运动,闪伤以及粗暴的直肠检查、阴道检查等。

3. 习惯性流产

主要由于子宫内膜的病变及子宫发育不全等引起。

4. 用药不当

误用大量泻剂和促进平滑肌剧烈收缩的药物等也可引起流产。

5. 继发于某些疾病

如子宫,阴道疾病,胃肠炎,疝痛病,热性病及胎儿发育异常等。

此外,胎膜及胎盘发育异常,胚胎发育停止均可引起流产。

### (三)识别症状

妊娠动物发生流产时会出现不同程度的腹痛表现,从阴门中流出多量黏液或污秽不洁的分泌物或血液。进而胎儿的情况出现下列现象。

1. 隐性流产

胚胎在子宫内被吸收,无临床症状,其典型的表现就是母畜配种后以确认怀孕,但过一段时间再次发情并从阴门中流出较多数量的分泌物。这种流产发生于妊娠初期的胚胎发育阶段。

2. 早产

有和正常分娩类似的前征和过程,排出不足月的活胎儿。一般流产发生前 2～3 d,乳房肿大,阴唇肿大,乳房可挤出清亮的液体。腹痛、拱腰、努责、从阴门流出分泌物或血液。

3. 小产

排出死亡胎儿,是最常见的一种流产。妊娠前半期的小产,流产前常无预兆或预兆轻微；妊娠后半期的小产，其流产预兆和早产相同。

小产是如果胎儿排出顺利，预后良好，一般对母体繁殖性能影响不大。如果子宫颈口开张不好，胎儿不能顺利排出时应该及时助产，否则可导致胎儿腐败，引起子宫内膜炎或继发败血症而表现全身症状。

4. 死胎停滞（延期流产）

胎儿死亡后由于卵巢上的黄体功能仍然正常，子宫收缩轻微，在宫颈口不开，胎儿死亡后长久不排出停留于子宫中。

胎停滞可表现为两种形式：一种是胎儿干尸化，另一种是胎儿浸溶。

胎儿死亡后，胎儿组织中的水分及胎水被母体吸收，胎儿体积变小、变为棕黑色样的干尸化，在子宫中停留相当长的时间。母牛一般是在妊娠期满后数周，黄体作用消失后，才将胎儿排出。排出胎儿也可发生于妊娠期满以前，个别干尸化胎儿则长久停留于子宫内而不被排出。

胎儿死亡后胎儿的软组织被分解、液化，形成暗褐色黏稠的液体流出，而骨骼则留滞。胎儿浸溶现象比胎儿干尸化要少。

## 二、任务实施

### （一）诊断

流产诊断主要依靠临床症状、直肠检查及产道检查来进行。如果不到预产日期，妊娠动物出现腹痛不安、拱腰、努责，从阴道中排出多量分泌物、血液或污秽恶臭的液体，这是一般性流产的主要临床诊断依据。配种后诊断为妊娠，但过一段时间后却再次发情，这是隐性流产的主要临床诊断依据。

对延期流产可借助直肠检查或产道检查的方法进行确诊。

### （二）治疗

当动物出现流产症状，经检查子宫颈口尚未开张，胎儿仍活着时，应该以保胎，安胎为主要原则进行治疗。可用黄体酮注射液肌肉注射，牛、马每次 50～100 mg，猪、羊每次 10～30 mg，犬、猫每次 2～5 mg，每日或隔日 1 次，连用 3～5 次。

当动物出现流产症状，子宫颈口已开张，胎囊或胎儿已经进入产道，流产无法避免时，应尽快促使胎儿排出为治疗原则。可应用己烯雌酚或前列腺素促进子宫颈口进一步开张，同时应用脑垂体后叶素等催产素促进胎儿排出。

当发生延期流产时，如果仍然未启动分娩机制，则要进行人工流产。一次肌肉注射氯前列烯醇，羊 0.2 mg，牛 0.4～0.8 mg，猪 0.1～0.2 mg。也可用地塞米松注射液、三合激素等药物进行单独或配合引产。

### （三）预防

在于加强饲养管理，防止意外伤害及合理使役。妊娠后饲喂品质良好及富含维生素的饲料。发现流产预兆时，及时找出原因，应及时采取保胎措施。

# 任务二　围产期胎儿死亡

## 一、相关知识

### (一)了解概况

围产期胎儿死亡是指产出过程中及其后不久(产后不超过 1 d),胎儿所发生的死亡。出生前即已死亡者,称为死产,这种胎儿的肺脏放在水中下沉。围产期死亡主要见于猪及牛的胎儿。据报道,猪随着胎次增多(三胎以后)及胎儿过多或过少时,30%的分娩中有一两头小猪死亡;牛胎儿围产期死亡可达 5%～15%,并常见于头胎及胎儿为雄性时。

### (二)认知病因

围产期胎儿死亡的原因和流产有许多共同的情况,它可以分为两类:一类是非传染性的,一类是传染性的。

1. 非传染性原因

(1)营养缺乏。草料不足及缺乏某些营养物质,是导致围产期胎儿死亡的一个重要原因。

营养成分严重不足时,例如羊及猪在怀孕最后两个月缺乏蛋白质,死亡增多。

维生素严重缺乏,对于胎儿死亡有一定影响,其中主要的是维生素 A。维生素 A 缺乏,可因胎盘上皮角质化而使胎儿死亡,发生流产。如不流产,胎儿可能在下生时死亡。维生素 $B_2$ 及维生素 E 缺乏,仔猪下生后也可能发生死亡。

矿物质缺乏,特别是缺乏铁,猪的死产增多。当母猪血红蛋白含量少于 9 mL/100 mL 时,便会生出较多的死仔。产前注射 500 mL 葡聚糖铁或在日粮中补加 100 mg/kg 的硫酸铁,可使死产率降至 5%以下。缺钙时,猪围产期胎儿死亡率高。缺钴时新生羔羊的死亡增多。缺磷时,新生犊牛孱弱,有时死亡。

(2)牧草中如含雌激素物质过多,据报道,羊的死产比较多见。

(3)猪的胎儿产出期拖长,如由 1 h 延长至 8 h,死产仔猪由 2.4%增至 10.6%。死产仔猪中的约 80%,发生于一窝之中的后 1/3,子宫角尖端中的胎儿容易死产。这是由于胎盘上氧的供应断绝,同时胎儿的排出缓慢造成的。缺氧引起窒息和不可逆的脑损害。仔猪产出的间隔时间延长,如超过 45～55 min,胎儿常发生死亡。

(4)年龄越老,死产率越高。猪每窝的胎儿数随胎次而逐渐增多,死产率也随之增高。

(5)牛由于遗传上的原因以及猪由于近亲繁殖而怀孕期延长时,胎儿生后孱弱,并很快死亡。

(6)牛生双胎时,胎儿死亡率比生单胎者高。

(7)猪怀孕 102～110 d 时,外界温度如高达 30℃,死亡率增高。

2. 传染性原因

很多传染性疾病及寄生虫性疾病,如不引起流产,也可能导致围产期胎儿死亡。如因其他细菌,例如链球菌、葡萄球菌、大肠杆菌、巴氏杆菌等感染,临产前体温升高,也可能引起胎儿死亡。寄生虫性疾病,如弓形体病,也有类似情况。

### (三)识别症状

因传染性疾病引起的胎儿死亡,其症状及诊断方法随原发病而异,见传染病学有关部分。

胎儿死亡如非因传染性疾病引起的,诊断须参考病因中所提到的各种因素。出生过程中死亡的胎儿是由于 $CO_2$ 分压高,$O_2$ 分压低,而缺氧窒息。宫内窒息可诱发肠蠕动增强和肛门括约肌松弛,因而胎粪排出于胎水中;另外还可导致吸入羊水。因此,在羊水中和呼吸道内发现胎粪,是胎儿窒息的一种标志。

幸免未死的仔猪或其他仔畜,其生活能力均低,肌肉松弛,有的不能站起,没有吮乳反射;有的昏迷不醒,最终死亡。

## 二、任务实施

### (一)诊断

围产期母畜有异常时,要及时诊断,尽早确认胎儿死活状态,以便及时采取有效的措施。

### (二)治疗

(1)对于因传染病引起的胎儿死亡,需针对所患疾病对母畜进行防治,同时,对已死亡的胎儿采取引产或剖腹取胎。

(2)对于非因传染性疾病引起的胎儿死亡,除加强饲养管理外,如果胎儿已经死亡,要及时采取引产措施,如胎儿尚活着,应进行抢救。

### (三)预防

(1)做好疾病预防。积极预防能引起胎儿危害的传染病、寄生虫病,减少围产期胎儿的死亡。

(2)加强饲养管理:加强孕畜的饲养管理,确保营养供应,禁止使用霉败变质的饲料、饲草,正确使用药物和饲料添加剂,避免霉菌毒素中毒和药物中毒,防止胎儿死亡。

# 任务三　孕畜浮肿

## 一、相关知识

### (一)了解概况

孕畜浮肿是指怀孕母畜腹下及后肢等处发生的非炎症性水肿。浮肿面积小,是妊娠后期的一种生理现象,如果浮肿面积大,症状严重时才属于病理现象。本病多见于马,有时也见于牛,主要是奶牛。一般发生于分娩前 1 个月左右,产前 10 d 特别显著,水肿轻者分娩后 2 周左右自行消退。

### (二)认知病因

(1)妊娠末期孕畜腹内压增高,乳房肿大,运动量减少,从而导致腹下、乳房及后肢静脉回流缓慢、静脉压增高、静脉管壁通透性增大,使血液中的水分渗入到组织间隙而引起浮肿。

(2)妊娠母畜新陈代谢旺盛、蛋白质需求增加,妊娠阶段如果饲料中蛋白质不足,可导致孕畜血浆蛋白下降,血浆胶体渗透压降低,这样就阻止了组织中水分进入血液,从而引起组织间隙水分滞留。

(3)妊娠期孕畜内分泌功能发生变化,抗利尿素、雌激素、醛固酮等分泌增加,影响了肾小管对水、钠的调节作用,组织内的钠量增加,引起机体内水的滞留。

**(三)识别症状**

妊娠浮肿一般从腹下及乳房开始,严重时可向前后延伸至前胸,后肢的跗关节、系关节以及阴门等处。浮肿一般呈扁平状,左右对称。指压留痕,触压无痛,皮温稍低,皮肤紧张而光亮。通常无全身症状,但浮肿严重的病畜,则可出现食欲减退、精神不振,步态强拘等症状。

## 二、任务实施

**(一)诊断**

(1)本病主要见于孕畜;多见于马,其次牛,特别是奶牛。

(2)浮肿一般从腹下及乳房开始,严重时在胸、后肢及阴门等处出现。

**(二)治疗**

加强血液循环、提高血浆渗透压、促进组织水分排出是治疗本病的基本原则。

改善病畜的饲养管理,给予含蛋白质丰富的草料,限制饮水,减少多汁饲料及食盐。

浮肿轻者可不必用药,浮肿严重的孕畜,可应用强心利尿剂。如用10%葡萄糖酸钙注射液300 mL、25%葡萄糖1 500 mL、10%安钠咖注射液10 mL,1次静脉注射(牛、马),每天一次,连续3～5 d;也可配合肌肉注射促尿,按每千克体重0.5 mg,每天1次,连用2～4 d。治疗时可增加运动,但禁用强烈的利尿剂及腹泻剂,否则招致流产或其他并发症。

此外可应用中药疗法。

**(三)预防**

保证孕畜有足够的活动空间,必须经常进行适当运动。饲喂体积小,蛋白质。矿物质丰富的饲料,限制多汁饲料,适度限制饮水。

# 任务四　孕畜截瘫

## 一、相关知识

**(一)了解概况**

孕畜截瘫又称产前截瘫,是妊娠末期母畜既无导致瘫痪的局部病理变化,又无明显的全身症状,妊娠后期母畜不能站立的一种疾病。各种动物均可患此病,猪及牛多见,马也发生。牛多发生在产前1个月左右,猪多在产前几天至数周发生。此病带有地域性,有的地区常大量发生,同时多见于冬末。母畜乏弱衰老,容易发生。

**(二)认知病因**

孕畜截瘫的病因十分复杂许多研究者认为,饲养管理不当是促使本病发生的主要原因。妊娠后期动物对矿物质的需要量很多,因此,饲料中缺乏钙、磷、维生素等,或者给予过多的含磷的饲料,致使钙、磷比例失去平衡,可引起孕畜截瘫。

此外，孕畜缺乏运动，多胎，胎水过多，孕畜后躯负重过度，母畜过度瘦弱及年老等，都是引起本病的重要诱因。

上述种种原因，都能使臀部和后肢肌肉的紧张性减低，甚至骨骼发生变化，以致后肢不能负重。

**(三)识别症状**

牛一般在分娩前一个月左右，猪在几天至数周后肢逐渐出现运动障碍。最初仅见站立时无力，两后肢经常交替负重；行走时后躯摇摆，步态不稳；卧下时起立困难，因此长期卧地。以后症状增重，后肢不能起立。有时则可能因行走不便，滑倒后突然发病而站不起来。

临床检查，病畜，体温、脉搏、呼吸都是正常，无任何异常现象，病畜后躯局部也无病理变化，痛觉反应也正常。如距分娩尚久，病的时间长了，可发生褥疮，患者肌肉有萎缩现象，有时伴有阴道脱出。

## 二、任务实施

**(一)诊断**

根据临床症状，进行诊断，必要时进行血清钙、血清钾的测定，可有助于确诊，同时要进行神经性、外伤性等原因引起的瘫痪症的鉴别诊断。

**(二)治疗**

由于本病的真正病因目前还不十分清楚，治疗本病时，除加强饲养管理以外，采用对症疗法。

如截瘫可能是因缺钙引起的，可以静脉注射10%葡萄糖酸钙注射液，牛300～500 mL，隔日1次，有良好效果；猪100～300 mL。也可静脉注射10%氯化钙注射液，牛100～300 mL。钙制剂须加于糖盐水中使用，注射必须缓慢。也可用钙磷镁注射液进行治疗。为了促进钙盐吸收，可肌肉注射骨化醇(维生素 $D_2$)，牛10～15 mL，或维生素A、维生素D，牛10 mL，猪、羊3 mL，隔两日1次。肌肉注射维丁胶性钙，猪1～4 mL，隔日1次，有良效，2～5 d后运动障碍症状即有好转。如有其他症状，如消化扰乱、便秘等，可对症治疗。还可用按摩、针灸，电针等疗法。

如距分娩已近，但因褥疮而有引起全身感染的危险时，可人工引产，以便抢救母畜及胎儿的生命。

孕畜产前截瘫的治疗，往往拖延时间很长。所以，必须耐心护理，并给予含矿物质及维生素丰富的易消化饲料。须给病畜多垫褥草，每日要翻转病畜数次，并用草把摩擦腰荐部及后肢，促进后躯的血液循环。

**(三)预防**

怀孕母畜的饲料中须含有足够的钙、磷等矿物质，因此可补加骨粉、蛋壳粉等动物性饲料；也可根据当地草料饮水中钙、磷的含量，补加相应的矿物质。精、粗、青饲料要合理搭配，要保证孕畜吃上青草。一般来说，只要钙、磷的供应能够满足需要，额外补充维生素D并无需要，但冬季舍饲的家畜仍应常晒太阳。

如因草场不好，牛在冬末产犊前发生截瘫较多，可将配种期推后，使产犊期移至草长上来以后。如产前1个月能吃上青草，对防止截瘫效果很好。

应用钙制剂:静脉注射10%葡萄糖酸钙溶液,牛250~500 mL或10%氯化钙注射液,牛100~200 mL,病初几天,两侧臀部肌肉注射5%绿黎素酒精溶液每侧分2~3点,每点注射0.5~1 mL,隔1~2 d注射1次,连用2~3次。同时配合局部按摩可获得较好效果。

# 任务五 阴道脱出

## 一、相关知识

### (一)了解概况

阴道脱出是阴道壁一部分形成皱襞,突出于阴门外,或者整个阴道翻转脱垂于阴门之外。一般见于年老的母畜,有时也发生于产后。本病多发生于牛,其次是羊,少见于马、骡、猪及其他动物。绵羊常发生于干乳期和产羔后,但主要发生于妊娠最后2周左右;短头品种犬发情时也常有发生。

### (二)认知病因

阴道脱主要因素是固定阴道的组织弛缓,腹内压增高及强烈努责,有时三者同时存在。造成这些因素的原因可能是以下情况。

(1)母畜饲养管理不良,饲料不足,缺乏蛋白质和矿物质,孕畜老龄经产,缺乏运动等易使固定阴道组织松弛而发病。

(2)孕畜长期卧于前高后低的地面上或单胎动物双胎怀孕,胎儿过大,胎水过多、瘤胃鼓气、产前截瘫 、严重的便秘和腹泻等情况,都能使腹内压升高,子宫及内脏挤压阴道而引起阴道脱出,本情况多见于妊娠后期。

### (三)识别症状

部分脱出:多见于牛,主要发生在产前。病初孕畜卧下时,从阴门突出鹅卵大至拳头大,表面光滑的球状红色物,站立后又自行缩回。如长期反复脱出,阴道壁组织逐渐松弛,站立后也难回缩,且逐渐增大,黏膜红肿,干燥。

完全阴道脱:在产前发生者,常常是由于阴道部分脱出的病因未除,或由于脱出的阴道壁,发炎造成刺激,导致不断努责而引起来的。从阴门突出红色排球大的球状物,表面光滑,病畜站立也不能缩回,脱出部分的末端可见到子宫颈外口,下壁前端有尿道外口,病久者,脱出部淤血变紫红色,并发生水肿,进而表面干裂或糜烂,渗出血水。黏膜上附有粪土,草末等污物。

根据阴道脱出的大小及损伤发炎的轻重,病畜有不同程度的努责。牛产前的完全脱出,常因阴道及子宫颈受到刺激,发生持续强烈努责,可能继发直肠脱出、胎儿死亡及流产。病畜精神沉郁,脉搏快弱,食欲减少,瘤胃膨胀等。

## 二、任务实施

### (一)诊断

阴门外有红色表面光滑的球状脱出物。

### (二)治疗

1. 阴道部分脱出

阴道脱出的少，站立后能自行缩回的患畜，改善饲管，补矿物质和维生素，适当运动，防止卧地过久，保持体躯处于前低后高位置，以减轻腹内压，对便秘、下痢等情况给以适当的治疗。

2. 阴道全部脱出

阴道全部脱出不能缩回者，必须加以整复和固定，以防再脱。整复与固定方法如下。

(1)保定。站立保定前低后高，不能站立的应将后躯垫高，小动物可提起后肢保定。

(2)麻醉。大畜多用荐尾硬膜外腔麻醉，用2%普鲁卡因注射液10 mL。中、小动物全身麻醉。猪可用氯丙嗪按每千克体重1～3 mg。犬、猫可用846合剂，犬按每千克体重0.1 mL，猫按每千克体重0.3～0.5 mL。

(3)清洗和消毒脱出部。用温0.1%高锰酸钾溶液或0.5%新洁而灭溶液等彻底清洗消毒，除去坏死组织，并涂以碘甘油或抗生素软膏。若黏膜水肿，可先用毛巾或纱布浸以2%明矾溶液进行冷敷，并适当压迫15～30 min；亦可针刺水肿黏膜，挤压排液，再涂以3%明矾水，强使水肿减轻。

(4)整复。用消毒纱布托起脱出部，趁母畜不努责时，用手掌将脱出部分向阴门内推进，待全部送入阴门后，再用拳头将阴道顶回原位，并轻轻揉压，使其充分复位。最后阴道内注入消毒药液，或在阴门两旁注入抗生素，以便消炎，减轻努责。热敷阴门也有抑制努责的作用。如努责强烈，可在阴道内注入2%普鲁卡因注射液，或采用荐尾间隙硬膜外腔麻醉，注射肌肉松弛剂等。

(5)固定。整复后为防止再脱，可采用阴门暂时缝合固定。用粗缝线距阴门3～4 cm处进行两个间断褥式缝合、圆枕缝合、纽扣缝合或内翻缝合。阴门下1/3不缝合以免影响排尿。缝合局部定期消毒，以防感染，拆线不宜过早，如患畜不再努责，即可拆除缝线。如患畜出现分娩预兆应立即拆除缝线。

### (三)预防

对怀孕母畜要加强饲养管理。舍饲妊娠母畜，应适当增加运动，提高全身组织的紧张性。患畜要少喂容积过大的粗饲料，给予易消化的饲料。及时防治便秘、下痢等疾病。妊娠母畜患产前截瘫不能站立时，应加强护理，适当垫高后躯。

# 任务六　妊娠毒血症

## 一、相关知识

### (一)了解概况

妊娠毒血症是发生于妊娠后期的一种亚急性代谢病。其生化特征是低血糖症和酮血症；临床特征是精神极度抑郁及顽固性的饮、食欲减退或废绝。

本病可发生于马、驴，也见于牛、羊和猪，其中以怀骡母驴最为常见。我国北方各地均有发生。

### (二)认知病因

本病的发生原因尚不十分清楚。根据现有资料分析,可能与下列因素有关。

1.胎儿过大

胎儿过大是一个主要原因,尤其胎儿为骡驹及双胎和多胎的牛、绵羊和猪容易发生妊娠毒血症。

2.营养缺乏

饲料单一,营养不全或日粮不足,致使妊娠母畜营养不良,新陈代谢紊乱,抗病能力降低。

3.缺乏适当运动

缺乏适当运动,会导致胃肠消化吸收机能降低,孕畜少食,营养缺乏。

4.卫生状况不良

畜舍卫生状况较差,气候剧烈变化,噪声太大等不良因素的刺激,使孕畜产生应激反应均可促使本病发生。

在各种致病因素的影响下,孕畜食欲降低,胃肠消化吸收机能紊乱,导致孕畜营养缺乏。当营养物质不能满足自身及胎儿需要时,首先消耗体内贮存的易被利用的肝糖原,当肝糖原过渡耗损仍不能满足需要时,就动用体脂、体蛋白,发生严重的新陈代谢障碍。体脂肪被大量动用入肝,肝细胞及血液中聚积大量脂肪,形成脂肪肝和高脂血症;机体在营养不足、身体虚弱,尤其心力衰竭状态下,供氧不足,使脂肪不全氧化,产生大量中间代谢产物——酮体,致使发生酮血症,患畜出现自体酸中毒及神经症状。

### (三)识别症状

产前食欲渐减,忽有忽无,乃至食欲废绝,是本病的特征。家畜种类不同,临床表现有所不同。

1.马属动物

驴轻者精神不振,不愿走动,口红无苔,结膜潮红;食欲减退或废绝;肠音减弱,排粪少,粪球干黑,尿少色黄。重者精神沉郁,食欲废绝,下唇松弛,末梢部位发凉,结膜潮红或淡黄,口干黏,舌苔滑腻;肠音极弱或废绝,粪球干小色黑或排出灰黑恶臭稀粪;尿少色黄,黏稠如油状;后期腹围异常增大,腹水增多。往往在分娩前不久,病情突然恶化,甚至母子双亡。马与驴症状相似,但较轻于驴。

2.牛、羊

多发生在产前1个月之内。食欲大减或废绝,反刍次数时多时少;眼周围、肷部或臀部肌肉震颤;咬牙;体温、呼吸、心跳大多正常,少数心跳加快;常出现反射机能减退,运动失调,头部高抬、站立不稳,两眼凝视等神经症状,后期陷入昏迷状态乃至死亡。

3.猪

多发生在怀孕后期。食欲减少或废绝,常卧地不起,驱赶勉强站立者呆立不动,或行走缓慢,共济失调。体温、呼吸、心跳多数正常,排粪量少且粪球干小。

病畜实验室检查主要有以下病理特征:$\beta$-脂蛋白显著增多、血酮增高、尿酮阳性、尿蛋白增多。剖检时,肿大变脆,脂肪变性,色黄,切面油腻;稍肿大变脆,脂肪变性,有黄色条斑;心内外膜有大小不等的出血点;有出血斑点;胃肠浆膜及黏膜下有出血性炎症。

## 二、任务实施

### (一)诊断

根据妊娠动物临床症状,饲养管理及营养状况,比较容易诊断。如有条件,经实验室检查血酮和血糖更为确切。

### (二)治疗

由于本病的病情复杂,病变较广,所以应当采取综合性治疗措施。根据临床治疗体会,应以解毒保肝为主。

1. 补糖

马、驴、牛可用10%~25%葡萄糖注射液500~1 000 mL。维生素C 2~3 g,1次静脉注射,每天1次,连用3~5 d。猪、羊减量,用法同上。

2. 纠正酸中毒

5%碳酸氢钠注射液马、牛、驴300~800 mL,羊、猪30~50 mL,静脉注射,隔日1次,连用3~5次。

3. 降低血脂

12.5%肌醇注射液马、驴20 mL,猪、羊3~5 mL,静脉或肌肉注射,每天1次,连用5~7次。亦可应用复方胆碱、蛋白酸等降脂药。

4. 降低血中酮体

除用葡萄糖注射液和维生素C注射液外,还可配合应用氢化可的松注射液,维生素$B_1$注射液,对酮血症均有一定疗效。

5. 促进代谢,改善消化功能

复合维生素B片、大黄苏打片混合灌用,每日1剂,连用3~5 d。

6. 引产及剖腹产

用药物治疗效果不显著或当危及母畜生命时,可施行剖腹产或人工引产;娩出胎儿后,症状多随之好转。

### (三)预防

对妊娠母畜,要根据生理需要,合理搭配饲料;妊娠前期适当使役,妊娠后期每日驱赶运动2次,可有效地预防本病发生。

## 能力拓展

动物妊娠后,胚泡附殖、胚胎发育、胎儿成长、胎盘和黄体形成及其所产生的激素都对母体产生极大的影响,因此母体要发生相应的变化,从而引起整个机体特别是生殖器官在形态学和生理学方面发生一系列的变化。动物妊娠时期,如果不注意孕畜的饲养管理,易发生于流产、子宫脱、阴道脱、孕畜浮肿、孕畜截瘫等疾病。因此以下技能项目可根据学校实习条件的实际情况,或进行人工复制病例,或利用在校外实习基地病例,或借助基层兽医院的临床病例来完成,要求以学生为主体,分组进行,教师对学生的诊断和治疗过程进行指导,并对各组的治疗方案和治疗效果进行评价,指出存在的问题,旨在进一步提高学生对动物妊娠期疾病的临床诊疗技能和学习效果。

(1)奶牛围产期胎儿死亡的诊断与治疗。

(2)孕畜浮肿的诊断与治疗。

(3)孕畜截瘫的诊断与治疗。

(4)阴道脱的诊断与治疗。

(5)妊娠毒血症的诊断与治疗。

要求:学生讨论治疗思路、写出治疗处方、实施治疗措施并护理好发病动物,同时还要做好病例总结。

## 复习思考题

1.什么叫流产？流产包括哪些类型？各类型的特征是什么？

2.如何治疗普通性流产？

3.什么叫围产期胎儿死亡？如何特征？如何治疗？

4.什么是动物妊娠浮肿？如何治疗？

5.什么事孕畜截瘫？其特征是什么？如何防治？

6.什么是动物妊娠毒血症？诊断要点是什么？如何防治？

Project 2

# 分娩期疾病防治

**知识目标**

- 了解分娩期疾病，特别是动物常见难产的临床发生状况。
- 熟悉常见动物难产的检查方法、诊疗技术要点。
- 掌握难产助产的基本原则和基本方法。
- 掌握分娩期危重病症的救治方法。

**技能目标**

- 通过学习，学生应具备能够正确诊断和治疗，临床上常见的产力性难产、产道性难产及胎儿性难产等分娩期疾病的能力。

# 任务一　常见难产与诊断

## 一、相关知识

### (一)了解概况

难产(dystocia)是指动物在分娩过程中,超出了一定的生理分娩时间,不能将胎儿顺利地排出体外,叫难产。发生难产时,若助产不及时或助产方法不当,常会引起母畜及胎儿的死亡,造成生产上不应有的损失。即使母畜存活下来,也常常引起生理器官发生疾病。孕畜发生难产时,兽医的基本任务是,保证母子生命安全,当两者不能双全时,一般应多考虑母畜的生命安全。

难产,各种动物均可发生,其中以牛、羊、猪较为多见。

### (二)难产分类

1. 产力性难产

2. 产道性难产

(1)骨盆异常。各种类型的骨盆狭窄。

(2)软产道异常。子宫颈狭窄,阴道狭窄,阴门狭窄及子宫扭转。

3. 胎儿性难产

(1)胎儿与骨盆大小不相适应。

①胎儿过大。

②双胎难产。

③胎儿畸形。

(2)胎儿姿势不正。

①头侧转。

②头下弯。

③头后仰。

④头颈扭转。

⑤前肢腕关节屈曲。

⑥前肢肘关节屈曲。

⑦前肢肩关节屈曲。

⑧前肢置于项上。

⑨后肢跗关节屈曲。

⑩后肢髋关节屈曲。

(3)胎儿位置不正。

①正生下位和倒生下位。

②正生侧位和倒生侧位。

(4)胎儿方向不正。

①腹部前置横向和背部前置横向。

②腹部前置竖向和背部前置竖向。

**(三)认知病因**

难产的发病原因分为普通病因和直接病因两大类。普通病因是指通过影响母体或胎儿而使正常的分娩过程受阻。直接病因则是指直接影响分娩过程的因素。由于分娩的正常与否主要取决于产力、产道及胎儿三个方面,因此难产按其直接病因可以分为产力性难产、产道性难产及胎儿性难产三类,其中前两类有可合称母体性难产。在产科实践中,有人根据难产类型将其分为母体性难产,胎儿性难产和胎盘性难产;根据性质可分为机械性难产和功能性难产;根据病因分为原发性难产和继发性难产,但由于绝大多数难产病例是由胎儿和母体之间不能互相适应所引起,因此上述分类在很大程度上互有重复。

1.直接病因

难产的直接病因可以为母体性和胎儿性两方面,据此也可将难产分为母体性难产和胎儿性难产。母体性难产又包括产力性难产和产道性难产。

(1)母体性难产。主要是指引起产道狭窄或阻止胎儿正常进入产道的各种因素,例如骨盆骨折或骨瘤,母畜配种过早而骨盆窄小,营养不足导致骨盆发育不全,遗传性或先天性产道或阴门发育不全,分娩或其他原因产道损伤,子宫颈、阴道或阴门狭窄,骨盆内血肿,阴道周围脂肪过度沉积,犬和猪结肠阻塞或膀胱扩张,骨盆部的软骨肉瘤、子宫颈或阴道的纤维瘤、脂肪瘤、骨盆部淋巴结的淋巴瘤等肿瘤,子宫捻转,子宫折叠于骨盆前缘,子宫扩张不全,子宫迟缓,胎膜水肿等。

(2)胎儿性难产。比母体性难产更常发生,主要是由于胎向、胎位及胎势异常,胎儿过大,畸形胎儿等引起。

2.饲养管理因素

饲养管理与难产有密切关系。如限制妊娠牧畜的运动,营养明显不足或饲养过剩,配种过早等饲养管理措施不当,均可引起难产。如果母畜配种过早,则由于身体未能充分发育,骨盆相对较少而使难产的发病率增加。

由于营养低下、慢性消耗性疾病、寄生虫病等使母畜生长迟缓,骨盆狭小或发育不全,或生殖道幼稚,对疾病的抵抗力差,无力将胎儿娩出而发生难产。但营养水平过高,骨盆区可出现大量脂肪蓄积,引起产道狭窄,可使难产的发病率升高。如果妊娠营养水平过高,则胎儿生长迅速而出现过大,母畜的生长则相对过慢,也可发生难产。

3.传染性因素

所有影响妊娠子宫及胎儿的传染病均可引起流产、子宫迟缓、胎儿死亡及子宫炎等疾病。如果子宫壁严重感染,则其张力及收缩能力均会受到损害,出现子宫颈开张不全、子宫迟缓等而引起难产。如果胎儿死亡或早产,则多发生势异常而引起难产。

4.其他因素

(1)遗传因素。遗传因素在难产的发生上起有一定的作用,有些因素可以引起牧畜异常而诱发难产;亲代的隐性基因可以引起胎儿畸形而发生难产。双亲的一些隐性基因可以通过影响胎儿或胎膜发生各种各样疾病而引起难产。这些基因中大多数为致死性的,因而引起胎儿死亡,有些可使胎儿发生严重畸形,在产前或分娩时死亡,引起难产。胎儿的大部分畸形也与遗传有关，这些畸形虽不常发生，但发生之后多可引起难产。如果有一定亲缘关系的动物，在一定时间内重复出现相同或类似的异常胎儿或难产，则应怀疑它们的发生可能有遗传背景。

另外，母体一些先天性异常也可引起难产，如腹股沟疝、勒氏管发育不全、阴道或阴门发育不全等，其中有些疾病可能是由遗传因素异常，由于阻止了胎儿的正常排出，因而引起难产。

(2)内分泌因素。激素的比例及浓度可能在难产的发生上起有一定作用，尤其是孕酮的作用更为明显。如果引起分娩的激素变化延迟发生，或者是激素的变化不明显、激素之间比例不平衡，均可导致难产。

(3)外伤因素。如外伤引起的腹壁疝，妊娠后期耻骨前腱破裂等，由于腹壁难于收缩也可引起难产。

### (四)识别症状

1.阵缩及努责微弱

阵缩及努责微弱是分娩时子宫及腹壁收缩次数少、时间短和强度低，不能将胎儿排出。此种难产多见于牛、羊，其发病率随年龄和胎次增加而增长。按分娩过程中发生时间的早晚，阵缩及努责微弱分为两种：分娩一开始就为弱者，叫原发性阵缩及努责微弱；开始分娩时正常，以后收缩变弱的，称为继发性阵缩及努责微弱。

特征性症状是分娩时阵缩及努责微弱，不能将胎儿排出。

原发性阵缩及努责微弱：母畜怀孕期满，分娩预兆也出现，但努责次数少，时间短、力量弱，长久不能将胎儿排出。

继发性阵缩及努责微弱：开始阵缩及努责正常，以后微弱。必须注意，猪、奶山羊、犬等多胎动物常已排出一部分胎儿，可能还有一两头遗留在子宫内，容易把继发性阵缩微弱当作是分娩结束。

2.阵缩及破水过早

母畜还没有表现明显的产出现象，但出现起卧不安和轻微的努责。有时可以看到阴门中射出少量液体，状似排尿，但液体清亮，而且是在努责时排出的。

3.子宫颈狭窄

子宫颈狭窄是指分娩时，子宫颈扩张不全或不能扩张而言。这是产道狭窄中比较常见的一种，多见于牛、羊。

根据子宫颈狭窄程度的不同，可分为以下四度。

一度狭窄：胎儿的两前肢及头在施行牵引术时尚能勉强通过。

二度狭窄：两前肢及颜面能进入宫颈管中，但头不能通过。

三度狭窄：仅两前蹄能伸入宫颈管中。

四度狭窄：子宫颈仅开一小口，不能扩大。

扩张不全是指一度及二度狭窄，子宫颈组织虽然松弛不够，但还不硬，没有病理变化。不能扩张是指三度及四度狭窄，子宫颈变粗变硬，粗细不均，无弹性。

4.子宫捻转

孕畜因子宫阔韧带伸张而有不安和阵发性腹痛，并随着病程的延长和血液循环受阻，腹痛加剧，其表现包括有摇尾、前蹄刨地、后腿踢腹、出汗、食欲减退或消失(腹痛的间歇时间仍有食欲)、卧地不起或起卧打滚。病畜拱腰、努责，但不见排出胎水。腹部臌气。体温正常，但呼吸脉搏加快。牛、羊则表现反刍及瘤胃活动受到抑制、磨牙等。因此，可能把它误诊为疝痛或胃肠机能扰乱。以后随着血液循环受阻加重，腹痛剧烈，且间歇时间缩短；也可能因捻转严重，且持续时间久了，麻痹而不再疼痛，但病情恶化。有的可能因子宫阔韧带撕裂和子宫血管破裂而表现内出血症状，有的甚至引起子宫高度充血和水肿，子宫捻转处坏死，导致腹膜炎发生。轻度捻转也有可能自行转正，使病情好转。

5.胎儿过大

胎儿过大是指母畜阵缩及努责正常，有时可见到胎儿两蹄、头露出阴门外，但排不出来。检查时胎儿的方向、位置及姿势及产道均正常，只是胎儿体格很大，充塞于产道内。

6.胎儿异常及畸形

在阵缩正常的情况下，胎儿长久排不出来，即能引起人的注意。

检查阴门及阴道可以发现胎向不正、胎位不正或胎势等情况。可以摸到胎儿的前置部分；助产如不及时，胎儿即死亡。

## 二、任务实施

### (一)诊断

1.难产检查

(1)病史调查。

①了解母畜是初产还是经产，怀孕是否足月或超过预产期。一般初产畜，可考虑产道是否狭窄，胎儿是否过大；是经产畜，可考虑是否胎位、胎势不正，胎儿畸形或单胎动物怀双胎等。如果预产期未到，可能早产或流产。

②了解分娩开始的时间，努责的强度及频率，胎水是否排出？综合分析判断是否难产。

③分娩前是否患过阴道脓肿、阴门裂伤以及骨盆骨折及其他产科疾病，患过上述疾病可引起难产。

(2)产畜检查。

①检查母畜的体温、脉搏、呼吸、可视黏膜、精神状态，以及母畜能否站立，了解母畜的全身状况，作为选择助产方法、确定综合治疗及判断预后的依据。如结膜苍白，表明有内出血的可能，预后应慎重。

②还要检查阴门及尾根两旁的荐坐韧带后缘是否松软，向上提尾根时荐椎后端的活动程度如何，以便估计骨盆及阴门扩张的程度。

(3)产道检查。产道的检查主要是查明软产道的松软和滑润程度，有无损伤、水肿和狭窄，并要注意产道内液体的颜色和气味，子宫颈松软和开张程度(特别是牛、羊)，有无瘢痕、肿瘤及骨盆畸形等。如果难产时间已久，母畜因产程过长，软产道黏膜往往发生水肿，致产道狭窄，妨碍助产。有时虽然难产时间不长，但由于胎水过早流失，造成黏膜表面干燥，亦可导致产道水肿，甚至损伤或出血。产道的损伤一般可以触摸到，流出的血液颜色要比胎膜血管中的血新鲜(鲜红)。产道的水肿或损伤，将给助产工作带来很大困难，有时甚至使手臂无法伸入宫腔。强行助产会造成产道更大的损伤，应及时调整助产方法。

(4)胎儿检查。胎儿的检查应包括胎势、胎向和胎位有无异常，胎儿是否存活，体格大小和进入产道的深浅，均是术前检查的重要内容。同时胎儿是否畸形，是否发生了气肿或腐败等亦应检查。

检查前，术者手臂及母畜外阴部均需消毒。如果胎膜未破，应隔着胎膜用手触摸胎儿的前置部分；如果胎膜已破，手要伸入胎膜内直接触诊，这样既可检查胎儿在宫腔内的状况，又能感觉出胎儿体表的滑润程度以及胎儿的死活。

检查胎儿的项目主要包括：

①胎儿是否异常。通过触诊其头、颈、胸、腹、臀或前后肢，弄清楚胎儿的胎势、胎向和胎位如何，产出时可否出现异常。

②胎儿的大小。检查胎儿的大小应和产道的大小相比较来确定是否容易矫正和拉出。

③胎儿进入产道的程度。如胎儿进入产道很深，不能推回，且胎儿较小，异常不严重，可先试行拉出；进入尚浅时，如有异常，则应先矫正后再拉。

④胎儿的死活判断。对于助产方法的选择是有决定意义的。可根据以下检查内容来判断胎儿的死活。当正生时，术者可将手指伸入胎儿口腔，注意有无吸吮动作。或轻拉舌头，注意是否收缩。或以手指轻压眼球，注意有无反应。或牵拉、刺激前肢，注意有无向相反方向退缩。也可触诊锁动脉或心区，检查有无搏动；倒生时，最好是触诊脐带是否有动脉搏动。也可牵拉或刺激后肢，注意有无反射活动。或将食指轻轻伸入肛门，检查有无收缩反射。

在判定胎儿死活时，只要确实检查到了上述各项中某一项生理性活动，即可确定是活的胎儿。但判断胎儿死亡时，却不能单纯依据某一种生理活动的消失，而必须在可查的各种活动全部消失时，方能最后确定。

2.难产类型的确定

(1)产力性难产的诊断。

①子宫迟缓。产道的检查，在牛通常发现子宫颈松软开放，但有时开张不全，仍然可以摸到子宫颈的痕迹。胎儿及胎膜囊尚未进入子宫颈及产道。胎儿的方向、胎位及胎势均可能正常。在猪，可以摸到子宫角深处有胎儿。因为子宫收缩力量弱，胎盘仍保持循环，起初胎儿还活着，但如果久未发现分娩而不助产，胎盘循环终会减弱，胎儿即死亡，子宫颈也缩小。

诊断继发性子宫迟缓一般困难不大，因为在此之前已发生了正常的收缩，但因产道或胎儿异常，不能排出胎儿，致使母畜过度疲劳，导致阵缩减弱或停止。此时，在就检查可发现子宫紧缩且裹着胎儿，尤其是子宫颈前的子宫收缩很为紧张，因此，胎儿几乎难以排出。在猪和山羊，发生继发性子宫迟缓时，常可见到已排出一部分胎儿，但必须注意，猪在大部分胎儿排出之后，可能还有一二个胎儿遗留在子宫内，因此容易把继发性子宫迟缓误认为是分娩结束。因而产后 1～2 d 内尚需注意是否还有努责、阴门中是否流出液体及全身有无变化。

②努责过强及破水过早。产道检查发现子宫颈已经松弛，能够开张，但开张不大。检查时由于阴道受到刺激，母畜就开始强烈努责，尿膜绒毛进入阴道，破裂排水。隔着羊膜可以摸到胎儿尚未转正，仍呈下位或侧位，头颈也未伸直。

(2)产道性难产的诊断。

①子宫捻转。子宫捻转时，阴道和直肠检查常引起母畜强烈不安，产前的捻转阴道壁干涩。检查所发现的情况如下。

子宫颈前捻转。阴道检查，在临产时发生的捻转，只要不超过 360°，子宫颈口总是稍微开张，并弯向一侧。达 360°时，颈管即封闭，也不弯向一侧。视诊可见子宫颈膣部呈紫红色，子宫颈口红染。产前发生的捻转，阴道变化不明显，直肠检查才能做出确诊。

直肠检查，在耻骨前缘可摸到子宫体上的捻转处如一堆软而实的物体。阔韧带从两旁向此捻转处交叉。一侧韧带达到此处的前上方，另一侧韧带则达到其后下方。捻转如不超过 180°，后下方的韧带要比前上方的韧带紧张得多，而子宫就是向着韧带紧张的一侧捻转的。不论向哪一侧捻转，两侧的子宫动脉都拉的很紧。捻转超过 180°时，两侧韧带均紧张，韧带内静脉怒张，捻转程度越大，怒张也越明显。胎儿的位置比妊娠末期的正常位置靠前，所以不易摸清。在马，因为小结肠受到捻转的子宫韧带的牵连，直肠前段狭窄，子宫阔韧带紧张，手进入一定距离，即无法再向前向下伸或左右活动。牛有时发现粪中带血。阔韧带及子宫动脉的紧张程度可以帮助判断子宫捻转的严重程度。

子宫颈后捻转。阴道检查，无论在产前或临产时发生的捻转，都表现为阴道壁紧张，阴道腔越向前越狭窄，阴道壁的前端可见到有或大或小的螺旋状皱壁。

如果螺旋状皱壁从阴道背部开始向哪一侧旋转，则子宫就向该方向捻转。阴道前端的宽窄及皱壁的大小，依捻转程度而定，同时它们也代表捻转程度的轻重。不超过 90°时，手可以自由通过，达到 180°时，手仅能勉强伸入。以上两种情况可以在阴道前端的下壁上摸到一个较大的皱壁，并且由此向前管腔即弯向一侧。达 270°时，手不能伸入。达 360°时管腔紧闭。在这两种情况下，阴道壁的皱壁均较细小，阴道检查看不到子宫颈口，只能看到前端的皱壁。直肠检查，所发现的情况与颈前捻转相同。子宫捻转超过 180°时，多使子宫血循受阻，引起胎儿死亡，如不及时诊断救治，可引起子宫破裂。

②子宫颈开张不全。牛、羊子宫迟缓、子宫捻转、产道复旧及胎儿干尸化而导致子宫颈开张不全者比较常见，须与原发性子宫颈狭窄进行鉴别诊断。子宫迟缓的特点是努责力量一直不强。子宫捻转通过直肠检查及阴道检查可做出判断。产道已经复旧时，其特点为阴门、阴道及子宫颈不柔软，弹性小，呈硬管状，黏膜不松软，脆而易破，胎儿已经死亡。干尸化胎儿正在向外排出时，阴门中流出棕色液体，胎儿干硬蜷缩。

③骨盆狭窄。在生理狭窄，骨盆发育不全时，虽胎水已经排出，阵缩努责也强烈，但排不出胎儿。阴道检查时，软产道及胎儿均无异常；进一步触诊胎儿及骨盆大小，并考虑到年龄，即可作出诊断，与头胎母畜的阵缩微弱也容易区别开来。

在获得性的骨盆狭窄，可发现骨折处的骨瘤、骨质增生及骨盆变形等。

(3)胎儿性难产的诊断。

①胎儿过大。若是胎儿过大，在产道内部检查时，可知胎儿的方向、位置、姿势正常无畸形，胎儿较大，系关节及球关节粗大，蹄大，门齿长而大。

若是相对过大，在产道内部检查时，可知胎儿并不大，而骨盆腔较小，触摸时显见胎儿和骨盆腔不相适应。

②双胎难产。由于双胎儿往往是一个正生，一个倒生因此在做内部检查时，可能发现一个头和四条腿；其中两个蹄底向下，两个蹄底向上。但只有两个胎儿均为正生者，则可发现两个头和四条腿；两个胎儿都倒生时，只是发现四条后腿。此外，还可能发现头和四肢的姿势以及胎儿的位置有反常情况：如果两个胎儿入骨盆的深度相差较大，往往对后下方的胎儿或反面的胎儿注意不到。所以需要仔细检查，才能正确地将两胎儿分辨清楚，并确定它们有无反常情况。

③胎儿水肿。分娩延迟，产道检查时，胎儿的前置器官充塞着产道，呈捏粉状，在皮肤较松的部位还可感到波动。

④胎头积水。主要见于牛。胎儿颅腔内蓄积多量液体，因此，脑髓萎缩，颅骨壁扩张、变

薄，整个头部呈一个奇怪的形状。亦有水肿液扩张脑膜，使其从骨片间突出来，形成球状的大而波动的肿胀，其体积甚至能超过头部。

⑤肉胎块。分娩迟滞，产道检查摸不出胎儿形体，只是一团组织。

⑥裂体畸形。腹部朝向产道时，可以摸到胎儿的内脏，仔细触诊也可发现其腹壁裂开，甚至躯干折转。背部朝向产道。四肢伸入产道时，可以摸到四条腿，其前后腿的蹄底一般均分别向着两侧，关节硬结弯曲。由于这种情况，胎儿位置较深，有时很难摸到头及整个躯干。但在牵拉两前肢或两后肢时，整个躯干都动，无法拉出胎儿，这可有助于确诊这种畸形提供依据。

⑦双胎畸形。典型的双胎畸形，仔细触摸可分辨出来。根据联胎部位不同，触摸情况亦异。

⑧胎儿姿势不正。

胎儿头侧转：分娩时，胎儿两前肢自腕部以下伸出阴门之外，一腿较长，一腿较短（胎头侧向的一侧），而不见胎头。若前肢伸得很长，则可能是受到拉动的关系，前肢伸得越长，头颈部就偏得越厉害。分娩迟滞时，产道内检查可找到屈转的胎头，进一步触摸，可摸到弯曲的颈部，甚至胎头侧向母体的腹侧壁。但须注意颈部和躯干的区别。

胎儿头下弯：这种难产从外部往往看不到蹄子或仅能看到蹄尖。检查时可摸到额部、颈部。

胎儿头后仰：类似头颈侧转。触诊时可确定胎儿前置摸到气管及搏动的颈动脉，下颌呈上位。

胎儿头颈捻转：产道内检查时可摸到“S”状弯曲的颈，鼻部朝下，下颌朝上。

腕关节屈曲：根据腕关节楔入骨盆腔的程度不同分两种：一是进向性腕关节屈曲，是弯曲的腕部低于骨盆入口前缘，头在产道内。二是进入性腕关节屈曲，是腕部楔入骨盆腔内。不论属于哪一种，均可分为一侧或两侧腕关节屈曲。分娩迟滞，产道内检查即可确认。

肘关节屈曲：分娩过程正常时，胎儿产不下来。外阴部检查，一前肢或两前肢稍伸阴门外。在牛，蹄置于自己的鼻部。在马，蹄置于胎头下部或下颌间隙处。产道检查发现肘关节于肩关节之下或后方，因此肘关节以下部分就好像压在颈部下面。

肩关节屈曲：产道内检查可找到胎头或具有一前肢，手再往前伸，可摸到胸部和肱部，阵缩时可在阴门口看见胎儿鼻部，间歇时又隐没不见，此种情况即可确诊。

前肢置于项上：产道检查时，有位于胎头后枕上一肢或两肢。前者多发生于牛，因牛的腿较短，肩胛部和躯干联系紧密。后者多发生于马，因马的腿较长，肩胛部和躯干联系较松。

跗关节屈曲：两侧跗关节屈曲，在阴门处什么也看不见，产道内检查可摸到跗关节、尾巴和肛门，其位置可能在耻骨前缘或者已和臀部楔入骨盆腔内。一侧跗关节屈曲时，由产道伸出一条蹄底向上的后肢，产道内检查可摸到另一屈曲的跗关节。

髋关节屈曲：两后肢髋关节屈曲，阴门外看不到什么。内部检查，在骨盆入口处或前下方可发现尾巴、坐骨结节、肛门、外生殖器官及向前伸的后退。一后肢髋关节屈曲时，则阴门处可能伸出一个蹄底向上的后蹄，内部检查同前。

⑨胎儿位置不正。

正生下位及倒生下位：正生下位时，阴门外露出两个蹄底向上的蹄子，产道内检查可摸到腕关节、口唇、颈部以至胸部而确诊。

正生侧位及倒生侧位：正生侧位时两前肢以上下的位置伸入产道至阴门外，产道内检查可摸到侧置的胎头和颈。倒生侧位时，除两后肢以上下位置伸入产道至阴门外，产道内检查可摸到胎儿倒置的骨盆，肛门及尾巴。

⑩胎儿方向不正。

腹部前置横向：四肢伸入产道，进一步触诊可摸到胎儿的腹部，横卧不成水平，可能头或臀部靠近产道。须注意和双胎、腹部前置竖向及裂体畸形鉴别诊断。

背部前置横向：外表什么也看不见，产道内检查可摸到胎儿脊柱横在骨盆入口之前，仔细向前或向两侧触摸，方能辨别胎儿头向哪一侧。

腹部前置竖向：臀部向上时，两后肢伸入产道，但大多数情况是胎儿以坐骨前置的姿势楔入骨盆入口，像倒生一样，但胎儿长时间排不出来。内部检查则发现两前肢也伸入耻骨前缘上方骨盆腔内，可摸到尾巴和下腹壁。

背部前置竖向：诊断这种反常较为困难，因为在产道内什么也摸不到。只能在骨盆前缘可摸到胎儿，项部朝向产道可摸到枕部脊柱，颈部朝向产道可摸到颈部、胸部，背部朝向产道可摸到背脊。

### （二）治疗

见难产助产。

### （三）预防

难产虽然不是十分常见的疾病，但如一旦发生，极易引起仔畜死亡，也常危及母畜的生命；即使母畜存活，也可因手术助产不当，使子宫及软产道受到损伤及感染，影响以后的受孕。因此，积极防治难产，对家畜的繁殖具有重要意义。

预防难产的饲养管理措施，首先应该是不要使母畜配种过早。否则由于母畜尚未发育成熟，容易发生骨盆狭窄，造成难产。这在猪和公母混群的家畜是很常见的。

怀孕期间，胎儿的生长发育使母畜所需的营养物质大大增加。对母畜进行合理的饲养，不但可以保证胎儿正常发育的需要，而且能够维持母畜的全身健康，减少分娩发生困难的可能性。至怀孕末期，则须适当减少蛋白质饲料，以免胎儿过大，这在肉用牛和猪是应当重视的。

怀孕母畜要有运动或适当使役。怀孕前半期可以时常使役，以后减轻，产前两个月停止使役，但要进行牵遛运动。运动可提高母畜对营养物质的利用，使胎儿活力旺盛。

同时也可使全身及子宫的紧张性提高，从而降低难产、胎衣不下及子宫复旧不全等的发病率。分娩时，胎儿活力强和子宫缩力正常，有利于胎儿转变为正常分娩的位置和姿势以及产出。

此外，临产时防止难产的方法是进行临产检查，对分娩正常与否作出早期诊断。临产检查的时间，在牛是从胎膜露出至排出胎水这一段时间；马、驴是尿膜囊破裂，尿水排出之后。这一时期正是胎儿的前置部分刚进入骨盆腔的时间。检查方法是将手臂及母畜的外阴消毒后，把手伸入阴门，隔着羊膜（羊膜未破时）或伸入羊膜（羊膜已破时）触诊胎儿。羊膜未破时，不要撕破，以免胎水过早流失，影响胎儿的排出。如果摸到胎儿是正生，前置部分三件（唇和二蹄）俱全，而且正常，可让它自然排出。如有异常，就应立即进行矫正。这时胎儿的躯体尚未进入盆腔，异常部分的异常程度不大，胎水尚未流尽，子宫内滑润，且子宫尚未紧裹住胎儿，矫正比较容易。例如，牛、马的头颈侧弯是很正常的。在产出期初，胎儿开始排出时，这种异常一般只是头稍微偏斜，未伸入骨盆入口。这时只要稍加扳动，即可将头拉直，继而把胎儿拉出，避免了这种难产的发生，同时还能够提高胎儿（特别是死亡较快的马、驴胎儿）的存活率。

一般认为家畜的难产是不易预防的。但是顺产和刚开始的某些难产在一定条件下是可以转化的，临产检查就是给这些难产转化为顺产提供的条件。否则，如不进行临产检查，随着子宫的收缩，胎儿前躯进入骨盆越深，头颈就弯得越厉害，终至成为难产。

对于胎位异常，也能通过临产检查，及时发现，及时矫正，防止难产的发生。胎儿如为倒生，则无论异常与否，均须迅速拉出。

此外，临产检查还能发现胎儿有无其他异常及产道是否异常。

产出期初的临产检查是减少难产的一种积极措施，在注意严格消毒的基础上，对于具有一般助产经验的人都能进行这种检查，因而可以广泛推广应用。

# 任务二　难产助产

## 一、相关知识

### （一）了解概况

难产助产是为使胎儿顺利娩出母畜产道，于产前和产时采取的一系列措施。

救治难产时，可选用的助产方法很多，但大致可分为两类，一类适用于胎儿，主要有：牵引术、矫正术和截胎术；一类适用于母体，主要有剖腹产手术。

### （二）助产原则

助产的目的是挽救胎儿及母畜的生命，同时也要保全母畜的生产性能，在进行助产时必须遵守下列原则。

（1）难产助产越早越好，否则胎儿楔入产道，妨碍操作。

（2）进行助产时须考虑到骨盆的解剖构造，尤其是骨盆纵轴，以及胎儿各部分的情况。

（3）用力拉胎儿时要和母畜努责一致，否则既费力，又易招致并发症。

（4）只能在子宫内矫正正胎儿的反常方向、姿势及位置，否则是得不到效果的，并且常使产道发生创伤。

（5）对任何难产，特别是胎水已流尽时，须注意产道的润滑。为了便于推拉胎儿及保护产道黏膜，宜向子宫腔内灌入适量润滑油（液体石蜡、菜油），或加热到35～40℃的、消毒过的肥皂水。

（6）将胎儿推回子宫时，所有正常前置器官均需用绳缚住。

## 二、任务实施

### （一）认识产科器械

见本模块技能训练项目一。

### （二）助产方法

1. 胎儿牵引术

（1）适应症。适用于胎儿过大，母畜努责阵缩微弱，产道扩张不全等。

(2)方法。先用产科绳将胎儿前置部分捆住拉紧。正生时捆住胎儿头或两前肢,倒生时捆住两后肢。拉出时要配合母畜阵缩和努责,用力要缓,并上下左右反复活动胎儿,术者保护胎儿及产道,令助手按照骨盆轴方向,强行拉出胎儿(图Ⅲ-2-1、图Ⅲ-2-2)。

**图Ⅲ-2-1　产科绳拉头法**

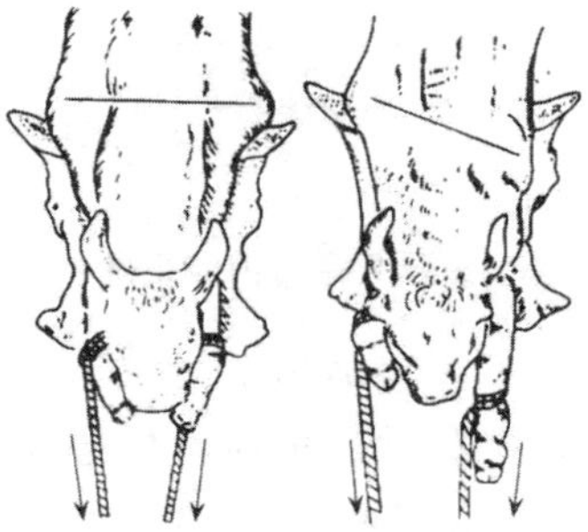

**图Ⅲ-2-2　正生过大胎儿的正确(右)及错误(左)牵引法**

2.胎儿矫正术

(1)适应症。主要用于胎势、胎位、胎向异常造成的难产。

(2)方法。徒手配合器械矫正胎儿的异常部分。除使用产科绳外,配合使用绳导、推拉梃、双孔梃、产科梃、产科钩。矫正时,用手将胎儿姿势扭正,在扭的过程中配合牵拉,把屈曲的部位拉直。然后应用牵引术拉出胎儿。

3.截胎术

(1)截头术。适用于胎头侧转,胎儿发育过大,产道狭窄及胎儿前肢姿势不正等所造成的难产。

先用产科钩钩住眼眶,将胎头拉至产道,然后经耳前、眼眶后至下颌作一切口;在囊枕关节处切断项韧带,用产科钩钩住枕骨大孔,拉离颈部,同时把连接头颈的皮肤,肌肉用刀切断。切掉头部之后,将三个皮瓣(两耳及下颌)结扎在一起,形成一个坚固的结,以便推进或拉出胎儿时用。此法无效时,可用线锯绕过颈部将其锯断,或用产科铲将颈部铲断(图Ⅲ-2-3至图Ⅲ-2-5)。

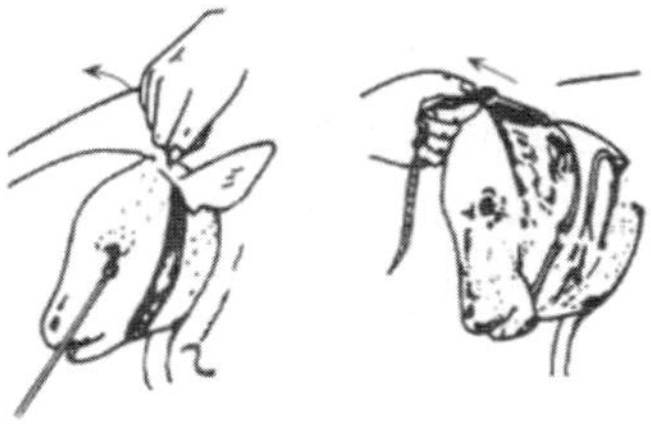

**图Ⅲ-2-3　头部截除**

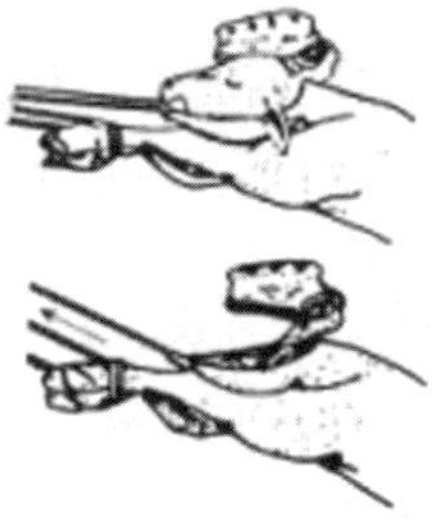

**图Ⅲ-2-4　用线锯截除胎头**

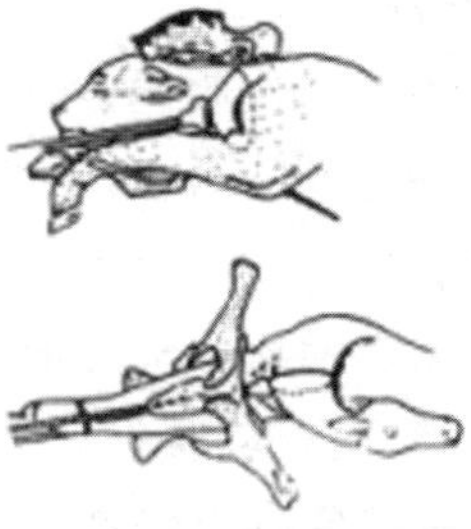

**图Ⅲ-2-5　用线锯截除侧弯胎头**

(2)前肢截断术。适用于前肢各关节屈曲无法矫正或肩围过大难以产出的难产。其方法是用指刀或隐刃刀沿肩胛骨后角,切开皮肤和肌肉,借指刀或隐刃刀反复切割,即可将肩胛骨与胸廓的联系切断。然后用产科钩或产科绳将前肢扯断拉出。肘关节或腕关节屈曲时,可用指刀或隐刃刀切断关节处的周围皮肤、肌肉及韧带的联系,然后用铲或凿铲断或用线锯锯断(图Ⅲ-2-6、图Ⅲ-2-7)。

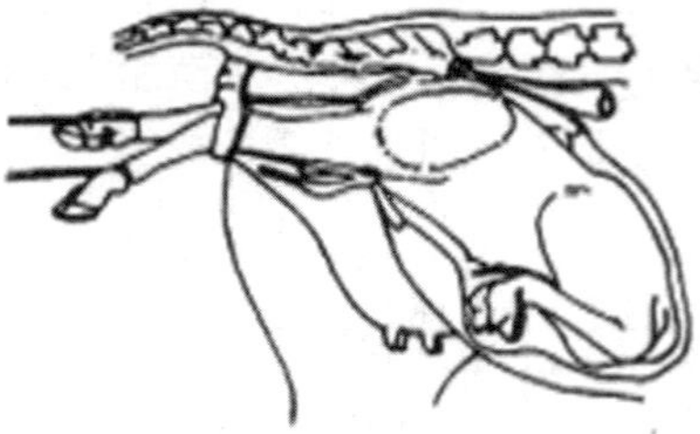

图Ⅲ-2-6　头颈侧弯时前肢截除术

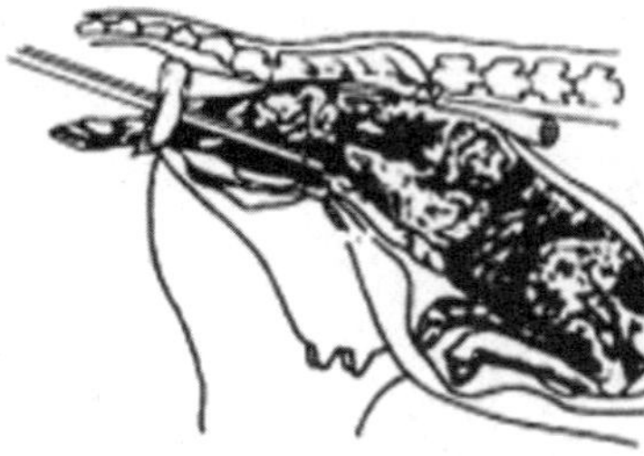

图Ⅲ-2-7　腕关节屈曲截除前肢

(3)后肢截断术。适用于倒生时,胎儿过大及后肢姿势不正常等。施术时首先用产科绳把后肢拴住并拉紧,然后再用钩状指刀或隐刃刀沿荐骨平行的方向,切开荐部与股骨间的皮肤和肌肉。一直切到髋关节。然后经坐骨结节外侧向后与会阴平行深深地切割,如此反复切割,即将骨盆与大腿之间的软组织完全切断。最后切断髋关节及其周围的韧带。再把后肢扯下。如果扯下有困难时可将股骨用产科凿凿断,或用线锯将其锯断,然后拉出后肢(图Ⅲ-2-8至图Ⅲ-2-10)。

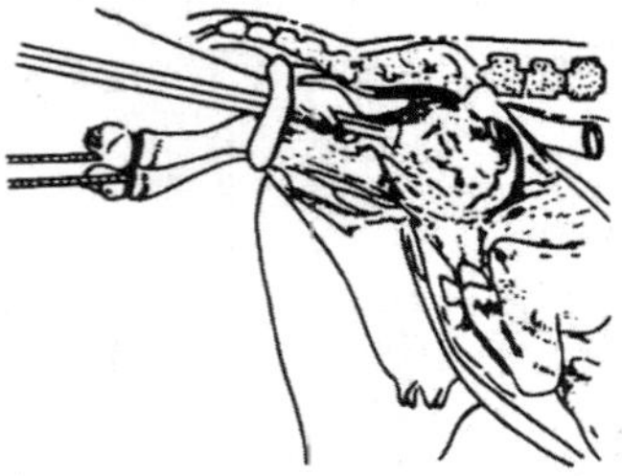

图Ⅲ-2-8　后肢截除术

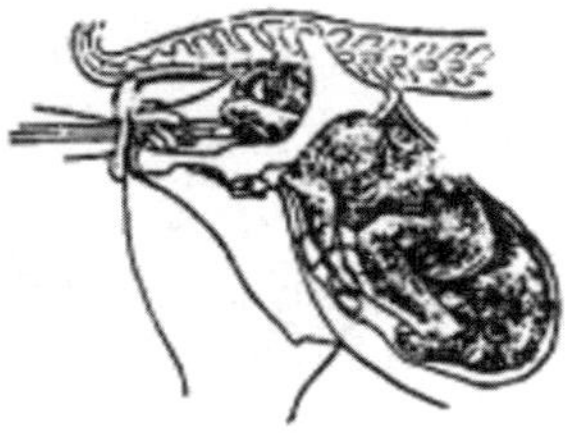

图Ⅲ-2-9　跗关节截除术一

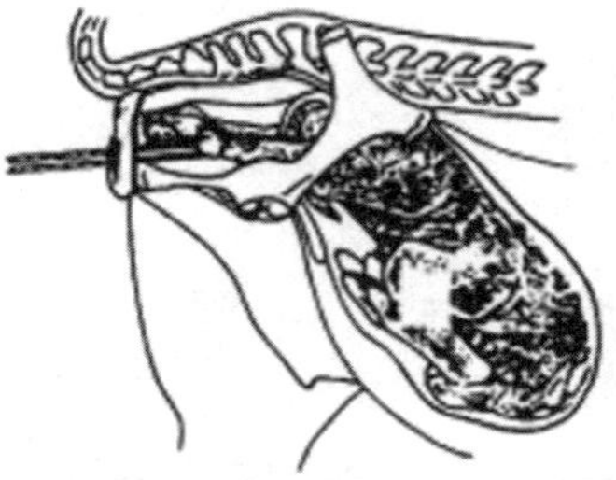

图Ⅲ-2-10　跗关节截除术二



4.剖腹取胎术(剖腹产)

剖腹取胎术是经过腹壁及子宫切口取出胎儿。以达到解决难产的一种手术。剖腹助产术是作为一种独立的助产技术,它是切开难产母畜的腹壁(而不切开子宫壁)之后,术者手伸入母畜腹腔,助产者手臂通过母畜产道伸入子宫内(牛、马等大动物),二者协同配合,矫正异常胎势、胎向、胎位,然后通过产道拉出难产胎儿的一种新的助产技术。可以认为,它是剖腹术与矫正术的结合,它的适应症同剖腹取胎术。在临床上一旦决定了剖腹取胎术后,在切开腹壁后均可试行此术。经验证明,这种手术对大家畜及猪等动物往往可望达到预期目的。剖腹助产术比起剖腹取胎术,优点很多。而在此术未能获得成功之后,再转为切开子宫壁,然后经子宫壁、腹壁切口拉出难产胎儿(即转为剖腹取胎术)。这样既不误手术时机,又避免因切开子宫壁对难产母畜造成的伤害。

### (三)手术助产的准备

根据对产畜及胎儿检查的结果,及时制定出助产计划及实施方案,并做好以下准备工作,以确保助产工作的顺利进行。

1.保定

难产时对母畜保定的好坏,是手术助产能否顺利进行的关键。以站立保定为宜,取前低后高姿势,以便于使胎儿能够向前推入子宫,不致楔入骨盆腔内,妨碍操作。如果母畜不能站立，则可使其侧卧，至于侧卧于哪一侧，主要以便于操作为原则。如胎儿头颈于左侧者，母畜需右侧卧，反之则取左侧卧姿势。侧卧保定时，也应将后躯垫高。

2. 麻醉

为了抑制产畜努责，便于操作，可给予镇静剂或硬膜外腔麻醉。

3. 消毒

为了预防感染，助产必须对产房、场地、产畜外阴部、胎儿外露部分、助产所用器械和术者手臂进行严格消毒。其消毒方法，按外科手术常规消毒方法进行。

4. 润滑产道

为了便于推回、矫正和拉出胎儿，尤其当胎水流尽、产道干燥、胎衣及子宫壁紧包着胎儿时，必须向产道及子宫内灌注温的肥皂水或润滑油。如果强行推、拉矫正，极可能造成子宫脱出或产道破裂。

5. 产科器械准备

见本模块技能实训项目一。

**（四）常见难产助产技术**

1. 产力性难产的助产

(1)阵缩及努责微弱。大家畜原发性阵缩和努责微弱，早期可使用催产药物，如脑垂体后叶素等。在产道完全松软、子宫颈已张开的情况下，则实施牵引术即可。胎位、胎向、胎势异常者经整复后强行拉出，否则实行剖腹产手术。

中、小动物可应用脑垂体后叶素 10 万～80 万 IU 或己烯雌酚 1～2 mg，皮下或肌肉注射。否则可借助产科器械来拉住胎儿。强行拉出胎儿后，注射子宫收缩药，并向子宫内注入抗生素。

(2)努责过强及破水过早。用指尖掐压病畜的背部皮肤，试行减缓努责。如已破水，可以根据胎儿姿势、位置等异常情况，进行矫正后牵引。如果子宫颈未完成松软开张，胎囊尚未破裂，为缓解子宫的收缩和努责，可注射镇静、麻醉药物。在马，可静脉注射水合氯醛(7%)硫酸镁(5%)溶液 150～250 mL，也可先灌服，可施行截胎术和剖腹产术。

2. 产道性难产的助产

(1)子宫捻转。临产时发生捻转，首先应把子宫转正，然后拉出胎儿，产前发生的捻转，主要应将子宫转正。

矫正子宫的方法通常有 4 种：通过产道或直肠矫正胎儿及子宫、反转母体、剖腹矫正或剖腹产。后 3 种方法主要用于捻转程度较大而产道极度狭窄，手难以进入产道抓住胎儿或用于子宫颈尚未开张的产前捻转。

①产道矫正。是救治子宫捻转引起难产的最常用方法。主要目的是借助胎儿矫正捻转的子宫。这种方法能否成功，主要取决于两个因素，即术者的手臂能否进入子宫颈以及胎儿是否活着。当捻转程度小，手能通过子宫颈握住胎儿时用此法。矫正时应站立保定母畜，并前低后高。必要时可进行后海穴麻醉，但药物的剂量不可过大，以免母畜卧下。手进入子宫后，伸到胎儿的捻转侧之下，把握住胎儿的某一部位向上向对侧翻转。如果胎儿不大，借助转胎儿以矫正子宫，也可以边翻转，边用绳牵拉位置在上的前腿。在活胎儿，用手指抓住两

眼眶，在掐压眼眶的同时，向捻转的对侧扭转，这样引起的胎动，有时也可使捻转得到克服。

从产道矫正羊的子宫捻转时，助手可将母羊的后腿提起，使腹腔内的器官前移，然后手伸入产道抓住胎腿向上向捻转的对侧翻转胎儿。如果产道干燥，必须先行润滑。如果胎膜尚未破裂，可先将胎膜撕破，放出胎水，以减轻子宫的重量和大小，但会降低胎儿的活动性。

②直肠矫正。如果子宫向右侧捻转，可将手伸至右侧子宫下侧方，向上向左侧翻转，同时一个助手用翻转母畜的身体，此时由于子宫的位置相对不变，可使其位置恢复正常。

③翻转母体。这是一种间接矫正子宫的简单方法，可用于马、牛、羊。其方法是迅速向子宫捻转方向翻转母体的身体，此时由于子宫的位置相对不变，可使其位置恢复正常。

翻转前，如果母畜挣扎不安，可行硬膜外麻醉，或注射松肌药物，使腹壁松弛。马还可以加以镇静。施术场地必须宽敞、平坦，病畜头下应垫以草袋。乳牛必须先将奶挤净，以免转向时损伤乳房。翻转母体的方法有 3 种。

直接翻转法：子宫向哪一侧捻转，使母畜卧于那一侧。把前后肢分别捆住，并设法使后躯高于前躯。两助手站于母畜的背侧，分别牵拉前后肢上的绳子。准备好以后，猛然同时拉前后肢，急剧把母畜仰翻过去。由于转动迅速，子宫因胎儿重量的惯性，不随母体转动，而恢复正常位置。翻转如果成功，可以摸到阴道前端开大，阴道皱壁消失；无效时则无变化；每翻转 1 次，须经产道进行 1 次验证（在颈前捻转，须进行直肠检查，以确定子宫阔韧带的交叉是否松开），检查是否正确有效，从而确定是否继续翻转。

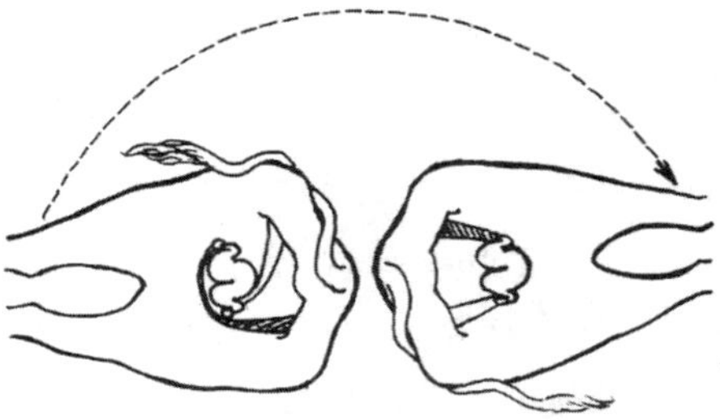

**图Ⅲ-2-11　矫正向右捻转的子宫**

（母牛右侧卧，仰翻为左侧卧）

如果 1 次未成功，可将母畜慢慢翻至原位，重新翻转。有时要经过数次，才能使子宫复位。产前很久发生的捻转，因为胎儿较小，子宫周围常有肠道包围，有时甚至由于子宫与周围组织发生粘连，翻转时子宫也会随母体转动，不易成功。这种情况有时见于马（图Ⅲ-2-11）。

腹壁加压翻转法：可用于牛、马，操作方法与直接法基本相同，但另用一长约 3 m，宽20～25 cm 的木板，将其中部置于施术动物腹胁部最突出的部位上，一端着地，术者站立或蹲于着地的一端上，然后将母畜慢慢向对侧仰翻，同时另一人翻转其头部；翻转时助手尚可从另一端帮助固定木板，防止它滑向腹部后方，防止对胎儿产生压迫。翻转后同样需进行产道或直肠检查。第 1 次不成功，可重新翻转。腹壁加压可防止子宫及胎儿随母体转动（图Ⅲ-2-12）。

产道固定胎儿翻转法：如果分娩时子宫发生捻转，手能伸入子宫颈，最好从产道把胎儿的一条腿抓住，这样可将其固定，翻转时子宫不随母体转动，矫正就更加容易，可结合 1 和 2 进行。

④剖腹矫正或剖腹产。利用上述方法达不到目的时，可剖腹在腹腔内矫正，矫正不成功则行剖腹产。

剖腹矫正法：主要用于子宫颈开张前任何时间发生的子宫捻转。施术母畜的保定、麻醉及腹壁切开方法见剖腹产。切口部位可根据妊娠时期不同而定，如距分娩尚早，胎儿较少，容易转动，可在母畜站立的情况下于腹胁中部做切口，子宫向哪一侧捻转，切口就做在那一侧。临产时发生的捻转，因为胎儿重量大，为便于转动，可使母畜侧卧，在腹中线上做切口。

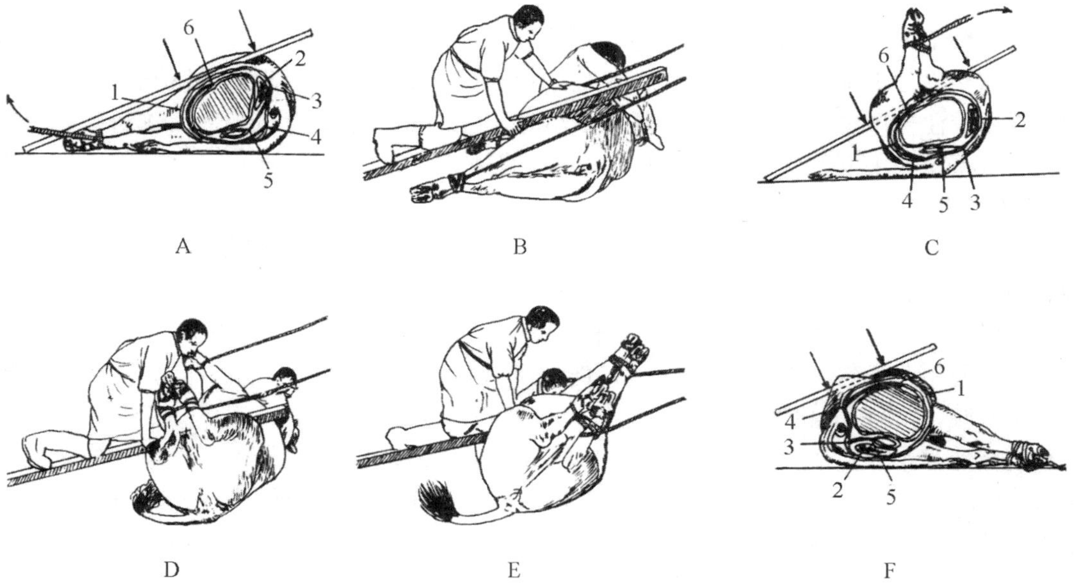


**图Ⅲ-2-12　腹壁加压翻转法矫正子宫向右侧捻转**

A. 开始矫正前，子宫向右捻转 180°时，子宫阔韧带的位置 1. 腹壁 2. 瘤胃的后部 3、4. 左、右子宫阔韧带的起点 5. 左子宫阔韧带在空角上的附着点　6. 右子宫阔韧带在孕角上的附着点 B. 向右翻转的开始 C. 将牛翻转 90°时，子宫阔韧带的起点及附着点 D. 翻转 90°时，助手的位置 E. 翻转 135°时，助手的位置 F. 翻转 180°时，子宫阔韧带的起点及附着点



手经切口伸入腹腔后，首先应摸到捻转处，并由此确认捻转方向，然后尽可能隔着子宫壁，把握住胎儿的某一部分，最好是腿部，围绕孕角的纵轴向对侧转动。子宫已经转动的标志是它恢复到正常的位置，捻转处消失。在颈后捻转及临产时发生的捻转，助手还可以把手指伸入阴道，验证产道是否已经张开。

剖腹产：剖腹矫正过程中，常因胎儿很大，子宫壁水肿、粘连等，矫正较为困难，因此不得不把腹壁切口扩大，施行剖腹产。腹下切口延长起来要比腹胁部切口方便，因此宜选用腹下切口。捻转程度大且持续时间久的病例，常见到腹水红染，子宫壁充血、出血。在牛，这种病例在转正以后，子宫颈也常开张不大，且子宫壁变脆，拉出胎儿可能引起破裂，因此在矫正以后也可考虑剖腹产。

严重的子宫捻转，因子宫高度充血，切开子宫壁时往往导致大量出血。为避免出血过多，应在切开子宫尽可能先将子宫转正；确实无法转正者，须随切随止血；对可见的大血管，应在结扎在切断。切开子宫后，还要注意止血，并仔细检查捻转处有无损伤、破口等。

(2)产道狭窄。硬产道狭窄及子宫颈有瘢痕时，一般不能从产道分娩，只能及早实行剖腹产术取出胎儿。轻度的子宫开张不全，可通过慢慢地牵拉胎儿机械地扩张子宫颈，然后拉出胎儿。

(3)子宫颈开张不全。子宫颈开张不全的治疗取决于病因、胎儿及子宫的状况。如果是牛的阵缩努责不强、胎囊未破且胎儿还活着时，宜稍等候，使子宫颈尽可能开大，开张越大胎儿越容易拉出；过早拉出会使胎儿或子宫颈发生损伤。在等待期间应时常检查产道，根据子宫颈扩张的程度，胎囊是否破裂及胎儿的死活等，确定如何助产。子宫颈还封闭未开时，也需等待。

在等待期间，为了促进子宫颈开放，胎囊未破前，可注射已烯雌酚（牛 40～60 mg，羊 5 mg），然后在注射催产药物及葡萄糖酸钙注射液，以增强子宫的收缩力，帮助子宫颈开张。如果静脉滴注催产素，将用药过程延长几个小时，将会使效果更好。同时也可施行按摩子宫 0.5～1 h，促进它松弛。当胎囊及胎儿的一部分已进入子宫颈管时，应向子宫颈管内涂以润滑剂，再慢慢牵引胎儿。

羊的子宫颈开张不全时，亦可静脉注射钙制剂。助产方法可根据子宫颈开张的程度、胎囊破裂与否及胎儿的死活等，选用牵引术、剖腹产或截胎。

牵引术可用于一度及二度狭窄。拉出须缓慢，使子宫颈有时间逐渐开张。在二度狭窄，拉出可能使胎儿受到伤害，在牛和羊还可能使子宫颈破裂，须加以考虑。在马，拉胎儿可使子宫颈开张，这要比羊和牛容易得多。

机械性扩张子宫颈有时虽可见效，但常引起子宫颈损伤，尤其是在子宫颈已硬化的病例，药物及机械性扩张均难见效，有人曾试用过子宫颈切狭窄开手术（cervicotomy），但这种手术比较危险，一二度狭窄时尚可考虑使用，而三四度狭窄时则不宜使用，根据情况建议采用剖腹产术。

如果是已久的难产，由于子宫颈已复旧，而且胎儿也可能会发生气肿，有时甚至出现子宫破裂或很容易被撕破，这种情况下最好用剖腹产术或截胎术。

如果子宫颈不能开张，术后可能会使结缔组织增生和慢性炎症加剧，子宫颈变得更为狭窄或完全封闭，致使以后交配不易受孕。而且即使受孕，下次分娩时会发生同样的难产。在这种情况下，最好用剖腹产，并在牛的泌乳期结束之后予以淘汰。

（4）骨盆狭窄。对于生理性骨盆狭窄，可先在产道内灌注大量润滑剂，然后配合母畜的努责，试用牵引术拉出胎儿。但如果母畜年幼，拉的力量不可太大太猛，以免损伤荐髂关节。当拉出遇到困难时，或耻骨联合前端有骨瘤、骨质增生或软骨病引起的骨盆变形狭窄，强行拉出胎儿时应特别注意，以免损伤子宫壁，宜考虑采用剖腹产和截胎术。

一般来说，如果正生时胎头及两前肢难于同时进入骨盆腔，或者倒生时，胎儿骨盆明显比母体骨盆入口大得多，这种情况下应该直接用剖腹产，尤其是如果难产较为严重，胎儿仍然存活，矫正及牵引一般极难获得成功，最好马上采用剖腹产。

如果胎儿正生，难以拉出，可先用线锯截去头颈，并在胎儿腹部行内脏摘除术，最后再用骨盆截断术。通过这些截胎手术，一般可将胎儿取出，但在狭窄的产道中进行截胎一般都比较困难、费时，损伤产道的可能性也大，因此最好选择剖腹产术，在青年母牛也可选用耻骨联合切开术。

曾因骨盆狭窄而发生过难产的母畜，除营养不良及配种过早等引起的生理性狭窄的患畜外，其余以后不宜再作繁殖用。

3. 胎儿性难产的助产

（1）胎儿过大。胎儿过大的助产方法，就是人工拉出胎儿，其方法同胎儿牵引术。强行拉出时必须注意，尽可能等到子宫颈完全开张后进行；必须配合母畜努责，用力要缓和，通过边拉边扩张产道，边拉边上下左右摆动或略为旋转胎儿。在助手配合下交替牵拉前肢，使胎儿肩部、骨盆部，呈斜向通过骨盆腔狭窄部。强行拉出确有困难的而且胎儿还活着，应及时实施剖腹产术；如果胎儿已死亡，则可实施截胎术（图Ⅲ-2-13）。

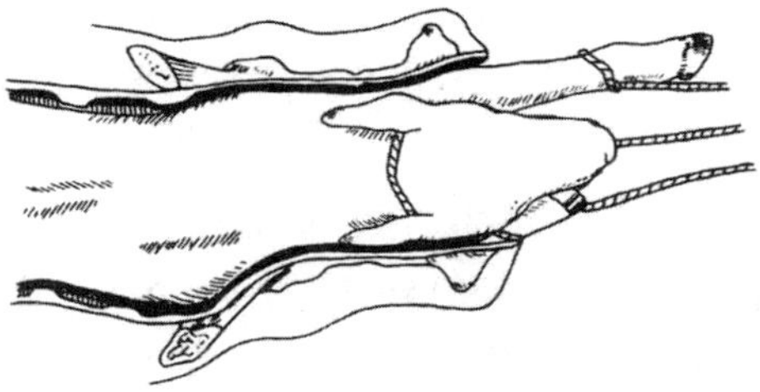

图Ⅲ-2-13　胎儿过大，施行牵引术交替牵引前肢

(2)双胎难产。双胎难产助产时要将后面一个推回子宫，牵拉外面一个，即可拉出。手伸入产道将一个胎儿推入子宫角，将另一个再导入子宫颈即可拉出。但是在操作过程中要分清胎儿肢体的所属关系，用附有标记的产科绳各捆住两个胎儿的适当部位避免推拉时发生混乱。在拉出胎儿时，应先拉出产道较深的或在上面的胎儿，然后再拉出另一个胎儿(图Ⅲ-2-14)。

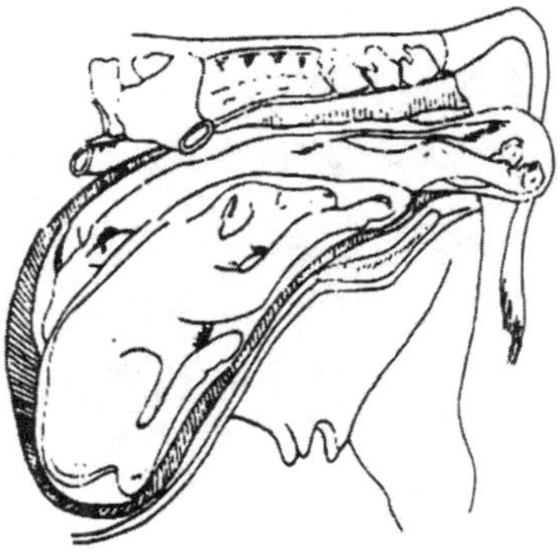

图Ⅲ-2-14　牛双胎同时进入产道

(3)胎儿姿势不正。

①胎儿头颈姿势不正　徒手矫正法：适用于病程短、侧转程度不大的病例。矫正前先用产科绳拴住两前肢，然后术者的手伸入产道，用拇指和中指握住两眼眶或用手握住鼻端，也可用绳套住下颌将胎儿头拉成鼻端朝向产道。如果是头顶向下或偏向一侧，则把胎头矫正拉入产道即可(图Ⅲ-2-15)。

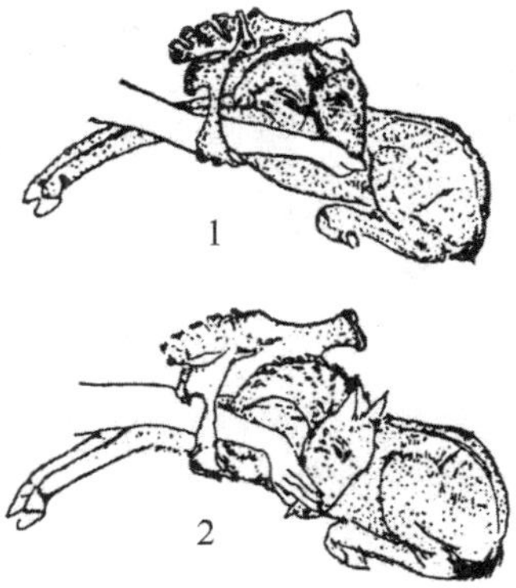


图Ⅲ-2-15　徒手矫正胎头侧弯

器械矫正法：徒手矫正有困难着，可借助器械来矫正。用绳导把产科绳双股引过胎儿颈部拉出与绳的另端穿成单滑结，将其中一绳环绕过头顶推向鼻端，另一绳环推到耳后由助手将绳拉紧，术者用手护住胎儿鼻端，助手按术者意图向外拉，术者将胎头拉向产道(图Ⅲ-2-16)。

马、牛等大家畜胎头高度侧转时，往往用手摸不到胎头，必须用推拉梃协助，先把产科绳的一端固定在推拉梃的一个孔上，另一端用绳导带入产道。绕过头颈屈曲部带出产道，把绳穿过推拉梃的另一孔。术者用手将推拉梃带入产道，沿胎儿颈椎推至耳后，助手在外把绳拉紧并固定在梃柄上，术者手握住胎儿鼻端，然后在助手配合下把胎头矫正后并强行拉出。

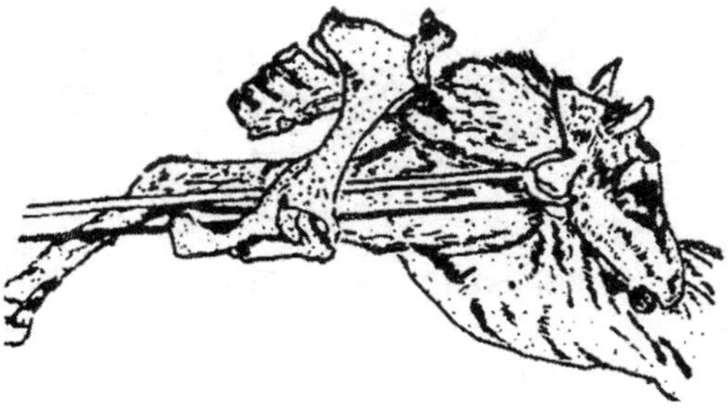

图Ⅲ-2-16　用推拉梃矫正胎头侧转

无法矫正时，则实施截头术，然后分别取出胎儿头及躯体。胎头下弯时，先捆住两前肢，然后用手握住胎儿下颌向上提并向后拉。也可用拇指向前顶压胎头，并用其他四指向后拉下颌，最后将胎头拉正。

②胎儿前肢姿势不正。有腕关节屈曲、肩关节屈曲，或两前肢压在胎头之上等。临床上常见者为一前肢或两前肢腕关节屈曲，其他异常姿势较少见。腕关节屈曲时，先将胎儿推回子宫，推的同时术者用手握住屈曲的肢体的掌部，一面尽力往里推，一面往上抬，在趁势下滑握住蹄部，在上抬的同时，将蹄部拉出产道。另外，也可用产科绳捆住屈曲前肢的系部，再用手握住掌部，在向内推的同时，由助手牵拉产科绳，拉至一定程度，术者转手拉蹄部，协助矫正拉出。如果胎儿已死亡，可实施腕关节截断术。

肩关节屈曲，有时不进行矫正也可以拉出来，如果有困难，可先拉前臂下端，尽力上抬，使其变成腕关节屈曲，然后再按腕关节屈曲的方法进行矫正（图Ⅲ-2-17、图Ⅲ-2-18）。

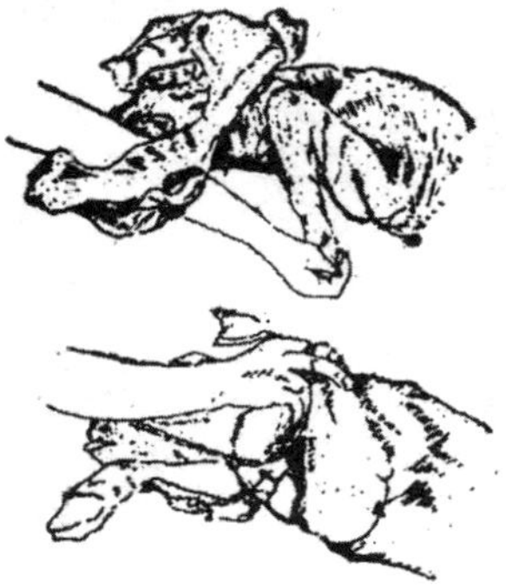

**图Ⅲ-2-17　腕关节屈曲徒手矫正法**

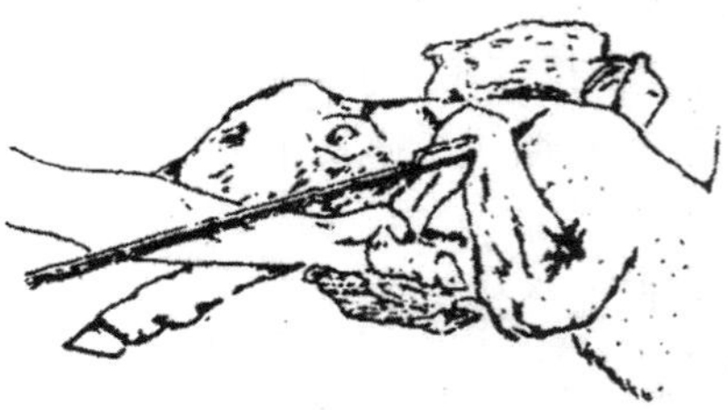

**图Ⅲ-2-18　用产科绳矫正腕关节屈曲**

③胎儿后肢姿势不正。先用产科绳捆住后肢跗部，然后术者用手压住臀部，同时用产科梃顶在胎儿尾根与坐骨弓之间凹陷内，往里推，同时助手用力将绳子向上向后拉，术者顺次握住系部乃至蹄部，尽力向上举，使其伸入产道，最后用力将胎儿后肢拉出（图Ⅲ-2-20）如跗关节挤入骨盆腔较深，无法矫正且胎儿过大时，可以把跗关节推回子宫内，使变为髋关节屈曲（坐骨前置），此时可以用强行拉出胎儿（图Ⅲ-2-19、图Ⅲ-2-20）。

**图Ⅲ-2-19　跗关节屈曲矫正法**

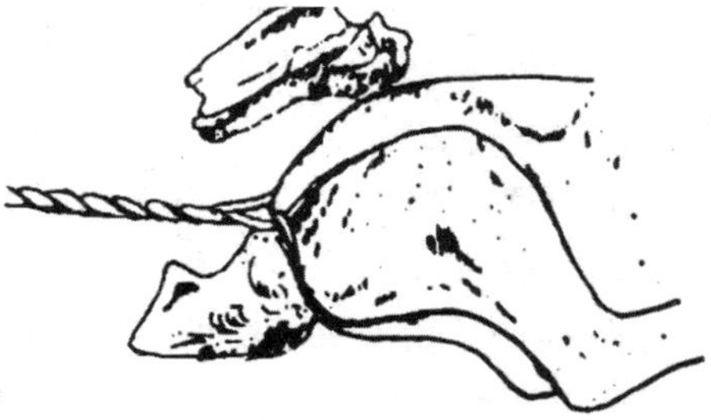

**图Ⅲ-2-20　髋关节屈曲矫正法**

(4)胎位不正。

①正生和倒生两种下位，均需将胎儿的纵轴做 180°的旋转，使其变为上位，或轻度侧位，再强行拉出。或由术者先固定胎儿，然后产畜，以期达到使下位变为上位的目的，不过这样

矫正难度较大。如矫正无效，应及时施行剖腹产术。

②侧位。倒生时的侧位，胎儿两髋关节之间的距离较母畜骨盆入口的垂直径短，所以胎儿的骨盆进入母畜骨盆腔并无困难，或稍加辅助，即可将侧位胎儿变为上位而拉出。但正生侧位时，常由于胎头的妨碍，而难以通过骨盆腔，所以需要矫正胎头，握住眼眶，将胎头扭正拉入骨盆入口，然后再拉出胎儿（图Ⅲ-2-21、图Ⅲ-2-22）。

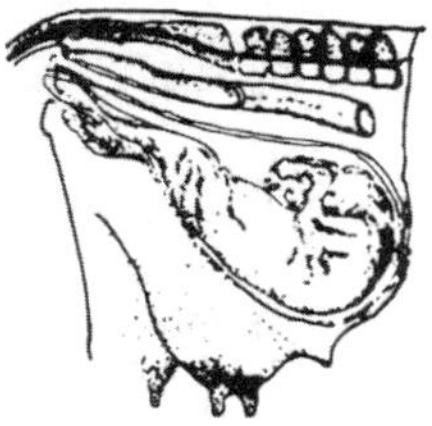

**图Ⅲ-2-21　倒生下位**

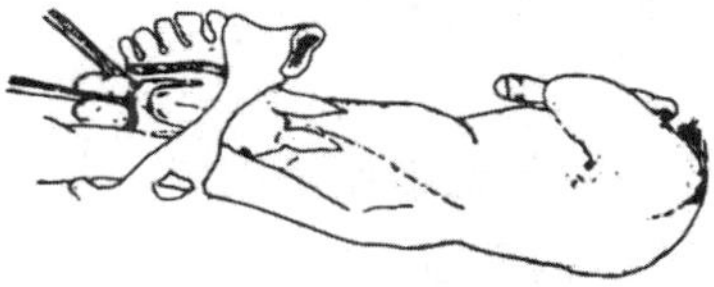

**图Ⅲ-2-22　正生侧位**

（5）胎向不正。

①腹部前置横向和背部前置横向。先用产科绳拴住两前肢往外拉，同时将后肢及后躯推回子宫，使其变为正常胎位，而后强行拉出。

②腹部前置竖向和背部前置竖向。将产科绳拴住胎儿头部往外拉，同时将后躯向里推，或将后躯往外拉，将前躯向里推，使其变为正生下位或倒生下位，再行矫正拉出。胎向不正一般较少发生，一旦发生矫正和助产也很困难，应尽早实施剖腹产手术。

# 任务三　分娩危重情况及处理

动物发生难产时，如果不及时处理或处理方法不当，不但可以引起仔畜死亡，而且会影响母畜健康，甚至危及母畜生命。引起分娩危重情况较多，下面仅就发生难产时的休克及子宫破裂加以介绍。

## 子任务一　分娩休克

### 一、相关知识

#### （一）了解概况

休克是机体在神经、内分泌、循环、代谢等系统发生严重障碍时，表现出的症候群，以有效循环血量锐减、微循环障碍为特征的急性循环不足，是一种组织灌注不良、导致组织缺氧和器官损害的综合征。

分娩休克常发生于分娩的第二期或第三期初期。

#### （二）认知病因

1. 腹压下降过快

在分娩第二期中，由于拉出胎儿过速，致使子宫体积骤然缩小引起腹压急剧降低（特别在胎儿过大、多胎妊娠或胎水过多时)，容易引起休克。

2. 疼痛

发生难产时，在矫正拉出胎儿过程中，由于持续而强烈的刺激引起的疼痛，可使大脑皮质从兴奋转入抑制期。

3. 大量失血

子宫破裂、子宫颈撕裂、子宫脱出、剖腹产手术等引起大量失血时，可使循环中血量减少，心输出量不足，动脉血压下降，周围循环衰竭，最终导致全身组织器官出现一系列缺氧、缺血等出血性休克的病理变化。

4. 过敏反应

由于胎膜的毛细血管破裂，而使胎儿血液经由绒毛间隙进入母体循环，使母体发生一定的过敏反应，因而也是胎儿产出期中引起休克的一个原因。有时胎膜破裂后，由于羊水进入母体循环也可引起过敏性休克。

**(三)识别症状**

休克初期，动物通常呈兴奋状态，表现为不安，呼吸快而深，脉搏快而有力，黏膜发绀，皮温降低，无意识地排尿排粪等。这种过程很短，仅有几分钟，长者也不超过 1h，因而往往被人们所忽视。继兴奋之后，动物出现沉郁，食欲废绝，痛觉、视觉、听觉等反射消失或反应微弱，心跳微弱，呼吸浅表而不规则，此时黏膜苍白，瞳孔散大，四肢厥冷，血压下降，体温降低，全身或局部颤抖，出汗，如不及时抢救可引起死亡。

## 二、任务实施

**(一)诊断**

休克的诊断并不困难，主要是根据临床症状，及时做出正确诊断。

**(二)治疗**

其治疗效果主要取决于早期诊断和早期治疗。发生休克后应立即抢救。抢救时，可采用如下方法。

1. 消除病因

主要根据发生休克的不同原因，给以相应的处理。如果休克是由于子宫破裂、产道撕裂等损伤所引起，必须先止血，以防止失血过多，终止及矫正休克的继续发展。如果休克是由强烈疼痛刺激所引起，应立即除去不良刺激。

2. 补充血容量

对失血引起的休克应根据情况及早采用输血、补液及解除微血管痉挛的药物，同时还可应用抗坏血酸及钙制剂等各种综合措施，或者针刺分水、耳尖及尾尖等穴位，也可输右旋糖酐葡萄糖盐水。

3. 防止腹压过低

当胎水流失，胎儿胸腹部已露出体外时，应缓慢拉出胎儿，防止迅速拉出胎儿时腹压急剧降低。

4. 改善心功能

可用提高心肌收缩力量的药物，如异丙肾上腺素或多巴胺、洋地黄、皮质醇等。

5.调节代谢障碍

休克发展到一定阶段时，应注意纠正酸中毒。轻度的酸中毒可给予生理盐水，中度可用碱性药物。

**（三）预防**

要认真观察分娩动物的临床表现，对发生难产的动物，要做好体温、心率、呼吸指标的监控，并随助产准备，进行正确的助产，如果有出现休克的迹象，要及早采取以上的治疗措施，防止动物出现死亡。

## 子任务二 子宫破裂

### 一、相关知识

**（一）了解概况**

子宫破裂是分娩过程中发生的一种极其严重的并发症，如不及时诊断和处理，可引起大量失血，导致母畜的休克和死亡。

**（二）认知病因**

子宫破裂虽然可自发性地发生，但常因难产时助产的操作粗暴、使用助产器械不慎、子宫壁水肿变脆、截肢后骨骼断端未保护好所致。有时也可见到自然分娩时引起破裂，这可能和子宫壁的疤痕组织、子宫强烈收缩有关，也可能与子宫捻转、子宫颈扩张不全或双胎位于同一子宫角中，或胎水过多、胎儿体积过大而使子宫壁过度扩张有关。另外，自发性子宫破裂也与难产时的胎儿异常有关，如坐生引起子宫破裂者较多。

**（三）识别症状**

在助产过程中，除非进行截胎和脐带断裂，一般是不会出血的。如果发现助产器械或手臂红染，或者有血水流出，则可能为子宫或产道损伤、破裂。

子宫破裂如果发生于胎儿排出之前，即可看到母畜突然变得安静，并且努责停止，接着出现子宫无力。破口很大时，胎儿可能坠入腹腔。有时母体的内脏可突入于子宫而突出于阴门之外，这种情况有时易与胎儿的裂腹畸形相混淆。依子宫破口大小的不同，母畜可出现不同的症状，有时破口小，未被发现即可自愈；有时破口大，胎儿可坠入腹腔。子宫破裂后，母畜因大出血可使全身状态恶化，出现震颤、出汗、心跳呼吸加快以及贫血性休克等现象。

### 二、任务实施

**（一）诊断**

通过认真临床检查临产动物的分娩表现，如发现表现异常，如阴道出血、努责停止、震颤、出汗、心跳呼吸加快以及贫血性休克等现象时，可考虑本病，结合直肠检查、腹腔穿刺等可确诊。

**（二）治疗**

分娩期中发生子宫破裂时，首先应将胎儿及胎衣取出。如果子宫裂口不大且无感染，破口位于子宫的背部，可重复用抗生素及催产素，并在子宫中放入广谱抗生素，也可在腹腔中注入抗生素。如果破口较大，可经阴道用连续褥式缝合子宫。此种缝合相当费力，须耐心细致，也可根据破口的位置选择手术部位以缝合子宫，或者将子宫及阴道拉出后在体外缝合。手术过程中除了清除子宫局部，子宫投入抗生素胶囊、腹腔用灭菌生理盐水清洗，并注入大量含有抗生素的葡萄糖生理盐水外，同时还须结合病情给以全身治疗。只要施术及时，手术治疗方法细致，治愈率还是较高的。

出血较多时，可注射止血剂，并进行输血或输液。

**（三）预防**

子宫自然破裂者很少，多为损伤破裂，而且破裂后预后不佳，因此对该病应着眼于预防。防止子宫破裂的关键除了要有熟练的助产技术外，还要求操作细致，严格遵守助产的基本要求和方法，绝不能粗枝大叶、蛮干，在手术时间长、术者疲劳时尤应注意这一点。

## 技能训练十八　产科常用器械认知

**【目的要求】**

认识常用产科器械，并学会使用常用的各种助产器械，了解其主要用途及使用方法。

**【材料准备】**

手术助产的各种器械。陈列 1～2 套，以便学生分组观察。

**【方法步骤】**

要求学生识别以下产科器械。

**一、绳导(导绳器)**

在使用产科绳套住胎儿有困难时，可用金属制的绳导，将产科绳或线锯条带入产道，套住胎儿的某一部分。常用的有以下两种绳导：一为环状绳导，是用直径 1 cm 的粗铁条制成的长铁环，环长 14～16 cm(羊的长 10 cm)，宽 4 cm，中部稍弯曲。一为长柄绳导，长 18 cm，其两端各有一小环(图Ⅲ-2-23、图Ⅲ-2-24)。

**图Ⅲ-2-23　环状绳导**

**图Ⅲ-2-24　长柄绳导**

**二、拉出胎儿的器械**

**(一)产科绳**

它是矫正和拉出胎儿最必需的工具之一，一般是由棉线或合成纤维加工制成，质地要求柔软结实，不宜用麻绳或棕绳，以防损伤产道。产科绳的粗细以 $\phi$ 0.5～0.8 cm 为宜，长 2.5～3.0 m，绳的两端有耳扣，借助耳扣做成绳圈，以便捆缚胎儿，也可以用活结代替。使用时术者将绳扣套在中指与无名指间，慢慢带入产道，然后用拇、中、食指握住欲捆缚部位，将绳套移至被套部位拉紧，切勿将胎膜套上，以免拉出胎儿时损伤子宫或子叶(图Ⅲ-2-25)。

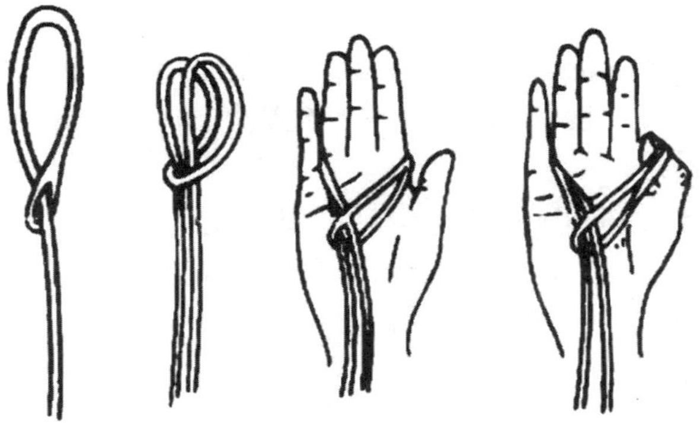

图Ⅲ-2-25　产科绳及使用方法

**(二)产科钩**

在用手或产科绳拉出胎儿有困难时,可配合使用产科钩。产科钩有单钩与复钩两种,而单钩又分为锐钩与钝钩。单钩用于钩住眼眶、下颌、耳及皮肤、腱等。复钩用于钩住眼眶、颈部、脊柱等部位。使用时术者应用手保护好,勿损伤子宫及产道。产科钩多用于死胎;钝钩一般不至于损伤子宫及胎儿,所以钝钩必要时也可用于活胎儿,但锐钩严禁用于活胎儿(图Ⅲ-2-26)。

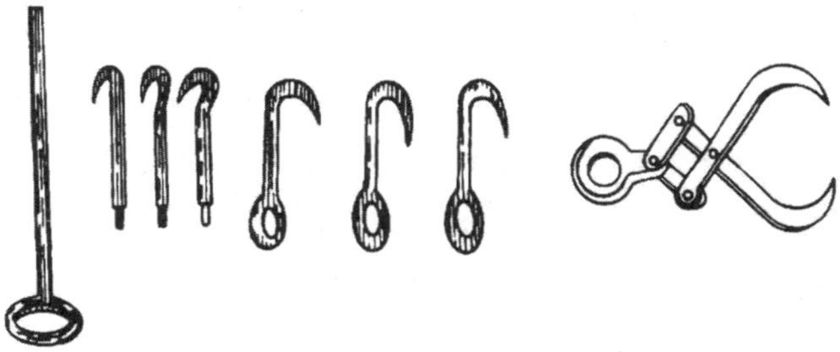

图Ⅲ-2-26　产科钩

**(三)产科钳**

分为有齿钳和无齿钳两种,有齿产科钳多用于大家畜,钳住皮肤或其他部位,以便拉出胎儿。无齿产科钳常用于固定仔猪、羔羊头部,以拉出胎儿(图Ⅲ-2-27)。

图Ⅲ-2-27　产科钳

**三、推胎儿的器械**

常用的是产科梃,直径 1～1.5 cm,长 1 m 的圆形铁杆,其前端分叉,呈半环形两叉,另端为一环形把柄。

使用产科梃以前,须先将其露出在外面的部分洗净,以免推回后污染阴道或子宫。然后用绳子把露在阴门外面的前置部拴住。

术者用拇指及小指握住叉头把梃带入子宫，放在一定的部位上（正生时是将梃叉横顶在胎儿胸前或竖顶在颈基和一侧肩端之间。倒生时是将梃叉横顶在尾根和坐骨弓之间），然后指示助手向一定方向推动。推动时应趁母畜不努责时进行，同时术者须用手固定住梃叉头部，以免滑脱，损伤子宫。

另外还有常用于胎儿姿势或方向的器械——推拉梃。

推拉梃：柄长约 80 cm；梃叉的宽度及深度与大家畜胎儿的腕部相同，宽约 7 cm；深约 3 cm。两梃叉的顶端均有一小孔，用来拴绳子。使用时先将产科绳的一端拴在一侧梃叉的孔上，再在绳的自由端上拴上绳导，然后带入子宫，绕过需要推或拉的部位后，从阴道内取出来，解除绳导，再将绳的自由端穿过另一侧梃的小孔。然后将梃叉带入子宫，借助手的推动伸至需要推或拉的部位。最后抽紧绳端，即可把胎儿固定进行矫正。推拉梃是用于推动和拉出胎儿。是用推拉梃的优点是可以使术者腾出手来矫正反常部位，因为梃叉已固定牢靠，不会滑脱（图Ⅲ-2-28）。

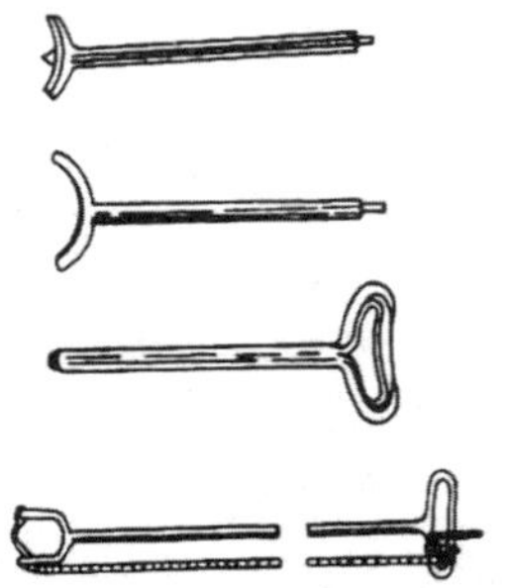

图Ⅲ-2-28　产科梃

**四、截胎器械**

截胎器械种类很多，其用途有切、锯、凿、分离、扯裂和绞断等。这些器械都是锐利的，使用时需注意不使产道受到损害。现今介绍以下常用的器械。

1. 隐刃刀

它是刀刃出入于刀鞘的小刀，使用时将刀刃推出，不用时又可将刀刃退回刀鞘内，此种刀使用方便，不易损伤产道及术者，刀形各异，有直形、弯形或弓 形等形状，刀柄后端有一小孔，用于穿入绳子系在术者手腕上，或由助手牵拉住，以免滑脱而掉入产道或子宫内。隐刃刀多用于切割胎儿皮肤、关节及摘除胎儿内脏（图Ⅲ-2-29）。

2. 指刀

它是一种小的短弯刀，分为有柄和无柄两种，刀背上有 1～2 个金属环，可以套在食指或中指上操作，当带入产道或拿出时，可用食指、中指和无名指保护刀刃，其用途和用法同隐刃刀。由于指刀小而且刀刃呈不同程度的弯形或钩形，使用起来比较安全可靠（图Ⅲ-2-30）。

3. 产科刀

它是一种短刀，有直形的，也有钩状的。因刀身小，用食指紧贴，可自由带入拿出，刀柄也有小孔，可以系绳固定，用途同隐刃刀和指刀（图Ⅲ-2-31）。

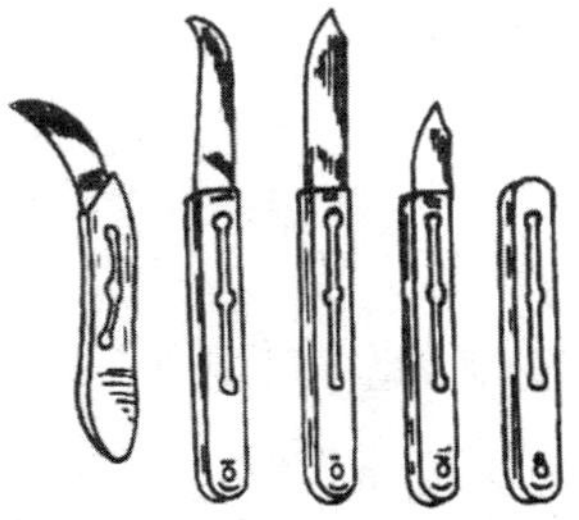

图Ⅲ-2-29　隐刃刀

图Ⅲ-2-30　指刀

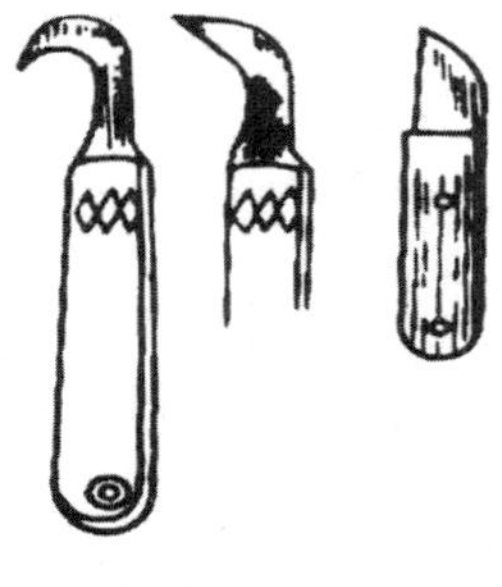

图Ⅲ-2-31　产科刀

4. 产科凿（铲）

它是一种长柄凿（铲），凿刃形状有直形的、弧形的和 V 字形的，主要用于铲断或凿断骨韶、关节及韧带。使用时术者用手保护送入预截断的位置上，指示助手敲击或推动凿柄，术者随时控制凿刃部分，有时也经皮肤切口伸入皮下，用于分离皮下组织（Ⅲ-2-32）。

## 五、产科线锯

通常用的产科线锯，是由两个固定在一起的金属管和一根线锯条构成（锯条由一条或数条有棱的钢丝扭成），此外还有一条前端带一小孔的通条。用时事先将锯条穿入管内，然后带入子宫，将锯条的圈套套在要截断的部位，再将金属管固定于该部，最后由助手拉动锯条，即可据断所要截断的部分。在据皮肤及活动性大的部分时，需用钩子将局部拉紧，才能易于锯断。此外也可借绳导，将锯条小心地带入产道或子宫，绕在预定截断的部位上，再慢慢拉出产道外，除掉导绳器，将锯条两端借通条穿入两线据管内。然后将据管两前端伸至欲截除的部位，由助产者固定，助手在锯条两端上加上锯柄后，即可握住柄由慢到快进锯切割（图Ⅲ-2-33）。

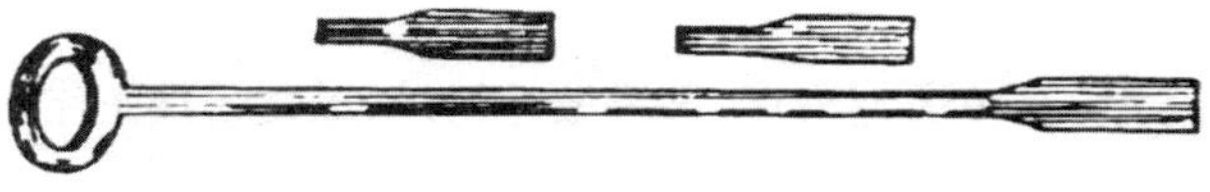

**图Ⅲ-2-32　产科凿**

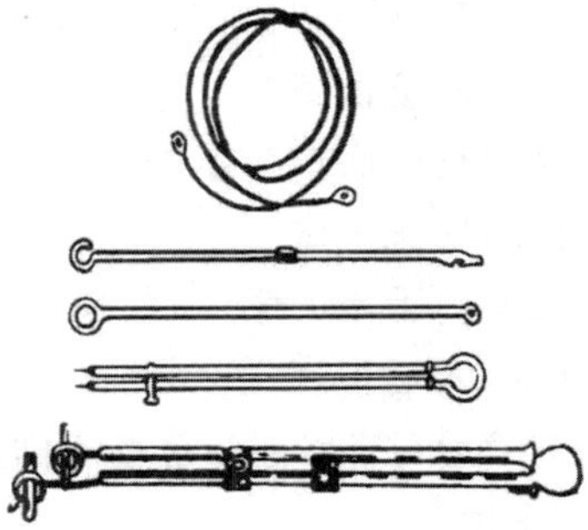

**图Ⅲ-2-33　产科线锯**

## 六、胎儿绞断器

它是目前较常用且效果好的大动物截胎器具。绞断器是由绞盘、钢管、抬杆、大摇把和钢绞绳所组成。

使用方法与线锯基本相同。将钢绞绳绕住或套住需要绞断的部位以后，再将钢管送入子宫，紧贴绞断的部位上加以固定。有两名助手抬起绞盘，另一助手先用小摇把绞紧绞绳，随着绞绳紧缩，所需用的力量也逐渐加大，此时可换用大摇把，最后所需的力量突然剧减，表明组织已全部绞断（图Ⅲ-2-34）。

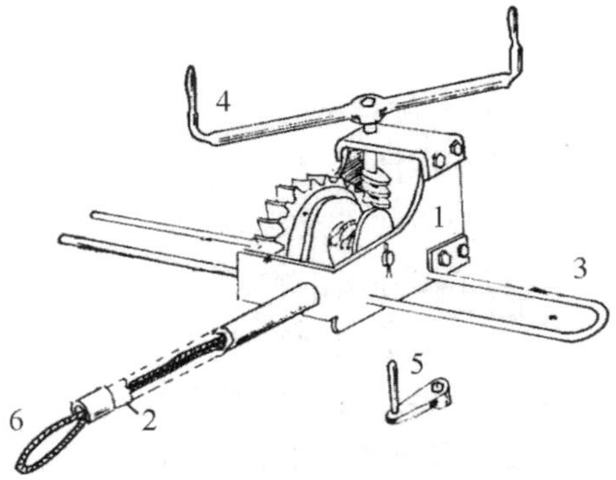


**图Ⅲ-2-34　胎儿绞断器**

1. 绞盘　2. 绞绳固定器　3. 抬杆
4. 大摇把　5. 小摇柄　6. 钢绞绳

【作业】

试列出一手术助产常用的器械表，注明各种器械的规格、用途等内容。

# 技能训练十九　动物剖腹产术

【目的要求】

(1)了解剖腹产术的临床适应症。

(2)熟悉动物剖腹产术的术前准备工作。

(3)掌握动物剖腹产术的操作方法。

【诊疗准备】

(1)即将分娩的犬或临床难产病例。

(2)器械及药品同开腹术。

(3)药品准备。青霉素、链霉素、止血敏注射液、普鲁卡因注射液、846 注射液、10%葡萄糖注射液、复方氯化钠注射液、缩宫素等。

【方法步骤】

**(一)教师讲解示范**

先由教师讲解操作过程及注意事项,而后学生分组,在教师指导下进行手术操作。

**(二)动物准备**

对进行剖腹产手术的动物进行各项临床检查、刮毛,必要时进行术前输液,以提高体质。

**(三)实施手术**

对参与手术的学生进行职责分工,在教师的指导下进行手术。

**(四)术后护理**

**对术后母畜和成活仔畜安排好学生进行认真护理与治疗,每天做好记录,以便后续总结。**

【注意事项】

(1)对手术动物做好术前、术中、术后的及时检查与护理。

(2)手术前后必须清点器械数目,以免术后遗留于腹腔或子宫内,造成不良后果。

(3)对剖腹产出的仔犬要认真护理,及时哺喂初乳,提高成活率。

【作业】

**(一)病例讨论**

(1)难产的原因与预防。

(2)剖腹产手术适应症。

(3)不同动物剖腹产手术的操作方法及注意事项。

(4)如何护理剖腹产出的仔犬。

(5)新生仔犬的护理技术。

**(二)写出实习报告**

写出一份实训报告,阐述剖腹产手术过程。

## 能力拓展

下述技能项目可以根据各院校的实习条件来完成,可以在学校的动物医院进行,亦可以在实训室进行或在校外实习实训基地进行。以学生为主体,教师对学生的诊断和治疗过程进行必要的指导，并且对治疗方案和治疗效果进行评价，旨在进一步提高学生对动物分娩期疾病的临床诊疗技能。

(1)识别常用产科器械。

(2)人工助产拉出胎儿的方法。

(3)胎儿异常引起的难产救助方法。

(4)奶牛、羊、猪、猫等不同动物剖腹产术的操作与方法。

要求：讨论治疗思路、写出治疗处方、实施治疗措施并护理好发病动物，同时还要做好病例总结。

## 复习思考题

1. 难产的原因是什么，如何检查？
2. 如何诊断常见难产？
3. 如何防治难产？
4. 难产助产的基本原则和助产基本方法是什么？
5. 牵引术适用于哪些情况的难产？
6. 如何进行助产动物常见难产？
7. 识别与练习使用产科器械。
8. 试拟订奶牛剖腹产的手术计划。

Project 3

# 产后期疾病防治

**知识目标**

- 了解动物产后期各种常见疾病的发生及危害。
- 掌握产道损伤、胎衣不下、子宫疾病、产后感染、生产瘫痪等疾病发生原因、临床症状、治疗方法及预防措施。

**技能目标**

- 通过学习，学生应掌握并具备正确诊断和治疗动物产道及子宫损伤、胎衣不下、子宫内翻及脱出、子宫复旧不全、产后感染、生产瘫痪等常见产后期疾病能力；并能够进行徒手剥离胎衣、整复脱出子宫能力。

# 任务一　产道及子宫损伤

动物由于受妊娠、分娩、助产、泌乳等应激影响，常常导致产后机体生理过程扰乱，引发各种产后期疾病，如子宫乏力、产道损伤、延缓子宫复旧，并导致胎衣不下、产后子宫感染和子宫炎等疾病。这些疾病若不能及时治疗，往往使家畜以后的生育能力降低或者丧失，甚至引起死亡。产道及子宫损伤常发生于分娩之时，但一般都列入产后疾病之内。临床常见的有阴门及阴道损伤、子宫颈损伤、子宫破裂及穿孔。原因在于，母畜临产之前，虽然软产道组织发生一系列变化，使它在分娩时能够适应胎儿的通过，但由于胎儿通过时使软产道剧烈扩张或受到压迫、摩擦，因而很多母畜尤其是头胎母畜的软产道或多或少会受到损伤；或者在助产时由于助产动作粗鲁和子宫强烈收缩，而引发产道及子宫损伤。轻微损伤一般不至于造成严重后果，但如不及时治疗，可能引起并发症，易伴发坏死性或化脓性阴道炎，导致母畜不孕，甚至死亡。

## 子任务一　阴道及阴门损伤

### 一、相关知识

#### （一）了解概况

家畜分娩和难产时，常可引发产道的损伤。尤其以阴门和阴道损伤更为常见，如果不及时处理，容易被细菌感染。

#### （二）认知病因

初产母畜分娩时，由于阴门未充分松软，张开不够大，或者胎儿通过及助产时助产人员未采取保护措施，容易发生撕裂伤。胎儿过大，强行拉出胎儿时，也能造成阴门损伤。

阴道及阴门损伤，多在难产过程中发生。在胎儿过大，胎位、胎势不正且产道干燥时未能完全矫正并灌入润滑剂即强行拉出胎儿；初产母畜阴道壁脂肪蓄积过多，分娩时胎儿通过困难；使用产科器械助产时不慎滑脱；截胎之后未将胎儿尖锐的骨端保护好即行拉出等，都能造成阴道及阴门损伤。胎儿的蹄及鼻端姿势异常，抵于阴道壁上，努责强烈时可能穿破阴道，甚至使直肠、肛门及会阴亦发生破裂。

此外，难产助产时手臂、助产器械及绳索等对阴门及阴道反复刺激，很快即造成水肿，并使黏膜发生创伤，微生物侵入后引起发炎。

为促使胎衣排出而在露出的部分拴以重物，成为索状的胎衣也能勒伤阴道底壁。使用开膣器操作不当，可能夹破阴道黏膜。

除以上分娩时造成的损伤外，有时个体大的公畜与瘦小的小型母畜本交时，能发生阴道壁穿透创。

#### （三）识别症状

阴道及阴门受损伤的病畜，表现疼痛，往往尾根举起、摇尾、骚动不安、拱背及努责。

阴门损伤，主要为撕裂创，可见撕裂的创口出血，创口周围组织肿胀。若在夏季，创口内容易生蛆。手术助产时间过长及刺激严重时，可使阴门及阴道发生剧烈肿胀，阴门黏膜外翻，阴道腔变狭小，有时阴门黏膜下发生血肿。阴门血肿可在几周内由于液体的吸收而自愈。少数情况，可能发生细菌感染、化脓，炎症治愈后可能出现组织纤维化，导致阴门扭曲，出现吸气现象。

阴道创伤，有时血水及血凝块从阴道内流出，阴道检查可见黏膜充血、肿胀。损伤部位黏膜上有新鲜创口。如为陈旧的溃疡，溃疡面上常附着污黄色坏死组织及脓性分泌物。阴道壁发生穿透创时，其症状随破口位置不同而异。阴道壁后部被穿破时，阴道壁周围的脂肪组织或膀胱可能经破口突入阴道腔内或阴门外；陈旧性的创伤可以发生阴道周围蜂窝织炎或脓肿。阴道壁与直肠末端或肛门同时破裂，则可见粪便从阴道排出。阴道前端被穿破时，病畜很快就出现腹膜炎症状，如不及时治疗，马、驴常迅速死亡，牛、小动物也预后可疑；如破口发生在阴道前端下壁上，肠管及网膜还可能突入阴道腔内，甚至脱出阴门之外。

## 二、任务实施

### （一）诊断

根据家畜出现的临床症状即可做出初步诊断。由于马的尿道口较宽，分娩努责强烈时可发生膀胱外翻。膀胱脱出时，随尿液量的增加而增大，此时应和阴道脱出、阴道囊肿或肿瘤以及阴门血肿和阴道周围脂肪脱出加以区别。阴道穿破时，很快出现腹膜炎症状，腹壁变硬，触之敏感，腹下穿刺诊断时流出血水样腹水。

### （二）治疗

应尽早进行治疗。如胎儿及胎衣未排出，必须先将胎儿及胎衣取出。

阴门及会阴部的损伤，按一般外科方法处理。新鲜撕裂创口可用组织黏合剂将创缘黏接起来，或按褥式缝合法进行缝合。在缝合前应清除坏死及损伤严重的组织和脂肪。若不进行缝合，不但延长愈合时间，极易造成感染，而且即使愈合后，形成的瘢痕也将妨碍阴门的正常功能，结果由于空气的进入而易造成阴道炎和子宫内膜炎。

阴道黏膜肿胀并有创伤者，可在阴道内注入乳剂消炎药；在阴门两侧注射抗生素，也常有良效。若创口生蛆，可滴入2%敌百虫将它们杀死取出，再按外伤处理。如阴门血肿较大时，可在产后3～4 d切开血肿，清除血凝块；形成脓肿，应切开脓肿并引流。发生蜂窝织炎时则待脓肿形成后，切开排脓并按外伤处理。

对阴道壁发生穿透创的病例，应迅速将突入阴道内的肠管、网膜或脂肪组织用消毒溶液冲净，涂以抗菌药液，推回原位，立即缝合创口。膀胱脱出时，应将膀胱表面洗净，用皮下注射针头穿刺膀胱，排出尿液，撒上抗生素粉后，轻推复位再缝合。缝合方法是，术者左手在阴道内固定创口，并尽可能向外拉。右手拿长柄持针器夹持穿有长线的缝针带入阴门内，仔细小心将缝针穿过创口两侧；抽出缝针后，在阴门外打结，同时左手在伸入阴道，将缝线抽紧，使创口边缘贴紧。创口大时，需作几道结节缝合。缝合前不要冲洗阴道，以防药液流入腹腔。缝合后按外科方法处理外，并要连续肌肉注射大剂量抗生素4～5 d，防止家畜发生腹膜炎死亡。

对直肠末端的穿透创，应在全身麻醉或硬膜外麻醉下迅速缝合。为此，可将穿有长线的缝针带入直肠内进行缝合(缝合的方法同阴道壁穿透创),或试将创口边缘拉出肛门外缝合。

为预防感染,可肌肉注射青霉素、链霉素,或静脉注射庆大霉素,氨苄类药物。

为预防从阴道伤口感染破伤风,可肌肉注射抗破伤风血清 5 000～10 000 IU。

### (三)预防

(1)加强饲养管理和繁殖管理。防止胎儿过大、过肥或早配,避免难产的发生。

(2)正确助产。对难产动物助产时要方法得当、助产及时、使用器械规范,避免助产不当造成阴道损伤。

## 子任务二 子宫颈损伤

## 一、相关知识

### (一)了解概况

子宫颈损伤,多发生于分娩二期,主要是撕裂创。牛、羊(有时包括马、驴)初次分娩时,子宫颈黏膜轻度损伤是常见的,但均能自然愈合;如裂口较深,则称为子宫颈撕裂。

### (二)认知病因

在子宫颈开张不全时强行拉出胎儿;或者胎儿过大、胎位及胎势不正、未经充分矫正即拉出胎儿;截胎时,胎儿的骨骼断端未充分保护;或强烈努责排出胎儿过速,均能使子宫颈发生裂伤。此外,人工输精及冲洗子宫时动作粗鲁,也能损伤子宫颈。

### (三)识别症状

家畜有疼痛表现,阴道检查可发现裂伤的部位、大小及出血情况,如产后阴道流出少量鲜血;如子宫颈肌层发生严重撕裂创,可引起大出血,甚至危及生命;子宫颈环状肌发生严重撕裂时,会使子宫颈管封闭不全,创伤周围组织发炎肿胀,创口有黏液性分泌物。

## 二、任务实施

### (一)诊断

家畜出现摇尾、骚动不安、拱背等临床症状,并有鲜血从阴道流出时应怀疑子宫颈损伤。借助开膣器进行阴道检查时黏膜充血、肿胀或可见创口。如感染后体温升高,3 d 左右流出脓性分泌物。配合子宫颈部触诊,可感知子宫颈损伤的部位、大小及出血情况。

### (二)治疗

对于子宫颈裂伤,可用宫颈钳将其拉出阴门,进行缝合治疗。如拉出困难且伤口出血不止,可将浸有防腐消毒液或涂有乳剂消炎药的大块纱布塞在子宫颈管内,压迫止血。纱布块必须用细绳拴好,并将绳的一端拴在尾根上,便于以后取出,或者在它松脱排出时易于发现。

结合肌肉注射止血剂(牛、马 20%止血敏注射液 10～25 mL,安特诺新 25～60 mg,或催产素 50～100 IU),静脉注射含有 10 mL 甲醛的生理盐水 500 mL,或 10%的葡萄糖酸钙注射液 500 mL、止血后创面涂 2%龙胆紫、碘甘油或抗生素油膏。

### (三)预防

同子任务一 阴道及阴门损伤。

# 任务二 胎衣不下

## 一、相关知识

### (一)了解概况

母畜分娩后胎衣在正常时限内不排出,叫胎衣不下或胎衣滞留,分为部分胎衣不下及全部胎衣不下两种。各种家畜产后排出胎衣的正常时限马为 1～1.5 h,猪为 1 h,羊为 4 h,牛为 12 h,犬、猫为 2～6 h,如果超过以上时限,则胎衣不下。

### (二)认知病因

引起胎衣不下的原因很多,主要与产后子宫收缩无力、胎盘充血和水肿、妊娠期间胎盘发生炎症及胎盘结构有关。

1.产后子宫收缩无力

怀孕期间,饲料单纯、缺乏矿物质及微量元素和维生素,特别是缺乏钙盐、硒与维生素 A 和维生素 E,孕畜消瘦、过肥、老龄和运动不足和干奶期过短等,都可使子宫收缩迟缓;胎儿过多、单胎家畜怀双胎、胎水过多及胎儿过大,使子宫过度扩张,导致子宫复旧不全,可继发产后子宫阵缩微弱而发生胎衣滞留;流产、早产、难产、生产瘫痪、子宫捻转时,产出或取出胎儿以后子宫收缩力往往很弱,也可导致胎衣不下。

2.胎盘未成熟或老化

胎盘的完全成熟和分离对胎衣的排出极为重要。一般来说,妊娠期胎盘已出现一些明显的变化,为其排出做好准备。如果多种原因干扰了胎盘的分离过程,就会导致胎衣不下,其中胎盘的不成熟是最重要的原因。胎盘老化也能导致胎衣不下。胎盘老化后,内分泌功能减弱,使胎盘分离过程复杂。

3.胎盘炎症

妊娠期间子宫受到感染,从而发生轻度子宫内膜炎及胎盘炎、导致结缔组织增生,使胎儿胎盘和母体发生粘连,流产后或产后易于发生胎衣不下。

4.胎盘充血和水肿

在分娩过程中,子宫异常强烈的收缩或脐带血管关闭太快会引起胎盘充血。由于脐带血管内充血,胎儿胎盘毛细血管的表面积增加,绒毛钳闭在腺窝内。充血还会使腺体和绒毛发生水肿,不利于绒毛中的血液排出。水肿可延伸到绒毛末端,结果腺窝内压力不能下降,胎盘组织之间持续紧密相连,不易分离。

5.胎盘组织构造

牛、羊胎盘属于上皮绒毛膜与结缔组织绒毛膜混合型,胎儿胎盘与母体胎盘联系比较紧密,这是胎衣不下发生较多的原因;胎盘突少而大时,尤其如此。马、猪为上皮绒毛膜胎盘,故发生较少。马发生此病时,主要是在子宫体绒毛较为发达的区域发生粘连。

6.其他因素

高温季节,可使怀孕期缩短,增加胎衣不下的发病率。产后子宫颈收缩过早,妨碍胎衣排出，也可以引起胎衣不下。乳牛的胎衣不下还可能与遗传有关。此外，饲料质和量的不足，也是造成胎衣不下的诱因。

### （三）识别症状

胎衣不下分为胎衣部分不下及胎衣全部不下两种。

1.胎衣全部不下

即整个胎衣未排出来，胎儿胎盘的大部分仍与母体胎盘连接，仅见一部分已分离的胎衣悬吊于阴门之外。牛、羊胎衣脱露出的部分主要为尿膜绒毛膜，呈土红色，表面上有许多大小不等的子叶。马胎衣脱出的部分主要是尿膜羊膜，呈灰白色，表面光滑；有时可见一部分尿膜绒毛膜悬吊于阴门之外，颜色亦为土红色，表面似绒状。严重子宫迟缓的病例，胎衣则可能全部都滞留在子宫内；有时悬吊于阴门外的胎衣可能断离；在这些情况下，只有进行阴道或子宫触诊，才能发现子宫内还有胎衣。

2.胎衣部分不下

即胎衣大部分已经排出，只有一少部分或个别胎儿胎盘残留在子宫内，从外部不易发现。在牛，诊断的主要根据是恶露排出的时间延长，有臭味，其中含有腐烂的胎衣碎片。在马必须检查过排出的胎膜是否完整，亦即检查尿膜绒毛膜上除胎儿排出的破口外，是否还有裂口，才能确定。将脱落不久的胎衣摊开在地面上，仔细观察胎衣的破裂处的边缘及其血管残留以及子叶有无缺失。如果将其边缘对在一起，能够吻合，血管断端亦能连接，说明裂口仅为一裂缝，边缘上的组织完整无缺；否则表示有小部分绒毛膜或尿膜绒毛膜上留在子宫内未排出来。未排出的部分常在空角的尖端上。马发生胎衣不下时，恶露排出的时间也延长。

①牛胎衣不下。牛发生胎衣不下时，由于胎衣的刺激作用病畜常常表现弓背努责；如果努责剧烈，可能发生子宫脱出。胎衣在产后经过 1～2 d，滞留的胎衣就腐败分解，夏天腐败更快；在此过程中，胎儿胎盘的子叶腐败液化，因而胎儿绒毛会逐渐地从母体腺窝中脱离出来。由于子宫腔存在有胎衣，子宫颈不会完全关闭，从阴道内排出的污红色恶臭液体，病畜卧下时排出的多。液体内含腐败的胎衣碎片，特别是胎衣的血管不易腐烂，很容易观察到。向外排出胎衣的过程一般为 7～10 d，长者可达 12 d。由于感染和腐败胎衣的刺激，病畜常会发生急性子宫内膜炎。腐败分解产物被吸收后，出现全身症状：病畜精神不振，体温稍高，脉搏、呼吸加快，拱背、常常努责，食欲及反刍略微减少；胃肠机能扰乱，有时发生腹泻、瘤胃迟缓、积食及膨气，产奶量下降。但一般来说，牛及绵羊的症状较轻。山羊的全身症状也较明显。

②猪胎衣不下。常见于难产母猪，多为部分不下。猪表现不安，体温升高，食欲降低，泌乳减少，喜喝水。阴门内流出红褐色液体，内含胎衣碎片。哺乳时常突然起立跑开，这可能和乳汁少，仔猪吮乳引起的疼痛有关。为了诊断胎衣是否完全排出，产后可检查排出的胎衣上的脐带断端的数目是否与胎儿的数目相符。

③犬胎衣不下。在正常情况下，胎儿分娩后只排出少量绿色分泌物（为胎盘中红细胞降解成子宫绿素，当胎膜脱离时，从产道排出），分娩后数小时内即停止排出。若分娩后有多量分泌物排出，并且由绿色变为黑色分泌物达 6 h 以上，即为胎衣不下。胎衣不下的犬、猫，病初有剧烈的努责现象，但并未见胎衣排出，腹部触诊时感知子宫呈节段性肿胀。若滞留在子宫内的胎衣在 12～24 h 内完全排出来，犬、猫多半不会发生腐败，全身症状不明显。若胎衣不下超过 1 d 则发生腐败，微生物和毒素很快进入机体内，在第 2 天即表现明显的全身症状，

如体温升高，食欲废绝，呼吸和心跳增数，产道内留出难闻的分泌物。

牛的胎衣不下，一般预后良好，多数牛经过 1 个月左右，胎衣腐败分解，自行排尽，这和牛子宫的生理防卫能力较强有关；然而常常引起子宫内膜炎、子宫积脓等，影响以后怀孕，成为乳牛业的严重问题。故对牛的胎衣不下，应当引起高度重视。

山羊可能续发脓性子宫内膜炎及败血症。绵羊及猪的胎衣不下，一般预后良好；但对猪要注意治疗，否则因为泌乳不足，小猪的发育会受到影响；而且也可引起子宫内膜炎，使以后不易受孕。犬、猫若不及时进行治疗，往往并发败血症后很快(3～5 d 内)死亡。

病畜精神不振，体温稍高，脉搏、呼吸加快，拱背、常常努责，从阴道内排出的污红色恶臭液体，病畜卧下时排出的多，液体内含腐败的胎衣碎片，常继发急性子宫内膜炎。

## 二、任务实施

### (一)诊断

牛、羊可见胎衣脱露，主要为尿膜绒毛膜，呈土红色，表面上有许多大小不等的子叶。马胎衣脱出的部分主要是尿膜羊膜，呈灰白色，表面光滑；有时可见一部分尿膜绒毛膜悬吊于阴门之外，颜色亦为土红色，表面似绒状。严重子宫迟缓的病例，胎衣则可能全部都滞留在子宫内；有时悬吊于阴门外的胎衣可能断离；在这些情况下，只有进行阴道或子宫触诊，才能发现子宫内还有胎衣。

### (二)治疗

胎衣不下的治疗原则，尽早采取治疗措施，促进子宫收缩，防止胎衣腐败吸收；局部和全身抗菌消炎；大动物在条件适合时可以用手剥离胎衣。对于露出阴门外的胎衣，既不能拴上重物扯拉，又不能从阴门处剪断，以避免勒伤阴道底壁上的黏膜，引起子宫内翻及脱出，或使遗留的胎衣断端缩回子宫内。如果悬吊在阴门外的胎衣较重，可在距阴门约 30 cm 处将胎衣剪断。胎衣不下的治疗方法很多，概括起来可以分为药物疗法和手术疗法两大类。

1. *药物疗法*

在确诊胎衣不下之后要尽早进行药物治疗。

(1)全身应用抗生素，防止感染。在胎衣不下的早期阶段，常常采用肌肉注射抗生素的方法；当机体体温升高、产道创伤或坏死情况时，还应根据临床症状的轻重缓急，增大药量，或改为静脉注射，并配合应用支持疗法。特别是对小动物，全身用药是治疗胎衣不下必不可少的。

(2)子宫腔内投药。向子宫腔内投放四环素族、土霉素、磺胺类或其他抗生素，防止滞留在子宫腔内的胎衣腐败、延缓溶解的作用，等待胎衣自行排出。药物应投放到子宫黏膜和胎衣之间。对于大家畜，每次投药 1～2 g；对于小家畜，可向子宫内灌注 30 mL 抗生素药液。每次投药之前要轻拉胎衣，检查胎衣是否已经脱落，并将子宫内聚集的液体排出。隔日投药一次，共用 1～3 次。

作为辅助疗法，可向子宫内投放一些其他药物，如胰蛋白酶可加速胎衣溶解过程；应用天花粉蛋白可以促进胎盘变性和脱落，从而加速胎衣的分离；食盐则能造成高渗环境，减轻胎盘水肿和防止子宫内容物被机体吸收，并刺激子宫收缩。

如果子宫颈口已缩小，可先肌肉注射雌激素，如己烯雌酚，使子宫颈开张，排出腐败物，然后在放入防止感染的药物。雌激素还可以增强子宫收缩，促进子宫血液循环，提高子宫的抵抗力。可每日或隔日注射1次，共2～3次。

(3)促进子宫收缩。使用促进子宫收缩的药物，加快排出子宫内已腐败分解的胎衣碎片和液体，可先肌肉注射己烯雌酚（牛、羊、猪分别注射20 mg、3 mg和10 mg），1 h后肌肉或皮下注射催产素或垂体后叶素，牛50～100 IU，猪、羊5～20 IU，犬5～30 IU，2 h后重复一次。此类制剂应在产后尽早使用，对分娩后超过24 h或难产后继发子宫迟缓者，效果不佳。马应用催产素后常出现腹痛症状，特别是胎衣排出之前腹痛比较剧烈，可用镇静剂进行缓解。

除催产素外，尚可应用麦角新碱，牛1～2 mg，猪0.2～0.4 mg，犬0.1～0.5 mg，皮下注射。据试验，麦角新碱5 mg，后海穴注射，具有良好效果。麦角新碱比催产素的作用时间长。

牛还可静脉注射200～300 mL 10%盐水，可以促使胎儿胎盘缩小，从母体胎盘上脱落，并有刺激子宫收缩和防止胎衣腐败作用，如加入戊酸雌二醇20 mL更有疗效。另外，给牛灌服3 L羊水，也可促进子宫收缩，并于2～6 h后可排出胎衣，否则6 h后可重复使用。供羊水的牛必须是健康的，没有流产病及结核等传染病。

(4)中药疗法。以活血散瘀、清热理气止痛为主。

民间用干萝卜叶200～500 g灌服，喂胡萝卜1 000～1 500 g和菜油250～500 mL，任其自食。治牛胎衣不下有一定效果或用向日葵秆芯0.25 kg熬水1次服。车前子250～500 g，用酒或酒精拌湿车前子，拌匀后点火，边烧边拌，凉后研末，加温水调服（麻仁、车前子各0.5 kg，分别研末，麻仁加水煮后滤去渣，加车前子灌服，治胎衣不下和排出腐败分解的胎儿有较好疗效。单用麻仁或亚麻仁500～750 g，研末煮成糊状灌服也有效果）。车前子加入神圣散（滑石100 g、山甲珠30 g、海金沙80 g、大戟25 g）内服，同时百会穴注入己烯雌酚20 mg，均有较好效果。或用红花30 g、牛膝120 g、当归60 g、肉桂25 g、黄酒250研末服。牛还可用蒲黄100～200 g加10倍井水灌服或荷叶250 g，煎服。山羊胎衣不下可用鲜藕叶500 g煎汁服。成方可用送胞饮、土鳖虫散、生化汤加味。虚弱家畜以补气活血治之，可用补中益气汤加入活血去瘀之品。

①送胞饮（单位:g）：当归尾45、川芎30、山甲珠30、芡实30、没药35、五灵脂40、炒香附子100、白酒100研末服。方歌：送胞归尾芎甲珠，芡没灵脂炒香附。

②土鳖虫散（单位:g）：土鳖虫30、桃仁40、红花30、当归50、益母草200、木鳖子15、血竭30、白酒200、研末服。方歌：土鳖虫散桃红归，益母木鳖竭酒配。

③生化汤加味（单位:g）：炮姜30、当归30、甘草20、川芎30、桃仁30、红花25、黄芪60、党参60、苍术30、益母草150、童便1碗、黄酒500研末服或煎服。

④方歌：产后偏宜生化汤，腹流恶露痛难当，炮姜归草芎桃等，童便还需和酒尝。

⑤活血祛瘀汤（单位:g）：当归60、川芎25、五灵脂10、桃仁20、红花20、枳壳30、乳香15、没药15共为末，开水冲，黄酒200～400 mL为引，灌服。适用于体温升高、努责不安的病畜。

2. 手术疗法

即徒手剥离胎衣。是否采用手术剥离的原则是：容易剥离的则剥，并要剥得干净彻底，不能损伤母体胎盘；不易剥离不要强剥，剥离不干净不如不剥。牛最好到产后72 h进行剥离。马胎衣不下超过24 h应进行剥离。剥离胎衣应做到快（5～20 min剥完）、净（无菌操作，彻底剥净）、轻（动作要轻，不可粗暴），严禁损伤子宫内膜。对患急性子宫内膜炎和体温升高的病畜，不可进行剥离。

(1)术前准备。按产科常规检查，用绷带包缠病畜尾根，拉向一侧系于颈部；术者穿戴长靴及围裙，清洗母畜的外阴及其周围，并按常规消毒。如果操作方便，术者可戴上长臂手套，否则除手臂按常规消毒外，应涂擦0.1%碘酒加以鞣化，然后涂油保护。手上如有伤口，应注意防止受到感染。在手术过程中如动物排粪，须重新洗净母畜外阴，并在此消毒。为了避免胎衣粘在手上妨碍操作，可向子宫内灌入1 000～1 500 mL 10%盐水。如果病畜努责剧烈，可在腰荐间隙注射普鲁卡因。对马要妥善保定，防止蹴踢，伤及术者。

(2)术式。首先将悬吊在阴门外的胎衣理顺，并轻拧几圈握于左手，右手沿着它伸入子宫进行剥离。剥离要按顺序，由近及远螺旋前进，并且先剥完一侧子宫角，在剥另一侧。在剥离胎衣的过程中，左手要把胎衣扯紧，以便顺着它去找尚未剥离的胎盘，在剥离到子宫角尖端时更应这样做。为防止已剥出的胎衣过于沉重把胎衣拽断，可先剪掉一部分。位于子宫角尖端的胎盘最难剥离，一方面是空间过小妨碍操作，在一方面是手的长度不够。这是可轻拉胎衣，使子宫角尖端向后移或内翻以便于剥离。

以牛为例介绍胎盘的剥离方法：在母体胎盘与其蒂交界处，拇指及食指捏住胎儿胎盘的边缘，轻轻将它自母体胎盘上撕开一点，或者用食指尖把它抠开一点，再将食指或拇指伸入胎儿胎盘与母体胎盘之间，逐步把它们分开，剥得越完整效果越好。辨别一个胎盘是否剥过的依据是剥过的胎盘表面粗糙，不和胎膜相连；未剥过的胎盘和胎膜相连，表面光滑。如果以此不能剥完，可在子宫内投放抗菌防腐药物，等1～3 d再剥或留下让其自行脱落。

犬发生胎衣不下时，可伸一手指进入病犬阴道内探查，找到脐带后轻轻向外牵拉，在多数情况下这样就可将胎衣取出。也可以用包有纱布或药棉的镊子在阴道中旋转，将胎衣缠住取出。在小型犬，通过腹壁触诊感觉到子宫内有一个纺锤形的团块，就可做出诊断，此时将病犬前身提起加大腹腔压力，按摩腹壁，也可能促使胎衣排出。无效时，可间隔几小时重复一次。一旦上述尝试均告失败，就须及早进行剖腹术。

胎衣剥离完毕后，用虹吸管将子宫内的腐败液体吸出，并向子宫内投放抗菌防腐药物，每天或隔天一次，持续1～3次。如有子宫炎，应同时治疗。

**(三)预防**

给孕畜饲喂含矿物质和维生素丰富的优质饲料，但同时也要防止孕畜过于肥胖，舍饲奶牛要有一定的运动时间和干奶期。产前1周要减少精料，搞好产房卫生消毒工作。分娩后让母畜舔仔畜身上的羊水，并尽早挤奶或让仔畜吮乳。分娩后特别是在难产后立即注射催产素或钙溶液，避免给产畜饮冷水。

# 任务三 子宫内翻及子宫脱出

## 一、相关知识

**(一)了解概况**

子宫角前端翻入子宫腔或阴道内，称为子宫内翻；子宫全部翻出于阴门之外，称为子宫脱出。二者为程度不同的同一个病理过程(图Ⅲ-3-1)。子宫脱出多见于产程的第三期，有时则在产后数小时之内发生。

### (二)认知病因

子宫脱出的病因不完全清楚，目前认为，其直接原因主要和产后强烈努责、外力牵引以及子宫弛缓有关。

1. 产后强烈努责

子宫脱出主要发生在胎儿排出后不久、部分胎儿胎盘已从母体胎盘分离。此时某些能刺激母畜发生强烈努责的因素，如产道及阴门的损伤、胎衣不下等，使母畜继续强烈努责，腹压增高，容易诱发或导致子宫内翻及脱出。

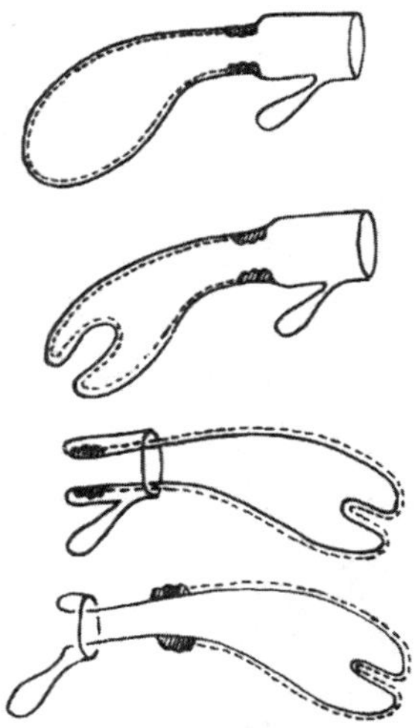


**图Ⅲ-3-1　子宫内翻及脱出模式**

1. 产后正常子宫　2. 子宫内翻　3. 子宫脱出

2. 外力牵引

在分娩第三期，部分胎衣脱落悬垂于阴门之外，会牵引子宫使之内翻(马多发生)，特别是当脱出的胎衣内存有胎水或尿液时，会增加胎衣对子宫的拉力。分娩第三期子宫的蠕动性收缩(牛每分钟 3.5～4 次)以及母畜的努责，更有助于子宫的脱出。

此外，难产时，产道干燥，子宫紧包胎儿，如果未经很好处理(如注入润滑剂)即强力拉出胎儿，子宫常随胎儿翻出阴门之外。

3. 子宫弛缓

子宫弛缓可延迟子宫颈闭合时间和子宫角体积缩小速度，更易受腹壁肌收缩和胎衣牵引的影响。临床上也常发现，许多子宫脱出病例都同时伴有低钙血症，而低钙则是造成子宫弛缓的主要因素。当然，能造成子宫弛缓的因素还有很多，如母畜衰老、经产，营养不良(单纯喂以麸皮，钙盐缺乏等)，运动不足，胎儿过大、过多，单胎动物的多胎怀孕等。

少数病例是由于刺激素过多，使母畜子宫及韧带松弛所致。如产后大量应用己烯雌酚，或在某些地区母畜放牧时食入大量含类雌激素物质的牧草(小叶樟)等。

### (三)识别症状

子宫轻度内翻，常无外部症状，能在子宫复旧过程中自行复原；子宫角尖端通过子宫颈进入阴道内时，患畜表现轻度不安，经常努责，尾根举起，食欲减退、反刍减少。如母畜产后仍有明显努责时，应及时进行检查。病畜卧下后，可以看到突入阴道内的内翻子宫角。手伸入产道，可发现柔软、圆形的瘤样物。直肠检查时可发现，肿大的子宫角似肠套叠，子宫阔韧带紧张。子宫角内翻时间稍长，可能发生坏死及败血性子宫炎，有污红色、带臭味的液体从阴道排出，全身症状明显。子宫内翻后，如不及时处理，母畜持续努责时即发展为子宫脱出。肠管进入脱出的子宫腔内时，患畜往往有疝痛症状。肠系膜、卵巢系膜及子宫阔韧带有时被扯破，其中的血管被扯断时，即引起大出血，很快出现结膜苍白、战栗、脉搏变弱等急性贫血症状。穿刺子宫末端有血液流出，多数病畜在 1～2 h 内死亡。

牛、羊脱出的子宫都较大，有时还附有尚未脱离的胎衣。如胎衣已脱离，则可看到黏膜表面上有许多暗红色的子叶(母体胎盘),并极易出血。脱出的孕角旁侧有空角的开口。有时脱出的子宫角分为大小不同的两个部分,大的为孕角,小的为空角,每一角的末端都向内凹陷。脱出时间稍久,子宫黏膜即淤血、水肿,呈黑红色肉冻状,并发生干裂,有血水渗出;寒冷季节常因冻伤而发生坏死;子宫脱出继发腹膜炎、败血病等,患牛(羊)才表现出全身症状。

猪脱出的子宫角很像两条肠管,但较粗大,且黏膜状似平绒,出血很多,颜色紫红,上有横皱襞。猪子宫脱出后症状特别严重,卧地不起,反应极为迟钝,很快出现虚脱症状。

预后取决于患畜种类、脱出程度、治疗时间早晚以及脱出子宫的损伤程度。

子宫内翻,如能及时发现,加以整复,预后良好。如不自行复原,发生套叠,则可导致不孕。

子宫脱出时,无论在哪种家畜,均可因继发子宫内膜炎而使以后的受孕能力受到影响,故就繁殖性能来说,预后要慎重。牛、羊如能在脱出后1～2h内将子宫送回,预后良好。送回后再脱出率仅为1.47%。下次再分娩时很少复发。患牛、羊死亡多是由于卵巢动脉出血所致。在出现全身症状中,猪最严重,如能及时送回,尚有存活的可能。但有的猪即使整复十分顺利,并进行适当的药物治疗,也常因大出血及休克而很快死亡。犬和猫的预后较好。

## 二、任务实施

### (一)诊断

根据临床症状容易做出诊断。

### (二)治疗

对子宫脱出的病例,必须及早实施手术整复。子宫脱出的时间越长,整复越困难,外界刺激愈严重,康复后不孕率也愈高。对犬、猫和猪子宫脱出的病例,必要时可行剖腹术,通过腹腔整复子宫。

1. 整复法

整复脱出的子宫时,往往难于将子宫角的尖端推入阴门之内;在有肠管和膀胱进入子宫腔的病例,整复更加困难。因而整复脱出的子宫之前必须检查子宫腔中有无肠管和膀胱,如有,应将肠管先压回腹腔并将膀胱中尿液导出,再行整复。整复时助手要密切配合,掌握住子宫,并注意防止已送入的部分再脱出。现以牛为例,将子宫脱出的整复方法阐述于下,并对猪的手术特点也加以介绍。

(1)保定。整复顺利与否的关键是能否将母畜的后躯抬高。后躯越高,腹腔器官越向前移,骨盆腔的压力越小,整复时的阻力就越小,操作起来越顺利。发生子宫脱出的病畜,常不愿或不能站立。这时可将后躯尽可能垫高。如站立进行整复,必须使其后肢站于高处。在保定前,应先排空直肠内的粪便,防止整复时排便,污染子宫。

(2)清洗。如胎衣尚未脱落,可试行剥离,如剥离困难又易引起母体组织损伤时,可不剥离,整复子宫后按胎衣不下处理。清洗时首先将子宫放在用消毒液浸洗过的塑料布上,用温消毒液将子宫及外阴和尾根区域充分清洗干净,除去其上黏附的污物及坏死组织。黏膜上的小创伤,可涂以抑菌防腐药,大的创伤则要进行缝合。

(3)麻醉。防止母畜努责,可施行荐尾间硬膜外麻醉。但麻醉不宜过深,以免使患畜卧下,妨碍整复。

(4)整复。病牛侧卧保定时,可先静脉注射硼葡萄糖酸钙,以减少瘤胃臌气。由助手用布将子宫兜起提高，使它与阴门等高，并将子宫摆正，然后整复。在确证子宫腔内无肠管和膀胱时，为了掌握子宫，并避免损伤子宫黏膜，也可用长条消毒巾把子宫从下至上缠绕起来，由一助手将它托起，整复时一面松解缠绕的布条，一面把子宫推入产道。

整复时应先从靠近阴门的部分开始。将手指并拢，用手掌或者用拳头压迫靠近阴门的子宫壁（切忌用手抓子宫壁），将它向阴道内推送。推进去一部分以后，由助手在阴门外紧紧顶压固定，术者将手抽出来，再以同法将剩余部分逐步向阴门内推送，直至脱出的子宫全部送入阴道内。整复也可以从下部开始，即将拳头伸入子宫角尖端的凹陷中，将它顶住，慢慢推回阴门之内。上述两种方法，都必须趁患畜不努责时进行。而且在努责时要把送回的部分紧紧顶压住，防止再脱出来。如果脱出时间已久，子宫壁变硬，子宫颈也已缩小，整复就极其困难。在这种情况下，必须耐心操作，切忌用力过猛、过大，动作粗鲁和情绪急躁，否则更易使子宫黏膜受到损伤。

脱出的子宫全部被推入阴门之后，为保证子宫全部复位，可向子宫内灌注 9～10 L 热水，然后导出。在查证子宫角确已恢复正常位置，并无套叠后，向子宫内放入抗生素或其他防腐抑菌药物，并注射促进子宫收缩药物，以免再次脱出。

一般认为，猪对子宫脱出及脱出后整复操作的耐受力较差。因此，有人想出了借助水的压力使子宫复位的“漂浮”整复法，其操作方法是，将患猪侧卧保定在斜面上头朝下，将长度为 1.9 m、直径为 2 cm 的软胶皮管的一端轻轻地插入脱出的子宫凹陷内，并尽可能向前移动，然后将清洁的热水或生理盐水缓慢地灌入子宫。灌入子宫内的水达到一定重量时能将子宫坠入腹腔。此时将胶管再向前伸，再灌些热水。这种方法不仅可使整个子宫退回腹腔，而且不需要行手术整复即可使子宫完全复位。但有时猪的子宫脱出用任何办法都无法整复，只有实施剖腹术，通过腹腔整复。如果整复前将氢化泼尼松 10～15 mg 加入 5%～10% 的葡萄糖溶液 500 mL 中进行静脉注射，术后在皮下或肌肉注射催产素 50 IU 及 0.1%肾上腺素 0.5～1 mL，可以降低死亡率。

在治疗大家畜子宫内翻时，可用手抓住内翻部分的尖端轻轻摇晃，即可将它恢复原位。但在马，有时子宫收缩很紧，在这种情况下必须先进行硬膜外麻醉，使子宫弛缓，整复操作才比较容易。

2.脱出子宫切除术

如果已确定子宫脱出时间过久，无法送回，或者出现严重的损伤及坏死，整复后有引起全身感染、导致死亡的危险，可将脱出的子宫切除，以挽救母畜的生命。牛手术预后良好，猪则死亡率较高。下面简述牛脱出的子宫切除法。

患牛站立保定，局部浸润麻醉或后海穴麻醉，常规消毒，用纱布绷带缠裹尾部并系于一侧。手术可采用以下方法。

在子宫角基部作一纵行切口，检查其中有无肠管及膀胱，有则先将它们推回。仔细触诊，找到两侧子宫阔韧带上的动脉，在其前部进行结扎。粗大的动脉须进行双重结扎，并注意切勿把输尿管误认为是动脉。在结扎之下横断子宫阔韧带，断端如有出血应结扎止血。断端先做全层连续缝合，再行内翻缝合，最后将缝合好的断端送回阴道内。

术后必须注射强心剂并输液。密切注意有无内出血现象。努责剧烈者，防止引起断端再次脱出，可行硬膜外麻醉，或者在后海穴注射 2%普鲁卡因。术后阴门内常流出少量血液，可用收敛消毒液（如明矾等）冲洗。如无感染，断端及结扎线经过 10 d 以后可以自行愈合并脱落。

犬和猫子宫脱出的整复比较容易，可由助手提起患病动物的后肢，由术者进行整复。如有困难，可行剖腹术，术者经腹腔拉动子宫整复。与此同时，配合外部整复。但是更常见的是切除脱出的子宫，且截除子宫预后良好。

**(三)预防复发及护理**

整复后为防止复发，应皮下或肌肉注射 50～100 IU 催产素。静脉注射催产素后，子宫壁在注后 30～60 s 即开始收缩。整复后，为防止患畜努责，也可进行荐尾间硬膜外麻醉，但不宜缝合阴门，以免刺激患畜持续努责，而且缝合后虽能防止子宫脱出，但不能阻止子宫内翻。

术后护理按一般常规进行。如有内出血，必须给予止血剂并输液。对病畜要有专人负责观察，如发现母畜努责强烈，须检查是否有内翻，有则应立即加以整复。

# 任务四 子宫复旧不全

## 一、相关知识

**(一)了解概况**

分娩后，母畜子宫从怀孕及分娩所发生的各种变化恢复到妊娠前的状态和功能，叫子宫复旧。如果正常的复旧期限延长，称为子宫复旧延迟或子宫弛缓。本病多发生于老年经产家畜，特别常见于奶牛。子宫复旧延迟可延长奶牛产犊间隔，降低奶牛繁殖力，一直受到普遍重视。

**(二)认知病因**

目前认为，子宫复旧速度取决于产后子宫收缩的频率和力量，以及子宫肌内胶原蛋白和肌浆球蛋白降解成氨基酸的速度。产后子宫收缩使怀孕期间伸长的子宫肌细胞缩短，子宫壁变厚；蛋白质降解使肌纤维变细，子宫壁变薄。因此，凡能影响产后子宫收缩和蛋白质降解的各种因素，都能导致子宫复旧延迟。

产后卵巢功能状态及生殖激素水平的高低对子宫复旧的影响，不同报道具有差异。例如，雌激素可以增加子宫壁的厚度，延长马和牛子宫复旧的时间；孕酮也可以延缓子宫复旧的时间。雌激素、孕酮与子宫复旧的关系可能反映出产后卵巢机能恢复早晚与子宫复旧的关系。但有些报道认为，雌激素可以增强子宫收缩力，有促进子宫复旧的作用。有人报道，产后卵巢机能恢复越早，子宫复旧越快；否则越慢。催产素的作用是促进子宫平滑肌收缩和机体合成前列腺素。因此，有人认为，这两种激素都能促进子宫复旧。Lindell 和 Kindahl 发现 25 mg 外源性 $PGF_{2\alpha}$ 可促进牛子宫复旧；Eley 等也报道了同样结果，认为前列腺素代谢物(PGFM)长期保持高水平的牛，子宫复旧完成时间较短。如果上述有利于子宫复旧的激素不足，可导致子宫复旧延迟。当然，有些报道认为，生殖激素对子宫复旧无任何影响。

大多数作者都认为，子宫复旧速度随胎次增多、年龄增大而变慢，初产牛子宫复旧速度最快。因此，老龄、经产牛易发生子宫复旧延迟。

一些围产期疾病，如难产、子宫脱出、胎衣不下、子宫内膜炎、产后低血钙和酮病等是造成子宫复旧延迟的主要因素。据报道，子宫内膜炎和子宫积脓可使子宫复旧期延长 5～10 d。双胎、胎儿过大、胎儿过多、瘦弱、肥胖、运动不足等常使妊娠后期子宫乏力，导致子宫复旧延迟。此外，奶牛产后常发生脂肪肝，而且发病率很高。此病常并发产后疾病并可显著延长子宫复旧时间。

### （三）识别症状

产后恶露排出时间明显延长。因子宫收缩力量弱，恶露常积留在子宫内，母畜卧下时排出量较多。由于腐败分解产物的刺激及病原菌的侵入繁殖，常继发慢性子宫内膜炎。因此，产后第一次发情的时间推迟，配种也不易受孕。

病畜全身状况一般无明显的异常，有时仅体温略微上升、精神不振、食欲及奶量稍减。阴道检查，可见子宫颈口开张，有的患牛在产后 7 d 仍能伸入整个手掌，产后 14 d 还能通过 1～2 指。直肠内部触诊，子宫下垂，壁厚而软，体积较产后同期的要大，收缩反应微弱。若子宫腔内积留有大量液体，触诊会有波动感；有时还可摸到未完全萎缩的母体子叶。

## 二、任务实施

### （一）诊断

1. 产后恶露排出时间延长

正常恶露排出时间，牛、山羊不超过 15 d，马、猪不超过 3 d，绵羊不超过 7 d，而子宫复旧不全的患畜，时间延长，尤其是在母畜卧下时排出量较多。

2. 阴道检查

阴道检查可发现子宫颈外口水肿，子宫颈口开张，有分泌物流出。

3. 直检

可发现子宫松弛，压之收缩反应微弱，子宫体积较大。

4. 体温、呼吸、脉搏基本正常

子宫颈迟缓（阴吹）走路时产道内发出声音，直检可感到阴道扩张充气，子宫松弛。病畜长流白带，屡配不孕。

### （二）治疗

应提高子宫收缩力和增强其抗感染的能力，促使恶露排出，防止发生慢性子宫内膜炎。

1. 激素治疗

可注射雌激素、催产素、麦角和前列腺素制剂等收缩子宫的药物。

2. 促进子宫收缩及消炎防腐

用 40～42℃盐水（或其他防腐液）冲洗子宫，可以促进子宫收缩；所用冲洗液的量可根据子宫大小确定，但不可过多；注入冲洗液时不可施加压力，以免冲洗液通过输卵管进入腹腔。每次治疗，反复冲洗 2～3 次，待冲洗液完全排出后，再向子宫腔内注入或放置抗生素。

用 0.1%雷佛奴尔 1 000 mL、3%双氧水 20 mL、注入子宫，于产后第 3、第 7 天各处理 1 次，对净化奶牛子宫，提高受胎率有良好作用。

3. 用下面三种方法结合治疗

自家血疗法：抽取自血 60 mL，1 次皮下注射或肌肉注射，隔日 1 次，每次增加 20 mL，

3次为一个疗程；皮下注7%鱼石脂20 mL，每天1次，连用5次，每次增加5 mL；普鲁卡因注射液1 mL、氢化可的松注射液0.5 mL、10%葡萄糖注射液1 000 mL混合静脉注射。本疗法治疗子宫内膜炎有良效。

4. 中药疗法

用十全大补汤(党参25 g、白术25 g、茯苓25 g、炙甘草15 g、当归25 g、川芎20 g、熟地20 g、炒白芍25 g、肉桂15 g、黄芪25 g、槟榔15 g)，加益母草150 g、泽兰叶30 g、牛膝30 g、枳壳30 g、红花25 g，研末服或煎服。

5. 针灸疗法

电针百会、后海、肾俞等穴，用0.2%硝酸士的宁注射液10 mL行百会穴或后海穴注射。

#### (三)预防

对难产或可能发生子宫复旧延迟的病牛，胎儿排出后，肌肉注射促进子宫收缩的药物并加强运动。牛正常产后，子宫复旧时间为35～40 d，故对产后1个月的牛要进行常规直肠检查，查明子宫复旧情况。如复旧延迟，应及时治疗。子宫复旧延迟的病牛，要推迟1～2个发情周期配种。

## 任务五　产后感染

分娩时子宫及软产道上的损伤、产后子宫颈开张、子宫内滞留恶露以及胎衣不下等，都给微生物的侵入和繁殖创造了条件，从而引发感染。产后感染的病理过程是受到侵害的部位或其邻近器官发生各种急性炎症，甚至坏死；或者感染扩散，引起全身性疾病。本节仅阐述产后常见的急性子宫内膜炎、产后败血病等。

## 子任务一　阴门炎及阴道炎

### 一、相关知识

#### (一)了解概况

当阴门及阴道发生损伤时，阴道对微生物的侵入和感染的防卫功能受到破坏或机体抵抗力降低，细菌即侵入阴道组织，引起产后阴门炎及阴道炎。本病多发生于反刍家畜，也见于犬、猫等小动物，在猪则少见。

#### (二)认知病因

微生物通过上述各种途径侵入阴门及阴道组织，是发生本病的常见原因。特别是初产的家畜，产道狭窄，胎儿通过时困难或强行拉出胎儿，使产道受过度挤压或裂伤；在牛难产助产时间过长或受到手术助产的刺激，阴门炎及阴道炎更为多见。少数病例是由于用高浓度、强刺激性防腐剂冲洗阴道或是坏死性厌氧丝杆菌感染而引起的坏死性阴道炎。

#### (三)识别症状

由于损伤及发炎程度不同，表现的症状也不完全一样。

黏膜表层发炎，无全身症状，仅见阴门内流出黏液性或黏液脓性分泌物，尾根及外阴周围常黏附有这种分泌物的干痂。阴道检查，可见黏膜微肿、充血或出血，黏膜上常有分泌物黏附。

黏膜深层受到损伤时，病畜拱背，尾根举起，努责，并常做排尿动作，但每次尿量不多。有时在努责之后，从阴门中流出污红、腥臭的稀薄液体。阴道开膣器检查时，病畜疼痛不安，甚至引起出血。阴道黏膜，黏膜充血、肿胀、上皮缺损，黏膜坏死部分脱落露出黏膜下层。有时见到创伤、糜烂和溃疡。阴道前庭发炎者。有时体温升高，食欲及泌乳量稍降低。

浅表炎症预后一般良好，严重者如能及时治疗，预后较好。组织严重损伤时，在牛也易引起子宫颈炎、子宫炎、骨盆部蜂窝织炎、尿道炎及膀胱炎在马可能引起败血病。经久不愈转为慢性者，可能形成瘢痕收缩或粘连，影响以后的交配、受孕及分娩。

## 二、任务实施

### （一）诊断

根据临床症状和阴道黏膜检查进行诊断。

### （二）治疗

炎症轻微时，可用温防腐消毒液冲洗阴道，如 0.1%高锰酸钾或雷佛奴尔溶液、0.5%新洁尔灭或生理盐水等。阴道黏膜剧烈水肿及渗出液多时，可用 1%～2%明矾或鞣酸溶液冲洗。对阴道深层组织的损伤，冲洗时必须防止感染扩散。冲洗后，可注入防腐抑菌的乳剂或糊剂，连续数天，直至症状消失为止。如果患畜出现努责，可用长效麻醉剂进行硬膜外麻醉。在局部治疗的同时，于阴门两侧注射抗生素，效果很好。桃叶 250 g 煎汁冲洗阴道也有良效。

### （三）预防

1. 做好接产工作

所有接产使用的物品、产房环境、垫草等均应彻底消毒，防止阴门和阴道感染。

2. 做好产后护理工作

对有阴门或阴道损伤的产后母畜，要及时使用抗生素，并做好防止阴门及阴道消毒护理，防止感染。

# 子任务二 子宫内膜炎

## 一、相关知识

### （一）了解概况

产后子宫内膜炎为子宫内膜的急性炎症。常发生于分娩后的数天之内。如不及时治疗，炎症易于扩散，引起子宫浆膜或子宫周围炎，并常转为慢性炎症，最终导致长期不孕。本病常见于牛、马、羊、猪及犬、猫等动物。

### （二）认知病因

患畜发生难产、胎衣不下、子宫脱出、流产（胎儿浸溶）或当猪的死胎遗留在子宫内时，使子宫弛缓、复旧延迟，均易引起子宫发炎。患布鲁氏杆菌病、沙门氏菌病、媾疫以及其他许多侵害生殖道的传染病或寄生虫病的母畜，子宫及其内膜原来就存在慢性炎症，分娩之后由于抵抗力降低及子宫损伤，可使病程加剧，转为急性炎症。

**(三)识别症状**

病畜频频从阴门内排出少量黏液或脓性分泌物，病重者分泌物呈污红色或棕色，且带有臭味，卧下时排出量多。病畜体温升高，精神沉郁，食欲及产奶量明显降低，表现努责和排尿姿势；病畜子宫颈稍开张，有时可见胎衣或有分泌物排出。阴门及阴道肿胀并高度充血。

## 二、任务实施

**(一)诊断**

根据临床症状不难进行诊断。

**(二)治疗**

炎症轻微时，可用温防腐消毒液冲洗阴道，如0.1%高锰酸钾或雷佛奴尔溶液、0.5%新洁尔灭或生理盐水等。阴道黏膜剧烈水肿及渗出液多时，可用1%～2%明矾或鞣酸溶液冲洗。对阴道深层组织的损伤，冲洗时必须防止感染扩散。冲洗后，可注入防腐抑菌的乳剂或糊剂，连续数天，直至症状消失为止。如果患畜出现努责，可用长效麻醉剂进行硬膜外腔麻醉。在局部治疗的同时，于阴门两侧注射抗生素，效果很好。桃叶250 g煎汁冲洗阴道也有良效。

**(三)预防**

1.做好接产工作

所有接产使用的物品、产房环境、垫草等均应彻底消毒，防止感染。

2.做好产后护理工作

产后母畜，可使用中、西药物促进子宫早日复旧，中药可使用益母生化散，活血化瘀，西药可使用缩宫素有利于子宫止血和胎衣排出，预防子宫内膜炎的发生。

# 子任务三 产后败血症和产后脓毒血症

## 一、相关知识

**(一)了解概况**

产后败血病和脓毒血病是局部炎症感染扩散而继发的严重全身性感染疾病。产后败血病的特点是细菌进入血液并产生毒素；脓毒血病的特征是静脉中有血栓形成，以后血栓受到感染，化脓软化，并随血流进入其他器官和组织中，发生迁移性脓性病灶或脓肿。有时二者同时发生。此病在各种家畜均可发生，但败血病多见于马和牛，脓毒血病主要见于牛、羊。

**(二)认知病因**

本病通常是由于难产、胎儿腐败或助产不当，软产道受到创伤和感染而发生的，也可以是由严重的子宫炎、子宫颈炎及阴道阴门炎引起的。胎衣不下、子宫脱出、子宫复旧延迟以及严重的脓性坏死性乳房炎有时也可继发此病。

分娩时发生的创伤、生殖道黏膜淋巴管的破裂，为细菌侵入打开了门户，同时分娩后母畜抵抗力降低也是发病的重要原因。因此，脓毒血症并不一定完全是由生殖器官的脓性炎症引起的，有时也可能由其他器官原有的化脓过程在产后加剧而并发此病。

### (三)识别症状

整个病程中出现稽留热是败血病的一种特征症状，患畜反射迟钝、食欲废绝，脉搏微弱，可达 90～120 次/min，呼吸浅快；患畜表现腹膜炎症状，腹壁收缩，触诊敏感；患畜常从阴道内流出少量带有恶臭的污红色或褐色液体，内含组织碎片。产后脓毒血病的临床症状表现常不一致，但也都是突然发生的。在整个患病过程中，体温呈现时高时低的弛张热型。脉搏常快而弱。大多数病畜的四肢关节、腱鞘、肺脏、肝脏及乳房发生迁徙性脓肿。四肢关节发生脓肿时，病畜出现跛行，起卧、运步均困难。受害的关节主要为跗关节，患部肿胀发热，且有疼痛表现。如肺中发生转移性病灶，则呼吸加深，常有咳嗽，听诊有啰音，肺泡呼吸音增强，病畜常见发吭声，似有痛苦。病理过程波及肾脏者，尿量减少，且出现蛋白尿。转移到乳房时，表现乳房炎的症状。

## 二、任务实施

### (一)诊断

1. 症状诊断

根据患病动物的临床表现，如产后高热稽留、反射迟钝、食欲废绝、脉搏微弱、呼吸浅快等做初步诊断。

2. 实验室诊断

可进行细菌学、血液学、病原学检查进行诊断。

### (二)治疗

治疗原则是处理病灶，消灭病原微生物和增强机体的抵抗力。由于本病发展急剧，因此治疗必须及时。

对生殖道的病灶，可按子宫内膜炎及阴道炎治疗或处理，但应绝对禁止冲洗子宫，并需尽量减少对子宫和阴道的刺激，以免炎症扩散，使病情加剧。为了促进子宫内聚集的渗出物迅速排出，可以使用催产素、前列腺素等。

消灭侵入体内的病原菌，要及时全身应用抗生素及磺胺类药物，抗生素的用量要比常规剂量大，并连续使用，直至体温降至正常 2～3 d 后为止。可以肌肉注射青霉素、链霉素，或静脉注射四环素。磺胺类药物中以选用磺胺二甲基嘧啶及磺胺嘧啶较为适宜。

增强机体的抵抗力，促进血液中有毒物质排出和维持电解质平衡，防止组织脱水，可静脉注射葡萄糖液和盐水；补液时添加 5%碳酸氢钠溶液及维生素 C，同时肌肉注射复合维生素 B。另外，根据病情还可以应用强心剂、子宫收缩剂等。

注射钙剂可作为败血病的辅助疗法，对改善血液渗透性，增进心脏活动有一定的作用。一般可静脉注射 10%氯化钙或 10%葡萄糖酸钙注射液。钙剂对心脏作用强烈，注射必须尽量缓慢，否则可引起休克、心跳骤然停止而死亡。对病情严重、心脏极度衰弱的病畜避免使用。

### (三)预防

1. 正确助产

对难产病例，要采取正确的助产措施，防止阴道、子宫颈损伤，对胎死腹中的病例要及时采取措施，清除死亡胎儿，防止胎儿在子宫内腐败，减少本病的发生。

2. 做好产后保健

产后母畜抵抗体力差，容易感染各种病原菌，尤其是养殖环境差的更容易发生感染，因此，要做好产后保健，搞好环境卫生。

3. 积极治疗疾病

如果产畜有其他炎症如乳房炎、子宫炎内膜炎等要积极治疗，防止继发本病。

## 任务六 生产瘫痪

### 一、相关知识

#### (一)了解概况

生产瘫痪亦称乳热症或低钙血症是母畜分娩前后突然发生的一种严重的代谢性疾病。以舌、咽、肠道麻痹、低血钙、全身肌肉无力、知觉丧失及四肢瘫痪为特征。此病常见于奶牛及犬、猫，在水牛也有发病的报道，奶山羊也有发生，猪则少见。

#### (二)认知病因

1. 低血钙

产前血钙急剧下降、妊娠及分娩后患畜生理的变化、分娩前后从肠道吸收的钙量减少、血镁及钾、磷等含量下降等原因，致使机体血钙降低，引发生产瘫痪。

2. 大脑皮质缺氧

也有研究者认为，生产瘫痪是一时性脑贫血所致的脑皮质缺氧，脑神经兴奋性降低的神经性疾病，低血钙则是脑缺氧的一种并发症。中枢神经系统对缺氧极度敏感，一旦脑皮质缺氧，即表现出短暂的兴奋(不易观察到)和随之而来的功能丧失的症状。这些症状和生产瘫痪症状的发展过程极其吻合。

#### (三)识别症状

1. 典型症状

约占全部病例的 20%。病程发展快，从开始发病至出现典型症状，整个过程不超过 12 h。病畜以一种特殊姿势卧地，即伏卧，四肢屈于躯干下，头向后弯到胸部一侧(图Ⅲ-3-2)。个别母牛卧地之后出现癫痫症状，四肢伸直并抽搐。卧地时间稍久，可能出现瘤胃臌气症状。体温降低也是生产瘫痪的特征症状之一。病初体温可能仍在正常范围之内，但随着病程发展，体温逐渐下降，最低可降至 35～36℃。

2. 非典型症状

呈现非典型(轻型)症状的病例较多，产前及产后较长时间发生的生产瘫痪多表现为非典型症状，其症状除瘫痪外，主要特征是头颈姿势不自然，由头部至鬐甲呈一轻度的“S”状弯曲(图Ⅲ-3-3)。病牛精神极度沉郁，各种反射减弱，但不完全消失。病牛有时能勉强站立，但站立不稳，且行动困难，步态摇摆。体温一般正常或不低于 37℃。

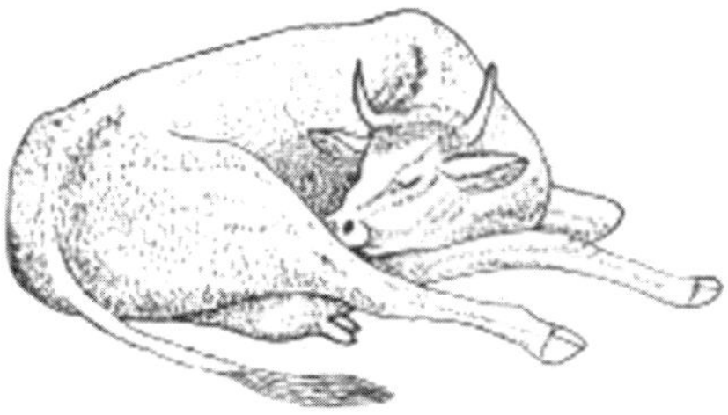

图Ⅲ-3-2　牛生产瘫痪的典型卧姿

图Ⅲ-3-3　牛患轻型生产瘫痪时，头颈的"S"状弯曲

## 二、任务实施

### (一)诊断

诊断生产瘫痪的主要依据是病牛为3～6胎的高产母牛，刚刚分娩不久(绝大多数在产后3 d之内)，并出现特征的瘫痪姿势及血钙降低(一般在0.08 mg/mL以下，多为0.02～0.05 mg/mL)。如果乳房送风疗法有良好效果，便可做出确诊。

非典型的生产瘫痪必须与酮血病进行鉴别诊断。酮血病除了酮血症外，对钙疗法尤其是对乳房送风疗法没有反应。

### (二)治疗

静脉注射钙剂或乳房送风是治疗生产瘫痪最有效的常用疗法，治疗越早，疗效越高。

1. 钙疗法

静脉注射钙剂最常用的是硼葡萄糖酸钙溶液，一般的剂量为静脉注射20%～25%硼葡萄糖酸钙溶液500 mL。羊患生产瘫痪，也可静脉注射10%葡萄糖酸钙注射液50～100 mL(或腹腔注射)。另外可给以轻泻剂，促进积粪排出，并改进消化功能。犬患产后低钙血症时，也可用10%葡萄糖酸钙注射液20 mL，混于200 mL5%葡萄糖注射液中。

2. 乳房送风疗法

向乳房内打入空气需用乳房送风器(图Ⅲ-3-4)。操作前，使牛侧卧，挤净乳房中的积奶并进行乳头消毒，然后将消过毒而且在尖端涂有少许润滑剂的乳导管插入乳头管内，注入青霉素10万IU及链霉素0.25 g(溶于20～40 mL生理盐水内)。4个乳区均应打满空气。打入的空气量以乳房皮肤紧张，乳腺基部的边缘清楚并且变厚，轻敲乳房呈鼓音时为宜。应当注意，打入的空气不够，不会产生效果。打入空气过量，可使腺泡破裂，发生皮下气肿。空气逸出以后，会逐渐移向尾根一带的皮下组织中，2周左右可以消失。打气之后，用宽纱布条将乳头轻轻扎住，防止空气逸出。待病畜起立后，经过1 h，将纱布条解除。扎勒乳头不可过紧及过久，也不可用细线结扎。

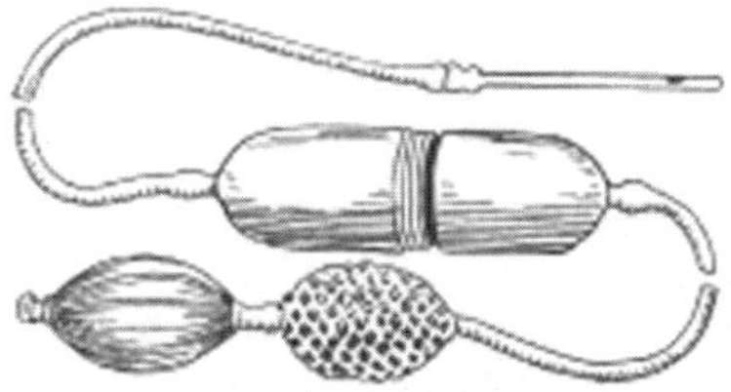

图Ⅲ-3-4　乳房送风器

3. 其他疗法

用钙剂治疗疗效不明显或无效时，也可考虑应用胰岛素和肾上腺皮质激素，同时配合应用高糖和2%～5%

碳酸氢钠注射液。据报道，用地塞米松配合钙剂治疗，治愈率可达92.8%，也可用25 mg氢化可的松加入2 000 mL糖盐水中静脉注射，每日2次，用药1～2 d。对怀疑血磷及血镁也降低的病例，在补钙的同时静脉注射40%葡萄糖溶液和15%磷酸钠溶液各200 mL及25%硫酸镁溶液50～100 mL。

**（三）预防**

1. 加强饲养管理

加强孕畜孕期的饲养，保障提供充足的营养，可有效降低该病的发生。

2. 做好产后保健

对高产奶牛或产奶高峰期奶牛，一方面可适当提高饲料中钙、磷的添加量；另一方面也进行预防性补钙，可有减少本病的发生。

## 技能训练二十　奶牛产后感染的诊断与治疗

**【目的要求】**

（1）了解奶牛产后感染的原因和症状表现。

（2）掌握奶牛产后感染的治疗方法

（3）掌握奶牛产后的护理方法和预防产后感染的措施。

**【诊疗准备】**

**（一）材料准备**

听诊器、体温计、血细胞分析仪、载玻片、采血管、酒精棉球、碘酒棉球、开膣器、棉拭子、革兰氏染色液、青霉素、安乃近、注射器等。

**（二）病例准备**

临床病例。

**【方法步骤】**

**（一）临床检查**

了解发病动物的临床表现、发病时间及治疗情况，观察患病动物的精神状况，听诊胃肠蠕动音，测量体温，查看口色，直肠检查子宫状况、用开膣器检查阴道黏膜情况等。

**（二）实验室检查**

1. 阴道分泌物检查

用开膣器打开阴道，再用棉拭子取阴道黏液，直接涂片，染色镜检。

2. 血液检查

用采血管颈静脉采血，进行血常规检查，观察血象变化。

**（三）实施治疗**

根据诊断结果，学生在老师的指导下，拟定治疗方案，在交教师审阅后，由各组同学实施治疗。

**【作业】**

**（一）病例讨论**

根据各组对病例的分析结果，讨论奶牛小区产后感染的发病率、发生原因及症状表现，并提出治疗方案和防范措施。

**(二)写作实习报告**

## 能力拓展

以下技能项目可根据学校实习条件的实际情况,或进行人工复制病例,或利用在校外实习基地病例,或借助学校实习兽医院的临床病例来完成,要求以学生为主体,分组进行,教师对学生的诊断和治疗过程进行指导,并对各组的治疗方案和治疗效果进行评价,指出存在的问题,旨在进一步提高学生对动物产后期疾病的临床诊疗技能和学习效果。

(1)奶牛胎衣不下的诊断与治疗。

(2)奶牛子宫脱出的治疗。

(3)生产瘫痪的诊断与治疗。

(4)产后败血症的诊断与治疗。

(5)讨论产后常见疾病预防。

要求:讨论治疗思路、写出治疗处方、实施治疗措施并护理好发病动物,同时还要做好病例总结。

## 复习思考题

1.简述临床上常见的家畜产后疾病。

2.简述胎衣不下的发病原因。

3.简述胎衣剥离的方法及注意事项。

4.简述手术治疗子宫脱出的操作方法与注意事项。

5.试述母畜产后感染的常见疾病类型。

6.试述子宫冲洗的方法与注意事项。

7.简述临床上产后瘫痪的发病原因与症状表现。

8.试述临床乳房送风疗法的操作方法与注意事项。

Project 4

# 不育不孕防治

**知识目标**

- 了解动物不孕不育症的种类及临床发生状况。
- 熟悉动物不孕不育症的原因、发病机制。
- 掌握母畜常见不孕症、公畜不育症的诊断方法和治疗措施。

**技能目标**

- 通过学习，学生应掌握母畜不孕的直肠检查方法，并能熟练运用子宫冲洗的方法对脓性子宫内膜炎进行治疗。

# 任务一 母畜不孕

## 一、相关知识

### (一)了解概况

不育应当是专指动物受到不同因素的影响，生育力严重受损或被破坏而导致的绝对不能繁殖，由于各种因素而使母畜的生殖机能暂时丧失或降低，称为不孕。不孕症则为引起母畜繁殖障碍的各种疾病的通俗统称。公畜不育在临床上实际包括两方面：一是指公畜完全不育，即公畜到达配种年龄后缺乏性交能力、无精或精液品质不良，其精子不能使正常的卵子受精；二是指公畜生育力低下，即由于各种疾病或缺陷使公畜的生育力低于正常水平。不育和生育力低下的种公畜中占有相当大的比例。据报道，在美国和加拿大，在 10 940 头肉牛公牛中发现有生殖缺陷的占 26%，其中 17.6%属于睾丸缺陷；在 8 877 头奶用公牛中，有 35%因不同程度的不育而被处理。

母畜常见的不育有许多种，现分别叙述如下。

### (二)认知病因

1.先天性不育

先天性不育主要是生殖器官发育异常，或者卵子、精子及合子有生物学上的缺陷(种间杂交)，而丧失了繁殖能力。先天性不育常见的有以下几种。

(1)种间杂种不育与近亲繁殖。种间杂种往往不能受孕。这种母畜的性机能和排卵虽然正常，但是可能由于生物学上的某种缺陷，以致卵子不能受精或者合子不能发育。

马、驴杂交所产生的后代不育，其原因即在于此。根据对骡的染色体组的研究，发现在第一次减数分裂时，染色体对不能发生联合，因此生殖细胞的生成可能难以完善，这是引起不育的主要原因。此外，在染色体的数目方面，马($2n=64$)也与驴($2n=62$)不同，因而骡的染色体成为 63 对，而且马和驴的染色体组在形态上也有很大的差异，这也可能是不能发生联合，造成合子死亡的原因。

其他家畜杂交后代的繁殖能力仍然不尽人意。有些家畜种间杂交所生的后代具有生殖能力，黄牛和牦牛的雌性杂种(母犏牛)即为一例，但雄性无繁殖能力，而且杂交妊娠的流产及死产均较多。绵羊和山羊杂交，虽然也能妊娠，但将近 45%的母羊在妊娠至 145 d 之前流产。

(2)幼稚病。幼稚病是母畜达到配种年龄时，生殖器官发育不全或者缺乏繁殖机能。

幼稚病主要是由于丘脑下部或脑垂体的作用不足，或者甲状腺及其他内分泌腺机能扰乱所引起的。其症状是母畜达到配种年龄时不发情，有时虽然发情，但却屡配不孕。临床检查可发现生殖器官的某些部分发育不全，例如子宫角特别细小，卵巢小到像豌豆一样大等。有时阴道和阴门特别细小，以至无法交配。此病预后应当谨慎，因为多数病例即使采用各种方法治疗，也不能使其生殖器官发育完全。在治疗上主要在于刺激生殖器官发育。为此，可将患幼稚病的母畜和公畜一同放牧；也可使用人绒毛膜促性腺激素、孕马血清及雌激素等制剂，促进生殖器官发育。如果能够交配并且受精，则怀孕可促进生殖器官发育和成长。

(3)两性畸形。两性畸形是动物在性分化过程中的某一环节发生紊乱而造成的性别不分明，患畜的性别介于雌雄两性之间，既具有雌性特征，又有雄性特征。两性畸形根据表现形式可分为染色体畸形(非正常 XX 或 XY)、性腺两性畸形及表型两性畸形三类。

①性染色体两性畸形：性染色体两性畸形是性染色体的组成发生变异，雄性不是正常的 XY，雌性不是正常的 XX，引起性别发育异常而形成的两性畸形。性染色体两性畸形中除了嵌合体外，其他的畸形一般是性腺和生殖道发育不全，雌雄间性极其少见。嵌合体引起的畸形则常为雌雄间性。临床上又表现为 XXY 综合征、XXX 综合征、XO 综合征、嵌合体和镶嵌体。

②性腺两性畸形：个体的染色体性别与性腺性别不一致，因此这种个体又称为性逆转动物。临床上表现为 XX 真两性畸形和 XX 雄性综合征。XX 真两性畸形的动物性染色体核型为 XX，通常具有雌性外生殖器，但阴蒂很大，性腺位于腹腔内，且多为卵睾体，有时也可能发现独立的卵巢和睾丸组织。本病在牛羊、猪、犬均有发现，病畜的性腺及生殖道的发育情况与真两性畸形嵌合体相似。XX 雄性综合征动物表现为雄性，但染色体为 XX，H-Y 抗原为阳性，性腺常为隐睾且无精子生成，有阴茎常为畸形。有子宫，但在子宫肌层可发现输出管组织。此种畸形在牛(60，XX)、猪(38，XX)及犬(78，XX)均有发现，但以奶山羊和猪较为多见。

③表型两性畸形：动物的染色体与动物的性别相符，但与外生殖器不符合。这种畸形动物根据其性腺是睾丸还是卵巢可分为雄性假两性畸形及雌性假两性畸形两类。

因此，两性畸形的家畜不能繁殖，仅可作役用和肉用。

(4)异性孪生不育。异性孪生不育是指雌雄两性胎儿同胎妊娠，母犊的生殖器官发育异常，丧失生育能力。其主要特征是具有雌雄两性的内生殖器官；有不同程度向雄性转化的卵睾体；外生殖器官基本正常雌性。这种不育常见于牛，在双胎中约占 57%；山羊及猪也可发生。

异性孪生公犊多能正常发育，不能生育者为数很少；而母犊则有 91%～94%不能生育。这种现象可能是由于两个胎儿的绒毛膜血管之间有吻合支，雄性胎儿的生殖腺发育较早，雄激素通过吻合支进入雌性胎儿体内，对生殖器官发生作用：一种是抑制卵巢皮质及生殖道的发育，因此异性孪生母犊的生殖器官发育不全；另一种是使雌性胎儿生殖腺雄性化，所以异性孪生母犊的体态至成年时也介于雌雄之间，而且有时卵巢好像睾丸。

没有生育能力的异性孪生母犊不发情。外部检查可发现阴门狭小，且位置较低，阴蒂较长。乳房极不发达，乳头与公牛的相同。阴道短小(不超过 10 cm)，只能使用羊开膣器，手无法伸入。看不到子宫颈膣部，直肠检查摸不到子宫颈，而且子宫角细小。卵巢的大小如西瓜子，因此也不易摸到。

剖检发现输卵管、子宫及子宫颈均很细小，且常无管腔。乳房内无腺体，仅有脂肪；乳头亦无管腔。

异性孪生母犊出生后，就应详细检查生殖器官，以便及时决定是否留作繁殖之用。达到性成熟年龄者，应注意是否发情和雄性化。山羊及猪异性孪生中的雌性，在胎儿期间如其绒毛膜与相邻的雄性胎儿绒毛膜之间出现吻合支，也多无生育能力。

(5)生殖道畸形。先天性及遗传性生殖道畸形多为单个基因所引起，其中有些基因对雌雄两性都有影响，而有些则为连锁性的；病情严重的母畜因为无生育能力，在第一次配种后可能被发现，而病情较轻的动物只有在以后才能检查出来。母畜常见的生殖道畸形主要有子宫角畸形、子宫颈畸形和阴道及阴门畸形等。

2. 饲养性不育

(1)瘦弱引起的不育。在饲料数量不足、营养不良，而又使役繁重，母畜瘦弱时，其生殖机能就会受到抑制。

直肠检查可以发现卵巢体积小，不含卵泡；如有黄体，则为持久黄体。某些营养不良的家畜发情时，卵泡的发育时间延长。在实践中屡次见到马、驴的卵泡发育到第二期停止发育，经连续检查一周，无任何进展，以后发情征象消失。但再经10余天后，又重新出现明显的发情，经直肠检查确定仍为上次停止发育的卵泡继续发育增大，最后正常排卵。如果母畜极度消瘦，则不发情。

在饲养不良的情况下，春季配种季节开始时，在马和驴，特别是在牧区的群牧马，暂时不育的现象相当普遍。虽然这种现象在很大程度上是受气候影响所引起的，但是和饲养也有密切关系。在同样的气候条件中，瘦弱母马发生不育者远比膘情好的正常母马要多。饲养不良也可使初情期第一次发情推迟。这就说明了饲养对于生殖机能是有重大影响的。

(2)过肥引起的不育。饲料过多而且单纯，同时又缺少运动，可以使母畜过肥。过肥的母牛不易受孕。在猪，有时过肥即使不致引起不育，但也可导致少胎。长期单纯饲喂过多的蛋白质、脂肪或碳水化合物饲料时，可以使卵巢内脂肪沉积，卵泡发生脂肪变性。这样的母畜除臃肿肥胖外，其临床上的表现为不发情。在牛，直肠检查发现卵巢体积缩小，而且没有卵泡或黄体，有时尚可发现子宫缩小、松软。

(3)饲料品质不良引起的不育。这种母畜的营养状况并无异常，临床检查也往往发现不了疾病。为了确诊，必须分析饲料的成分，并且在改变饲料后，注意观察母畜的生殖机能是否恢复正常。

用腐败苦涩的油渣或过多的糟类饲喂家畜，可以引起慢性中毒，对生殖机能常有不良影响。长期大量饲喂青贮饲料也可以导致不育。

矿物质(主要是钙磷)不足，也可以引起不育。缺乏磷时，可以使卵巢的机能受到影响，严重时阻碍卵泡的生长和成熟。因此，不但母牛的性成熟延迟，而且会出现安静发情，甚至不排卵。猪缺乏钙磷时不发情，严重者完全丧失生育力。

维生素A不足或缺乏，可以使子宫内膜的上皮细胞变性(角质化)，使囊胚的附殖受到影响；同时亦可引起卵细胞及卵泡上皮变性、卵泡闭锁或形成囊肿，不出现发情和排卵。

B族维生素缺乏时，发情周期失调，并且生殖腺变性。

维生素D对家畜生殖能力虽无直接影响，但对矿物质，特别是钙盐和磷盐的代谢有密切关系。因此，缺乏维生素D亦可间接引起不育。

维生素E缺乏的情况很少。如果发生时，可能引起隐性流产(胚胎消失)。

饲草中所含类固醇雌激素过多，也可以使生殖机能受到扰乱，发生囊肿、慢性子宫内膜炎等疾病，这主要见于羊。

3. 管理性不育

如果饲养管理措施不但，例如使役过度、哺乳期过长、挤奶过度、运动不足、厩舍环境卫生不良等科室动物生育能力降低而发生管理利用性不育。

管理利用性不育是由于过度使役或泌乳过多而引起的母畜生殖机能减退或停止。这种不育常发生在马、驴和牛，而且往往是与饲料不足和营养成分不全共同引起的。

母畜在使役过重时，例如长途拉车、驮运、碾磨、耕种等，由于工作单纯，易于引起过度疲劳，因而生殖激素的分泌及卵巢机能就会降低。

母畜泌乳过多、仔畜吮乳过久或断奶过迟，促乳激素持续发挥强大的作用，促乳素抑制因子(PIF)的作用就减弱，而任何限制 PIF 分泌的因素，都能抑制促黄体素释放激素(LRH)的分泌，而使促黄体素的分泌减少，因此卵泡不能最后发育成熟，也不能发情排卵或发情延迟。这时供应乳房的血液增多，而且机体所必需的某些营养物质也随乳汁排出，因而也会导致生殖系统的营养不足。

在发生管理利用性不育时，母畜不发情或者发情现象微弱，且不排卵。直肠检查时，在母牛可以发现持久黄体。马和驴则卵巢缩小、质地坚实或者卵巢表面高低不平；有的马驴发情时可以发现有一或两三个卵泡，但这些卵泡长久停留在 2～3 期，不排卵。

这类不育预后一般良好。如果利用过度，并且饲养管理不当历时已久，预后应当谨慎，因为可能长久不育。

治疗时首先应减轻使役强度，或者改换工种；同时进行放牧，并供给富于营养的饲料。非乳用母畜如因仔畜吮乳而不发情，可及时断奶。对于奶牛，应分析和变更饲料，使饲料所含的营养成分符合产乳量的要求；或者减少泌乳。

为了促进生殖机能迅速恢复，可以采用刺激生殖腺的催情药物和疗法。

4. 疾病性不育

(1)卵巢机能不全、减退及萎缩。卵巢机能不全是有发情的外表症状，但不排卵或排卵延迟；或者有排卵，但无发情的外表症状(安静发情)，这种情况常见于牛、羊。

卵巢机能减退是卵巢机能暂时受到扰乱，处于静止状态，不出现周期性活动；如果机能长久衰退，则引起卵巢组织萎缩和硬化。此病发生于各种家畜，而且比较常见，衰老家畜尤其容易发生。

卵巢机能减退和萎缩往往是由于子宫疾病、全身的严重疾病，以及饲养、管理、利用不当(长期饥饿、使役过重、哺乳过度)，使家畜身体乏弱所至。卵巢炎可以引起卵巢萎缩及硬化。

母畜年老时，或者繁殖有季节性的母畜在乏情季节中，卵巢机能也会发生生理性的减退。早春配种季节天气冷热变化无常时，多发此病，饲料中营养成分不全，特别是维生素 A 不足可能与此病有关。

(2)持久黄体。怀孕黄体或周期黄体超过正常时限而仍继续保持功能者，称为持久黄体。此病多见于母牛，而且多数是继发于某些子宫疾病；原发性的持久黄体或其他家畜患此病的比较少见。

舍饲运动不足、饲料单纯、缺乏矿物质及维生素等，都可引起黄体滞留。持久黄体容易发生于产乳量高的母牛。子宫炎、子宫积脓及积水、胎儿死亡未被排出、产后子宫复旧不全、部分胎衣滞留及子宫肿瘤等，都会使黄体不能按时消退，而成为持久黄体。

(3)卵巢囊肿。卵巢囊肿分为卵泡囊肿和黄体囊肿两种，常见于奶牛及猪，但在马也可发生。奶牛的卵巢囊肿多发生于第 4～6 胎产奶量最高期间，而且以卵泡囊肿居多，黄体化囊肿只占 25%左右。

引起卵巢囊肿的原因，目前尚未完全研究清楚。用促黄体素及有关的制剂治疗囊肿，效果很好，可以说明囊肿和内分泌失调有关，即促黄体素分泌不足或促卵泡素分泌过多，使排卵机制和黄体的正常发育受到了扰乱。从实践来看，下列因素可能影响排卵机制。

①饲料中缺乏维生素 A 或含有多量的雌激素。饲喂精料过多而又缺乏运动，也容易发生卵泡囊肿，因此舍饲的高产奶牛多发，而且多见于泌乳盛期。

②马使役过重，长时期发情又不配种，卵泡可以变为囊肿，而不排卵。

③垂体或其他激素腺体机能失调以及使用激素制剂不当，例如注射雌激素过多。可以造成囊肿。

④子宫内膜炎、胎衣不下及其他卵巢疾病可以引起卵巢炎，使排卵受到扰乱，因而也与囊肿的发生有关。

⑤在卵泡发育过程中，气温突然变化，有的马、驴会发生囊肿。乳牛在冬季比天暖时多发。

⑥在黑白花牛，本病与遗传有关。

(4)排卵延迟。排卵延迟是排卵的时间向后拖延。此病在配种季节的初期多见于马、驴、绵羊，在牛也有发生。

垂体分泌促黄体素不够，激素的作用不平衡，是造成排卵延迟的主要原因。气温过低或突变、营养不良、利用(使役或挤奶)过度，均可引起排卵延迟。

(5)慢性子宫内膜炎。慢性子宫内膜炎是子宫黏膜慢性发炎。此病发生于各种家畜，常见于奶牛及马、犬等多种动物，而且为母牛不育的主要原因之一。

慢性子宫内膜炎多由链球菌、葡萄球菌、大肠杆菌、病毒、衣原体和霉形体等多种病原微生物感染引起。子宫复旧不全、胎衣不下、牛布氏杆菌病、结核病和马沙门氏杆菌病都可并发子宫内膜炎。输精时消毒不严密，分娩、助产时不注意消毒和操作不慎，是将病原微生物带入子宫导致感染的主要原因。此外，公畜生殖器官的炎症和感染(毛滴虫病以胎儿弧菌)也可通过本交或精液传给母畜而引起慢性子宫内膜炎。

5.其他原因不育

(1)繁殖技术性不育。影响动物生育能力的因素主要来自 4 个方面，即母畜、公畜、发情鉴定的准确率及配种技术。后两种因素属于繁殖技术范畴。繁殖技术性不育是由繁殖技术不良引起的；这种不育目前在技术力量薄弱的奶牛场中及役畜极为常见。母畜发情鉴定的经验不足和工作中疏忽大意，不能及时发现母畜发情，可以造成漏配或配种不及时，引起不育。人工授精技术不良、精液处理和输精技术不当，往往引起大批母畜不孕。不进行怀孕检查或检查的技术不准确，不能及时发现母畜未孕，也是造成不育的重要原因。

(2)环境气候性不育。母畜的生殖机能与日照、气温、湿度、饲料成分的变异以及其他外界因素都有密切关系，这些因素可以协同对发情发生影响，这在发情有季节性的母畜尤其显著。例如，牛和猪在天气严寒，尤其是饲养不良的情况下，停止发情；或者即使排卵，也无发情的外表征候或征象轻微。马的卵泡发育过程受季节和天气的影响很大；羊也是这样，甚至发情羊只的多少和天气阴晴都有关系。奶牛在夏季酷热时，配种率降低，这可能是由于高温使甲状腺机能降低，发生安静发情所致。将母畜转移到与原地气候大不相同的地方，可以影响生殖机能而暂时发生不育；在同一地区，各年之间气候的不同变化也可影响母畜的生育力。

环境气候性不育的母畜，生殖器官正常，只是不发情，或者发情现象轻微；有的虽有发情征候，但不排卵。一旦环境改变或者母畜适应了当地的气候，生殖机能即恢复正常，由这一点可以做出确诊。

环境气候性不育都是暂时性的，预后良好。

(3)衰老性不育。衰老性不育是指未达到绝情期的母畜，未老先衰，生殖机能过早减退。至于达到绝情期的母畜，因为全身机能衰退而丧失繁殖能力，在生产上已经失去了利用价值，应予淘汰。

衰老性不育见于马、驴、牛。经产的母马和母牛，由于阔韧带和子宫松弛，子宫由骨盆下垂至腹腔，所以阴道的前端也向前向下垂。因此，排尿后一部分尿液可能流至子宫颈周围(称为尿膣)，长久刺激这一部分组织，引起持续发炎，精子到达此处即迅速死亡，因而造成不育。

**(三)识别症状**

不同原因引起的母畜不孕症，其临床症状表现不同，常见的临床表现有久不发情、发情紊乱、慕雄狂、阴道分泌异常、屡配不孕等。

## 二、任务实施

### (一)诊断

1.病史调查

调查不育的病史对判断不育的性质、程度及范围等具有重要的意义。进行病史调查应详细询问有关人员，按拟定的内容收集资料，详细了解动物个体及全群的繁殖状态。

向有关人员(饲养员、配种员、挤奶人员、使役人员和配种员等)详细询问各种情况。询问的内容主要包括以下几个方面：不孕家畜数量、年龄、饲养管理状况、以往的繁殖状况、是否发生过生殖器官疾病、是否患过普通病或流行病、母畜的分娩情况、畜群中公畜的状况等。

应当明确，畜主和饲养人员提供的病史资料，在进行诊断时只可作为参考，而不是诊断的唯一依据。在不育的检查项目中，临床检查仍然是主要的。

2.临床调查

母畜的不孕不育的临床检查包括外部检查、阴道检查和直肠检查3个方面。现将各种检查方法分别简单介绍如下。

(1)外部检查。外部检查主要是对母畜进行视诊。有时从母畜的外部形态就能断定生殖器官是否存在异常情况。进行视诊须从以下几个方面考虑。

①体形体态：观察体形体态可以发现某些病理情况。

②外生殖器器官的状况：主要检查阴门及骨盆部的状态，即检查荐关节、荐坐韧带、尾椎、肛门括约肌等。

③阴道分泌物的状况：阴道分泌物可能会粘在尾根或后腿上，因此可以直接或间接进行观察。

④乳房：乳房增大或肿胀在正常母牛在分娩之前和产后可以看到；未孕动物的乳房萎缩变小，往往表明可能患有繁殖疾病。

⑤行为：观察动物的行为只有在它自由活动时才比较可靠。在母牛必须注意观察其发情行为表现有无异常。

(2)阴道检查。一般来说，阴道检查的方法应用较少，因为这种检查在实施之前对所用的开膣器及术者的手臂必须彻底充分消毒，准备工作繁杂，而这种方法对绝大多数不育的病例并不具有决定性的诊断意义，只可作为一种辅助方法帮助解释直肠检查的结果。

阴道检查包括徒手检查法和开膣器检查法两种。

(3)直肠检查。迄今为止，在母畜产科临床上，直肠检查仍然是最为经济、准确、广泛应用的方法。探查子宫颈、子宫、卵巢及其周围结构的应注意仔细触诊其形状、大小，并查明其准确位置。

(4)特殊检查。通过生殖器官的检查并结合病史，通常对大多数病例即可做出诊断，有时则需要借助特殊的实验手段来进行确诊。

①阴道及子宫颈黏液样品的细菌学检查。

②阴道黏液样品检查牛的阴道滴虫。

③子宫内采样检查。

④腹腔镜检查法。

⑤超声波检查。

⑥孕酮分析。

**(二)治疗**

1.先天性不孕

可以根据情况及时淘汰或育肥后淘汰，一般不予治疗。

2.营养性不孕

在配种前改善饲养管理，增加精料和高质量的青绿饲料和补充必需的一些矿物性饲料。实行放牧并增加日照时间。由于过肥引起不育时，应给予多汁饲料，减少精料，增加运动。

3.管理性不孕

治疗时首先应减轻使役强度，或者改换工种；同时进行放牧，并供给富于营养的饲料。非乳用母畜如因仔畜吮乳而不发情，可及时断奶。对于奶牛，应分析和变更饲料，使饲料所含的营养成分符合产乳量的要求；或者减少泌乳。为了促进生殖机能迅速恢复，可以采用刺激生殖腺的催情药物和疗法。

4.疾病性不孕

(1)卵巢机能不全的治疗。

①利用公畜催情。公畜对于母畜的生殖机能来说，是一种天然的刺激。在公畜的影响下，可以促进母畜发情或者使发情的征候增强，而且可以加速排卵。

②激素疗法。

促卵泡素(FSH)或孕马血清(PMS)或全血：每日或隔日1次。每注射一次后须做检查，如无效可连续应用2～3次，直至出现发情征象为止。

人绒毛膜促性腺激素(hCG)：马、牛静脉注射2 500～5 000 IU或肌肉注射10 000～20 000 IU；猪、羊肌肉注射500～1 000 IU。必要时间隔1～2 d重复一次。在少数病例，特别是重复注射时，可能出现过敏反应，应加注意。

雌激素：这类药品对中枢神经及生殖道有直接兴奋作用，可以引起母畜表现明显的外表发情征象，但对卵巢无刺激作用，不能引起卵泡发育及排卵。应用雌激素之后能使生殖器官出现血管增生、血液供给旺盛、机能增强，从而摆脱生物学上的相对静止状态，使正常的发情周期得以恢复。因此，虽然用后头一次发情时不排卵(可不必配种)，而在以后的发情周期中却可以正常发情排卵。

③维生素A疗法。维生素A对牛卵巢机能减退的疗效时间较激素更优，特别是对缺乏青绿饲料引起的卵巢机能减退。一般每次给予100万IU，每10 d注射1次，注射3次后的10 d内卵巢上即有卵泡发育，且可能排卵和受胎。

④中药疗法。中兽医成本病为久不发情，屡配不孕。多系脾肾阳衰，气血虚弱引起，治宜温肾健脾，益气补血。可用参芪归地散（催情散）：党参30～45 g、黄芪30～45 g、当归30～45 g、熟地30 g、阳起石45～60 g、淫羊藿50～100 g、肉苁蓉30 g、山药50～60 g、甘草15 g、巴戟天30 g、益母草（草）50～150 g，煎服或研磨服。

(2)持久黄体的治疗。治疗持久黄体首先应从改善饲养、管理及利用并治疗所患疾病着手，才能收到良好效果。改进饲养管理，增加运动或放牧，减少挤乳量，可使黄体消退，发情周期恢复正常，但所需时间较长。

前列腺素$F_{2\alpha}$及其合成的类似物，对患畜应用之后绝大多数于3～5 d之内发情，有些配种后也能受孕。

中药复方仙阳汤：治牛卵巢静止和持久黄体的有效率为90.4%，受胎率为89.2%。

鲜灵脾（淫羊藿）120 g、阳起石100 g、菟丝子80 g、故纸120 g、枸杞子100 g、当归100 g、熟地60 g、益母草150 g、赤芍80，煎服或研末服，隔日或每日1次，连用3～5剂。

方歌：复方仙阳菟故杞，归地益母赤芍煎。

促卵泡素、孕马血清（全血）、雌激素以及激光疗法、电针疗法也可用于治疗持久黄体。

(3)卵巢囊肿的治疗。

①激素疗法。应用激素治疗卵巢囊肿，主要是直接促使囊肿黄体化。

促黄体素(LH)制剂：常用于治疗卵巢囊肿的外源性促黄体素是人绒毛膜促性腺激素(hCG)和猪、羊垂体抽提物(GTH)。

LH制剂治疗卵巢囊肿的治愈率平均为75%左右(65%～80%)。产生效应的病牛经常在治疗后20～30 d之内出现发情周期循环；因而，除非病牛持续表现强烈的慕雄狂征候，在治疗后3～4周之内一般不需要重复用药。

促性腺激素释放激素(GnRH)：GnRH用于卵巢囊肿效果显著，治疗后产生效应的母牛大多数在18～23 d发情。患牛的治愈率、从治疗至第一次发情的间隔时间及受胎率，和应用hCG的效果相似；而且重复应用发生过敏反应者极少，也不会降低疗效。GnRH还有预防作用，产后第12～14天给母牛注射GnRH可以制止卵巢囊肿的发生。

黄体酮：牛每次肌肉注射50～100 mg，每日或隔日1次，连用2～7次，总量200～700 mg。实践证明，可使60%～70%的病牛恢复周期性发情。

前列腺素$F_{2\alpha}$及其类似物$PGF_{2\alpha}$：对卵巢囊肿无直接治疗作用，而是继GnRH之后应用可以提高效果，缩短从治疗至第一次发情的间隔时间。应用GnRH后第9天注射PGF使病畜治疗后开始发情的时间可从18～23 d缩短到平均12 d左右。

地塞米松：牛肌肉注射10～20 mg。对多次应用其他激素治疗无效的病例可能收到效果。

②中药以行气活血、破血祛瘀为主，用大七气汤。肉桂20 g、桂枝25 g、莪术30 g、三棱30 g、藿香30 g、香附子40 g、益智仁25 g、甘草15 g、二皮各30 g，研末服。

(4)排卵延迟的治疗。对排卵延迟的病畜，除改进饲养管理条件、注意防止受到气温的影响以外，应用激素治疗，通常可收到良好效果。

在牛，发现发情症状时，立即注射 LH 200～300 IU 或黄体酮 50～100 mg，可以促进排卵。对于确知由于排卵延迟而屡配不孕的母牛，发情早期应用雌激素，晚期注射黄体酮，也可获得良好效果。

(5)慢性子宫内膜炎治疗。冲洗子宫是对慢性子宫内膜炎行之有效的治疗方法。在母畜发情，子宫颈口张开时，冲洗子宫没有困难，可以直接从阴道或者应用直肠把握子宫颈的方法送入导管。如果子宫颈封闭，可先应用雌激素制剂，促使子宫颈松弛开张后，再进行冲洗。

用温的(35～45℃)溶液冲洗较好，能够增强子宫的血液循环，改进生殖器官的代谢，增强其防御机能。常用 0.1％的高锰酸钾冲洗子宫，每次治疗所用的溶液总量不宜过大，一般为 500～1 000 mL，并分次冲洗，直至排出的溶液变为透明为止。子宫冲洗可每天或隔日进行 1 次。

冲洗子宫，应严格遵守消毒规则。牛冲洗之后有的会出现食欲减退或其他不良症状，故应注意病畜的全身情况。如有异常，必须及时进行适当的处理。

**(三)预防**

1.准确掌握动物发情

正确判定母畜发情，防止漏配，是防止母畜不孕症的先决条件。

2.做好适时配种

在正确发情鉴定的前提下，掌握正确的配种时间是提高母畜受胎率的关键一环。对母畜要建立详细的繁殖记录，正确掌握配种时间，提高受孕率。

3.做好分娩护理

做好产期护理是减少母畜不孕，确保下胎母牛发情配种的重要措施。因为母牛在产房期间的护理会直接影响到泌乳、子宫恢复及下一次配种。

(1)临产母牛应该尽量做到自然分娩，避免过早的人工助产。必须助产时，要让兽医进行助产。助产时要做好卫生消毒工作，防止产道损伤，减少产道感染。对胎衣不下的牛应及时进行治疗处理。凡胎衣不下的牛，剥离后用抗生素进行子宫灌注。如胎衣粘连过紧，不易剥离者，向子宫中及时灌注抗生素或子宫净化专用药(金霉素 2 g 或土霉素 4 g 或宫康注射液)，隔日或每日一次，直到阴道流出的分泌物清亮为止。做好母牛出产房的健康检查。产后 7 d、15 d 各产道检查一次，正常者可出产房；凡子宫内膜炎或胎衣不下者，一律在产房内治愈后才能出产房。出产房的母牛必须坚持 4 个标准：一是食欲、泌乳正常，全身健康无病；二是子宫恢复正常；三是阴道分泌物清亮或呈淡红色，无臭味；四是把好饲养管理关。搞好饲养管理是增强牛体健康，减少营养性不孕症的基本方法。母牛若精料过多又运动不足，则容易导致母牛过肥，造成奶牛发情异常，妨碍受孕。高产奶牛若精料饲喂过多，更易引起代谢性疾病，而造成不孕。犊牛生长期营养不良，发育受阻，会影响生殖器官的发育，易造成初情期推迟，初产时出现难产或死胎，既影响繁殖性能，也影响生产性能。另外，运动与阳光浴对防止奶牛不孕也有重要作用，牛舍通风换气不好，空气污浊，过度潮湿，夏季闷热等恶劣环境，不仅危害牛体健康，还会造成母牛发情停止。因此，在饲养管理上要保证优质全价，保证充足的维生素、矿物质，饲料要多样化。

除过上述“四关”外，对具体疾病所造成的不孕症要及时进行针对性治疗。

(2)全身性疾病的治疗。机体是一个整体,任何影响机体全身发生变化的疾病,都会影响母牛的发情、配种受妊。诸如结核病、布鲁氏菌病、酮病、胎衣不下等。因此,应及时、正确诊断并给予对症治疗,加速痊愈过程。

(3)生殖疾病的治疗。子宫、卵巢的疾病,直接与妊娠有关,也是引起母牛不妊的主要原因之一。常见的有子宫内膜炎、卵巢囊肿、持久黄体等。由于这些疾病的发生,临床表现为发情延迟,性周期延长;发情时间缩短,性周期短;持久发情、长期不发情和屡配不妊等,成为危害奶牛生产严重疾病之一。因此,当发现不妊症病牛时,应对全身状况仔细检查,找出病因,并采取相应的治疗措施。

# 任务二　公畜不育

## 一、相关知识

### (一)了解概况

公畜要具有正常的生育能力有赖于以下几方面的功能正常:精子生成、精子的受精能力、性欲和交配能力。凡能导致上述各方面损害的因素都可导致公畜不育。公畜的不育症有功能性不育,如精液品质不良,阳痿,竖阳不射精等。此外,睾丸及附睾的疾病和导致交配困难甚至不能交配的疾病,例如龟头及阴茎疾病,后肢不能负重,以及其他严重的全身疾病等都能造成不育。本节中介绍功能性的不育症。

### (二)认知病因

1.精液品质不良

精液品质不良是公畜的精子达不到使母畜受精所需要的标准,主要表现是无精子、少精子、死精子、精子畸形和精子活力不强等,另外尚有精液带脓、血或尿液。精液品质不良是公畜不育最常见的原因。各种先天性和后天获得性生殖器官发育不全、损伤和炎症均可引起此病。

(1)饲养管理不当。饲养管理不当是引起公畜精液品质不良的主要原因,例如饲料的数量和所需营养成分不够、维生素缺乏、运动不足等。配种过度造成性亏损时,精液的数量少,精子的数量也同时减少,并出现异常。长期不配种,第一次配种时所射出的精液品质也大多不良。

(2)生殖器官疾病。如睾丸发育不全、睾丸萎缩、睾丸炎、隐睾及附睾炎、附睾管及输精管闭锁、阴囊皮肤疾病,都可造成死精、少精或无精症。精索静脉曲张时,虽然性欲旺盛但不射精,也采不出精液。

附性腺(前列腺,精囊腺,尿道球腺)有炎症时,常使精子死亡,或者使精液带有脓血及絮状物。膀胱颈麻痹可使精液中带有尿液。严重的高热性疾病,也可因细精管上皮受到破坏,而不能正常生成精子。

(3)人工授精操作不当。采精消毒不严,精液处理不当,冻精解冻操作失误等可使精液品质下降。精子异常、无精子也可能与遗传有关。

2. 阳痿

阳痿是一种复杂的生殖机能障碍，影响因素较多。根据病因又可分为器质性阳痿和功能性阳痿。功能性阳痿往往是因为老龄、过肥、使用过度、长期营养不良或消耗性疾病、疼痛以及不适宜的交配环境等原因造成的。初开始配种的公畜有时也有阴茎不能勃起的现象，经调教后可逐渐改进。

器质性阳痿的病因包括如下5个方面。

(1)阴茎解剖异常。阴茎充分勃起时，要求阴茎海面体内维持很高的血压。而引起阳痿的最常见的原因，是由于先天性的或因损伤所造成的阴茎海绵体与其他海绵体或阴茎背侧静脉之间出现吻合的交通支，造成阴茎海面体内血液外流，从而达不到很高的血压而使阴茎不能勃起。另外，阴茎及骨盆内炎性损伤、精索静脉曲张、包茎等，也可导致阳痿。

(2)内分泌异常。如原发性睾丸发育不全、睾丸肿瘤、睾丸间质细胞引起雌性化以及甲状腺机能亢进和肾上腺出现肿瘤等均可引起阳痿。

(3)神经系统损伤。颞叶、脊髓基因部神经损伤可引起阳痿。

(4)药物。过度使用雌激素、阿托品、巴比妥、吩噻嗪、安体舒通、利血平等类药可能导致阳痿。

(5)血管疾病。动脉瘤、动脉炎、动脉硬化、动脉血栓阻塞等可能引起流入阴茎海绵体的血量不足而致阳痿。

3. 竖阳不射精

竖阳不射精是公畜性欲正常，阴茎也能勃起，性交可以维持一定时间，但交配时达不到兴奋高潮，无射精动作或不能完成射精过程，亦无精液流出，称为竖阳不射精或射精不能。此病常见于马、驴。

引起阳痿的原因，也可引起竖阳不射精。由于外界环境的突然刺激(喧哗、母畜蹴踢、鞭打等)而中断配种，人工采精假阴道压力不足、温度过低，采精技术不当，生殖器官和尿道炎症及损伤引起疼痛或输精管堵塞，脊髓和腰部交感神经节损伤，公畜使用过度使性中枢疲劳衰竭或者种公马神经过度兴奋，均可发生不射精的现象。马患某些疾病(如尿道炎等)造成尿道阻塞，也不能顺利完成射精过程。

**(三)识别症状**

1. 精液品质不良

精液品质不良的公畜，除了生殖器官的原发病症以外，一般没有外表可见的症状。饲养管理不良所引起的，有时可见到性欲减退。

公畜精液品质不良，可以同时造成很多母畜不孕，因而不难发现。对怀疑精液品质不良的公畜，应按人工授精对精液品质的要求标准，进行详细检查。对各种精子异常进行确诊时，需要连续检查几份精液。原发性精子畸形检查结果相似；由于精子在附睾和输精管中停留的时间不等，继发性精子畸形检查结果差异较大。

2. 阳痿

交配和采精时，公畜阴茎不能勃起，或者起而不坚，虽然用力爬跨，但是完成不了性交过程。

阳痿在性交时不难看出，但要准确找出原因，则需详细了解观察。由于饲养不良引起的阳痿，公畜消瘦，精神不佳；或者过于肥胖，行动呆笨。由于配种过度引起的，公畜精神委顿，呈现疲乏状态。由于疼痛疾病引起的，公畜不愿或不能爬跨。刚开始配种时发生的阳痿，种公畜的性欲正常，但阴茎不勃起。

检查时要注意家畜的年龄、饲养管理条件、体况、阴茎及阴茎周围组织是否有损伤或炎症。包茎、阴茎肿瘤或阴茎粘连的公畜在试情时阴茎可能勃起，但不能伸出包皮口，应注意观察并触摸包皮鞘内是否有勃起的阴茎。

3. 竖阳不射精

通常公畜性欲旺盛、爬跨正常，有时急迫要求交配，亦在爬跨但最后不能完成射精过程。属于采精技术不良引起的不射精，公畜异常兴奋，前肢刨地，一再爬跨母畜，有时配种人员几乎不能控制。公畜由于生殖道不畅通而引起疼痛，往往高叫数声，随即跳离母畜。神经过度兴奋的公畜，虽然性欲极其旺盛，阴茎充分勃起，迫切要求交配，但由于生殖道痉挛性收缩，往往经过多次交配，仍不能射精。

## 二、任务实施

### (一)诊断

公畜的不育的诊断应从以下几个方面进行。

1. 健康检查及生殖器官的检查

对种公畜的检查，应从全身开始。首先应观察种公畜的健康状况，尤其是对传染病和寄生虫病也不可忽视，应当检查有无布氏杆菌病、结核病、马媾疫等。

除此而外，应重点检查生殖器官，视诊和触诊阴囊、睾丸、精索、包皮、阴茎等。有时尚需进行直肠检查，确定其内部生殖器官及泌尿系统的状态。

诊断附属生殖腺疾病时，在大家畜可行直肠检查，触诊腺体是否肿大、疼痛，挤压有无脓样液体流出。如有急性化脓性炎症，病畜的体温往往增高，行动小心、甚至出现跛行。如由急性转为慢性，则此种症状逐渐消失；但是内生殖器官会存留形态变化，精液也有异常。

2. 性交反射的检查

这种检查应以公畜惯用的配种方法并在习惯的环境中进行。观察项目为性交反射(爬跨反射、勃起反射、插入及抽动反射、射精反射)的表现。这些反射越明显，表示种公畜的性机能越旺盛。如果种公畜的性欲不旺盛，除疾病原因外，还应当考虑环境条件的影响及公畜的配种负担。

3. 精液检查

必须详细检查公畜的精液，因为精液的质量是评价公畜种用价值的标准。检查精液时需用假阴道采精，而且要经过数次检查，才能做出判定。

### (二)治疗

1. 精液品质不良的治疗

主要是消除病因，首先应调查分析病史，找出发病原因，然后针对不同原因采取相应的防治措施。遗传性精子畸形无治疗价值，生殖器官损伤和炎症应对症治疗。

饲养管理不良所引起的，应及时改进饲养管理，如增加饲料的数量、改善饲料品质、增加运动、暂停配种等。

由于疾病而继发的，应针对原发病进行治疗。消除了原发病后，精液的品质往往即能得到提高。

属于遗传性原因，或种公畜的不育是由先天性疾病引起的，不宜留作种用。

临床上出现原因不明的精子异常时公畜应停止做种用，同时加强饲养管理，治疗期间应定期采精，进一步分析病因和检查治疗效果。

2. 阳痿的治疗

首先也应当查明致病的原因，然后采取适当措施，例如改善饲养、加强管理、改换采精用的母畜、注意种公畜的条件反射，变更交配和采精的环境等。因阴茎海绵体出现血管吻合支和神经系统损伤所致的阳痿一般无有效的治疗方法。由于疾病所造成的，应及时治疗原发病。

可皮下或肌肉注射丙酸睾酮或苯乙酸睾酮，剂量为马、牛 100～300 mg，羊、猪 100 mg，隔日 1 次，视病情连续应用 2～3 次。亦可口服甲基睾酮，马、牛 0.3～0.9 g，猪 0.1～0.3 g。有人报道，瘦削乏弱公畜的阳痿可能是由于脑垂体释放促性腺激素不足所引起的。因此，可以试用 hCG，马、牛肌肉注射或静脉注射 5 000～10 000 IU，必要时可间隔 3～5 d 重复应用。公牛、公马和公驴皮下或肌肉注射 PMSG 2 000～3 000 IU，猪、羊 1 000 IU，每日一次，一般 1～3 次，对治疗某些阳痿有效。电针百会（进针 7～10 cm）和交巢（进针 20～27 cm）对公马阳痿也有治疗作用。

3. 竖阳不射精

首先应消除管理和采精技术方面引起不射精的原因，采取相应措施消除这些不利因素。对性欲亢进、过度兴奋的公畜，配种之前应牵到安静场所缓慢牵遛十几分钟。必要时也可事先内服溴剂（溴化钠或三溴合剂 15.0～30.0 mg）加以镇静。

确定是由于射精管道阻塞或其他疾病而不能射精时，应停止配种，并采取相应的措施，治疗原发性疾病。在症状消除后，可适当使用睾酮和促性腺激素。

对年老虚弱及初开始配种的家畜，应用睾酮或人绒毛膜促性腺激素，有时也可收到良好效果。

## 任务三　不孕不育症的综合防治

临床防治不孕不育症时，应详细了解疾病发生情况，从多方面进行调查、研究和分析，鉴别不同致病原因，确定母畜公畜不育的类型，并采取相应的治疗措施，进行综合防治。

### 一、全面定期检查繁殖母畜、种公畜

防治不育时，首先应当有目的地向饲养员、配种员或挤奶员调查了解家畜的饲养、管理、使役、配种情况。因为他们不仅对家畜的饲养管理及配种具有丰富的经验，而且熟悉家畜的个体情况。细心分析他们所供给的资料，常常可以迅速找出引起不育的可靠线索。有条件时尚可查阅繁殖配种和病历记录，据以提出比较切合实际的防治措施。

检查饲料的种类和品质，了解饲料的加工和保管方法，查询家畜的饲养、管理和使役情况，对查明不育的原因来说，都是十分重要的。由此可以确定，不育是否是由于饲养管理或使役不当所引起的。改善饲养，增加放牧，合理利用，减轻使役，增加运动，常能产生良好效

果。此外，不育也可能是机体对外界环境的一种反应，所以还要全面注意自然环境对家畜发生的各种具体影响。

为了查明不育的原因，应从家畜机体的整体出发，进行全面检查。不仅要详细检查生殖器官，而且要检查全身情况，因为不育有时就是健康不佳的一种症状或反应。

## 二、建立完整的繁殖记录

每头动物应该有完整准确的繁殖记录，佩戴的标记应该清楚明了，以便远距离进行观察。建立繁殖记录，表格应该简单实用，是一般饲养人员也可就观察到的情况及时进行记载。通常作为繁殖记录，应包括分娩或流产时间、发情及发情周期的情况、配种及妊娠情况、生殖器官的检查情况、父母代的有关资料、后代的数量及性别、预防接种及药物使用以及其他有关健康情况。

## 三、完善的管理措施

从上述公、母畜的不育症所述可以看出，在家畜的不育中，由于管理不善引起的要占较大的比例，例如母畜的乏情、屡配不孕，公畜的精液品质不良等均与管理有很大关系，因此改善管理措施是有效防治不育的一个重要方面。在发情鉴定时，目前除了仔细观察、详细记录、准确输精外，尚无其他可行的方法，这就要求在观察发情时必须仔细认真，每次观察时间不应短于 30 min，每天进行 3～4 次。

## 四、重视青年后备母畜的饲养

对青年后备母畜必须提供足够的营养物质和平衡饲料，及时进行疫病的预防和驱虫，保证健康成长，以便按时出现有规律的发情周期，发挥繁殖效益。

## 五、严格执行卫生措施

在进行生殖道检查、输精以及母畜分娩，一定要尽量防止发生生殖道感染，杜绝母畜感染严重影响生育力的传染性或寄生虫疾病。新购入的种公畜或母畜应隔离观察 30～150 d，并进行检疫和预防接种。

虽然目前已经研究出了一些防治家畜不育的激素或药物疗法，而且经过临床验证都有一定的效果，但由于家畜患病时体内的生殖激素水平及各自的条件不同，因而某一种药品或疗法并不一定对同一原因引起的不育都能产生满意的效果。同时所有的不育只有在消除了不良的自然因素之后，给予适当的治疗，才能发生预期的效果。在实践中，这一点应当受到重视。

在防治不育方面，饲养员、配种员、挤奶员和助产人员起着很大的作用。有些不育常常是由于工作上的原因造成的。例如，不能及时发现发情母畜和未孕母畜，未予配种或进行治疗处理；繁殖配种技术（排卵鉴定、怀孕检查、人工授精）不熟练，不能适时或正确配种受精；配种接产消毒不严、操作不慎，引起生殖器官疾病等，都是导致不育的常见原因。因此，技术人员必须和他们一起共同学习，钻研业务，不断提高理论和操作水平。在家畜不育较多的场（站），要密切依靠单位领导，与群众结合，共同订出家畜繁殖和防止不育的计划，建立切实可行的制度，并认真落实，然后配合适当的治疗，才能迅速而有效地消除不育。

## 能力拓展

以下技能项目可根据学校实习条件的实际情况，或进行人工复制病例，或利用在校外实习基地病例，或借助学校实习兽医院的临床病例来完成，要求以学生为主体，分组进行，教师对学生的诊断和治疗过程进行指导，并对各组的治疗方案和治疗效果进行评价，指出存在的问题，旨在进一步提高学生对动物不孕不育症的临床诊疗技能和学习效果。

(1)奶牛卵巢机能不全的诊断与治疗。

(2)奶牛持久黄体的诊断与治疗。

(3)奶牛卵巢囊肿的诊断与治疗。

(4)犬慢性子宫内膜炎的诊断与治疗。

要求：讨论治疗思路、写出治疗处方、实施治疗措施并护理好发病动物，同时还要做好病例总结。

## 复习思考题

1. 简述临床上由于饲养管理原因而引发母畜不孕不育的类型。
2. 简述常见疾病性原因引发母畜不孕不育的类型。
3. 简述慢性子宫内膜炎导致母畜不孕的治疗措施。
4. 试述卵巢囊肿引发母畜不孕的治疗方法。
5. 简述临床上引发公畜不育的原因。
6. 试述临床不育症的防治措施。

Project 5

# 新生仔畜疾病防治

# 任务一　新生仔畜窒息

## 一、相关知识

### (一)了解概况

新生仔畜是指残留的脐带脱落以前的初生仔畜。一般仔畜脐带干燥脱落的时间为6 d，猪、羊比马、牛脐带脱落较早。脐带脱落之前的动物所发生的疾病称为新生仔畜疾病。

新生仔畜疾病复杂，病程进展迅速，极易全身蔓延，轻则阻碍生长发育，重则导致死亡，因此，应贯彻"防重于治"和及时治疗的原则。

新生仔畜窒息又称假死，即刚出生的仔畜呈现呼吸障碍或无呼吸动作，仅有心脏跳动。各种动物均可发生，常见于马和猪。如经及时抢救，可免于死亡。

### (二)认知病因

主要因为气体代谢不足或胎盘血液循环障碍，多见于分娩时产生时间拖长或胎儿产出受阻；胎盘水肿或胎盘过早剥离，胎囊破裂过晚；胎儿骨盆前置，产出时脐带受压迫或胎儿脐带缠绕，以及子宫痉挛收缩等，引起胎儿严重缺氧，二氧化碳急剧蓄积，刺激胎儿过早地呼吸，以致吸入羊水而发生窒息。

此外，母畜临产前患高热性疾病或肺炎、贫血等其他疾病，亦可使胎儿娩出后发生窒息。

### (三)识别症状

可分为青色窒息和苍白窒息。青色窒息(轻度窒息)时，新生仔畜软弱无力，可见结膜发绀，口腔和鼻腔充满黏液，舌脱出口角外，呼吸不均匀，有时张口呼吸，呈喘气状，心跳快而弱，肺部有湿性啰音，喉及气管部更为明显。

苍白窒息(重度窒息)时，仔畜全身松软，卧地不起，反射消失，结膜苍白，呼吸停止，仅有微弱心跳，呈假死状态。

## 二、任务实施

### (一)诊断

根据临床症状即可诊断，但要准确判断仔畜窒息的程度，以便正确采取治疗措施。

### (二)治疗

首先用布擦净鼻孔及口腔内的羊水，为诱发呼吸反射，可用草秆刺激鼻黏膜或用浸有氨水的棉花放在鼻孔上，若仍无呼吸，可将仔畜后肢提起来抖动，并有节律地轻压胸腹部，以诱发呼吸，同时促使呼吸道黏液排出。对犊及驹还可用细胶管吸出鼻腔及气管内的黏液及羊水，进行人工呼吸或输氧。还可应用兴奋呼吸中枢的药物，如尼可刹米皮下或肌肉注射。窒息缓解后，为纠正酸中毒，可静脉注射5%碳酸氢钠50～100 mL，为预防继发呼吸道感染，可肌肉注射抗生素。

#### (三)预防

建立产房值班制度,保证母畜分娩时及时正确地接产和护理好仔畜,接产时应特别注意对分娩过程延迟、胎儿倒生及胎囊破裂过晚者及时进行助产。

## 任务二 孱弱

### 一、相关知识

#### (一)了解概况

新生仔畜孱弱是指仔畜衰弱无力、生活力低下的一种先天发育不良。多见于早春所产的驹,母猪冬季产仔时也常发生。

#### (二)认知病因

主要起因是由于怀孕期饲料中蛋白质、维生素(尤其是维生素 A、维生素 $B_2$、维生素 E)、矿物质(主要是铁、钙、钴、磷)和微量元素(硒、锌、碘、锰)等营养物质缺乏。还见于母畜患妊娠毒血症、产前截瘫、慢性胃肠炎、布氏杆菌病及沙门氏杆菌病等。母畜早产、近亲繁殖及马生双胎时,仔畜也常表现为孱弱。

#### (三)识别症状

仔畜出生后衰弱无力,肌肉松弛,卧地不起,心跳快而弱,呼吸浅而不规则,对外界刺激反应迟钝,体温低下,耳、鼻、唇及四肢末梢发凉,吮乳反射很弱。

### 二、任务实施

#### (一)诊断

根据新生仔畜的发育状况、临床表现等进行诊断。

#### (二)治疗

治疗原则是保温和人工哺乳,补给维生素和钙盐及采用强心、补液等对症疗法。环境温度低时,首先将其放在 25～30℃的屋里或火炕上,必要时盖以薄棉被。

为了补充营养和氧气,可静脉注射 10%葡萄糖 500 mL,加双氧水 30～40 mL,也可静脉注射 10%～25%葡萄糖 400 mL,加入 10%氯化钙 10 mL。对驹也可输给母马血 200 mL,并加入 10%氯化钙 10 mL,每隔 2～3 h 1 次,直至体温维持正常时为止。

必须定时喂以母畜初乳或牛奶,每 2～3 h 喂给 250 g,喂牛奶时需加 1/3 的温开水和适量白糖。还可根据具体情况,应用强心剂及维生素等。

#### (三)预防

主要是加强孕期的饲养管理,提供孕畜充足的营养,孕畜要适当运动,做好围产期保健,防止早产发生等。

# 任务三　脐炎

## 一、相关知识

### (一)了解概况

脐炎是新生仔畜脐血管及周围组织的炎症。此病可发生于各种仔畜,常见于犊牛和驹,羊也有发生。

### (二)认知病因

本病主要是接产时消毒不严,脐带受到污染及尿液浸润。有时小牛或仔猪群中互相吸吮脐带,导致感染。

### (三)识别症状

患脐炎的仔畜,病初脐孔周围发热、充血、肿胀、疼痛、仔畜表现为经常拱腰,不愿行走。脐带残段脱落后形成瘘管,可挤出少量黏稠的脓汁,脐孔处皮下可摸到有小指粗的硬索状物。发生脐带坏疽时,脐带残段呈污红色,有恶臭味,去除脐带残段后,脐孔处肉芽赘生,形成溃疡,附有脓性渗出物。有时脐部被化脓菌感染,可形成脓肿(犊牛多见)。山羊羔常有发热及全身症状。

如化脓菌及其毒素经血液循环侵入肝、肺等脏器,可引起败血症。有时亦可继发破伤风。

## 二、任务实施

### (一)诊断

根据脐部病变,如脐孔周围发热、充血、肿胀、疼痛、脐端有脓汁排出等进行诊断。

### (二)治疗

治疗时,脐炎初期可在脐孔周围皮下用青霉素普鲁卡因进行环状封闭,局部涂以松节油与5%碘酊等量合剂。通过临床实践,不管是形成脓肿,或是瘘管,只需排除脓汁,用0.1%高锰酸钾冲洗后,慎用或涂布少量敌百虫粉,一般1～2次即愈。为了防止炎症扩散而引起全身感染,还应肌肉注射抗生素。

### (三)预防

1.做好产房环境管理

母畜分娩前将产房进行彻底消毒,保持产房清洁、通风、干燥,勤换垫草,防止仔畜脐带感染。

2.加强新生仔畜护理

接产人员要注意手臂、用品的消毒,采取人工结扎脐带,促进脐带干燥和脱落,严格对新生仔畜脐带的消毒,同时,加强新生仔畜的管理,防止吸吮脐带。

# 任务四 新生仔畜败血症

## 一、相关知识

### (一)了解概况

新生仔畜败血症是一种严重的急性全身性感染病,常以脐炎、关节炎表现出来,并伴有胃、肠、肺、脑及其他器官受侵害的症状。生后一周内的驹发病率最高,犊牛次之(乳用犊为30%～75%,肉用犊为10%～15%),羔羊及仔猪则少见。

### (二)认知病因

由多种病原菌引起,有些是各种仔畜共患的致病菌,如大肠杆菌、葡萄球菌、链球菌、双球菌、棒状杆菌、沙门氏菌和类白喉杆菌等,有些是只引起某一种仔畜发病,如马驹黏液败血杆菌、犊牛及羔羊的流产杆菌、变形菌及肠炎菌等。仔畜可因感染其中一种或两种以上的病原菌而发病。

其感染途径主要是消化道和脐带。当仔畜舔食母畜阴道分泌物、粪便、污水及污染的垫草、墙壁,或者吸吮受污染乳房的乳汁时,病原菌即可经消化道侵入体内。有时是因妊娠母畜患沙门氏菌或布氏杆菌病而使胎儿生前感染。

引起发病的诱因是仔畜先天性孱弱、防御机能不完善以及护理不当而引起体质衰弱、抵抗力降低等。

### (三)识别症状

本病一般在出生后3～7 d内表现出来,也有在生后数小时即出现症状。按其临床症状分为最急性型、急性型、转移型及败血性休克型。

1.最急性型

仅见有高热和剧烈腹泻,迅速衰竭,于1～2 d内死亡。

2.急性型

以发热和腹泻为主。体温升至40～41℃,精神沉郁,黏膜潮红带黄,呆立一处或卧地。马驹粪便呈灰棕色,犊牛及羔羊则呈淡黄色或灰色;粪便恶臭,常带泡沫,初为黏液性,后变水样。开始时排粪吃力,末期大便失禁。马驹排粪前后有腹痛症状。从脐带断端可挤出脓性分泌物。濒死期体温可降至正常或常温以下,呼吸困难、极度消瘦,昏迷而死。

3.转移型

除常有肠炎症状外,主要是发生传染性多发性关节炎。因侵害的器官及部位不同,症状也不一样。

患关节炎的仔畜,1～2肢的部分关节或四肢大部分关节,尤其是腕关节、跗关节、球节或膝关节发生炎症。关节肿胀,热痛明显,周围组织水肿。有时肿胀可一度消失,以后又重新出现,但通常是逐渐加重,最后出现波动而破溃,排出脓汁。若髋关节及肩关节被侵害时,仔畜不愿行走,常提起患肢免负体重,或者卧地难以起立。

4. 败血性休克型

它是由于病原菌及其毒素侵入机体，以微循环障碍为特征的急性循环功能不全、组织缺氧及主要器官受到损害的一种严重的全身性综合征。主要表现恶寒战栗，皮肤及四肢厥冷，可视黏膜青紫，意识消失，心跳快而弱，呼吸缓慢，尿少或无尿。有的开始将出现腹痛不安，有的躺卧、头抵于地。

## 二、任务实施

### (一)诊断

1. 症状诊断

根据临床症状，如有寒颤、发热、感染灶明显及白细胞增多的病例，一般不难诊断，但在深度休克或早产衰竭的病例，不易确诊，应以体温急剧变化，即突然高热达40℃以上，或骤然降至37℃以下，伴有寒颤等，作为早期诊断的依据。

2. 病因诊断

进行血液学检查、病原菌化验等确诊感染原，为治疗提供依据。

### (二)治疗

治疗原则是增强机体抵抗力，纠正休克，处理原发病灶及转移病灶，控制感染。

1. 增加机体抵抗力

将仔畜置于安静温暖的环境中，加强人工哺乳，不能吃奶者可用胃管投服乳汁。还可注射葡萄糖、维生素 $B_1$、维生素 A、维生素 C 及强心剂，并进行输血。

2. 纠正休克

补充有效循环血量，可静脉注射低分子右旋糖酐，或用氨基酸注射液，或用乳酸钠盐水(乳酸钠 1 份，生理盐水 2 份)或者乳酸钠糖盐水(乳酸钠 1 份，5%～10%葡萄糖 3 份，生理盐水 2 份)，每次 200～500 mL。

为改善微循环，可用减低血管阻力、增加内脏血液量和心血排出量的药物，如阿托品、氯丙嗪、多巴胺或异丙肾上腺素等。阿托品具有扩张血管、加快心率和兴奋呼吸中枢的作用，特别是早期应用于皮肤和四肢厥冷、口色青紫、卧地不起的病驹，效果较好。氯丙嗪适用于高兴奋或腹痛不安的病驹。同时使用大剂量的可的松(每千克 0.2 mg 肌肉注射)，可以解毒、降温、解痉、增加心肌收缩力，往往在 15～30 min 内见效，临床症状好转时，应立即停用。

解除酸中毒，应及时按每千克体重 3～5 mL 静脉注射 5%碳酸氢钠。当仔畜呼吸功能下降，组织缺氧时，可用鼻导管输氧。当弥漫性血管内凝血(DIC)，可在静脉注射 5%葡萄糖中加入肝素。

3. 控制全身感染

有条件时应尽早做血液培养和药敏试验，选择最敏感的抗菌药物。一般应大剂量联合应用抗菌药物，如青霉素、链霉素、庆大霉素、卡那霉素以及磺胺类药物等，最好静脉注射，连用 3～5 d。

4. 处理原发病灶及转移病灶

对关节炎初期，可穿刺排液，用 0.25%普鲁卡因溶解青霉素 40 IU，加入生理盐水溶解的链霉素 0.5 g，作环状封闭，每日 1 次。关节腔已化脓时，应切开排脓，并行外科处理，同时全身应用广谱抗生素。治疗至少应持续 2 周。

**（三）预防**

应加强孕畜的饲养管理，以保证胎儿正常发育及生后体质健壮。加强新生仔畜的护理，严密消毒脐带，保证及时吃上足够的初乳；没有初乳，条件许可时可输给血浆，使它获得足够的抗体。人工哺乳时，应定质、定量、定时、定温，搞好环境卫生，不让仔畜舔食到脏物、粪便等。

# 任务五　新生仔畜溶血病

## 一、相关知识

**（一）了解概况**

新生仔畜溶血病是新生畜红细胞与母畜血清和初乳中存在的抗体不相合引起的一种同种免疫溶血反应。又叫新生畜同种免疫溶血性贫血（neonatal iso-immune hemolytic anaemia）、新生畜溶血性黄疸（haemolytic icterus of the newborn）或新生畜同种红细胞溶解病（neonatal isoerythrolysis），以贫血、血红蛋白尿和黄疸为其特征。多见于驹和仔猪，少见于犊牛，罕见于家兔、仔犬和仔猫。

**（二）认知病因**

发病的主要原因是仔体与母体的遗传性血型不相合。母畜对胎儿的抗原产生特异性抗体，以后母畜初乳中的抗体被仔畜吸收入血液中发生抗原抗体反应而引起发病。

本病的发生不仅要具备父母畜双方红细胞抗原型不相合的先决条件，还要具备胎儿继承父畜而不是母畜的红细胞抗原、抗原能够进入母体、母畜血清抗体能够传递给新生仔畜等条件。在骡驹，业已证实骡胎儿的抗原来自它的红细胞本身，亦即红细胞所具有的驴种属性抗原。驴和马在红细胞表面抗原系列上有很大差别。公驴（马）与母马（驴）种间杂交，红细胞血型不合的频率最高，血型抗原活性和抗体应答最强，因而骡驹溶血病的发病率最高，病情最重。如果骡驹继承了父畜的红细胞抗原，则刺激母畜产生能凝集并溶解骡驹红细胞的特异性抗体即抗驴（马）抗体。母马（驴）血清中特异性血型抗体在妊娠后期，即第 3～10 个月达到峰值，分娩前后浓集于乳腺，分泌于初乳中，凝集价一般可达 1∶(512～1 024) 以上。怀骡胎数越多，血清和初乳抗体效价以及骡驹发病率越高，连续怀胎 3～6 胎的，所生骡驹的发病率高达 60%。在马驹是由于胎儿与母马的血型存在有个体差异所致。马红细胞表面抗原分 8 个系列，每个系列包括一种至数种不同的血型因子（抗原）。已知 Aa、Qa、R、S、Dc 和 Ua 等因子与马驹溶血病的发生直接相关，其中抗原性最强的是 Aa，其余各因子依次减弱，本病大多是由 Aa 和 Qa 因子引起的。仔猪病理发生与马驹相似。猪红细胞表面抗原分 16 个系列，其中 A 型抗原活性最强。除了遗传原因外，还因母猪在妊娠前后多次接种含不同血型抗原的猪瘟结晶紫疫苗，血清中产生和初乳内浓集的同种血型抗体凝集价很高，能够克服新生仔猪胃液和血浆中游离抗原的减消作用而抵达靶细胞，与红细胞表面抗原结合而导致血管内溶血。母猪的这种抗体有时持续时间很久,可使连续几窝仔猪患病。牛的细胞表面抗原分12个系列,其中活性最强的是J抗原,其病理发生与马驹的相似,但临床发病较少,这是因为新生犊牛血浆和其他组织液中含有很多游离的J抗原,经初乳吸收的J血型抗体大部分在抵达靶细胞之前即被结合而减消。在欧洲和澳大利亚,临床见有反复使用抗巴贝西虫苗和抗无定型体病疫苗引起发病的,这主要是由含有红细胞抗原的疫苗引起的。

胎儿抗原在正常怀孕情况下不能通过胎盘屏障,本病中胎儿抗原能进入母体可能与胎盘受损有关,与此同时,母体的免疫性抗体也有可能通过胎盘上的损伤进入胎儿体内,只不过进入的抗体效价不高,不致引起发病而已。本病中母畜免疫抗体的传递,家畜(反刍兽、马及猪等)都是在生后从初乳中获得免疫球蛋白,生后48 h内可吸收大量的免疫球蛋白G(IgG)。这种免疫球蛋白或未消化蛋白质的吸收,在仔畜生后24 h/48 h即停止,称为肠壁闭锁,这是由于初乳中的胰蛋白酶抑制作用消失或肠管蛋白分解酶活性增高所致。

### (三)识别症状

两日龄内的新生畜发病较为多见,生后发病越早,症状越严重,死亡率也越高。仔畜未吃初乳前一切正常,但吸吮后不久即出现症状。主要表现为精神沉郁,反应迟钝,头低耳耷,喜卧,有的有腹痛现象。可视黏膜苍白、黄染,尿量少而黏稠,病轻者为黄色或淡黄色,严重者为血红色或浓茶色(血红蛋白尿),排尿表现痛苦。心跳增数,心音亢进,呼吸粗厉。严重者卧地不起,呻吟,呼吸困难,有的出现神经症状(核黄疸症状),最终多因高度贫血,极度衰竭(主要是心力衰竭)而死亡。核黄疸又称为胆红素中毒脑病,为新生仔畜黄疸的严重并发症。发生原因是大量游离的间接胆红素渗入脑组织内,使中枢神经细胞核团也发生黄染,并引起神经细胞坏死。其临床特征是嗜睡、惊厥、肢体强直等。

驹:最急性型在生后8～48 h内发病死亡,表现严重血红蛋白尿和黏膜苍白;急性型在生后2～4 d出现严重黄疸,中度血红蛋白尿;亚急性型在生后4～5 d出现症状,黄疸明显,无血红蛋白尿,多可自愈。

仔猪:急性型生后12 h内虚脱死亡,慢性型于2～6 d死亡。

犊牛:有两种病型,最急性型于吸吮初乳后不久突然发病,主要表现为急剧贫血和呼吸衰竭,常在短时间内死于窒息和休克。急性型病例,在生后24～48h内发病,临床症状基本与驹相似,重症多在1周内死亡,轻症在2～3周后痊愈。

临床病理学表现急性贫血;红细胞数呈不同程度的减少,严重者可降至每立方毫米100万;红细胞形状不整,大小不等。红细胞压积和血红蛋白含量显著下降,血沉加快,血浆红染,黄疸指数升高,血清胆红素范登白试验呈间接反应强阳性。尿液检查呈现血红蛋白尿,尿沉渣中含有肾上皮、脓球和黏液等。

## 二、任务实施

### (一)诊断

根据出生时健康,吃初乳后发病的病史,急性血管内溶血的一系列症状及溶血性贫血和黄疸、血红蛋白尿的检验,易于诊断。必要时采集母畜的血清或初乳同仔畜的红细胞悬液做凝集试验。其做法如下。

1.红细胞悬液制备

试管内适量加草酸盐等抗凝剂,采集新生畜静脉血10 mL,离心去血浆,加生理盐水洗涤 2～3 次，最后用生理盐水配成 2%红细胞悬液备用。

2. 检液稀释

取试管数支，第一管加生理盐水 0.3 mL，其余各管加 0.2 mL。第一管加被检血清或初乳 0.1 mL，混匀后取出 0.2 mL 加第二管内，依次稀释至最后一管，从中弃掉 0.2 mL，使各管稀释倍数分别为 4、8、16、32、64、128、256、512……。

3. 凝集感作

各管加 2%红细胞悬液 0.2 mL，混匀，置 37℃水浴或温箱内 1 h，或放置 3～5 min 后离心。

4. 结果判定

管底红细胞层边缘不整齐，轻摇试管出现红细胞凝集块或颗粒的，为阳性反应，记录其凝集效价；管底红细胞层边缘整齐，轻摇试管红细胞即均匀散开而无凝集颗粒的为阴性反应。

**(二)治疗**

为中止特异性血型抗体进入仔畜体内，首先立即停喂母乳，改喂人工初乳、代乳品或由近期分娩的母畜代哺，直到初乳中抗体效价降至安全范围为止。

输血疗法是治疗本病的根本疗法。输入全血或生理盐水血细胞悬液，驹或犊每次 1 000～2 000 mL，当红细胞数达每立方毫米 400 万以上时可停止输血，否则，隔 12～24 h 再输血 1 次。为安全起见，应先做配血试验，最好选用相合血。若寻找血源确有困难时，可输注亲母马红细胞悬液，按 3.8%柠檬酸钠溶液 1 份，母马静脉血 9 份，无菌采血于输液瓶后，38℃保温 20～30 min，将血浆取出回输给母马，在红细胞沉淀物中加 5%葡萄糖生理盐水使恢复原体积，混合后给病仔畜输注，驹每次输注量 1 000～1 500 mL，通常 1 次治愈。病情危重者应实施换血疗法。辅助疗法可应用氢化可的松、氢化强的松龙等糖皮质激素(按激素类用药原则使用)，静脉注射葡萄糖、5%碳酸氢钠，补充硫酸亚铁，维生素 A、维生素 $B_{12}$ 等，为防止感染可用抗生素，心衰时应用强心剂。

**(三)预防**

预防的关键在于不让仔畜吸吮抗体效价高的初乳。因此应预先测定母畜血清或初乳的抗体效价。各种母畜抗体效价超过 1∶8，初乳超过 1∶32(母驴的超过 1∶128)时提示有发病危险。应当采取以下措施。

(1)产前 10d 内催乳、挤掉初乳，使抗体效价降低。

(2)产后频繁彻底的挤乳，可使抗体效价迅速下降。待降至 1∶16 的安全范围内，再喂仔畜。

(3)暂停吃初乳。改喂人工初乳或它畜代养，待 48 h 后仔畜胃肠功能健全后再喂母乳。

## 能力拓展

以下技能项目根据学校实习条件的实际情况，或利用在校外实习基地病例，或借助学校实习兽医院的临床病例来完成，要求以学生为主体，分组进行，教师对学生的诊断和治疗过程进行指导，并对各组的治疗方案和治疗效果进行评价，指出存在的问题，旨在进一步提高学生对新生仔畜护理与疾病的诊疗能力。

(1)新生仔犬窒息的救治。

(2)犊牛脐炎的治疗。

(3)新生仔猪低血糖的诊断与治疗。

(4)新生羔羊败血症的诊断与治疗。

## 复习思考题

1.新生仔畜窒息的原因有哪些？如何治疗？

2.新生仔畜的孱弱的原因是什么？如何治疗？

3.如何预防新生仔畜脐炎？

4.新生仔畜败血症的原因有哪些？有几种类型？如何治疗和预防？

5.新生仔畜溶血病的原因有哪些？如何治疗和预防？

Project 6

# 乳房疾病防治

### 知识目标

- 了解哺乳动物乳房的相关疾病的发生状况，如乳房炎、泌乳不足、血乳、酒精阳性乳等。
- 掌握乳房浮肿、乳头及乳管疾病、泌乳不足等疾病的临床症状及防治方法。
- 重点掌握奶牛乳房炎的发病原因、临床症状、预防措施和治疗方法。

### 技能目标

- 通过学习，学生要具备诊断和治疗乳房常见疾病的能力，具备奶牛隐性乳房炎的诊断能力、临床型乳房炎治疗能力和乳房炎药敏试验能力等。

# 任务一　奶牛乳房炎

## 一、相关知识

### （一）了解概况

正常情况下，乳房的防卫机能比较完善。一旦乳头管出现异常、损伤或其他疾病，乳房的防御屏障遭到破坏，各种致病因子便可乘机入侵，引发乳房发生炎症，导致乳汁发生理化性质及细菌学变化，以及乳房组织发生病理学变化。乳房炎是奶牛的常见疾病之一，在生产中的发病率高达40%，是威胁奶牛业健康发展的重要疾病。

### （二）认知病因

临床引发奶牛乳房炎的病因主要包括以下几个方面。

1. 病原微生物的感染

常见的病原微生物包括链球菌、葡萄球菌、大肠杆菌、化脓性棒状杆菌、结核杆菌等，当乳房皮肤和乳头破损或长期受到病菌污染而没有及时消毒处理时，病菌便可侵入乳腺组织，而发生感染。

2. 饲养管理不当

如挤乳技术不够熟练，造成乳头管黏膜损伤，垫草不及时更换，挤乳前未清洗乳房或挤乳员手不干净以及其他污物污染乳头而引发。

3. 机械损伤

乳房遭受打击、冲撞、挤压、蹴踢等机械作用，或幼畜咬伤乳头等，也是引起本病的诱因。

4. 继发于某些疾病

子宫内膜炎及生殖器官的炎症等可继发本病。

正常情况下，乳头管作为乳房的第一道防线，管壁呈条纹状，内衬角蛋白可吸附细菌，其中的脂肪酸还有杀菌的作用；挤奶时，奶的周期性流出，可清除吸附细菌。挤奶后，留在乳头管口的奶发生干固，封闭乳头管口，可防止细菌入侵。发生感染时中性粒细胞（PMN）大量进入乳房，能改变乳房感染部分的内环境，并直接参与杀灭细菌，这是泌乳期乳房预防病原菌入侵的第二道防线。一旦防御屏障遭到破坏，乳房便容易受到外界微生物的入侵而发生炎症。这种炎症的发生主要经历微生物入侵、乳房内建立感染、引起乳房内炎症乃至全身表现出临床症状的一系列过程。

### （三）识别症状

乳房炎根据乳房和乳汁的变化可以分为非临床型（亚临床型）乳房炎、临床型乳房炎和慢性乳房炎3种。

1. 非临床型（亚临床型）乳房炎

非临床型或亚临床型乳房炎的乳房和乳汁均无肉眼可见的变化，但乳汁电导率、体细胞数、pH等理化性质已发生变化，必须用特殊的理化方法才能检出，通常称为隐性乳房炎或潜在性乳房炎。隐性乳房炎引起奶产量减少，品质下降，是乳房炎中发生最多，造成经济损失最严重的类型。乳中 PMN 增多是乳房炎的一种症状，母牛乳中体细胞（包括 PMN）的数量，随病原菌的种类、乳房感染的范围和感染的严重程度而有所不同。

2.临床型乳房炎

临床型乳房炎有明显的临床症状，乳房患病区域红肿、热痛，泌乳减少或停止，乳汁变性，体温升高，食欲不振，反刍减少或停止。临床型乳房炎又可根据炎症程度和炎症性质及乳汁进行分类。

（1）根据临床变化的程度，临床型乳房炎可分为轻度临床型、重度临床型和急性全身性乳房炎。

①轻度临末型乳房炎。乳房组织病理变化比较轻，临床症状较轻微，触诊乳房不觉异常或有轻度发热和疼痛或肿胀。检查乳汁有絮状物或凝块，乳汁有的变稀，pH 偏碱性，体细胞计数和氯化物含量均增加。从病程看相当于亚急性乳房炎。这类乳房炎只要及时治疗，即可痊愈。

②重度临床型乳房炎。乳房组织有较严重的病理变化，患病乳区急性肿胀，皮肤发红，触诊乳房发热、有硬块、疼痛敏感，常拒绝检查。奶产量减少，乳汁异常，变黄白色或血清样，内有凝乳块。全身症状不明显，体温正常或略高，精神、食欲如常。从病程看相当于急性乳房炎。这类乳房炎如及早有效地治疗，可以较快痊愈，预后一般良好。

③急性全身性乳房炎。乳房组织受到严重损害，常在两次挤奶间隔突然发病，病情严重，发展迅猛。患病乳区肿胀严重，皮肤发红发亮，乳头也随之肿胀。触诊乳房发热、疼痛，全乳区质硬，挤不出奶，或仅能挤出少量水样乳汁。患畜伴有全身症状，体温持续升高（40.5～41.5℃），心率增速，呼吸增加，精神萎靡，食欲减少，进而拒食，喜卧。

如伴有腹泻，则为大肠杆菌毒素所致。从病程看相当于最急性乳房炎如不及早有效治疗，可危及患畜生命，死亡率 10%以上。

（2）根据炎症性质的和乳汁的变化又可分为浆液性乳房炎、卡他性乳房炎、纤维素性乳房炎、化脓性乳房炎、出血性乳房炎和症候性乳房炎。

①浆液性乳房炎。常呈急性经过，由于大量浆液性渗出物及白细胞游出进入乳小叶间结缔组织内，所以乳汁稀薄并含有絮片。

②卡他性乳房炎。乳腺泡上皮及其他上皮细胞变性脱落。其乳汁呈水样，并含有絮状物和乳凝块。

③纤维素性乳房炎。由于乳房内发生纤维素性渗出，挤不出乳汁或只能挤出少量乳清或挤出带有纤维素脓性渗出物。如为重剧炎症时，有明显的全身症状。

④化脓性乳房炎。乳房中有脓性渗出物流入乳池和输乳管腔中，乳汁呈黏液脓样，混有脓液和絮状物。

⑤出血性乳房炎。输乳管或腺泡组织发生出血，乳汁呈水样淡红或红色，并混有絮状物及凝血块，全身症状明显。

⑥症候性乳房炎。常见于乳房结核、口蹄疫及乳房放线菌病等。

3.慢性乳房炎

慢性乳房炎通常由于急性乳房炎没有及时处理或由于持续感染，而使乳房组织渐进性发炎的结果。一般没有临床症状或临床症状不明显，全身情况也无异常，但奶产量下降。它可发展成临床型乳房炎，有反复发作的病史，也可导致乳房组织纤维化，乳房萎缩。这类乳房炎治疗价值不大，可能成为牛群中一种感染源，宜及早淘汰。

4. 不同病原引起的乳房炎的感染特点

不同病原菌引起的乳房炎的临床症状特点不一样，这里重点向大家介绍金黄色葡萄球菌、无乳链球菌、大肠杆菌引起的乳房炎的临床症状特点以及干乳期奶牛乳房炎的发生规律。

(1)金黄色葡萄球菌引起的乳房炎。金黄色葡萄球菌对乳腺组织的破坏性很强，因为金色葡萄球菌能释放较多的损伤性毒素，细菌最初破坏乳头、乳池和乳腺内皮组织，然后破坏乳导管系统，并在乳腺组织的深层形成感染囊，随后形成溃疡，疤痕组织将细菌"封闭"起来，如果被阻塞的乳导管重新通畅，金黄色葡萄球菌又被释放到乳腺的其他区域，这个过程反复出现，导致感染乳区的不同部位发生感染与再感染的持续循环。所以我们在临床上常见到有的奶牛发生了乳房炎，今天好了，过两天又复发的现象。

在有些病例中金黄金葡萄球菌产生的毒素，导致血管收缩和堵塞，从而切断了感染乳区的血液供应而使乳房发生坏死，脱落，甚至导致奶牛的死亡。

(2)无乳链球菌引起的乳房炎。无乳链球菌通常感染乳区下部的导管系统，并能广泛扩散，甚至损伤整个乳腺的泌乳功能。乳腺组织碎片和白细胞可使乳导管闭塞，导致乳汁和细菌在感染区域中积聚，导致乳腺组织形成疤痕，泌乳功能减退，产奶量减少。

(3)大肠杆菌引起的乳房炎。大肠杆菌感染引起的乳房炎多发生在泌乳初期，感染后常释放内毒素，急性大肠杆菌乳房炎由于内毒素被吸收进入血液，病牛表现精神沉郁，乳汁水样，颜色发黄，含有絮状物和凝乳块，产奶量急剧下降，乳腺组织被破坏。

使用抗生素后，细菌被抗生素或白细胞杀死，奶牛在几天后恢复，产奶量可逐渐恢复到接近正常水平，有些情况下，急性大肠杆菌感染会导致泌乳完全中断，此后泌乳停止，往往要到下一个泌乳期才能恢复泌乳能力。当最初的炎症反应和白细胞仍不能杀死细菌时，就会发展成为慢性大肠杆菌乳房炎，这种乳房炎的特点是周期性发作，最终可能持续整个泌乳期。

(4)干乳期奶牛乳房炎。人们一般都认为在泌乳期乳房炎的发生率高，其实在干乳期奶牛发生乳房炎的概率也很高，尤其是在干乳早期，如果在给奶牛进行干奶时，乳房本身存在炎症或有隐性乳房炎，使用的干奶药的质量又不好的话，干奶早期发生的乳房炎是泌乳期的 6 倍，因此，请广大养殖户一定要做好奶牛的干奶工作，保护乳房，减少乳房炎的发生。

## 二、任务实施

### (一)诊断

奶牛乳房炎的诊断，随有无临床症状和发病率的高低而不同。临床型乳房炎发病率低，着重在个体病牛的临床诊断；隐性乳房炎发病率高，着重在母牛群的整体监测，最常用的监测方法是桶奶乳汁体细胞计数(SCC)和微生物评估以及美国加州乳房炎试验(CMT)及类似方法。

1. 临床型乳房炎的诊断

依据泌乳减少或停止，乳房的红、肿、热、痛，乳汁的肉眼变化及必要的全身检查，可确定临床型乳房炎。

2. 隐性乳房炎的诊断

临床上常用的诊断方法为加州隐性乳房炎检测法，即 CMT 法。诊断时取诊断盘 1 只，滴加被检乳 2 mL、诊断液 2 mL，缓缓作同心圆状摇动，让被检乳和诊断液充分混合，20～25 s 后观察结果。

(1)阴性。如果混合物呈液体状，倾斜诊断盘时，流动流畅，无凝块，此时乳中的体细胞数为 0 万～20 万个/mL，判断为不是隐性乳房炎。

(2)可疑。如果混合物呈液体状，诊断盘底有微量沉淀物，摇动时消失，此时乳中的体细胞数为 20 万～50 万个/mL，判断为疑似隐性乳房炎。

(3)弱阳性。如果诊断盘底出现少量黏性沉淀物，并没有全部形成凝胶状，摇动时，沉淀物散布于盘底，有一定的黏性。此时乳中的体细胞数为 50 万～80 万个/mL，判断为弱阳性。

(4)阳性。如果混合后的液体全部呈凝胶状，有一定黏性，回转诊断盘时向中心集中，不易散开。此时乳中的体细胞数为 80 万～500 万个/mL。判断为阳性。

(5)强阳性。如果混合物大部分或全部形成明显的胶状沉淀物，黏稠，几乎完全黏附与盘底，旋转摇动时，沉淀于盘中心，难以散开。此时乳中的体细胞数为 500 万个/mL 以上，判断为强阳性。

### (二)治疗

对乳房炎的治疗，应根据炎症类型、性质及病情等，分别采取相应的治疗措施。

1. 改善饲养管理

为了减少对发病乳房的刺激，提高机体的抵抗力，厩舍要保持清洁、干燥，注意乳房卫生。为了减轻乳房的内压，限制泌乳过程，应增加挤乳次数，及时排出乳房内容物。减少多汁饲料及精料的饲喂量，限制饮水量。每次挤乳时按摩乳房 15～20 min，根据炎症的不同，分别采用不同的按摩手法，浆液性乳房炎，自下而上按摩；卡他性与化脓性乳房炎则采取自上而下按摩。纤维素性乳房炎、乳房脓肿、乳房蜂窝织炎以及出血性乳房炎等，则禁用按摩方法。

2. 乳房内注入药物疗法

常采用向乳房内注入抗生素溶液。其方法是先挤净患病乳房内的乳汁及分泌物，用消毒药液清洗乳头，将乳头导管插入乳房，然后慢慢将药液注入。注射完毕用双手从乳头基部向上顺次按摩，使药液扩散于整个乳腺内，每日 1～3 次。常用青霉素 40 万～80 万 IU，稀释于 100 mL 蒸馏水中作乳房注射。

3. 乳房封闭疗法

(1)静脉封闭。静脉注射生理盐水配制的 0.25%～0.5%的普鲁卡因溶液 200～300 mL。

(2)会阴神经封闭。部位是在阴唇下联合，即坐骨弓上方正中的凹陷处。局部消毒后，左手拇指按压在凹陷处，右手持封闭针头向患侧刺入 1.5～2 cm，注入 0.25%盐酸普鲁卡因溶液 10～20 mL(内含青霉素 80 万 IU)。如两侧乳房患病，应依法向两侧注射。本法不但对临床型乳房炎有效，对隐性乳房炎也有良好效果，此为会阴神经封闭。

(3)乳房基部封闭。为封闭前 1/4 乳区，可在乳房间沟侧方，沿腹壁向前、向对侧膝关节刺入 8～15 cm；为封闭后 1/4 乳区，可在距乳房中线与乳房基部后缘相距 2 cm 处刺入，沿腹壁向前，对着同侧腕关节进针 8～15 cm。每个乳叶注入 0.25%～0.5%盐酸普鲁卡因溶液 100～200 mL，加入 40 万～80 万 IU 青霉素则可提高疗效。

4. 辅助疗法

治疗乳房炎的辅助疗法包括静脉注射大剂量的等渗液体，尤其是含葡萄糖和抗组胺药物的液体。炎症初期也可在乳房周围用冰敷，以制止渗出、减少毒素的吸收；2～3 d 后进行热敷，促进吸收，消散炎症。

5. 全身应用抗生素疗法

如青霉素、链霉素混合肌肉注射，磺胺类药物及其他抗生素类药物静脉注射等。

6. 其他药物疗法

（1）六茜素。它系中草药六茜草的有效成分，抗菌谱广，高效，对由无乳链球菌、金黄色葡萄球菌、停乳链球菌引起的乳房炎有特效，缺点是细菌的转阴率尚低于青霉素。

（2）蒲公英。它是多种治疗乳房炎中药方剂的主要成分，例如：双丁注射液（蒲公英和地丁）、复方蒲公英煎剂（含蒲公英、金银花、板蓝根、黄芩、当归等）、乳房宁 1 号（含蒲公英等 9 味中药）。

**（三）预防**

对奶牛乳房炎应坚持防治结合的原则，预防才是最经济、最有效的措施，因此，制定一个合理可行的防制措施，并严格地坚持执行，才能有效控制乳房炎的发生。

1. 保持家畜清洁、卫生、合理的饲养环境

首先确保牛舍、牛床设计合理，饲养密度适当，并有足够清洁、干燥的垫料，畜舍通风良好；搞好畜舍的环境卫生，及时清扫牛床及运动场的积水、粪便、污泥等，定期消毒牛舍、牛床；做好夏防暑、冬保暖工作，减少奶牛应激反应。

2. 严格执行挤奶操作规程

培养训练有素的挤奶员工，严格执行挤奶操作规程。挤奶前用消毒液浸泡（或喷雾）乳头，然后停留 30 s，再用毛巾擦干。清洗乳头时应注意洗的面积不要太大，以免上部的脏物随流而下集中到乳头，增加乳房感染的机会。然后按摩乳房，促使乳汁释放。检查和废弃前三把奶，同时触摸乳腺有无异常，以便尽早发现疾病。挤奶后要立即进行乳头药浴，以防外界病原菌易侵入乳房。

3. 规范饲养模式，科学喂养

研究表明，牛群乳房炎的发病程度与饲料中 $\beta$-胡萝卜素、维生素 A、维生素 E、硒、锌及铜的水平有关。因此，应根据奶牛的营养需要给予全价日粮，建立青绿多汁饲料轮供体系，通过补充与添加抗氧化性微量养分来增强奶牛对乳房炎的抵抗力。

4. 加强药物预防与治疗

首先加强干奶期乳房炎的防治，向乳房内注入长效抗菌药物，干奶期的治疗能使乳房有机会在下一个泌乳期到来之前修复受损的乳腺组织；同时加强泌乳期乳房炎的防治，开发广谱、高效、低毒的抗生素，或研发乳房外用药，以降低药残，减少对乳头的损伤。

5. 加强奶牛乳房炎的监控工作

加强对隐性乳房炎的监测，运用 CMT、SCC 等方法对患畜进行鉴别与排查；同时详细记录临床乳房炎患畜的发病时间、鉴定情况、感染区、用药结果及愈后情况等。通过对隐性乳房炎、临床乳房炎的监控与防范，可有效地防止该病的蔓延。

6. 接种乳房炎疫苗

目前国内外已研制出高效的乳房炎疫苗，养殖场可根据实际情况选用并配合药物治疗，来共同控制乳房炎。

# 任务二　乳房浮肿

## 一、相关知识

### (一)了解概况

乳房浮肿是乳房的浆液性水肿，是由于乳房及乳房淋巴循环障碍而引起的乳房明显肿胀。临床分为急性(生理性)浮肿和慢性(病理性)浮肿两种，前者发生于临产前，一般在产后10 d左右可以消散，不影响泌乳量和乳的品质。后者多发于泌乳期间，尤其以第一胎及高产奶牛发病较多，可导致产奶量降低，重者可永久损伤乳房悬韧带和组织，使乳房下垂，并诱发乳房皮肤病和乳房炎。

### (二)认知病因

确切原因尚不明了，已证实临产前的乳房浮肿与腹部表层静脉(乳静脉)血压显著升高，乳房血流量减少有关。遗传学研究表明本病与产奶量呈显著正相关。此外，血浆雌激素与孕酮含量，摄入过量的钾，低镁血症等，也与本病有关。产前限制饮水和食盐可降低初产牛的发病率，但对成年牛无影响。

### (三)识别症状

一般无全身症状，初期乳房皮肤充血，乳房极度扩张膨胀，内充满乳汁，按压可留下指痕；随着病程发展，皮肤变得紧张带有光泽、但无痛，按压乳房出现凹陷的状态，浮肿的乳头变得粗而短，使挤奶发生困难。有的患牛出现乳房中膈浮肿。轻度浮肿发生于乳房基部前缘和下腹部。严重的浮肿可波及胸下，会阴及四肢，乳房下垂，迫使病牛后肢张开，运动困难，由于运动时摩擦，常见乳房基部于股内侧溃烂。典型的乳房浮肿是4个乳区全部被侵害，也有侵害半侧或者1个乳区的。乳房乳头出现水肿，皮肤发凉，无痛感，触诊似捏面粉袋样。乳量少，乳汁无肉眼可见异常。精神食欲正常，全身反应轻微。病时长者，乳房皮肤增厚而失去弹性，乳房内有硬块或使乳腺萎缩，产奶量下降。严冬季节，有的会发生冻疮皮肤呈现暗紫色，并发生坏疽。

## 二、任务实施

### (一)诊断

根据乳房症状进行诊断，如乳房扩张膨胀，触诊似捏面粉样感觉，指压留痕等。

### (二)治疗

为了促使乳房血液循环，促进水肿消退，从分娩几日后就要开始让牛适当运动。同时适当减少精料及多汁饲料，控制饮水量，增加挤奶次数，每次挤奶时用温水(50～60℃)热敷，反复按摩乳房，奶要挤净。病程较长而严重的水肿，应停喂多汁饲料，每次挤奶按摩时间不少于20～30 min。

对治疗本病比较有效的方法，是给予利尿剂，应尽量在分娩后48 h以内开始给药，可给予双氢克尿塞、速尿等药物。初次用药时，可配合使用肾上腺皮质激素，可促进浮肿消退，但给予利尿剂可丧失体内水分，所以，要注意及时观察脱水症状。

对乳房浮肿病牛产后通过控制精料、多汁饲料喂量和限制饮水，饮用一些麸皮汤，供应充足优质干草等方法，多数浮肿能自行消退，不需治疗。对于长期反复发作型，可因乳房长期血液循环障碍继发慢性水肿型乳房炎，临床治疗时除上述方法外应另配合中药消肿散：瓜蒌 60 g，牛蒡子、花粉、连翘、金银花各 30 g，黄芩、陈皮、栀子、皂角刺、柴胡、青皮各 15 g，当归、川芎、益母草各 30 g，木通、路路通各 15 g。共研细末，开水冲服，每日 1 剂，连服 3～5 d。并静脉注射 25%糖水 500～1 000 mL，维生素 C 注射液 30～50 mL，25%安钠咖注射液 20～50 mL，林格氏液 500～1 000 mL，10%葡萄糖酸钙注射液 500 mL 辅助治疗。

### (三)预防

加强干奶期母牛的饲养管理，严格控制精料和钠盐钾盐喂量，加强运动，保证充足的干草采食量，可减少乳房肿的发生。

# 任务三　乳池及乳头管狭窄和闭锁

## 一、相关知识

### (一)了解概况

乳头管狭窄是由于平时挤乳粗鲁和机械性损伤，使乳头管黏膜结缔组织增生，致使乳头管狭窄，排乳困难。乳头管闭锁是由于乳头管括约肌或黏膜破裂，以及肿胀及结缔组织增生所致。乳头管腔内生长肿瘤也可发生闭锁。

### (二)认知病因

乳头管狭窄分为先天性和后天性两种。先天性的很少见，可能与遗传有关，猪的瞎乳头即有遗传性。后天性的主要是挤奶方法不正确，长期刺激乳头管，引起黏膜发炎，组织增生，导致乳头管狭窄或闭锁。乳头末端受到损伤或发生炎症，也可引起乳头管黏膜下及括约肌间结缔组织增生，形成疤痕，导致管腔狭窄。

### (三)识别症状

1. 肉芽肿

主要发生在乳池棚及其附近，由于乳池棚裂口而使结缔组织增生，形成环状或半环状、乳头状、块状隆起，阻塞乳槽。指捏乳头基底部一带，可清楚地触知有结节，缺乏游动性。轻症不影响乳汁挤出。大的肉芽肿，在每挤头几把奶后，乳头池尚可充涨。肉芽肿完全阻塞时，乳汁不能进入乳头乳池，挤不出奶。

2. 乳池闭锁

它是组织异常增生的结果，乳汁不能进入乳头乳池，乳头细瘪，挤不出奶。

3. 乳头乳池黏膜泛发性增厚

乳头池壁变厚，池腔狭窄，乳头缩小，贮乳减少，挤奶时射乳量不多。

4. 乳头、乳池黏膜面肿瘤

大的肿瘤使乳池变窄，小的妨碍挤奶。

5. 乳头管狭窄

表现为挤奶困难，乳汁呈点滴状或细线状排出；乳头管口狭窄时，乳汁射向一方，或射向四方。乳头管闭锁，乳池充满乳汁，但挤不出奶。捏捻乳头末端可感觉在乳头管的不同部位（管口、中部或近乳池部）有大小、硬度、形状（豆形、圆柱形、索状或团块状）不同的增生物。

## 二、任务实施

### （一）诊断

根据乳头管口增生，触诊有索状或团块状感觉，挤奶困难或乳头管闭锁，挤不出乳汁等症状可进行诊断。

### （二）治疗

1. 乳头管狭窄或闭锁的手术治疗

手术目的包括使乳头括约肌的张力松弛或将瘢痕组织切开。括约肌肥厚或收缩过紧时，选用不同规格的扩张塞（可用金属、电木和塑料等材料制成），强迫扩大乳头管。乳头清洗消毒后，用涂抹液体石蜡或抗生素油膏的扩张塞插入。扩张塞大小以紧密塞入乳头管不滑脱为宜。一般最初用较细的扩张塞，逐渐用较粗的，以免1次塞得过紧而压伤黏膜或使括约肌破裂，导致更多的组织增生。每天扩张1～2次，每次不超过30 min。

有严重瘢痕收缩病例，可施行乳头管切开术。消毒乳头后，先挤去一些奶，借以排除可能存在乳头管末端的细菌。然后用消毒过的双刃或多刃乳头管刀，快速插入乳头管，用挤奶的办法扩张乳管，此时，乳头管刀在乳头管内转动90°，后拔出乳头管刀，使乳头管造成十字形切口（图Ⅲ-6-1）。术后插入带有螺丝帽的乳导管或乳头管扩张塞，直至创口痊愈为止。

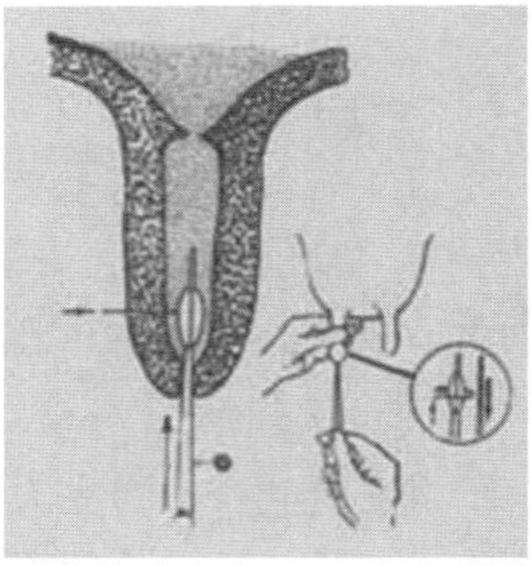
图Ⅲ-6-1　乳头管切开术

在乳头管闭锁的病例，如闭锁仅限于乳头末端，当挤压乳汁到乳头管时，常可见到乳头口处皮肤略向外突出。用烧红的铁丝或大头针对准乳头口穿通皮肤入乳头管，即可有奶汁逸出。术后须插入乳导管或乳头管扩张塞，防止新开的皮肤孔缩小和闭合。

2. 乳池狭窄与闭锁的手术治疗方法

乳头乳池局部狭窄或堵塞病例，其乳房患叶充满乳汁，但病变部以下的乳头乳池只能缓慢充满或空虚，触诊乳头可发现不能移动的增厚部分。用探针或乳导管探诊也可感到增厚或阻塞部分。严格消毒后，小心插入冠状刀或乳头锐匙，将增厚病灶或堵塞的息肉取除。或用上皮切割器插入乳头乳池内，将其切面对着病灶，用手指通过乳头壁压迫病灶，在刀刃上来回活动，将病灶取除（图Ⅲ-6-2），使乳汁顺利流出。术后为了避免粘连和感染，须插入扩张器，或抗生素药栓。对于乳池狭窄或堵塞也可试行冷冻疗法。

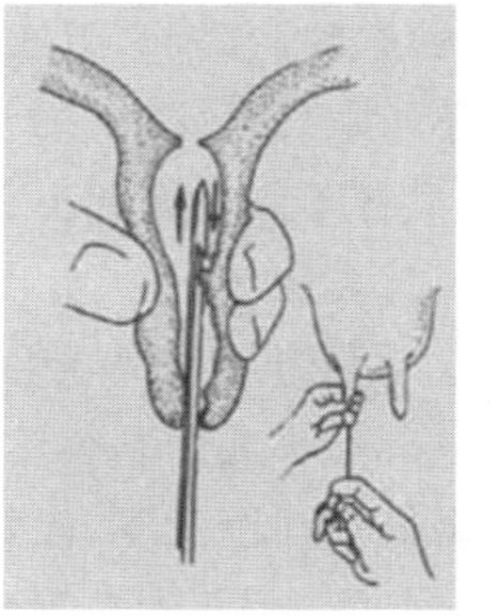
图Ⅲ-6-2　乳池狭窄手术疗法

3. 液氮疗法

近年来有报道采用传导冷冻法治疗乳头闭塞。即以液氮为冷源，先将粗导乳管(前端锯掉磨光)插入乳头管内，然后将较细的铅丝置液氮罐中数分钟，取出后立即通过导乳管将闭锁部烧灼穿通，破坏肉芽组织，以传导方式，达到冷冻病灶的目的。

#### (三)预防

奶牛要正确挤奶，挤奶杯的真空压力要适当，避免因为挤奶造成对乳头管及乳头的刺激。使用乳管针药时，乳管针要严格消毒，乳房内所给药物要没有刺激性，防止造成乳管的黏膜刺激和损伤，引起黏膜发炎，组织增生，导致乳头管狭窄或闭锁。

## 任务四　泌乳不足及无乳

### 一、相关知识

#### (一)概念

产后或泌乳期乳腺机能异常，可引起泌乳不足，甚至无乳。多见于多胎生的动物如猪、犬、猫等。

#### (二)认知病因

原因有乳腺发育不全、内分泌机能障碍、体质瘦弱、肥胖或患有严重疾病，以及妊娠后期营养缺乏等。此外，母犬精神紧张也是引起本病的原因之一。

#### (三)识别症状

产后乳房松弛或干瘪，挤不出乳汁或只有少量稀薄水样乳汁。母畜体质过肥时，乳房虽然很大但挤不出乳汁。产后即无乳或少乳发病率较少，多数是分娩后数日内乳量尚多，能使仔畜吃饱，但随着时间的延长和仔畜的生长，乳量减少，乳房皮肤松弛、质地松软。由于仔畜吃不饱奶，出现仔畜吃奶次数增加，嘶叫拱撞乳房，严重时可造成母畜乳头破损，母畜拒绝哺乳。仔畜因饥饿嘶叫，身体很快消瘦，常可造成整窝或大部分仔畜死亡。

### 二、任务实施

#### (一)诊断

产后乳房松弛，挤不出乳汁或只能挤出少量乳汁，或产后数日后发生仔畜吃不饱，嘶叫，频频拱撞母畜乳房。即可确诊为本病。

#### (二)治疗

*1. 产后无乳*

可取催产素 40 IU，亚硒酸钠维生素 E 注射液 10 mL，混合后 1 次肌肉注射(适于体重 120 kg 以上母猪)。在注射后 20 min 可下奶。

*2. 产后泌乳不足*

营养较差或营养一般的母畜可喂豆浆 5 kg，鸡蛋 3 枚，每周 1 次，调制方法是把豆浆煮沸，边煮边兑入鸡蛋汁，此方为 1d 用量。也可采用下法：花生米 250 g，鸡蛋 5 枚，先将花生米煮熟，并打入鸡蛋花，兑入母畜饲料中喂给，每天 1 剂，连用 3 剂。

营养良好，体质肥胖的母畜，可用下方治疗：王不留行 30 g，路路通 40 g，通草 10 g，坤草 20 g 共为细末或水煎 3 遍去渣拌入饲料中饲喂，每天 1 剂，分 3 次喂给，连用 3～5 d。

3. 产后疾病

对产后患有其他疾病而不吃食的母畜，应根据不同的疾病，先行治疗。其他疾病治愈后仍然缺乳的母畜再按缺乳病治疗。

4. 缺乳仔畜的养育

对于缺乳病母畜的仔畜，有条件时，应及早找另一哺乳母畜代乳或进行人工哺乳，尽量减少患病母畜的泌乳负担，提高仔畜成活率。

### (三)预防

做好本病的预防很重要。首先要选留好后备母畜，选择乳腺发育良好，其母乳汁分泌旺盛的小母畜留作后备母畜。母畜妊娠后应加强饲养管理，给予充足的蛋白质，维生素、矿物质及青绿多汁饲料，妊娠母畜要适当地增加运动量。

# 任务五　血乳

## 一、相关知识

### (一)概念

血乳即乳房出血。它是由各种不良因素作用于乳房，引起输乳管、腺泡及其周围组织血管破裂发生出血，血液进入乳汁，外观呈红色。以产后最初几天最为常见。

### (二)认知病因

主要是乳房挫伤所致。分娩后，母牛乳房肿胀、水肿严重或乳房下垂，牛在运动和卧地时乳房受到挤压；牛只互相爬跨，突然于硬地上滑倒；运动场不平、碎砖、瓦片对乳房的作用等，皆可造成机械性损伤，使乳房血管破裂。有一些母牛若伴有血小板减少或其他血凝障碍性疾病，也易发生乳房出血。

### (三)识别症状

发病突然，病乳区肿胀，局部温度升高，皮肤上出现红色或紫斑点；挤奶时表现疼痛，乳汁稀薄。轻症者，呈粉红色；重症者呈鲜红色、棕红色，其中含有多量的暗红色血凝块。一般全身反应轻微。精神、食欲和泌乳正常。仅在挤奶时因血凝块填塞乳头管而挤乳困难。通常经 4～5 d 出血逐渐减轻或消失。而当患血小板减少症时，病牛呈进行性贫血，黏膜苍白，全身症状明显。

## 二、任务实施

### (一)诊断

根据乳呈红色，即可诊断。但应注意全身反应，并与感染性乳房出血进行鉴别。出血性乳房炎常发生在产后最初几天，主要由浆液性或卡他性乳房炎引起，多见于半个或整个乳房红、肿、热、痛，炎性反应明显。乳房皮肤出现红色或紫红色斑点，乳汁稀薄如水，呈淡红色或深红色，内含凝血和凝乳块。全身反应严重，体温升高至 41℃，食欲减少或废绝，精神沉郁。

### （二）治疗

对机械性乳房出血，严禁按摩、热敷和涂刺激药物，保持乳房安静。饲喂时，应减少精饲料、多汁饲料，限制饮水，令其自然恢复。必要时，可用些止血药如止血敏、维生素 K 和抗生素等，肌肉注射。据报道，用 0.2%高锰酸钾溶液 300 mL，乳头内注入疗效好。为了防止挤奶后血液流出，可减少挤乳次数，每日只挤 1 次，当流血多时，应考虑输血、补充钙剂。

### （三）预防

做好产后保健，对产后乳房浮肿严重的奶牛要及进治疗，运动场要平坦，避免乳房损伤，对乳房下垂明显的奶牛可采用布兜上挂于腰部，防止被踩伤，减少乳房出血的发生。

# 任务六　漏乳

## 一、相关知识

### （一）概念

漏乳是指未经挤奶，奶从乳头内自然流出的现象。漏乳分为生理性和病理性两种。前者常见于母牛在正常的挤奶过程中，由于乳房内乳汁的分泌与充盈，致使内压增加而出现漏奶现象；后者则见于非挤奶时间、经常也有奶从乳头内流出，此为不正常的漏乳，不仅极大地影响奶产量，同时也给饲养者造成了极大浪费。

### （二）认知病因

漏乳多见于乳牛和马分娩前后，特别是膘情好的母畜更为多见。漏乳有遗传背景，为先天性的乳头括约肌发育不良，也可能由于括约肌麻痹或损伤引起。乳头损伤所致，如挤奶时用力过大，机器挤奶时真空压力过大，抽时过长，引起乳头末端黏膜发炎和纤维化，破坏乳头括约肌的正常紧张性，导致括约肌萎缩、松弛和麻痹；或乳头外伤使其末端断离、缺损。有的可能与应激有关。

### （三）识别症状

生理性漏乳，当冲洗乳房时或挤完乳后，即可见从乳头内流出乳汁，呈不间断的线状。病理性漏奶，可见母牛从乳头内流出的奶呈滴状，无时间性，因奶已流出，故乳区松软，检查乳头，可发现松弛、紧张度差，或乳头缺损、纤维化。

## 二、任务实施

### （一）诊断

根据症状容易诊断。

### （二）治疗

对于生理性漏乳，可用拇指和食指、中指轻轻按摩乳头，经 3～5 min，漏奶即可消失。对非正常漏乳尚无特效疗法，可试用下列措施。

1. 按摩、热敷法

对于轻症，通过按摩、热敷，大多可以痊愈。以手指捏住乳头尖端，轻轻捏揉按摩，每次10～15 min。可在乳头管周围注射适量的灭菌液体石蜡，机械性地压迫乳头管腔。

2. 组织增生法

可在乳头管周围注射青霉素、高渗盐水或酒精，促使结缔组织增生，以压缩乳头管腔或用蘸有5％碘酊的细缝线在乳头管口做荷包缝合，然后在乳头管中插进灭菌乳导管，拉紧缝线打结，抽出乳导管。

3. 火棉胶帽法

每次挤奶后，拭干乳头尖端，在火棉胶中浸一下。火棉胶在乳头尖端部形成状薄膜，即能封闭乳头管口，又能紧缩乳头尖端。以后挤奶前把此帽撕掉。这样虽达不到根治的目的，但有助于防止漏奶。

4. 橡胶圈法

上述各法效果不良时，可用橡胶圈箍住乳头。挤奶前摘下，挤奶后箍上。

5. 对因应激反应引起的漏奶

一般不发生在分娩前后，可肌肉注射维生素 $B_1$ 1 000 mg，每日 1 次，连用 3～5 d。

### (三)预防

严格遵守挤奶规程和挤奶技术，加强乳房卫生保健，防止乳头损伤。机器挤奶真空压不应高于 380 mmHg，抽时不应超过 5 min；及时修理牛蹄，防止蹄角质过长而损伤乳头；手工挤奶应用拳握式、不能采用捋式，要实施乳头药浴。



# 任务七　酒精阳性乳

## 一、相关知识

### (一)概念

酒精阳性乳(APM)是指新挤出的牛奶在20℃下与等量的70％(68％～72％)酒精混合，轻轻摇晃，产生细微颗粒或絮状凝块的乳的总称。酒精阳性乳根据酸度的差异，可分为高酸度酒精阳性乳和低酸度酒精阳性乳。前者是牛奶在收藏、运输等过程中，由于微生物污染，迅速繁殖，乳糖分解为乳酸致使牛奶酸度增高，加热后凝固，实质为发酵变质奶。后者奶的酸度在 11～18°T，加热后不凝固，但奶的稳定性差，质量低于正常乳，为不合格乳。

### (二)认知病因

APM 发生的确切机理尚不清楚，据对分泌 APM 牛的血液和乳的细胞学检查，生化测定，以及饲料、气象因素的相关分析，APM 的发生与以下因素有关。

1. APM 不是隐性乳房炎乳

同一乳区挤出的奶，酒精试验呈阳性反应的，与 CMT 试验结果之间无任何关系。同时，APM 乳中 $Na^+$ 和 pH 都比隐性乳房炎乳低，虽然分泌酒精阳性乳的患牛有 46.1％～50.7％患隐性乳房炎。但酒精阳性乳不是隐性乳房炎乳。

2. 应激反应

APM 患牛血液中酸性粒细胞显著升高，同时血液中 $K^+$、$Cl^-$、尿素氮、总蛋白、游离脂肪酸增高，$Na^+$ 减少。血液中嗜酸性粒细胞显著升高是过敏反应的标志；高血 $K^+$、高血 $Cl^-$ 和低血 $Na^+$ 则是应激反应的生理标志。故有人提出 APM 是一种无典型临床症状的慢性过敏反应或慢性应激综合征的一种表现。

3. 乳中盐类成分和氨基酸含量异常

APM 乳中 $Ca^{2+}$、$Mg^{2+}$、$Cl^-$ 含量均高于正常乳。正常乳中酪蛋白与大部分 $Ca^{2+}$、$P^{3-}$ 结合、吸附，一部分呈可溶性。APM 乳中的酪蛋白与结合 $Ca^{2+}$、$P^{3-}$ 较弱，胶体疏松、颗粒较大。对酒精的稳定性较差，遇 70%酒精时，蛋白质水分丧失，蛋白颗粒与 $Ca^{2+}$ 相结合而发生凝集。

4. 饲养和管理因素

日粮中可消化粗蛋白质过多，或饲料单纯，仅喂青草和混合料都可引起 APM。有的饲料中几乎不补食盐，血和乳中 $Na^+$ 浓度低于健康牛，$K^+$ 高于健康牛，$Na^+/K^+$ 比值低，产生 APM；补食盐后，$Na^+/K^+$ 比值提高，APM 转为阴性。因而 $Na^+/K^+$ 比可作为预测 APM 发生的一个指标。有的因饲料中骨粉中断而发生，在补 $Ca^{2+}$ 或补骨粉后即转为阴性。此外，APM 的发生还与药物有关，健康牛给强的松龙后，乳中 $Na^+$ 减少，$Na^+/K^+$ 比值变小，乳汁酒精试验呈阳性；在给能增加乳中 $Na^+$ 的药物后，乳汁酒精试验又转为阴性。

5. 潜在性疾病和内分泌因素

APM 的产生与酮尿、肝脏和胃肠机能障碍、乳房炎、繁殖障碍、软骨病等有一定关系，而与肝脏机能障碍关系更密切。另外，发情奶牛也产生 APM，可能与雌激素浓度有关。

6. 气象因素

APM 的出现与气温急降、忽冷忽热，或高温高湿、低气压，以及厩舍中有害气体有关。

### (三)识别症状

酒精阳性乳突然发生，奶牛无任何临床表现，精神、食欲、泌乳及全身状况正常，经对血液学及其生化学检查，红细胞、白细胞数降低，嗜酸性白细胞增多。高血钾、高血氯、低血钠，是应激综合征的临床表现。

## 二、任务实施

### (一)诊断

酒精阳性乳外观无任何肉眼可见异常，乳成分与正常乳无差异，仅在做酒精试验时才被发现。取 70%酒精 2 mL 注入试管内，再加等量(2 mL)的牛奶，轻轻震荡，使其充分混合，经半分钟后，出现微细颗粒或絮状凝结者，即为酒精阳性乳。

### (二)治疗

(1)对于在发情期、妊娠后期、卵巢囊肿以及注射雌激素后引起内分泌失调而产生阳性乳患牛，可采取肌肉注射绒毛膜促性腺激素 1 000 IU 或黄体酮 100 mg。

(2)改善乳腺功能，内服碘化钾 10～15 g，加水灌服，每日 1 次，连用 5 d。2%硫酸脲嘧啶 20 mL，1 次肌肉注射。

(3)改善乳房内环境，可用①0.1%柠檬酸钠 50 mL，挤乳后注入乳房中，每天 1～2 次；

②1%小苏打液 30 mL，挤乳后注入乳房中，每天 1～2 次。

(4)恢复乳腺机能，用甲硫基脲嘧啶 20 mL 配合维生素 $B_1$ 肌肉注射。

(5)调整机体代谢，解毒保肝，肌肉注射维生素 C 注射液，用以调节乳腺毛细血管的通透性。

(6)络合多余的钙离子，用磷酸二氢钠 40～70 g 1 次内服，每天 1 次，连服 7～10 d。

**(三)预防**

1. 减缓应激

改善牛舍环境条件，提高奶牛对气候变化时的适应能力。夏季，做好奶牛舍防暑降温、通风换气工作。如加设电风扇，在运动场加设遮阴凉棚。冬季做好防寒保暖工作，如多铺垫草，增加防寒饲料，在运动场设置防风墙等；保持饲料的长期稳定，更换饲料时要做到平稳过渡。在季节变换时，要防止饲料突变，减少对牛群的不良刺激，如禁止机动车进入牛舍，尤其是挤奶时，禁止生人入内等，力求将应激因子降到最低限度。

2. 注重营养平衡

根据奶牛不同生理阶段的营养需要，结合本地实际，调配平衡日粮。营养需要(能量、蛋白质)不应过高或过低，精粗比例合理，确保高质量粗饲料充足供应，并做到粗饲料品种的多样化(优质干草、玉米秸、豆皮子等)，避免长期饲喂单一、低质粗饲料，确保饲料中按标准添加多种维生素和多种微量元素。防止饲喂高钙或低钙日粮，钙磷比例要保持平衡(1.5∶1)，纯骨粉或磷酸氢钙的给量约占精料的 1.5%；严禁饲喂发霉变质的饲料，特别是青贮饲料。

## 技能训练二十一　奶牛乳房炎的诊断与治疗



**【目的要求】**

(1)熟悉乳房炎的临床症状。

(2)掌握加州乳房炎试验鉴别隐形乳房炎的方法。

(3)掌握临床乳房炎的防治方法。

(4)了解乳房炎的发病机制。

**【诊疗准备】**

**(一)材料准备**

试管、试管架、烧杯、移液管、锥形瓶、注射器、酒精棉球、体温计、显微镜、载玻片、瑞氏染色液、普通琼脂培养基、青霉素、林可霉素注射液、阿米卡星注射液等。

**(二)病例准备**

奶牛小区发生乳房炎病例。

**【方法步骤】**

**(一)乳房炎临床诊断**

对发病奶牛进行乳汁眼观检查、乳房肿胀情况、乳房皮肤温度及体温检查，并取奶样进行实验室检查。

**(二)乳汁实验室检查**

(1)被检乳汁直接涂片，瑞氏染色，镜检感染的病原菌。

(2)被检乳汁接种于普通琼脂培养基上，培养 24 h，观察菌落生长情况，判断乳房炎病原种类。

**(三)实施治疗**

根据临床和实验室诊断情况,对乳房炎病牛进行全身抗生素或乳房内注射抗生素治疗,并观察记录治疗效果。

【作业】

**(一)病例讨论**

(1)奶牛乳房炎的发病原因。

(2)奶牛乳房炎的诊断方法。

(3)奶牛乳房炎的治疗措施及注意事项。

(4)如何预防奶牛乳房炎。

(5)如何诊断和治疗猪、犬、羊等动物的乳房炎。

**(二)写出实习报告**

## 能力拓展

以下技能项目根据学校实习条件的实际情况,或利用在校外实习基地病例,或借助学校实习兽医院的临床病例来完成,要求以学生为主体,分组进行,教师对学生的诊断和治疗过程进行指导,并对各组的治疗方案和治疗效果进行评价,指出存在的问题,旨在进一步提高学生对动物乳房疾病的诊疗能力。

(1)奶牛血乳的治疗。

(2)猪乳房炎的诊断与治疗。

(3)乳房炎病原菌药敏试验方法。

(4)制定乳房炎预防方案。

## 复习思考题

1. 临床上引起乳房炎的原因有哪些?并阐述其发病机理。
2. 如何鉴别临床上不同类型的乳房炎?对于临床上出现的乳房炎该如何进行防治?
3. 如何治疗奶牛泌乳期间的乳房浮肿?
4. 简述临床上乳头管狭窄和闭锁的发生原因。
5. 简述乳池狭窄手术疗法的操作方法。
6. 简述临床乳腺切除术的应用范围及操作方法。
7. 请列举临床上防治乳房创伤的措施。
8. 如何鉴别血乳与出血性乳房炎?
9. 简述临床上非正常漏乳的原因。
10. 什么是酒精阳性乳?如何防治酒精阳性乳?

# 参考文献


[1] 郑继昌，闫慎飞．动物外产科技术．北京：化学工业出版社，2009.
[2] 王洪斌．家畜外科学．4版．北京：中国农业出版社，2002.
[3] 石冬梅，李玉冰．动物普通病学．北京：中国农业大学出版社，2008.
[4] 刘万平，利凯．小动物疾病诊治．北京：化学工业出版社，2009.
[5] 侯加法．小动物疾病学．北京：中国农业出版社，2002.
[6] 刘振忠．家畜外科及产科病学实习指导．北京：中国农业出版社，1981.
[7] 陈杰．家畜生理学．4版．北京：中国农业出版社，2003.
[8] 王建华．家畜内科学．3版．北京：中国农业出版社，2006.
[9] 高作信．兽医学．3版．北京：中国农业出版社，2007.
[10] 沈永恕．临床兽医诊疗技术．北京：中国农业大学出版社，2006.
[11] 姜光丽．动物生物化学．重庆：重庆大学出版社，2007.
[12] 刘宗平．现代动物营养代谢病学》．北京：化学工业出版社，2003.
[13] 刘钟杰．中兽医学．3版．北京：中国农业出版社，2008.
[14] 沈建忠．兽医药理学．北京：中国农业大学出版社，2008.
[15] 郭金玲．动物营养与饲料学．北京：北京理工大学出版社，2006.
[16] 齐长明．奶牛疾病学（上、下）．北京：中国农业科学技术出版社，2006.
[17] 王小龙．兽医内科学．北京：中国农业大学出版社，2004.
[18] 王加启．现代奶牛养殖科学．北京：中国农业出版社，2006.
[19] 中国兽药典委员会．中华人民共和国兽药典．北京：中国农业出版社，2005.
[20] [英] A H Andrews，R W Biowey．牛病学．韩博，等译．北京：中国农业大学出版社，2006.